教育部高等理工教育教学改革与实践项目研究成果
《高等学校计算机科学与技术专业核心课程教学实施方案》规划教材

数据结构与算法

Shuju Jiegou yu Suanfa

陈卫卫　王庆瑞　编　著

高等教育出版社·北京
HIGHER EDUCATION PRESS　BEIJING

内容简介

本书依据《高等学校计算机科学与技术专业核心课程教学实施方案》，面向计算机专业应用型人才培养的要求编写，内容包括顺序表、链表、栈、队、矩阵、字符串、广义表、树、二叉树、检索树、哈夫曼树、判定树、散列表，最优检索树、AVL树、红黑树、B树、B+树、2-3树、Trie树、union-find树、图等结构，各结构的特点和存储方法，实现查找、插入、删除、遍历、搜索的算法设计方法和时空效率；图的最小生成树和最短路径求解算法、内排序算法、文件结构和外排序算法；问题的固有难度、算法设计的一般方法、数据结构的类封装方法等；并配有400多道习题及部分习题的参考答案。

本书语言通俗流畅，叙述简洁，可读性强，并配有完整的PPT课件（可免费下载），可作为普通高校、职业学校、远程教育的教材和教学参考书，或程序设计爱好者的理论指导书。

图书在版编目 (CIP) 数据

数据结构与算法 / 陈卫卫，王庆瑞编著．—北京：高等教育出版社，2010.11
ISBN 978-7-04-031047-4

Ⅰ．①数…　Ⅱ．①陈…　②王…　Ⅲ．①数据结构－高等学校－教材 ②算法分析－高等学校－教材　Ⅳ．①TP311.12

中国版本图书馆 CIP 数据核字（2010）第 184837 号

策划编辑 倪文慧　**责任编辑** 郭福生　**封面设计** 张志奇　**责任绘图** 尹　莉
版式设计 马敬茹　**责任校对** 杨凤玲　**责任印制** 朱学忠

出版发行	高等教育出版社	**购书热线**	010-58581118
社　　址	北京市西城区德外大街 4 号	**咨询电话**	400-810-0598
邮政编码	100120	**网　　址**	http://www.hep.edu.cn
			http://www.hep.com.cn
		网上订购	http://www.landraco.com
经　　销	蓝色畅想图书发行有限公司		http://www.landraco.com.cn
印　　刷	北京铭传印刷有限公司	**畅想教育**	http://www.widedu.com
开　　本	787 × 1092　1/16	**版　　次**	2010 年 11 月第 1 版
印　　张	26.5	**印　　次**	2010 年 11 月第 1 次印刷
字　　数	590 000	**定　　价**	38.40 元

物料号　31047-00

前 言

为了更好地贯彻教育部高等学校计算机科学与技术教学指导委员会发布的《高等学校计算机科学与技术专业发展战略研究报告暨专业规范（试行）》和《高等学校计算机科学与技术专业公共核心知识体系与课程》的指导精神，加速建设优质教学资源，落实分类培养的战略目标，解决相关课程建设中存在的问题，教育部高等学校计算机科学与技术专业教学指导分委员会、中国计算机学会教育专业委员会、高等教育出版社相联合，从全国30多所高校中遴选富有教学经验的教师和专家，就“高等学校计算机科学与技术专业核心课程教学实施方案”展开研讨，并于2009年制定出包括“数据结构与算法”在内的8门核心课程的教学实施方案。方案按课程和培养类型分别列出详细的教学内容大纲，知识矩阵，学时分配，各知识点的讲授提示，重点和难点，实验内容和要求，考核内容、形式和要求，以及对教材写作的要求和建议。

作者参与制定了“数据结构与算法”（应用型）课程教学实施方案，并按照要求，精心为广大读者打造出这本内容丰富、适用面广、易学易用、具有特色的教材。“注重基础，强调实践，开发智力，培养能力，提高素质”是本书的写作宗旨。

首先，本书紧扣方案的主导思想，涵盖方案要求的全部知识点。考虑到不同学校教学要求上的差异和培养计算机专业应用型人才的实际需求，本着“有用、够用、实用”的原则，对某些知识点进行了适当的扩充和提高。这些内容一部分可用于选讲，一部分可作为学生课外阅读，以进一步改善学生的知识结构，扩大知识面。

其次，在突出重点、有效化解难点方面做了认真的考虑和合理的安排。对于那些既是重点又是难点的内容（比如，如何建立链表中链的概念以及遍历二叉树的递归概念），不惜加重笔墨；而对于那些非重点的难点，有的只介绍大致“轮廓”（如文件的组织结构），有的只做“科普式”的介绍（比如问题固有难度）。对于基本运算的算法，都给出C/C++实现程序（这些程序全部在Visual C++ 6.0环境下上机通过）；而对于那些实现程序过于冗长的非基本运算（如AVL树、红黑树，以及B树和B+树的处理），只给出算法的描述形式，而将算法的实现程序作为提高性的课后练习。将数据结构的类实现方法放在全书的最后也是出于这一考虑。因为用类去封装数据结构，如同给数据结构穿上一层厚厚的“铠甲”，不仅涉及的语法概念过于繁杂，初学者很难理解，而且需要透过“铠甲”才能看到算法的核心处理步骤，与其让学生带着“铠甲”训练，不如先轻装学透数据结构的处理算法，之后再学习如何“穿戴铠甲”。这样，既有效地化解了教学难点，也为学习面向对象的程序设计技术作了铺垫。

第三，以查找、插入、删除运算为主线介绍表、树、图等基本数据结构的特点、存储方法、时空效率。因为，查找、插入、删除不仅是最基本的、最常用的运算，而且往往也是不可分的

(通常联合使用，极少单独使用)。将这三种运算构成的运算集作为一个整体，可以得出结构的整体时空效率。正因为如此，本书未将“查找”作为一个独立问题单用一章集中介绍，而是将其作为基本结构的常用运算之一，与结构的其他运算一起讨论。

第四，作者力图通过本书为读者构建多层面全方位的知识体系。具体地说，在问题层面上，揭示问题的固有难度和 NP 难题的存在，使读者不至于为试图谋求优于固有难度的算法(尤其是为 NP-完全问题谋求有效算法)而做无用功(或说外行话)；在算法层面上，通过算法复杂性和评价方法，使读者了解什么是“有效算法”，什么是“好”算法，什么是“最优”算法，以及(通过学习算法设计的一般方法)如何设计出“好”算法；在数据结构层面，介绍各种数据结构的特点以及如何合理地为算法配置适当的数据结构，以获取预期的处理效率；在程序设计层面上，通过大量的示例算法的实现程序，向读者展示程序设计技术，从而将算法、数据结构、程序设计有机地融合在一起。

第五，精心设计的题量大、题型多、考查面宽、具有一定难度层次分布的 400 多道练习题，足以构建一个中等规模的习题库。题型包括基本概念题、普通填空题、程序填空题、选择题、算法设计题、基础实验题、综合实验题等。习题的考查面覆盖书中所有主要知识点。对重点内容配备的习题不但题量大、题型多，而且更偏重于编程练习(包括算法设计题、基本实验题和综合实验题)，以帮助学生充分消化吸收所学内容。这 400 多道习题中，一般难度的约占 30%，中等难度的约占 40%，稍高难度的约占 20%，难度较大的约占 10%，教师可以针对不同的教学对象和不同的教学要求，选配不同难度的习题。通过多题型、多难度层次习题的综合训练(尤其是上机练习)，可以有效地加深学生对基本概念的理解，强化学生的程序设计能力。

此外，附录 B 给出了一部分习题的参考答案(给出答案的题都是一些具有启发性的典型题)，既便于教师备课与授课，又便于学生自学自测和复习。正文中带波浪线的词在附录 A 给出了中英文对照。

总之，在整体结构，内容取舍、主次分布、重点和难点，习题配备等方面都做了周全的考虑。既考虑到了由易逐步过渡到难，也照顾到了知识的系统性和完整性。

全书共分为 8 章。第 1 章概括介绍数据结构和算法的概念以及算法的描述方法和评价方法。第 2～4 章分别介绍基本数据结构——表树图。第 5 章介绍常用集合运算的算法设计和效率分析。第 6 章介绍基本排序方法(内排序和外排序)。第 7 章用通俗易懂的语言介绍问题的固有难度和 NP-完全问题的概念，以及常用的算法设计方法。第 8 章介绍基本数据结构的类实现方法。其中，第 1～4 章、第 6 章和第 5 章中的散列表是基本内容，而第 2～4 章和第 6 章是重点内容。标题带“*”的章节是可选讲内容(偏难的或非重点的)。

各校根据实际教学要求和学时分配，可以适当地对本书内容进行节选。建议按照下述方式进行教学内容的取舍。

第一层次(最高要求)：全面完成本书内容，但可以将第二层次忽略的内容列为课外阅读(不占学时)。

第二层次(较高要求)：可以忽略 2.5.3、2.7.4、5.2.3、5.4.5、6.7.3、6.7.4、6.7.5、7.2、7.3.4

各节内容。

第三层次（普通要求）：可以再忽略 1.2.3、2.5.2、2.7.3、2.9、4.2.4、4.4、4.7.3、5.3、5.4.3、5.4.4、5.5.2、6.5.1、6.7、7.1、7.3.3 各节和第 8 章的内容。

第四层次（最低要求）：可以在第三层次的基础上再忽略 2.5、2.6.2（其中的矩阵乘法内容）、2.8、3.2.2、3.2.5、3.5、4.6.2、5.4.1、7.3 各节的内容。

陈卫卫制定了全书的章节结构和内容编选原则，并编写了第 1、2、3、8 章；第 4~7 章由王庆瑞编写。

特别感谢蒋宗礼教授认真详尽地审阅了本书，并提出了宝贵的修改意见。

本书在编写过程中，一直得到高等教育出版社、解放军理工大学的关注和支持，在此一并致谢。

本书有配套的 PPT 课件，可以从中国高校计算机课程网（http://computer.cncourse.com）下载。

对于书中不当甚至错误之处，恳请读者批评、指正。

作　者

2010 年 9 月

目 录

第1章 概　述

1.1 基本概念

1.1.1 数据结构的概念

1．数据和数据结点

在计算机领域中，数据是对客观事物的描述形式和编码形式的统称，是计算机算法和程序的处理对象和计算结果。

在研究算法时，着重考虑由众多相同类型数据组成的数据集合，以及集合中数据之间的内在联系，需要对数据和数据集合进行哪些运算，以及如何提高运算效率，设计出高质量的程序。

数据元素也称为数据结点，简称结点。通常，一个数据结点由用来描述一个独立事物的名称、数量、特征、性质的一组相关信息组成。多数情况下，一个结点含有多个数据项，每个数据项是结点的一个域，能够用来唯一标识结点的域称为关键字域，人们往往用关键字指明结点。当然，某些情况下，一个结点只含一个数据项，即单值结点。

例如，在设计处理学生成绩问题的程序时，一名学生的相关信息，包括学生的姓名、学号、各科考试成绩等，构成一个数据结点，学号可以作为关键字。在处理库存商品问题时，一个数据结点对应一种商品的相关数据项，包括商品编号、名称、规格、数量、生产厂家、单价、入库日期等，商品编号可以作为关键字。在后面的示例中，多选用单值结点，也可理解成用关键字值代替结点值。

2．数据结构的定义

一个有穷的结点集合 D，以及该集合中各结点之间的关系 R，组成一个数据结构，表示成 $B=(D，R)$[①]。

这里，D 和 R 是对客观事物的抽象描述，R 表示结点之间的逻辑关系，所以，$(D，R)$指的是数据的逻辑结构。

---

① 数据结构的另一种定义形：$B=(D，R，O)$，其中“O”表示“运算集”。

例如，$D=\{a，b，c，d，e\}$，$R_1=\{<a，b>，<d，c>，<b，d>，<c，e>\}$，$R_2=\{<a，b>，<b，c>，<b，d>，<b，e>，<d，e>\}$。那么，$(D，R_1)$组成一个数据结构；而$(D，R_2)$则组成另一个数据结构。

数据结构在计算机内的存储形式称为存储结构，也称为物理结构。在存储数据结点值的同时，还必须存储结点之间的关系（或结点的存储地址能够体现出结点之间的关系）。用来存储一个数据结点，并在必要时存储该结点与其他结点之间关系的一组存储单元称为一个存储结点。因为一个数据结点对应一个存储结点，所以，在不会混淆的情况下，也把存储结点简称为结点。当前尚未存储数据结点的存储结点叫空白结点，或称空结点、自由结点。

例如，n 个数据结点的集合 $D=\{a_0，a_1，a_2，\cdots，a_{n-1}\}$，关系 $R=\{<a_i，a_{i+1}>|i=0，1，\cdots，n-2\}$。可以将 D 存储于数组 $b[m]$（$n<m$）中，那么每个 $b[i]$（$i=0，1，\cdots，m-1$）是一个存储结点，除 n 个数据元素占用的 n 个单元外，尚有 $m-n$ 个空白结点。如果将 n 个数据元素依次存储于 $b[0]$～$b[n-1]$，那么结点的存储地址（即数组元素下标）能够体现出结点之间的关系，关系 R 用不着单独存储。如果将 n 个数据元素随机地存储于 n 个单元，除存储数据元素 a_i 外，还要存储能够体现关系$<a_i，a_{i+1}>$的信息。通常的做法是为存储结点增加一个域，若 a_i 存储于 $b[j]$，那么对于 $b[j]$来说，增加的这个域则用于存储元素 a_{i+1} 的地址。

3. 数据结构的种类

基本数据结构大体上可分成表结构、树结构、图结构和散结构 4 大类，如图 1-1 所示。

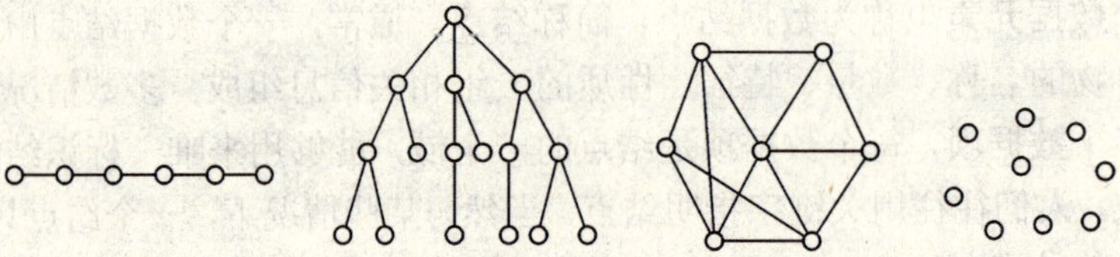

（a）表结构　　（b）树结构　　（c）图结构　　（d）散结构

图 1-1　数据结构示意图

表结构用来表示结点之间某种先后次序关系（属于线性关系），一个结点只有一个前驱和一个后继，但首结点没有前驱，尾结点没有后继。比如学生成绩单。

树结构用来表示结点之间的层次关系、分支关系和嵌套关系，一个结点只有一个前驱（根结点没有前驱），但可以有多个后继。比如某部门的组织机构、行政区划图、文件目录结构。

图结构用来表示结点之间最一般的关系，任何两个结点之间都可能有（或没有）关系。比如城市交通网。

通常认为，表结构描述的是“一对一”关系，树结构描述的是“一对多”关系，而图结构描述的是“多对多”关系。

如果集合中任何两个结点之间都没有关系，或者说存在一种特殊的关系——无关关系，则可表示成散结构。

从数学角度来讲，树结构和散结构都是图的特例，表结构又是树的特例。例如，无回路的连通图就是树，散结构对应的是只含顶点而没有边的“空图”。线性表也可以看作“一元树”。

1.1.2 抽象数据类型

1．抽象的意义

从一般意义上讲，抽象是指“抽取事物的共性，忽略个性；体现外部特征，掩盖具体细节”。

在计算机程序设计领域中，“抽象”起到十分关键的作用。在系统分析和设计阶段，通过对客观事物的抽象，能够让人们更好地把握全局，从更高一层的宏观角度考虑问题，着眼于制作更具有生命力的软件模块，以增强软件的可复用性。同时，在编程实现阶段，通过抽象数据类型实现“信息隐蔽”，从而使软件具有易移植和易维护的特点。

抽象程度越高，对信息及其处理细节的隐藏就越深，对使用这些信息的人们的计算机专业知识要求也就越低，使用起来就越方便。

最初，汇编语言的出现，使人们能够像数学那样直接使用形如 23、1.54、3.2E05 等数据，而不必关心数据在计算机中是如何表示的，如何进行计算的，其中的处理细节可能涉及定点数、浮点数的二进制存储形式以及运算方式，这些细节都由汇编程序自动完成，对使用者来说是隐蔽的，或者说是透明的。

其后，高级程序设计语言提供了整型、单/双精度实型、字符型等基本数据类型，以及这些类型的相应运算、函数库、输入输出语句。用户在使用这些类型的数据进行计算时，可以直接将它们写成表达式，系统便按照运算符的优先级，自动地对表达式进行加工处理，并给出计算结果。这中间究竟隐藏了多少细节，对于那些不懂得“编译”过程的人们是很难理解，也很难说清楚的，但是这种隐藏给程序设计者带来的方便却是实实在在的。

伴随着抽象不断地向高层扩展，还引发了程序设计方法的变革。从面向过程的程序设计，发展到面向对象的程序设计，再逐步发展到面向组件、面向服务的程序设计。这对软件复用技术的发展起到了十分关键的作用。

2．抽象数据类型的含义

抽象数据类型简称 **ADT**，是将“数据”连同对其的“处理操作”（即运算）封装在一起而形成的复合体。ADT 是对一个确定的数学模型，以及定义在该模型上的一组操作的抽象表示，不涉及具体的实现。

例如，可以将与有序表有关的数据和处理操作封装成一个 ADT，涉及的数据可能有元素个数、数据元素等，涉及的操作可能有查找、插入、删除等，其描述如下：

ADT　Orderlist　　　//Orderlist 为抽象数据类型的名字

{

数据对象：$D=\{a_i|a_i \in ElemType，i=1,2,\cdots,n，n\geqslant 0\}$

数据关系：$R=\{<a_{i-1},a_i>|\ a_{i-1},a_i \in D,\ a_{i-1}\leqslant a_i，i=2,3,\cdots,n\}$

```
基本操作：
    InitList(&L)                 //构造一个空的有序表 L
    InsertElem(&L，e)            //在有序表中插入新元素 e，使表仍有序
    DeleteElem(&L，e)            //在有序表中删除元素 e
    ListTraverse(L)              //输出表中的元素
    ListSearch(L，e)             //在表中查找值为 e 的元素
    ListLength(L)                //返回表中元素的个数
    ListEmpty(L)                 //测试表空否
}
```

3．抽象数据类型的实现方法

实现抽象数据类型就是要编写相应的程序，实现 ADT 所定义的功能。具体地说，就是确定数据的类型和存储结构，使其能够准确地体现 ADT 中定义的数据对象和数据关系，并在此基础上，为 ADT 中定义的每一个运算设计求解算法，并编写实现函数。

实现 ADT 可采用封装法、半封装法和分散法。

封装法将 ADT 中定义的数据和处理数据的函数封装成一个整体，比如 C++的类，于是一个 ADT 对应一个类。还可以通过继承，派生出具有个性的子类。

半封装法将 ADT 数据和为处理数据需要而定义的相关变量封装在一起形成一个结构，而将有关的处理函数定义在结构体之外。

分散法则将数据和处理数据的函数各自分开定义。

3 种方法相比，封装法与 ADT 的定义格式较为一致，数据和处理函数的归属明确，也比较符合“面向对象的程序设计方法”的要求。

分散法有可能将属于 ADT 的和不属于 ADT 的数据、函数混杂在一起，尤其是同一个程序涉及多个 ADT 时，不同 ADT 所属的数据和函数的混杂，使得无法从程序的物理结构上（即代码的物理次序）区分哪些数据和函数属于哪个 ADT。

半封装法仅做到对数据存储结构的封装（请参见 2.1.2 节），其特点介于封装法和分散法之间。

由于本书前 7 章着重介绍基本数据结构的特点、存储方式和处理算法，而没有刻意地通过 ADT 描述数据结构，又由于同一个问题所涉及的数据和处理算法相对独立、归属明确，即便定义 ADT，也不会同时涉及多个 ADT，所以没有采用封装法，而是采用分开描述、分开定义的方法。更为主要的是，这样做能够简化程序结构，减少篇幅，突出算法的核心步骤，便于阅读、学习和掌握。

最后用一章的篇幅（第 8 章）集中介绍如何将数据和处理数据的函数进行封装，也就是用 C++的类实现前几章中介绍的各种数据结构及其处理算法，从而体现出数据结构的面向对象的

实现方法。

1.1.3 算法的概念

1. 算法的定义

计算机科学大师克努特（Donald E. Knuth）在他的《计算机程序设计艺术》（第1卷：基本算法）中，给出了算法的定义，其要点如下：

算法是有穷规则的集合，而规则规定了解决某一特定问题的运算序列，同时，算法还应具有“有穷性、确定性、可行性以及输入数据、输出数据”。

- 有穷性——必须在执行有穷步骤后终止。
- 确定性——每一步必须具有确切的定义，不能含混不清，无二义性。
- 可行性——所有的运算都可以精确地实现。
- 必须有输出数据，包括输出某种动作或控制信号。没有任何输出的算法相当于“什么也没做”。
- 往往要求输入数据，作为执行前的初始量。但有的算法不要求输入数据。

2. 算法、数据结构与程序的关系

当人们着手求解某给定问题，设计求解此问题的处理程序时，先要确定方案，设计求解算法，然后为算法选择满足处理要求的数据结构，将算法的计算步骤分解成对数据结构的运算，再设计实现数据结构运算的算法，最终编写求解程序。程序就是问题的最终解，称为问题的算法解，或程序解、软件解。

其间，还要对算法的性能进行分析，主要是论证算法的正确性、评估算法的运行效率。若分析结果不能满足要求，则要重新设计算法，或对算法进行改进，并再次分析。直到分析结果能够满足解题要求，再进行后续的编程工作。在交付使用之前，还要适当地选择一些数据，对程序进行调试和测试。

按算法编写程序的过程称为对算法的实现。程序不仅要“完全忠实于”算法，不折不扣地实现算法的处理步骤，而且要确保算法能够达到预期的运行效率。其中，数据结构的选取是至关重要的，它不仅影响算法实现的难易，而且会影响算法的运行效率。著名的 Wirth 公式“算法+数据结构=程序”就指出了这一道理。

例如，Kruskal 算法（请参见 4.5.1 节）的实现就颇费了一番脑筋。再如，对于单一的集合合并运算来说，链式存储要比顺序存储好得多。

于是，算法有两种表现形式：描述形式和程序形式。描述形式是算法的原始形式；程序形式是算法的实现形式，也是算法的“最终描述形式”。因为程序中含有算法，而算法又是程序的原型。所以，后文有时将程序称为算法，或将算法称为程序。

1.2 算法的描述和评价

1.2.1 算法的描述

1. 描述形式

算法的描述形式依赖于描述语言。描述语言可以是自然语言，即汉语或英语等人们日常生活中使用的语言，还可以是专为描述算法而设计的“格式化”语言，即人工语言。

描述算法时，往往为了突出算法的主体，而忽略支持算法执行的某些有碍于阅读的具体细节，以便于理解、记忆和交流。

目前，常用的描述语言主要有自然语言、流程图、类程序设计语言。下面简单介绍这3种描述语言的用法和特点，并给出示例。

自然语言描述形式也称为文字描述形式或文字叙述形式，是算法最原始的表现形式。这种形式直接记录了人们求解问题的思维过程，简单直观。当然，为便于理解和阅读，最好采用分步骤的叙述方式，将处理步骤描述得更具条理性和准确性。

用流程图描述算法时，要注意使用规范的流图符号（见图1-2），例如，矩形框用于书写处理步骤，菱形框用于书写判断条件，椭圆形框用于表示开始和终止。

用流程图描述大型程序时，通常按描述的精细程度分成若干级，先画粗框，再逐步细化。

类程序设计语言（简称类语言）是以某种通用的程序设计语言作为“宿主语言”，对其略加改造而形成的一种“非正规的”语言。比如类C语言、类C++语言、类Java语言、类Pascal语言等都是常用的算法描述工具。用类语言书写的程序称伪程序或伪代码。

为了描述方便，伪程序中的语句可以不那么严格，只要混杂的语句大家都能理解，以屏蔽某些处理细节（比如进栈退栈操作细节等）。尤其不要求带有大段大段的类型定义、变量定义、输入输出等对算法只起“簿记性”工作的语句。只保留程序的基本框架结构，突出算法中的计算性语句，以及循环、递归、函数调用等主要控制性语句。

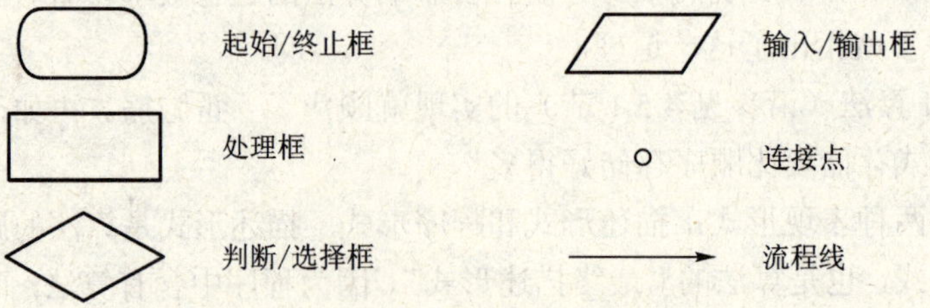

图1-2 常用的流程图符号

2．示例

例 1-1　自然选择排序算法。

排序算法很多，其中一种最简单的方法是自然选择法，也称为简单选择法。

（1）文字叙述形式

先从 n 个数中选出一个最小数，使它作为序列的第一项；再从剩下的 $n-1$ 个数中选出一个最小数作为第二项……重复上述选择工作，直至选择最后一个数，从而完成排序工作。

上述描述形式并不依赖于数据结构，不涉及数据的存储形式。

若数据存储在数组 $a[n]$中，上述排序过程可以进一步描述成：

先从 n 个元素中选择一个最小元素（比如某个 $a[k]$），将它与 $a[0]$交换位置；

再从剩下的 $n-1$ 个元素中选择一个最小元素，将它与 $a[1]$交换位置；

再从剩下的 $n-2$ 个元素中选择一个最小元素，将它与 $a[2]$交换位置；

……

经 $n-1$ 步选择和交换，即可完成排序工作。

写成循环形式如下：

步骤 1）置 $i=0$；

步骤 2）从 $a[i]$～$a[n-1]$选出最小元素 $a[k]$；

步骤 3）交换 $a[i]$与 $a[k]$；

步骤 4）$i=i+1$；

步骤 5）如果 i 等于 $n-1$，则算法结束；否则，转步骤 2。

（2）流程图

将上述算法画成流程图，如图 1-3 所示。如果有必要，还可以分别将处理框“从 $a[i]$～$a[n-1]$选出最小元素 $a[k]$”和“交换 $a[i]$与 $a[k]$”细化，画出细框图，表示如何选最小元素和如何进行交换。

（3）类 C 语言描述形式（伪代码）

```
for(i=0;i<n–1;i++)
{   k=i;
    从 a[i]～a[n–1]中选出最小元素 a[k];
    将 a[k]与 a[i]交换;
}
```

将这段伪代码翻译成 C/C++语言程序段，如下：

```
for(i=0;i<n–1;i++)
{   k=i;
    for(j=i+1;j<n;j++)if(a[j]<a[k])k=j;
    w=a[i];   a[i]=a[k];   a[k]=w;
}
```

再配上必要的说明和输入输出，就是一个完整的程序。

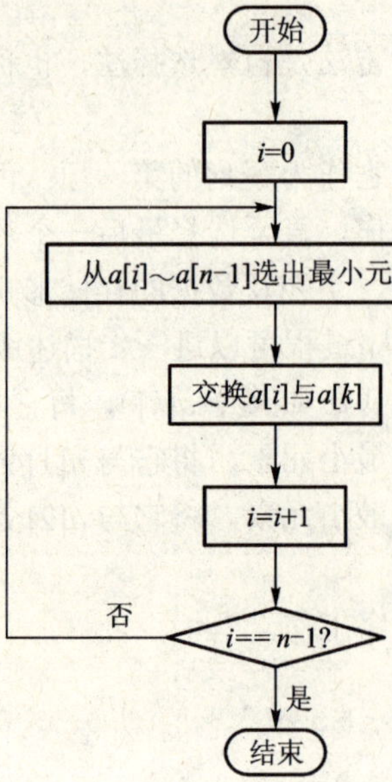

图 1-3 自然选择算法的流程图

例 1-2 二分查找算法。

在元素从小到大排列的有序数组 $a[n]$中，查找一个值为 x 的元素。若找到，则用变量 i 记住它的下标；若找不到（x 不在数组中），则将 i 置成无效下标（比如 $i=-1$）。

求解这个问题，可以采用速度非常快的二分查找算法。

（1）文字叙述形式

变量 left、right 和 mid 分别用来记录数组待查段的左右边界下标和“中值”点下标。

步骤 1）[初始化]置 left 和 right 的初值，使 left=0，right=n–1。

步骤 2）如果 left＞right，则查找不成功（即数组中没有 x），使 $i=-1$，算法终止；否则，进入下一步。

步骤 3）计算中值点下标，mid=(left+right)/2。

步骤 4）比较 x 与 a[mid]的值：

① 如果 x=a[mid]，则找到 x，置 i=mid，算法终止。

② 如果 x＜a[mid]，则调整右边界 right，使 right=mid–1，转到步骤 2，继续查找。

③ 如果 x＞a[mid]，则调整左边界 left，使 left=mid+1，转到步骤 2，继续查找。

这样，反复执行步骤 2～4，就能完成查找工作。

（2）流程图

图 1-4 给出了上述二分查找算法的流程图。

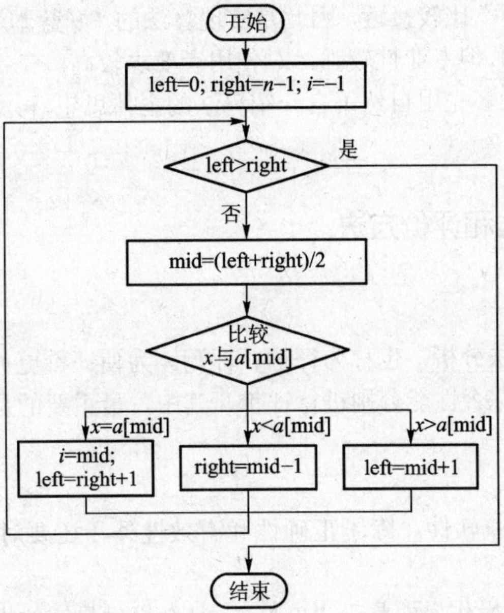

图 1-4　二分查找算法的流程图

（3）类 C 语言描述形式（伪代码）

```
left=0，right=n–1;
while(left<=right)
{   if(x>a[mid])没找到 x，返回–1;
    mid=(left +right)/2;
    if(x==a[mid])找到 x，返回 x 的下标 mid;
    if(x<a[mid])right=mid–1;
      else    left=mid+1;
}
```

2.2.2 节中的算法 2-1 给出了最终的实现程序。

3．描述形式对照

1）自然语言描述形式简单易懂，对使用者要求不高，但是，离实现差距大，而且若叙述不准确，易产生二义性。这种描述形式适合于对算法的设计思想进行介绍。

2）流程图的结构比较清晰、直观，易于理解。由于只规定几种图形符号及其含义，而没对框中内容的书写形式进行规范，所以仍不能摆脱二义性；同时，画起来麻烦，又不容易修改。流程图常用于对大型软件的结构分析和说明。

3）类语言描述形式可以有效地避免二义性。适当地使用文字叙述语句，或用户自己定义的近似文字叙述的语句，可以突出算法的主体，体现逐步求精的设计思想，保持算法的良好结构。由于伪程序与“真程序”比较接近，因此是实现算法的“好蓝本”，同时也便于对算法时间、空间要求进行定量的分析。但专业性较强，对使用者要求较高。

本书在介绍算法时，大多先用自然语言介绍算法的主体思想，再给出 C/C++程序或类 C/C++伪程序。

1.2.2 算法的评价标准和评价方法

1. 评价标准

对算法的评价称为算法分析，也称为评估、评测。为使评价更加客观、合理，往往需要从几个不同的角度对算法的综合性能分别进行评价，其中，最主要的是：

1）算法的正确性[①]。

2）算法的有效性。

如果评价对象是程序或软件，除了正确性和有效性外，还要对其外部性能进行评价，通常有：

1）操作界面。软件的操作界面是否“友好”，是否提供足够的提示信息和出错信息。

2）健壮性。软件对非法操作、非法的输入数据能否作出恰当的反应，并进行适当的处理，而不至于造成系统瘫痪，或产生莫名其妙的结果。

3）易读性和易维护性。

本书只讨论算法的正确性和有效性，并重点讨论有效性。

2. 正确性

算法的正确性是最基本也是最重要的要求。

一个正确的算法应当对所有输入数据都能给出正确的结果。比如一个排序算法，只有对任意 n 个数据都能完成排序工作的算法才是正确的排序算法。

对于一些简单的算法，可以通过上机调试验证其正确与否。要精心挑选调试用的数据，不仅要注意挑选那些具有一般性的数据，而且要注意挑选那些代表各种特殊情况的数据，以保证算法对“所有的”数据都正确。

但是，一般说来，调试并不能保证算法对所有数据都正确，只能保证对一部分数据正确。正如克努特所言：“调试只能验证算法有错，不能证明算法无错”，因为，只要客观上存在一组合法数据使算法失败（即计算结果不对），就能否定整个算法的正确性。调试往往不能穷尽所有可能的情况，所以，即使算法有错，也不一定能通过调试在短时间内发现。

算法的正确性通常要用数学归纳法去证明。

本书介绍的算法大多都很简单而又直观，其正确性一般都能从简单的分析中得到，所以通常不给出正确性证明。

---

① 近来，有些学者主张将“正确性”纳入算法定义。

3. 时间复杂性

算法的有效性指算法的运行效率，也就是算法投入运行时，将耗用多少时间，占用多少存储空间。

算法的时间需求称为算法的时间复杂性或时间复杂度。

算法的空间需求称为算法的空间复杂性或空间复杂度。

本书重点讨论时间复杂性。

一般说来，一个算法的时间耗用量将随输入数据量 n 的增大而增大。比如，某排序算法，对 10 000 个元素排序所用时间要比对 100 个元素排序所用时间要长，所以算法的时间复杂性是输入数据量 n 的函数，记为 $T(n)$。评价算法的时间复杂性，就是设法找出函数 $T(n)$。

为了简化计算和标准统一，通常假定算法每执行一条基本语句耗用一个时间单位，于是可根据算法的循环次数和递归调用次数，计算出总共执行了多少条基本语句，从而确定 $T(n)$。

一般情况下，要精确地算出 $T(n)$是非常困难的。在大多数情况下，只能进行粗略的估算，只要估算结果能大体上说明算法的时间性能就可以了。最常用的方法是，求出 $T(n)$随输入数据量 n 增长而变化的趋势，也就是当 n 趋近无穷时 $T(n)$的极限情况，这种极限情况称为算法的渐近时间复杂性。

计算 $T(n)$的渐近时间复杂性时，若能找出常数 $c>0$ 和非负函数 $f(n)\geqslant 0$，并证明当 n 大于某个 n_0 时，满足：

$$T(n)\leqslant cf(n)$$

那么，就用**大 *O* 记号**表示成：

$$T(n)=O(f(n))$$

读作“T n 是 O f n 的”。

采用大 O 记号表示算法的时间复杂性函数，只需要求出 $T(n)$的最高阶，忽略其低阶项和常系数，从而大大地降低了计算难度，同时也能比较客观地反映出当 n 很大时，算法的时间性能。

例如，算法 A 的时间耗用函数为：

$$T_{\text{A}}(n)=20n^2+100n$$

算法 B 的时间耗用函数为：

$$T_{\text{B}}(n)=0.5n^2-3n+18$$

这两个算法的时间耗用函数的阶是一样的，都是 n 的平方阶的，于是可以写成

$$T_{\text{A}}(n)=O(n^2)$$

$$T_{\text{B}}(n)=O(n^2)$$

这表明当输入数据量 n 很大时，算法 A 和算法 B 的时间性能相差不多。

一般说来，当 n 很大时，时间耗用函数的阶越低，算法运行速度越快，所以低阶算法比高阶算法要好。

下面由低到高列出一些经常用于表示算法时间耗用函数的阶。

$O(1)$　　常数时间，即算法时间用量与输入数据量 n 的大小无关。

$O(\log n)$ 对数时间。对数阶通常不写底数（与底数无关）。

因为对任何常数 $c>0$ 和 $d>0$，根据对数换底公式，有：

$O(\log_c n)=O(\log_c d \log_d n)=O(\log_d n)$ （注意 $\log_c d$ 是常数）

$O(n)$ 线性时间，即算法时间用量与 n 成正比。

$O(n \log n)$ 非常理想的阶。

$O(n^2)$ 平方阶时间。

$O(n^3)$ 立方阶。

……

在算法理论中，当 $T(n)\leqslant O(n^d)$（d 是任意一个正的常数）时，就称“算法是多项式界的”，都属于“有效算法”。这里说的“有效”是指算法能在“有限时间内”完成；而若 $T(n)$超过多项式，而达到指数阶，或更高，比如：

$O(2^n)$ 指数阶。

$O(n!)$ 阶乘阶。

那么，这样的算法就属于“无效算法”，因为只要输入数据量 n 稍大一点，算法就不能在“有限的”时间内完成。

例如，某算法的时间复杂性 $T(n)=2^n$，当 n=1 000 时，其工作量（执行基本语句的条数）将达到 $2^{1\,000}$，假定每执行一条基本语句需要花费 1 纳秒（10^{-9}秒）时间，那么解此问题共需要：

$$\frac{2^{1000}}{10^9\times 3\,600\times 24\times 365}\approx 1.22\times 10^{288}\,(\text{年})$$

可见，这是不实现的。

当然，即便同是有效的，低阶算法要比高阶算法更有效；对于同阶算法，常系数越小越有效。在设计算法时，应当选用更为有效的算法，乃至最优算法（最优算法的定义请参见 7.1.2 节），以降低时间耗用量，提高计算速度。

4．最坏情况和平均情况

有些算法因分支等因素，对相同输入数据量的不同输入数据，耗用时间也会有所不同，有的还相差很大。在这种情况下，为使评价更客观、更有说服力，需要按几种情况分别讨论算法的时间性能。主要分成最坏情况和平均情况，即算法的最坏性态和平均性态。

所谓最坏情况是指，对于具有相同输入数据量的不同输入数据，算法时间用量的最大值。

比如一个排序算法，对于一组（n 个）待排序数据，算法耗用时间会少些，而对另外一组（也是 n 个）待排序数据，算法耗用时间会多些。这样，至少存在一组数据，算法耗用时间最多（最坏情况），就以这组耗用时间最多的数据为准，计算出算法时间复杂性。

为醒目起见，最坏情况下的时间复杂性用 $T_W(n)$表示，其中下标“W”指的是最坏情况。

我们说一个算法是好的，总是希望它在任何情况下运行速度都快。因此，最坏性态可以表述算法的这一特征。

所谓平均情况是指，对于所有相同输入数据量的各种不同输入数据，算法耗用时间的平均值。

比如一个排序算法，如果把每 n 个待排序的输入数据看作一组，输入数据不同的“杂乱程度”将有 $n!$种情况。每一种情况耗用时间可能不同，把这 $n!$种情况耗用的时间加起来，除以 $n!$，作为该算法平均时间复杂性。

分析一个算法的平均性态时，有时还要考虑各种不同输入数据出现的可能性（即概率）。将每组可能的输入数据耗费时间乘以这组数据出现的概率，然后求和，即可得到算法平均情况下的时间复杂性。所以，平均情况通常指的是**期望情况**。不过，由于不同输入数据出现的概率不容易确定，所以本书在讨论算法的平均时间复杂性时，往往只讨论各种输入数据出现的可能性相同，即等概率意义上的平均情况。

用 $T_E(n)$表示平均情况下算法的时间复杂性，其中下标“E”指的是平均情况。

从实用的角度看，有些算法遇到最坏情况的可能性极小，在大多数情况下都是快的。算法的平均性态可以表述算法的这一特征。

这样，从最坏情况和平均情况两个角度分析算法的时间性能，可以对算法作出更为客观的评价。

在算法理论中，通常不讨论“最好”情况下算法的时间复杂性。

当然，如果某算法在最坏情况和一般情况下时间用量相差不多，就没有必要区分这两种不同情况了。这时，就笼统地用 $T(n)$表示算法时间用量，即 $T(n)$不带下标。

类似地，还要对算法执行时所需空间（即占用内存单元数目，主要是数组长度和栈长度等）进行计算，算出算法空间用量函数 $S(n)$。通常只计算辅助空间用量，而不计算原始数据所占的空间。

在设计算法时，有时为了节省时间而多使用一些辅助变量和辅助数组。这种做法实际上是“以空间换时间”，也称为**时空折中方案**。

5. 算法的选用原则

一个问题通常可有多种求解算法。虽然低阶算法比高阶算法好，但实际使用者究竟选用什么样的算法，还要考虑如下因素：

1）算法实现的难易程度。一般说来较好的算法较难实现。

2）算法使用的次数。对于那些不常用算法可不必细究。而常用算法，尤其是实时处理（如通信、天气预报等）所用的算法则应尽可能地快。

3）算法运行环境。这里的运行环境指的是算法的应用领域，特别是输入数据量的范围。比如查找运算，可能在几个或者几十个数据中查找某个特定数据；也可能要在几万，甚至几十万、几百万个数据中查找某个特定数据。在选用查找算法时，对于查找数据量小的情况，任一种简单的查找算法就可满足要求；如果查找数据量大，或者特别巨大，必须追求查找效率，则应选择低阶的查找算法。

通常情况下，低阶算法往往带有较大的常系数，而且占用空间多。这是因为，为了降低时间用量，通常需要进行预处理，建立一些临时的数据结构（如数组、指针、链表等）。这既花费时间，又耗费空间。

因而，当数据量不大时，低阶算法未必就快。

例如，用于求解同一问题的算法A和算法B的时间复杂性分别为：

$$T_A(n)=1\ 000n$$

和

$$T_B(n)=n^2$$

显然，$O(T_A(n))<O(T_B(n))$，但并非A总快于B。因为，当 $n<1\ 000$ 时，B却比A快；只有当 $n>1\ 000$ 时，A才比B快。

总之，选取算法时，只要能满足客观需求，就可使用。

1.2.3 计算时间复杂性的一般方法

虽然计算渐近时间复杂性时，只要求计算出算法时间复杂性的阶，比计算“精确的时间复杂性”要简便得多，但是，要计算得准确也不容易。下面介绍几种较为简便的计算方法，可以快速求出算法时间复杂性的阶。这些方法对于大多数结构简单的算法都比较适用。

1. 支配性语句度量法

在一段程序中，往往有一条语句执行次数最多，花费时间也就最多，其他语句执行次数的总和将不超过这条语句执行次数的常数倍，那么，就称这条语句在花费时间上是起“支配性作用”的典型语句，于是可选这条语句的执行次数作为度量这段程序花费时间的阶。

某段程序形如：

```
语句 1;
语句 2;
  ⋮
语句 s;
  ⋮
语句 m;
```

如果语句 s 共执行 $f(n)$ 次。而除语句 s 外，其他语句执行次数总和不超过 $cf(n)$ 次（c 是常数）。于是，这段程序共执行：

$$f(n)+cf(n)=(c+1)f(n)$$

条基本语句。根据渐近复杂性的定义，这段程序的时间复杂性为 $O(f(n))$。

例如，下面的程序段：

```
for(i=1,c=0,s=a[0];i<n;i++)
{
1.    if(a[i]<a[0])    //比较元素大小
```

```
2.    c+=1;
3.    s+=a[i];           //元素值求和
}
```

注意，语句前面的序号（1，2，3）是为了讲解算法时便于索引而添加的，并不是程序的组成部分（下同）。

可选语句 1 作为支配性语句，由于它共执行 n–1 次，所以这段程序的时间复杂性为 $O(n)$。又由于语句 3 也执行了 n–1 次，所以同样也可选语句 3 作为支配性语句。

同一段程序中如果有多条语句可选作支配性语句时，一般情况下可以任选。不过，评价以元素比较为主的算法（主要是一些排序算法和查找算法）时，通常以比较次数度量算法的时间复杂性，所以只计算比较次数，而不计其他操作（比如赋值语句）的执行次数；评价其他算法时，通常用算术运算次数（包括加减乘除和赋值等）来度量算法的时间复杂性。

2．分段计算法

一个复杂的程序，往往可按结构（或功能）划分成相对独立的若干段，可以分别计算各段的时间耗费，然后相加，作为整个算法的时间复杂性。

比如，若其中一段时间耗费为 $O(f(n))$，另一段时间耗费为 $O(g(m))$，那么两段共耗费：

$$O(f(n))+O(g(m))=O(f(n)+g(m))$$

如果 m 和 n 不是互相独立的参数，将它们相加后再作化简。一般说来，相加后只取高阶项。

例如：

$$O(n^2)+O(n)=O(n^2)$$

$$O(n)+O(n)=O(n)$$

3．分层计算法

若一段程序中出现多重循环，或在循环体中调用了函数，而被调函数中又带有循环，即含有多个层次，可以分别计算各层的时间耗费，然后相乘，其乘积作为该段程序的时间复杂性。

设外层循环共执行 $O(f(n))$次，外层每执行一次，内层循环都要执行 $O(g(m))$次，那么两层共执行 $O(f(n))O(g(m))=O(f(n)g(m))$次。

同样，若 m、n 不互相独立，相乘后再化简。

例如，对于下面的程序段：

```
for(i=0;i<n;i++)
{   x=y=0;
    for(j=0;j<n/2;j++)
    {   if(a[j]>a[i])x+=1;
        if(a[j]<a[i])y+=1;
        printf("%d,%d\n",x,y);
    }
}
```

其外循环共执行 n 次，外循环每执行一次，内循环都会执行 $n/2$ 次，注意到 $O(n/2)=O(n)$，所以，本段程序时间复杂性为：

$$O(n)\times O(n)=O(n^2)$$

再如，下面的程序段：

```
for(i=1;i<=n;i++)
    for(j=1;j<=i;j++)
        printf("%d",i*j);
```

显然，外循环第 i 次执行时，内循环执行 i 次，所以内循环总的执行次数为：

$$1+2+\cdots+n=\sum_{i=1}^{n}i=\frac{n(n+1)}{2}=\frac{n^2}{2}+\frac{n}{2}$$

那么，该段程序的时间复杂性即为 $O(n^2)$。

使用分层计算法时要注意，只有当外循环每执行一次，内循环都执行同一个 $O(f(n))$次时，才可以进行相乘；如果内循环执行次数不定，使用分层相乘法很可能会因计算过于“粗糙”，其结果不能如实反映出算法的时间性能。在这种情况下，可以通过计算在整个程序执行期间内循环执行的总次数，确定该段程序的时间复杂性。请参见 4.3.3 节中对算法 4-5 的评价。

4．递推式方法

如果能够根据算法的循环或递归调用情况，列出关于时间耗费函数的递推方程（或递推不等式），便可以通过求解递推方程，计算出时间复杂性。例如，2.2.2 节中对二分查找算法的时间分析。

5．数学模型法

有时为了较精确地计算一个算法的时间复杂性，往往要构造一个数学模型，将算法与数学模型相对照，或许要再经过一系列复杂的数学演算，最后求出 $T(n)$来。例如，“扫雪车模型”（请参见 6.7.3 节）、判定树模型（请参见 3.5 节）。

请注意大 O 记号的含义，实际上，只要找出时间复杂性 $T(n)$的某个**上界**函数 $f(n)$，就可以表示成 $T(n)=O(f(n))$。当然，这个上界越接近 $T(n)$，就越能精确地反映算法的时间性能。最好能够找出 $T(n)$的“上确界”。如果一时无法找出上确界，也应当尽量靠近上确界；如果与上确界相差太大，就失去了评价意义。

习题

[填空题]

1.1 在计算机领域中，数据是对客观事物的__（1）__描述形式和编码形式的统称，是算法和程序的__（2）__。

1.2 数据元素也称为__（1）__。通常，一个数据元素由__（2）__的一组相关信息组成。

1.3 数据（及其结构）在计算机内的存储形式称为__（1）__，也称为__（2）__。__（3）__称为一个存储结点，未存储数据的存储结点叫做__（4）__。

1.4 基本数据结构大体上可分成___（1）___4大类，其中，___（2）___用于表示结点的先后次序关系，一个结点只有___（3）___个前驱和后继；___（4）___用来表示结点之间的层次关系，一个结点可以有___（5）___个后继，___（6）___个前驱。___（7）___和___（8）___都是图的特例，而___（9）___是树的特例。

1.5 克努特对算法的定义指出：算法是___（1）___运算序列，同时，算法还应具有___（2）___等5个方面。

1.6 算法有两种表示形式：程序形式和___（1）___。___（2）___是算法的最终形式，___（3）___是算法的原始形式。流程图属于___（4）___。

1.7 对算法的评价称为___（1）___，主要针对___（2）___进行评价。此外，对于软件还要从___（3）___进行评价。

1.8 算法正确性的含义是___（1）___。按照克努特的说法，调试只能___（2）___，不能___（3）___。

1.9 算法的运行效率主要指时间复杂性和___（1）___复杂性。若一个算法的时间耗用函数 $T(n)$满足___（2）___，则记作 $T(n)=O(f(n))$。有效算法和无效算法的分界线是___（3）___。

1.10 就算法时间复杂性而言，最坏情况指的是___（1）___，平均情况指的是___（2）___。

1.11 选用算法时主要考虑___（1）___等因素。计算算法时间复杂性主要有___（2）___等方法。

1.12 下列程序段的时间复杂性为___（1）___，空间复杂性为___（2）___（均用大 O 记号表示）。

```
for(i=0;i<n;i++)
    scanf("%d",&a[i]);
for(i=0;i<n;i++)
{   b[i]=0;
    for(j=0;j<n/2; j++)
        b[i]+=a[i]*a[j];
}
for(i=0;i<n;i++)
    printf("%5d",b[i]);
```

[选择题]

1.13 一个___（1）___集合，以及集合中___（2）___，组成一个数据结构。

（1）A．数据结点　　B．计算方法　　C．逻辑存储　　D．数据映像

（2）A．结构　　B．各结点之间的关系　　C．运算　　D．算法

1.14 物理结构指的是_____。

A．数据的物理特征　　B．数据的物理类型

C．数据结构的存储表示　　D．数据的存储表示

1.15 下面关于数据的逻辑结构与存储结构说法正确的是_____。

A．逻辑结构要体现存储结构　　B．存储结构要体现逻辑结构

C．二者的含义是一样的　　D．二者毫无关系

1.16 算法复杂性记号 $T(n)$、$T_W(n)$和 $T_E(n)$分别代表_____。

A．准确的、上界和下界　　B．常数阶、多项式阶和指数阶

C．有效的、无效的和最优的　　D．一般情况、最坏情况和平均情况

1.17 算法的有效性是指_____。

A．时间复杂性和空间复杂性　　B．最坏情况和平均情况

C．制作周期与使用时效的关系　　D．制作费用与实用价值的关系

1.18 下列说法中不正确的是_____。

A. 算法的正确性通常需要人工证明

B. 只有对所有合法输入数据都正确的算法才是正确的算法

C. 经反复调试、长期运行，也不一定能够发现算法中的错误

D. 只有经长期运行、从不出错的算法，才是正确的算法

1.19 二分查找算法在最好、最坏、平均情况下，时间复杂性分别是_____。

A. $O(1)$，$O(n)$，$O(\log n)$　　B. $O(1)$，$O(\log n)$，$O(\log n)$

C. $O(\log n)$，$O(n)$，$O(\log n)$　　D. $O(\log n)$，$O(n\log n)$，$O(n)$

[基本概念题]

1.20 分别用文字叙述形式和程序形式描述求 $a[n]$中最大值、最小值和平均值的算法。

1.21 对下面的程序段（冒泡排序算法）：

（1）计算时间复杂性 $T(n)$。

（2）计算对数组 $a[n]$排序时最多比较次数和交换次数以及平均比较次数和交换次数。

```
for(j=n–2; j>=0; j– –)
    for(i=0; i<=j; i++)
        if(a[i]>a[i+1]) w=a[i], a[i]=a[i+1], a[i+1]=w;
```

1.22 证明二分查找算法的时间复杂性 $T(n)$满足：$T(n) \leqslant 1+\lfloor \log_2 n \rfloor$，并由此得出 $T(n)$的阶。

[算法设计题]

1.23 下面的算法（文字叙述形式），用来将数组 $a[n]$的每个元素都循环地右移 k 位，这里 $1\leqslant k\leqslant n$。算法描述如下：

步骤 1） 将数组分成两段，左段长为 n–k，右段长为 k。

步骤 2） 分别将两段逆转（即元素排列次序与原次序相反）。

步骤 3） 再数组元素整体逆转。

（1）用 C 语言编程实现（不能使用辅助数组）。

（2）求元素移动次数 $T(n)$。要求出准确的解析式（不是大 O 记号）。

（3）试证明算法是正确的。

提示：任一数组元素 $a[i]$经算法处理后，其下标变成：$(i+k)\%\, n$。

1.24 求两个正整数 m 和 n 的最大公约数的欧几里得算法，可用下面的公式描述：

$$\gcd(m,n)=\begin{cases} m & n=0 \\ \gcd(n,m\%n) & n\neq 0 \end{cases}$$

（1）将其写成程序形式，同时“顺便”求出 m 和 n 最小公倍数。

（2）证明欧几里得算法是正确的。

1.25 若正整数 n 出现在 n^2 的尾部，则称 n 是同构数。例如 1、5、25 都是同构数。试写出判断 n 是否是同构数的算法。

[基础实验题]

1.26 整数集合 A 和集合 B 分别存储在数组 $a[n]$和 $b[m]$中。试分别写出求 $C=A\cap B$ 和 $D=A\cup B$ 的算法，集合 C 与 D 也用数组存储（注：在同一集合中，元素不重复出现）。

（1）A、B 都是无序集合（元素任意排列）。

（2）A、B 都是有序集合（元素由小到大排列）。

1.27 试写出算法，把大于 1 的整数 n 作质因子分解，并分析算法的时间复杂性。

[综合实验题]

1.28 （1）证明将数组 $a[n]$的每个元素都循环地右移 k 位（见 1.23 题）的结果共产生 m 个等长的置换圈（元素只在圈移动），其中 m 是 n 和 k 的最大公约数。

（2）根据上述结论，设计出按圈移动算法，并分析算法的时间复杂性。

1.29 试写出算法，用 $O(\log_2 n)$次循环，计算正整数 n 的 n 次方值 n^n。不考虑因为数值过大而溢出的情况。

第 2 章
表结构

2.1 基本概念和存储方法

2.1.1 基本概念

1. 定义和术语

表或称线性表是结点序列（a_1，a_2，…，a_n）。结点按某种先后次序排列。

结点个数 n（$n\geqslant0$）称为表的长度，即表长。n=0 时，是空表。

a_1 称为表头结点，或首结点；a_n 为表尾结点，称尾结点。

习惯上，结点总是从左向右依次排列的，首结点在最左端，尾结点在最右端。排在结点 x 左侧的结点称为 x 的前驱结点，简称前驱；排在结点 x 右侧的结点称为 x 的后继结点，简称后继。前驱也称为左邻，后继也称为右邻。显然，首结点没有前驱，尾结点没有后继。

结点类型通常是结构类型，但也可以是单值类型（比如整型、实型）。为简化程序，本书在描述算法时，总是假定结点的类型为 int。

如果表中的结点是按结点的值，或按结点某个域的值由小到大（升序）或由大到小（降序）排列的，则称这个表是有序表。本书中，如不特别声明，凡“有序”均指升序。

2. 示例

下面讲的素数表、星期表、学生成绩单、财务账单、商品库存单都是典型的表结构。

其中，素数表 p=(2，3，5，7，11，…，97)列出了 100 以内的所有素数。它是一个单值元素表，而且是有序表，元素类型是整数。

星期表 w=(Sunday，Monday，Tuesday，Wednesday，Thursday，Friday，Saturday)列出了一周 7 天的英文名，它也是一个单值元素表，元素类型是字符串。

学生成绩单上记录着学生的信息，如学号、姓名、各门功课的考试成绩等。

财务账单上记载着日常财务的收入和支出情况，每项财务活动都含有若干数据项，比如发生的日期、内容摘要、收入或支出的金额。

在商品库存单中，每种商品都标有名称、规格、数量、供货日期、到货地点等内容。

显然，这 3 个表的元素都不是单值的，每个元素含有多个数据项，元素是结构类型。

图 2-1 给出了某班级学生成绩单示例，表中列出了学生的姓名（name）、学号（number）、语文（chinese）、数学（math）、英语（eng）等功课的学习成绩以及综合等级（sgrade），其中学号可作为关键字。如果没有重名学生，也可将姓名作为关键字。对于 number 域来说，这个表是有序的。另外，表中 math 和 sgrade 两栏空白，表示要等数学考试过后和期末综合等级评定之后再填写。

name	number	chinese	math	eng	sgrade
张 一	1201	76		84	
吴小宁	1202	45		68	
王君明	1203	93		96	
…	…	…	…	…	
尚静静	1250	77		69	

图 2-1 学生成绩单示例

3. 基本运算

表结构的基本运算主要有以下 9 种。

1）查找，给定结点的关键字值（以下简称结点值）x，查找值等于 x 的结点的存储地址。查找结果只有两种可能：

① 查找成功，表中有 x，返回 x 的存储地址。

② 查找不成功，x 不在表中，返回必要的信息，比如一个“无效地址”值。

例如，在如图 2-1 所示的示例中，查找学号为“1203”的结点（查找成功），或查找学号为“2103”的结点（查找不成功）。

如果对非关键字值进行查找，例如，要在如图 2-1 所示的表中找出英语成绩达到 90 分的学生，可能会找出多个符合条件的结点。

本书只讨论给定结点关键字值的查找运算。

2）插入，在表中添加一个新结点。插入方式有：

① 按指定条件插入，比如有序表插入，要求插入后表仍是有序的。

② 按指定位置插入，将新结点插在表某个指定位置上，比如，要求插在表头处，或表尾处，或第 i 个结点处。

③ 无条件插入，将新结点插在表的任意位置。

例如，在如图 2-1 所示的示例中添加一名新学生的信息，可以根据具体情况，将其插入到适当位置，比如，若原表是按学号排序的，加入新学生后，应保持学号的有序性。

3）删除，删除表中某个结点。删除方式有：

① 删除值为 x 的结点。

② 按指定位置删除，比如，删除表头结点，或表尾结点，或第 i 个结点。

例如，在如图 2-1 所示的示例中，学号为“1202”的学生由于某原因退学，可将其信息从表中删去。

因为经插入或删除后，表的结构发生了变化，因此插入和删除都是对表结构的修改。

4）存取，给定结点在表中的序号 i，求第 i 个结点的存储地址。

采用顺序存储时，数组下标与结点序号有简单的对应关系。

采用链式存储时，求第 i 个结点的地址，必须通过表头指针沿着结点的链域进行计数搜索。

5）更新，修改结点的某个域的值（通常不修改关键字的值）。

例如，在如图 2-1 所示的示例中，若发现学号为“1250”的英语成绩应为“72”，而现在误为“69”，要及时加以改正。另外，在考过数学后，要将学生们的考试成绩登记在表中。这种“改值”和“登记”操作都属于对结点值的更新。

6）合并，把两个表合并成一个表。

例如，把两个有序表合并成一个有序表（很重要的一种运算）。

例如，若将每个班级的学习成绩单合并为整个年级的成绩单，对应于将多个形如图 2-1 所示的表合并成一个表。

7）分裂，把一个表分裂成两个子表，或多个子表。

例如，给定结点值 x，将表分裂成两个子表，其中一个子表的结点值均小于 x，另一个子表的结点值均大于或等于 x。

例如将图 2-1 所示的表，按英语成绩分成 75 分（含）以上和 75 分以下两个子表。

8）复制，为某个表生成一个副本。

9）排序，重排无序表中的结点，使之成为有序表。本书将单独用一章（第 6 章）来介绍排序方法。

例如对图 2-1 所示的表，按英语成绩由高到低重新排列。

这 9 种运算并非在每个表中都出现。在处理一个表时，通常只遇到其中的一种或几种运算，即上述运算的一个子集。其中查找、插入、删除是最基本的，也是最常用的。

下面将着重介绍查找、插入、删除运算，研究在不同条件、不同存储结构下，实现这 3 种运算的算法，分析算法的时间效率和空间效率（以时间效率为主），从中找出一般性的规律。至于其他运算，有的可以通过这 3 种运算实现。

2.1.2 存储方法

表结构有多种存储方式，其中最基本的是顺序存储和链式存储。顺序存储的表称为顺序表，链式存储的表称为链表。

1. 顺序存储

顺序存储是指以结点为单位，按结点在表中的次序依次存储。结点在表中的逻辑次序与其在存储器中的物理次序一致。相邻结点存储在相邻的存储单元中。

在大多数情况下，同一个表中的结点类型是相同的（等长结点），于是，每个结点所占内存单元数相同。设首地址为 c，结点长度为 t（占单元数），那么，第 i 个结点的存储地址为：

$$\text{loc}(i) = (i-1)t + c \qquad (i = 1, 2, \cdots, n) \tag{2-1}$$

用 C/C++描述时，顺序存储通常指的是数组存储。于是，数组的一个元素就是一个存储结点。元素下标可以用来表示结点的存储地址。

例如，用于存储如图 2-1 所示的一个班级学生成绩单的结点类型和存储数组，可以如下定义。

```
#define  n  60                         //一个班级中学生人数上限（假定每班人数不超过 60）
#define  m  30                         //人名长度（字符数）上限
typedef  struct                        //定义结点结构
{   char  name[m];                     //姓名
    int  number, chinese,math,eng ;    //学号和 3 门功课的成绩
    char  sgrade;                      //综合等级
} element_type;                        //结点类型名
element_type  team[n];                 //存储成绩单的数组
```

为醒目起见，通常用“结点结构”图形表示结点类型。例如，可以用图 2-2 表示上述定义的结点类型。

name	number	chinese	math	eng	sgrade

图 2-2　结点结构示例

用固定长度的数组存储结点个数“动态”变化的表时，应尽量将数组长度定得大一点，使其不小于表的最大可能长度，以免插入新结点时造成“溢出”。

2. 链式存储

链表是表的链式存储结构。

每个表元素对应链表的一个存储结点。结点含有**值域**和**链域**，分别用来存储元素的值和其后继结点的地址（指单向链表）。表尾结点的链域值为空（NULL），表示其没有后继结点。

值域也称为数据域，链域也称为指针域。

单向链表的结点结构如图 2-3 所示，结点类型定义方式如下。

data	next

图 2-3　单向链表的结点结构

```
typedef   int   element_type;            //元素类型，假定为 int
```

```
typedef struct linkednode           //结点结构
{   element_type data;              //值域
    struct linkednode *next;        //链域
}snode, *ptr;                       //结点类型名 snode，指针类型名 ptr
```

在程序中，可以使用类型名 ptr 定义指针变量。例如：

```
ptr head,p,q;                       //定义指针变量
```

每个链表都用一个指针变量，比如 head，指向链表的首结点，head 就是链表的表头结点指针，简称表头指针或首指针。为了简化叙述，有时将首指针为 head 的链表称作链表 head。

一个链表就是表头指针和一串相继链接的结点的总称。

图 2-4 给出了单向链表示例，它是线性表（王，张，陈，李，赵，刘）的链式存储结构，其中，符号“^”表示空链域值。

2.3 节将详细介绍链表的种类和处理算法。

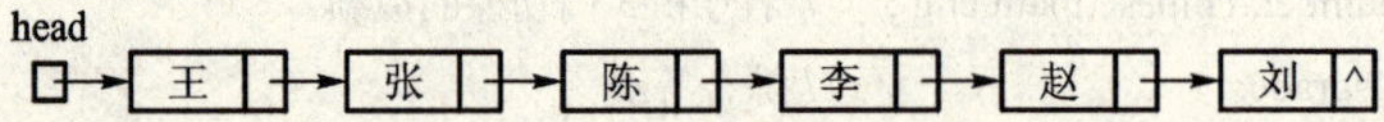

图 2-4 单向链表示例

3. 存储结构的封装

在结构化程序设计中，通常将描述同一个事物相关信息的数据封装在一起，以提高程序的可读性，便于排查程序错误，也易于修改和扩充程序的功能。表结构的相关信息可能包括名称、长度、存储空间等。

例如，顺序表的封装结构可以定义如下：

```
typedef struct                      //定义封装结构
{  char list_name[name_length];     //表名称
   int length;                      //表长度，即当前结点数
   element_type d[N];               //存储空间（数组）
} list                              //顺序表的类型名
list team;                          //定义表变量 team
```

这里，name_length 和 N 均是已定义的常数，分别是表名称的最大字符数和表的最大结点数。

图 2-5 是顺序表“封装式”存储结构的图示。

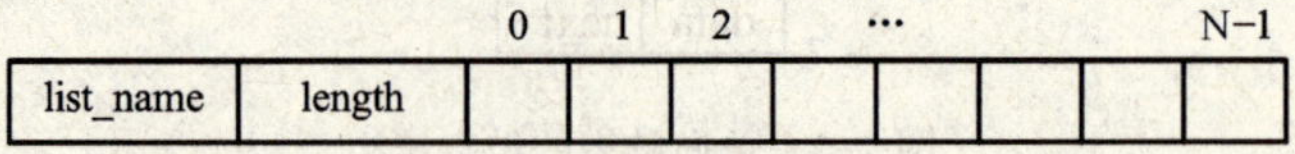

图 2-5 顺序表的封装式存储结构示意图

如果将表的名称、存储空间、长度等分开定义，则是“分散式”存储结构。

类似地，链表的封装结构定义如下，存储结构如图 2-6 所示。

```
typedef   struct
{  char   list_name[name_length];        //表名称域
   int   length;                         //表长度域
   ptr   head;                           //表头指针域
} link_list;                             //链表类型名
```

list_name	length	head

图 2-6　链表的封装式存储结构示例

为了突出算法的主体，简化书写格式，本书中的程序不采用封装式存储结构，而采用分散式存储结构。

2.2 顺序表

2.2.1 插入和删除

假定长度为 n 的顺序表占据数组 $a[m]$的前 n 个单元 $a[0]$～$a[n-1]$（$n\leqslant m$）。很容易写出完成插入、删除的程序段。

1. 插入

根据不同的插入要求，分别处理。

（1）无条件插入

如果对插入点不作要求，则将新结点 x 插在表尾最方便，用一条语句就可以了：

```
a[n++]=x;          //插在表尾，并修改表长度 n 的值
```

每插一个结点，只需用 $O(1)$时间。

（2）按指定位置插入

将某结点插在某指定位置，例如，将 x 插在第 i 个结点处。这种情况下，需要先将 $a[i]$～$a[n-1]$的一段元素自右向左依次右移一位，然后插入 x，程序段为：

```
for(j=n-1;j>=i;j--)a[j+1]=a[j];          //元素右移
a[i]=x;                                  //插入
n++;                                     //修改表长值
```

因为，总共移动了 $n\ \ i$ 个元素，所以，时间复杂性为 $O(n\ \ i)$。显然，i 越大，插入点越靠近表尾，耗时越短；i 越小，插入点越靠近表头，耗时越长。

（3）按指定条件插入

以有序插入为例。在有序表中插入 x，需要找到 x 的有序位置，再插入。

找 x 的有序位置，可以采用顺序法，也可采用二分法。若查找结果 x 的有序位置在某个 $a[i]$ 处，具体的插入方法同上。

采用顺序法时，可以“边查边移”，将查找和移动一起完成，程序段为：

```
for(j=n–1;x<a[j]&&j>=i;j––)a[j+1]=a[j];           //边查边移
a[j+1]=x;                                          //插入
n++;                                               //修改表长
```

时间复杂性同上，也是 $O(n-i)$。

需要说明的是，无论采用哪种方法，在插入前，必须先判断数组是否已经占满，也就是说，先执行语句：

```
if(n==m)返回空间已用完的信息;                        //由请求插入方进行处理
//否则，执行具体的插入操作
```

数组空间已经用完时的插入请求被认为是“溢出”。当发生溢出时，对于固定长度的数组，只能暂停程序，定义更长的数组，再重新执行程序；对于可变长数组，可以“向系统请求追加存储空间”，根据系统能否满足要求，给出相应的处理步骤，细节从略。

使用“动态数组”（请参见 2.4.2 节中的算法 2–13），不失为解决溢出的好方法。

2．删除

（1）删除指定结点

分为指定结点值 x 和指定结点存储位置 i 两种情况。对于前一种情况，需要先执行查找运算，找到 x 的存储位置 i，从而变成后一种情况。

删除 $a[i]$，只要将 $a[i+1]\sim a[n-1]$的一段元素从左到右依次左移一位，程序段为：

```
for(j=i;j<n–1;j++)a[j]=a[j+1];                     //元素左移
n––;                                               //修改表长
```

共移动 $n-1-i$ 个元素，时间复杂性为 $O(n-1-i)=O(n-i)$。

（2）删除非指定结点

这是比较罕见的情况，只要删除任一个结点，而不指定删除哪一个（比如，4.7.2 节介绍的拓扑排序算法就会遇到这种情况）。

显然，删除表尾结点最方便，只需要 $O(1)$时间。

3．效率分析

1）在表尾处进行插入或删除操作最方便，时间用量最少，为 $O(1)$。

2）在随机的某个 i 处插入或删除，时间复杂性正比于移动元素个数，为 $O(n-i)$，与表长度 n 和插入或删除点 i 都有关。

在最坏情况下，$i=0$，时间复杂性为 $O(n)$。

在等概率的情况下，平均每插入或删除一个元素，差不多要移动半数表元素，时间复杂性也是 $O(n)$。

如果表长度 n 较大，而且频繁地在随机位置进行插入或删除，引起数据来回移动（也称为抖动）。这种情况下，顺序存储结构效率不高，应当改用其他存储结构，比如链表。

3）顺序表的存储效率高，因为只需存储元素值，无须存储元素之间的关系。不像链表那样，除存储元素值外，还要存储后继结点的地址。

在下列 3 种情况下，顺序存储不失为好的存储结构。

1）表的长度不大。

2）不做，或很少做插入或删除。

3）插入或删除只在表的端点处进行（如栈或队）。

顺序存储的另一缺点是不能适应“多表共享空间”的情况，而链式存储能够满足这种要求（详见 2.5 节关于静态链表的介绍）。

2.2.2 查找

顺序表的查找方法主要有顺序查找和二分查找（针对有序表）。

1. 顺序查找

顾名思义，顺序查找就是以表的一端为起点，向另一端逐个元素查看。查找起点可以是表头，从左向右查；也可以是表尾，从右向左查。顺序查找方法既适用于无序表，也适用于有序表。

在数组 $a[m]$ 的前 n（$0 \leqslant n < m$）个单元所存储的顺序表中，查找值为 x 的结点。若表中有 x，查找成功，返回 x 的存储地址（数组下标 i）；若表中没有 x，查找不成功，返回一个无效地址 NOTFOUND。

其中，NOTFOUND 是已定义的符号常数，例如，可以定义为：

```
#define   NOTFOUND   -1          //或 const   int   NOTFOUND= -1;
```

这里，用–1 代表无效地址值，因为–1 不是数组的下标。

查找函数的主体部分如下。

（1）从左向右查

```
for(i=0;i<n;i++) if (a[i]==x) return   i;          //返回 x 的有效地址
return   NOTFOUND;                                  //返回无效地址
```

（2）从右向左查

```
for(i=n-1;i>=0;i--) if (a[i]==x) return   i;
return   NOTFOUND;
```

顺序查找属于“穷尽式搜索法”，其正确性不言而喻。由上述程序段也可以看出，只要 x

在表中，for 循环的某次执行时，必能发现 x，返回 x 的地址 i；反之，若 x 不在表中，for 循环执行到底，返回一个无效地址 NOTFOUND。

通常以查找长度（查找过程中测试的结点数目）度量查找算法的时间复杂性。

顺序查找的查找长度等于 for 循环体的执行次数，最小为 1，最多为 n，等概率下，成功查找的平均查找长度等于$(n+1)/2$。可见，顺序查找的时间复杂性，最坏情况和平均情况都是 $O(n)$，是效率最低的查找方法。

2. 使用监督元的顺序查找

上述两个程序段的 for 循环体每执行一次需要测试两个条件：其一测试是否找到（a[i]==x），其二测试是否查到头（$i<n$，或 $i\geqslant 0$）。

使用“监督元”技术可以省去一个测试条件，不仅简化了程序结构，也提高了查找速度。

只要在查找终点预留一个存储结点，作为监督元结点，该结点不存储表的实际元素，而是存储一个被称为监督元的特殊元素值，它能够对程序的运行起到“监督控制作用”。

查找无序表时，监督元选用待查元素值。若从右到左查，监督元设在表头处（表头监督元）；若从左向右查，监督元设在表尾处（表尾监督元）。例如，使用表头监督元时，$a[1]\sim a[n]$存储表元素，0 作为无效地址。查找语句为：

```
for(a[0]=x,i=n; a[i]!=x;i--);          //注意，循环体为空
```

其中，“a[0]=x”的作用是放置监督元，“i=n”的作用是设定查找起点。

查找结果：若 $i\neq 0$，则表明 x 在表中；若 $i=0$，则表明 x 不在表中。

因为进入循环体之前，已经预先在 $a[0]$“埋伏了”一个 x，所以，无论 x 是否真的在表中，总能找到 x，使循环终止。注意到 $a[1]\sim a[n]$存储的才是真正的表元素，如果 x 真在表中，则必然在某个 $i>0$ 时找到 x，循环终止；如果循环变量 i 的值变到 0 时循环才终止，那就说明 x 不在表中。这就是监督元所起的作用。

只牺牲一个存储结点，便可将查找效率提高近一倍，这在表长 n 较大、查找频繁的情况下，是很“合算”的。

需要说明的是，虽然查找速度提高了一倍，但时间复杂性的阶不变，仍是 $O(n)$，只是时间复杂性函数的常系数变小了。

监督元技术应用很广，不仅适用于顺序表，也适用于链表和二叉树等。对于不同的结构、不同的处理目的，监督元结点的位置和监督元值的选用也不同。合理地使用监督元，可以简化程序结构、提高效率。

3. 自动调频查找

用顺序法查找时，如果被查结点靠近查找起点，查找速度就快，反之则慢。

如果各结点的查找概率不等，可以将查找概率较大的“常用结点”尽量靠近查找起点，以减小查找长度，提高查找速度。

如果事先不知道各结点的查找概率，则可以使用自组织（也称为自动调频）技术，自动调整结点的排列次序。

具体做法如下：

1）对于顺序表而言，每当查找成功时，就把被查结点与前一个结点交换位置。

2）对于链表来说，每当查找成功时，就把被查结点调到查找起点处。

经过以上反复操作，常用结点就会聚集在查找起点附近。

不少软件都采用自动调频技术，如汉字输入法的重码字排列次序。

4．二分查找

1.2.1 节的例 1-2 已经给出二分查找算法的文字描述和流程图，这里给出查找函数。

算法 2-1 二分查找算法。

```
int   binary_search(element_type a[ ],element_type x, int n)
//数组 a：存储的长度为 n 的有序表（升序）
//x：是待查元素值
//返回值：某有效地址（若 x 在表中）；或 NOTFOUND（若 x 不在表中）
//NOTFOUND 是值等于–1 的常数，表示无效地址
{    int   left , right , mid;
1.     left=0, right=n–1;
2.     while(left<=right)                          //当待查段不空时循环
3.       { mid=(left +right)/2;                    //计算中值地址 mid
4.          if(x==a[mid])return(mid);              //找到 x，返回有效地址 mid
5.          if(x<a[mid])right=mid–1;               //准备查前半段
6.            else   left=mid+1;                   //准备查后半段
       }
7.   return(NOTFOUND);                             //返回无效地址
}
```

算法 2-1 的名称“二分查找算法”大致地表明了算法的功能，函数头下面用注释形式说明函数各参数的含义。后文算法多采用这样的格式。

算法 2-1 的典型调用格式形如：

```
k=binary_search(b, y, m);    //在存储于数组 b 中长度为 m 的有序表中查找元素 y
if(k==NOTFOUND)…             //查找不成功的处理步骤
   else …                    //查找成功的处理步骤
```

下面计算算法 2-1 的时间复杂性。

$T(n)$表示对长度为 n 的有序表进行二分查找时的查找长度。

while 循环体每执行一次，测试一个结点（语句 4 和语句 5），测试结果：或者找到，或者暂时还没找到。如果找到，算法终止，带着有效地址返回；如果这一步还没找到，那么下一步查找范围将缩短一半，正因为如此，二分查找又叫折半查找。于是有递推式：

$$\begin{cases} T(1)=1 \\ T(n)\leqslant 1+T(\dfrac{n}{2}) \end{cases} \tag{2-2}$$

通过简单的迭代，或使用数学归纳法对 n 作简单归纳证明，解得

$$T(n)\leqslant 1+\log_2 n \tag{2-3}$$

就是说，在最坏情况下，算法 2-1 的时间复杂性为：$T_W(n)=O(\log n)$。

经过计算，二分查找算法的平均查找长度 $T(n)\approx(\log_2 n)-1$（请参见 3.5 节的式（3-13）），即算法平均时间复杂性为：$T_E(n)=O(\log n)$。

图 2-7 是二分查找算法对应的一棵判定树①，其中 n=6。

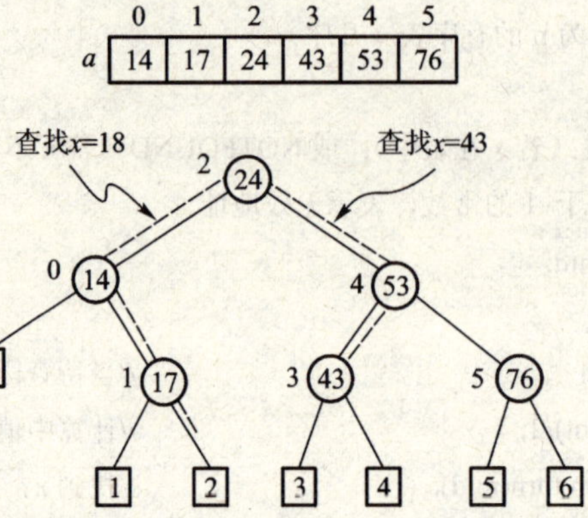

图 2-7 二分查找算法的判定树实例

在图 2-7 中，圆圈表示内结点，方框表示外结点。圆圈内的数字是元素值，圆圈外面的数字是数组元素下标。编号为 0～n 的方框对应查找不成功的 n+1 种情况。其中：

0 号方框对应 $x<a[0]$的情况。

1 号方框对应 $a[0]<x<a[1]$的情况。

2 号方框对应 $a[1]<x<a[2]$的情况。

⋮

n–1 号方框对应 $a[n-2]<x<a[n-1]$的情况。

n 号方框对应 $x>a[n-1]$的情况。

可以看出，无论查找对象 x 等于何值，查找路线总是从根结点向下延伸。对于成功的查找，查找路线必定终止于某圆圈；对于不成功的查找，查找路线必定终止于某方框的父结点。

通过判定树，可以更科学地对算法进行评价。

算法 2-1 是二分查找方法的基本形式。习题 2.62~2.64 和 2.95 还给出了几种变形形式。某种变形形式，对于某些条件（主要是数据分布情况），在平均情况下的时间复杂性可能会好一些；

① 关于判定树的详细介绍，请参见 3.5 节。

但在最坏情况下，不会好于基本形式。

需要说明的是，二分查找是“基于计算中值地址”的，所以必须满足顺序、有序、等长 3 个条件。

- 顺序：表必须是顺序存储的。
- 有序：表必须是有序的。如果表不是有序的，可以先进行排序，但这会增加“预处理”时间。
- 等长：结点必须是等长的。如果不等长，需要转化为等长的，比如可以采用目录存储或索引目录存储（请参见 2.9 节）。

对顺序表不便进行插入或删除操作，所以当表结构因插入或删除频繁变化时，二分查找算法的优势得不到充分的体现。也就是说，二分查找适用于“静态表结构”而不适用于“动态表结构”。

后文介绍的检索树、AVL 树、红黑树等是能够适应频繁插入或删除的动态结构，而且查找效率与二分查找相差不多。

2.3 链表

2.3.1 基本概念和链操作方法

采用链式存储结构的最大好处在于，在任意位置插入或删除都不需移动元素，操作简单，耗时较短。

下面介绍指针和结点的基本操作方法。结点结构如图 2-3 所示。

1. 结点的申请和回收

链表的结点是在程序运行期间动态产生和撤销的。可以调用函数 malloc 向系统申请结点，调用函数 free 由系统回收废弃不用的结点。malloc 和 free 均是系统库文件 malloc.h 中的标准函数。所以，程序前部要有编译预处理命令：

```
#include    <malloc.h>
```

申请结点的典型语句为：

```
p=(ptr)malloc(sizeof(snode));
```

该语句的含义和执行过程是，系统在动态存储区中生成一个 snode 类型的动态变量（空白结点），将该结点的首地址作为函数 malloc 的返回值，传给用户程序。再经类型转换“(ptr)”后，赋给指针变量 p，其后，用户程序就可以使用这个名为“p->”的结点了。由于结点 p->是动态产生的，所以称为动态结点。

然而，如果申请时动态存储区已经用完，就无法产生新结点，那么，系统便返回一个无效地址 NULL，表示分配失败。其中，NULL 是库文件 malloc.h 中定义的值为 0 的常量。这种情况下，若程序中使用“p->”，则出错，程序因异常而终止运行。所以，安全的操作方法是：

```
p=(ptr)malloc(sizeof(snode));          //提出申请
if(p==NULL)                            //检查申请是否成功
    exit(OVER);                        //若不成功，则终止运行；否则，执行后续步骤
```

其中，exit 是库文件 stdlib.h 中的标准函数，其作用是关闭所有文件后，终止程序运行，并返回到操作系统状态。

OVER 是用户指定的返回状态码，其值可由用户定义，例如：

```
#define   OVER   –2
```

为了简化程序结构，本书假定每次申请都能成功。但是，在实际应用中，必须对申请成功否进行检查，以免出错。

回收动态结点的典型语句为：

```
free(p);
```

该语句的含义是，释放指针 p 所指向的结点 p->占用的存储单元。系统将原先分配给 p->的存储单元收回到动态存储区，以便今后重新分配给下一个申请者。

建议养成良好的程序设计习惯：当一个动态结点因完成历史使命而废弃不用时，就立即回收。那种“只申请、不回收”的做法不仅浪费存储空间，而且是极其危险的。因为，稍有不慎，比如，忘记回收动态结点的程序段出现在循环体中，就有可能因内存泄漏而造成空间耗尽，导致系统崩溃。

在 C++环境下，可使用运算符 new 和 delete 分别代替函数 malloc 和 free。例如：

```
p=new   snode;        //等同于  p=(ptr)malloc(sizeof(snode));
delete   p;           //等同于  free(p);
```

2．结点和指针的关系

执行语句“p=(ptr)malloc(sizeof(snode));”后，指针 p 就指向一个名为 p->的结点。有时为了叙述方便，将 p 所指向的结点称作 p 结点。

这里，p 和 p->是两个不同的变量，p 是程序静态定义的指针变量，而 p->是程序动态产生的动态变量。p 是指向 p->的指针，即 p 的值是 p->的地址，只有通过 p 才能引用 p->及其各个域。

切记，每个动态结点都必须至少有一个指针“指向者”。一个动态结点可以被多个指针所指向，因而也就有多个引用“名字”。但一个指针只能指向一个动态结点。如果一个动态结点没有任何指针指向它，那么，它就是一个被“忘记了的”游离结点。程序对游离结点“毫无办法”，既不能引用，也无法回收，游离结点只能白白占据存储单元。

在 p 获得 p->的地址之后，就可以引用 p->及其值域（p->data）和链域（p->next）。p->data 和 p->next 也是变量，其中，p->next 也是一个指针，可以用来指向其他结点。

执行语句“free(p);”之后，结点 p->被释放，结点 p->不复存在，对 p->的操作也将变得无

意义了。但是变量 p 并没消失，还可以用来指向其他结点。当 p 指向其他结点后，又可以对 p-> 进行操作，但已不是原来的结点了。

结点和指针的关系可以用图 2-8 表示。图 2-8 中每个独立的矩形代表一个变量所占的存储单元，变量名写在旁边。表示结点 p->的矩形被分割成左右两段，左端是值域（p->data），右端是链域（p->next）。由 p 到 p->的箭头表示“指向”关系，即 p 的值是 p->的地址。

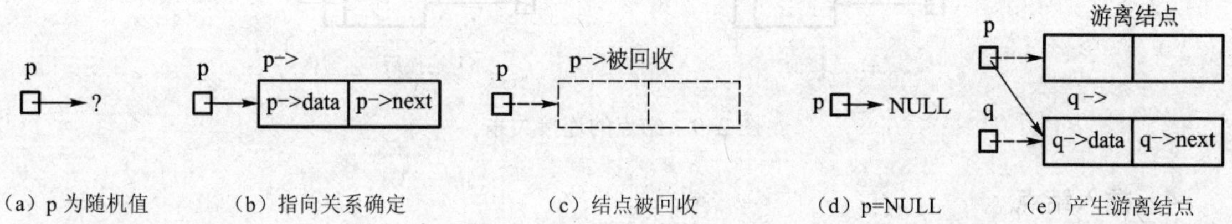

图 2-8 结点和指针的关系

图 2-8(a)表示变量 p 取随机值的状态（比如尚未对 p 赋值）。这时 p 是一个“指向关系不确定的”指针。在这种状态下，不能引用 p->（包括 p->data 和 p->next，下同），否则容易造成程序“失控”。

图 2-8(b)表示建立指向关系后的状态，这时 p 是一个指向关系确定的指针。在这种状态下，可以引用 p->。

图 2-8(c)表示结点 p->被回收后的状态，虚线箭头和虚框表示 p->曾经被 p“指向过”。现在 p->已被释放，指向关系“失效”，不能再引用 p->了。

图 2-8(d)表示 p 的值等于 NULL（比如，执行“p=NULL”）的状态。在这种状态下，一旦误引用 p->，程序将立即异常终止。

图 2-8(e)表示因误操作产生游离结点的情况，多半是因为“未将 p 所指向的结点交给其他指针，又没有其他指针指向着，就修改了 p 的值（比如对 p 赋值）”。虚线箭头表示 p 曾经“指向过”某结点，但现在却“忘记了”。例如，执行下面的程序段会产生一个游离结点。

```
p=(ptr)malloc(sizeof(snode));
q=(ptr)malloc(sizeof(snode));
p=q;
```

3. 结点的连接

链表是通过结点之间的相互连接而形成的。将一个结点的地址存入另一个结点的链域，就将两个结点连接起来了。

例如，执行下面的程序段，产生两个结点，并将结点 p->连接在结点 q->的右侧（如图 2-9 所示）：

```
p=(ptr)malloc(sizeof(snode));
q=(ptr)malloc(sizeof(snode));
```

```
q->next=p;        //将 p 的值赋给 q->next
```

因为 q->next 的值就等于 p->的地址，所以可从 q 找到 q->，再从 q->next 找到 p->。

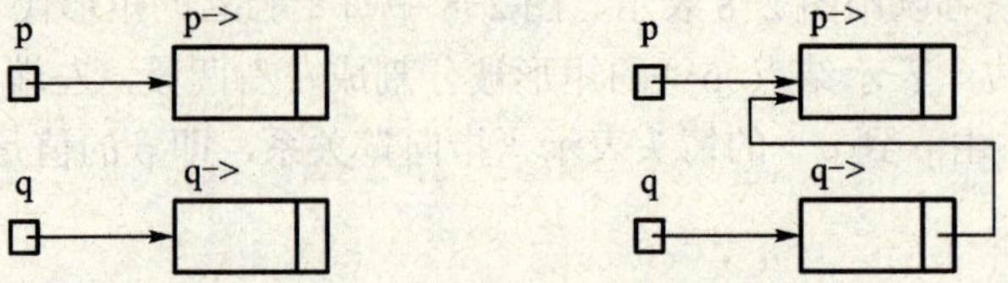

（a）连接前　　（b）连接后

图 2-9　结点的连接关系

4．插入结点

在链表中插入结点的操作十分简单。

（1）在表头处插入

例如图 2-10，将 p 所指向的结点“刘”插在表头处的程序段为：

```
p->next=head;        //将 p->插在表头处
head=p;              //修改首指针 head，使其指向“刘”
```

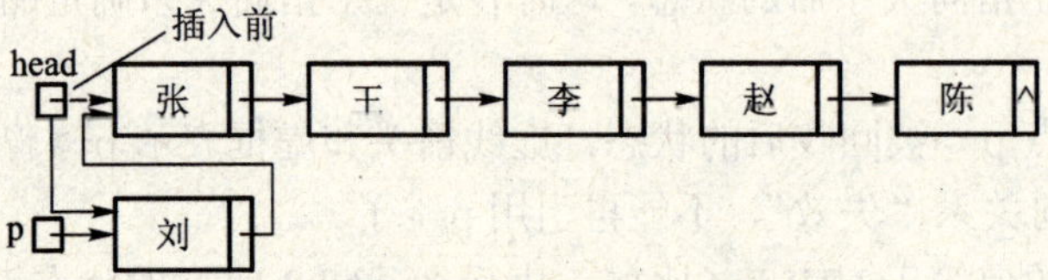

图 2-10　在表头处插入结点示例

（2）在表中间（包括表尾）插入

例如图 2-11，在结点“李”和结点“赵”之间插入结点“刘”。在已知指针 p 指向结点“刘”，指针 q 指向结点“李”的前提下，完成插入操作的程序段为：

```
p->next=q->next;        //将后继结点的地址复制到新结点的链域
q->next=p;              //将新结点的地址复制到前驱结点的链域
```

注意，这两条语句的次序不能颠倒。

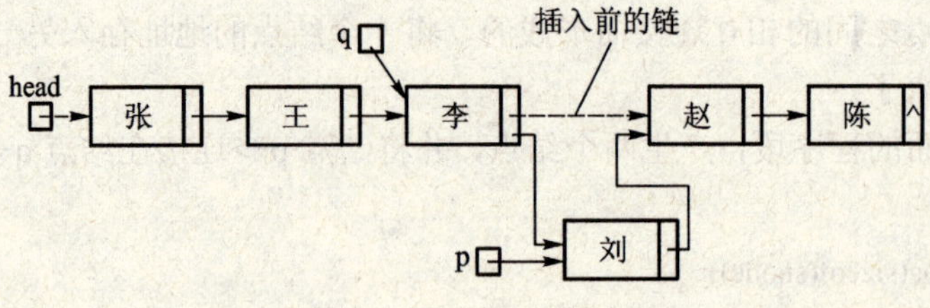

图 2-11　在表中间插入结点示例

5. 删除结点

(1) 删除表头结点

例如图 2-12，删除表头结点“张”，使“张”的后继“王”变成表头结点的程序段为：

```
p=head;                    //记住要删除的结点，为回收作准备
head=head->next;           //修改首指针 head，使其指向“王”
free(p);                   //收回已删除结点所占存储单元
```

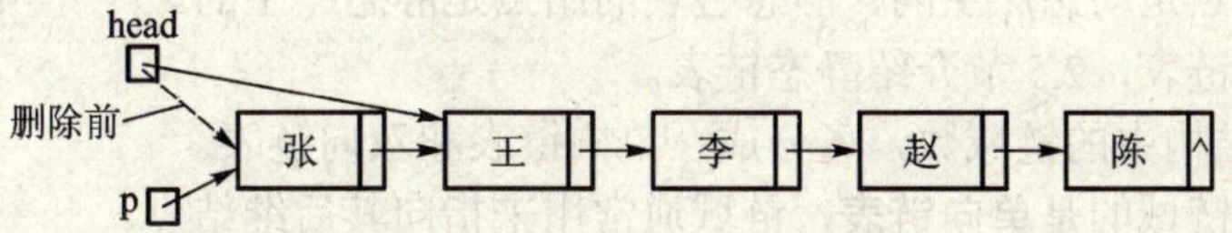

图 2-12　删除表头结点示例

(2) 删除非表头结点

例如图 2-13，在已有指针 q 指向结点“李”的前提下，删除“李”的后继结点“赵”的程序段为：

```
p=q->next;                 //记住要删除的结点，为回收作准备
q->next=p->next;           //改前驱结点链域，将结点“赵”删除
free(p);                   //收回已删除结点所占存储单元
```

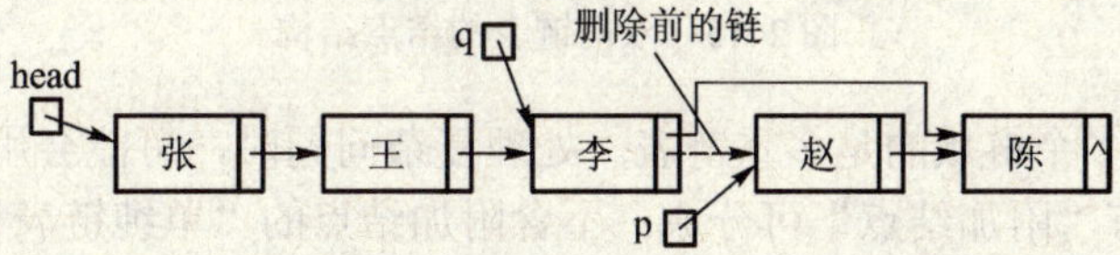

图 2-13　删除非表头结点示例

在图 2-13 中，从表面上看，结点“赵”的链域还指向结点“陈”，但是，从表头指针 head 开始，再也找不到结点“赵”了，所以，实际上“赵”已经不在链表中了。

6. 链表结构的简化图示

为了简单起见，画链表结构图形时，可以不画出表示结点链域的小框（注意，尽管不画，但链域还是存在的），也可以不画表示首指针和指向某结点的指针变量所占存储单元的小矩形。链域的值仅用带箭头的从结点右端射出的线条表示。最后一个结点没有引出线条，表示它没有后继结点，即链域值为空。图 2-14 就是如图 2-13 所示的链表的简化图示。

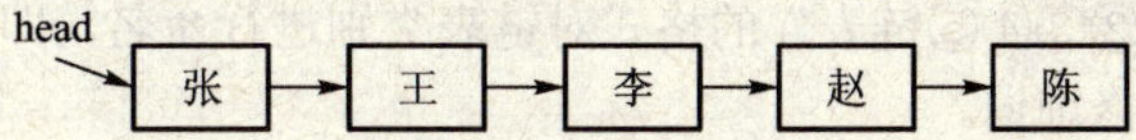

图 2-14　链表的简化图示

2.3.2　链表的种类

1. 分类方法

链表的种类很多，可按下列几种方法进行分类。

1）按结点产生方式可分成：动态链表和静态链表。

动态链表的结点是动态产生的，静态链表的结点是静态产生的。

本节介绍动态链表，2.5 节介绍静态链表。

2）按照结点结构中的链域数，可分成：单向链表和双向链表。

结点只含一个链域的是**单向链表**，链域通常用来指向其后继结点。

结点含有两个链域的是**双向链表**，其中，左链域用于指向前驱结点，右链域用于指向后继结点。结点结构如图 2-15 所示，结点类型定义为：

```
typedef   struct   dnode
{    element_type    data;
     struct   dnode   *Llink,*Rlink;            //左右链域
} dnode, *dptr;
```

Llink	data	Rlink

图 2-15　双向链表的结点结构

此外，结点含有多个链域的是多重链表。处理复杂问题时，可能会用到多重链表。

3）按照是否带有“附加结点”可分成：不含附加结点的“单纯链表”、带**附加表头结点**的“加头链表”、带附加表尾结点的“加尾链表”。

由于附加结点往往用作监督元结点，所以，加头链表和加尾链表也分别称为带表头监督元结点链表和带表尾监督元结点链表。

4）按链域是否构成循环可分成：**循环链表**和非循环链表。循环链表也称为环形链表。

在单向循环链表中，尾结点的链域指向首结点。在双向循环链表中，尾结点的右链域指向首结点，首结点的左链域指向尾结点；而在单向（双向）非循环链表中，这几个链域的值均为 NULL。

此外，根据结点在链表中的排列次序可分成：无序链表和有序链表，其中，有序还进一步分为升序和降序。

几种类型可以相互组合成多种形式。

本书采用形如“①②③④⑤链表”的格式对链表类别进行命名，即在“链表”二字之前，最多可能冠以下列 5 项修饰词。

① 动态/静态。其中，“动态”省略（如果强调，则不省略）。

② 单向/双向。其中，“单向”可以省略（如果强调，则不省略）。

③ 无/加头/加尾/加头尾。其中，“无”表示不含此项，不带附加结点；而“加头”、“加尾”、“加头尾”分别表示带附加表头结点、带附加表尾结点、既加头又加尾。不过，既加头又加尾的情况极罕见。

④ 无/无序/有序：其中，“无”表示不含此项，表示是否有序与问题无关；“无序”则强调是无序的；“有序”则强调是有序的，如果强调升/降序，则说明为“有序（升序）/有序（降序）”。

⑤ 简单/非循环/循环。其中，如果“非循环”则省略；“简单”则表示既不带附加结点又非循环。

例如，“单向简单链表”（或“简单链表”）指“动态单向不带附加结点非循环链表”。再如“加头链表”（或“单向加头链表”）指“动态单向带附加表头结点非循环链表”。

前面介绍的都是单向简单链表。

2. 常用种类示例

下面给出除单向简单链表以外的另几种常用链表示例的图示。

（1）加头链表

图 2-16 是加头链表示例。图中带阴影的结点表示附加结点，不存表元素。其中，图 2-16(a)是空表，只含附加结点；图 2-16(b)是非空表。

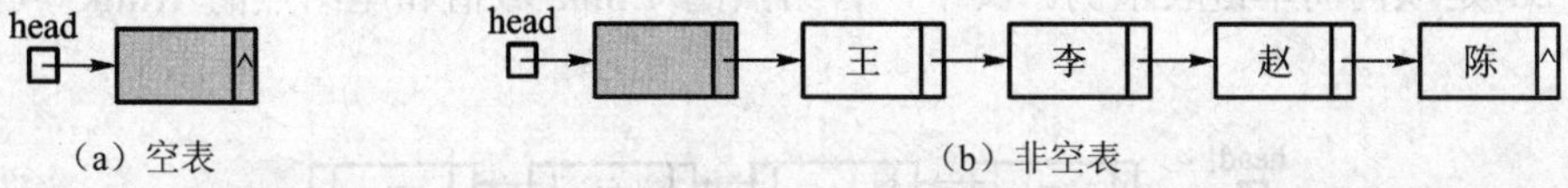

图 2-16 加头链表

这种结构的好处在于可以简化程序结构。

例如，由于首指针 head“固定地”指向附加结点，从而可以省去形如“if(head==NULL)”的判断，因为 head 的值不会等于 NULL。再如，由于附加结点的隔离作用，即使在表头处进行插入或删除操作，也不需要修改表头指针 head，于是，将“在表头处插入/删除”统一成“在表中间插入/删除”。

此外，这种结构也特别适用于“按输入顺序构造链表”，以及“链式队列”等情况。

（2）加尾链表

图 2-17 是加尾链表示例。图 2-17(a)是空表，图 2-17(b)是非空表。在有些情况下，除了首指针外，还要使用尾指针（last）指向附加的尾结点（但不是必需的）。

这种结构特别适用于“带尾监督元结点的”顺序查找。

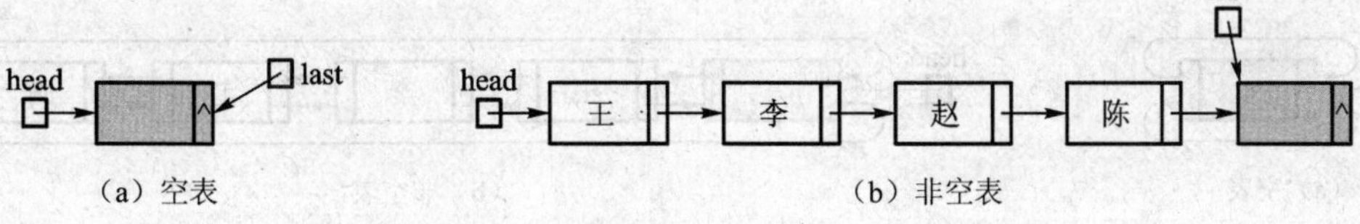

图 2-17 加尾链表

（3）单向循环链表

图 2-18 是单向循环链表示例。

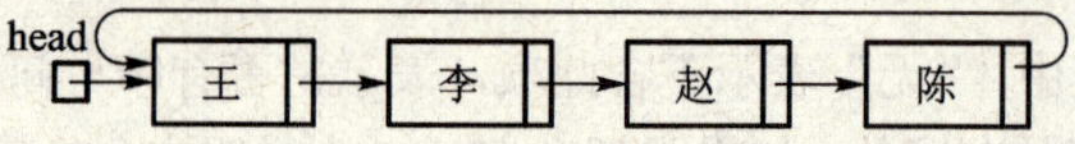

图 2-18 单向循环链表

（4）单向加头循环链表

图 2-19 是单向加头循环链表示例。当表为空时，head->next=head。

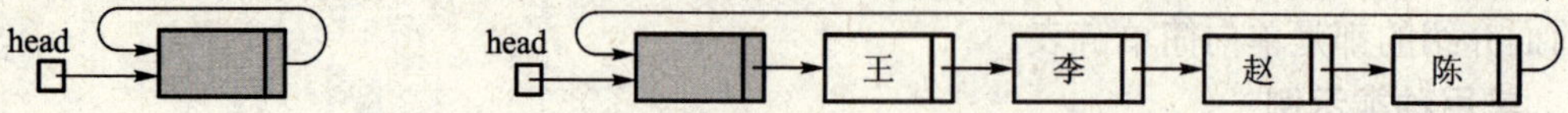

（a）空表　　（b）非空表

图 2-19 单向加头循环链表

（5）双向简单链表

图 2-20 是双向简单链表示例。其中，首结点的 Llink 域值和尾结点的 Rlink 域值都等于 NULL。

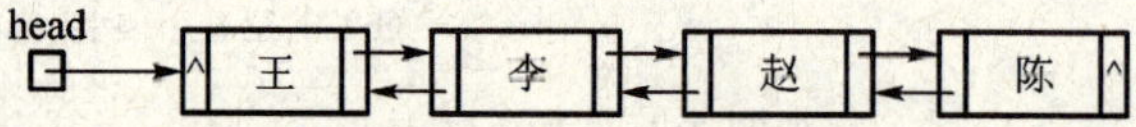

图 2-20 双向简单链表

（6）双向循环链表

图 2-21 是双向循环链表示例。其中，首结点的 Llink 指向尾结点，尾结点的 Rlink 域指向首结点（其值等于 head）。

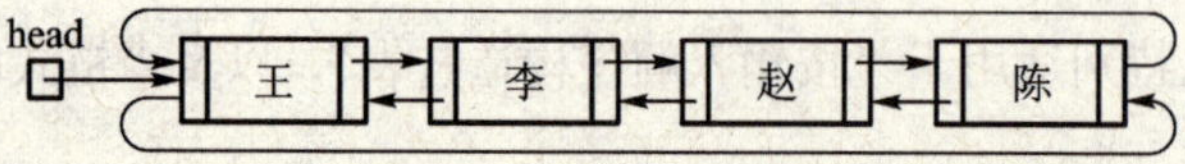

图 2-21 双向循环链表

（7）双向加头循环链表

图 2-22 双向加头循环链表示例。当表为空时，head->Llink=head->Rlink=head。

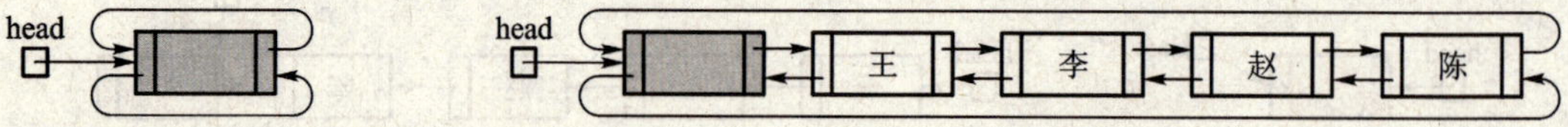

（a）空表　　（b）非空表

图 2-22 双向加头循环链表

2.3.3 链表的构造

1. 构造链表的通用算法

链表的构造过程实际上就是从空表开始，逐一向链表中插入结点。

算法 2-2 构造链表的通用算法（文字叙述形式）。

步骤 1）构造“空链表”。

步骤 2）读入第一个元素值。

步骤 3）当读入的元素值不是“输入结束标记”时，循环执行步骤 4~7。

步骤 4）申请一个新结点。

步骤 5）将读入的元素值存入新结点的值域。

步骤 6）将新结点“插入”链表。

步骤 7）读入“下一个”元素值，转步骤 3。

步骤 8）构造完毕，返回首指针。

假定元素值都是正整数，可以将 0 定义为“输入结束标记”，即：

```
#define   End_elm   0          //定义输入结束标记
```

对于不同形式的链表，用 C/C++函数实现的构造算法略有不同。主要差别在于实现步骤 1 和步骤 6 的语句不同。实现其余步骤的语句是一样的。

比如，实现步骤 1，对于简单链表，只要将表头指针置为 NULL；对于加头链表，则要申请一个表头结点，并让表头指针指向它。

下面给出 3 个构造函数作为示例。

2. 向前插入法

构造单向简单链表时，用向前插入法非常方便。

算法 2-3 用向前插入法构造单向简单链表的算法。

```
ptr   creatlinkA( )
//输入数据是以 End_elm 为输入结束标记的元素序列
//返回值为所构造链表的首指针 head
{     element_type    x;
      ptr    head, p;
1.    head=NULL;                              //构造空链表，表头指针为空
2.    scanf("%d", &x);                        //读入第一个元素值
3.    while(x!=End_elm)                       //当读入的不是输入结束标记时执行循环体
4.    {    p=(ptr)malloc(sizeof(snode));      //申请结点
5.         p->data=x;                         //置结点值域
6.         p->next=head;                      //插在表头处
```

```
7.      head=p;                        //修改表头指针，使其指向新插入的结点
8.      scanf("%d", &x);               //读入下一个元素值
    }
9.  return(head);                      //返回首指针
}
```

算法 2-3 的主调语句形如（下面算法 2-4 和算法 2-5 的主调语句类似）：

```
h=creatlinkA( );                       //构造首指针为 h 的单向简单链表
```

3. 向后插入法

向后插入法适合于构造单向加头链表。

算法 2-4 用向后插入法构造单向加头链表的算法。

```
ptr   creatlinkB( )
//输入数据是以 End_elm 为输入结束标记的元素序列
//返回值为所构造链表的首指针 head
{    element_type    x;
     ptr   head, last,p;
1.   head=last=(ptr)malloc(sizeof(snode));        //构造空链表
2.   scanf("%d", &x);
3.   while(x!=End_elm)
4.   {    p=(ptr)malloc(sizeof(snode));
5.        p->data=x;
6.        last->next=p;                           //插在表尾处
7.        last=p;                                 //修改尾指针，使其指向新插入的结点
8.        scanf("%d", &x);
     }
9.   last->next=NULL;                             //将尾结点的链域置为空
10.  return(head);
}
```

上述两个函数的主要差别在于：

1）因空链表的形式不同，实现步骤 1 的语句不同。算法 2-3 以“head=NULL;”作为空表，算法 2-4 以首尾指针同时指向附加表头结点作为空表。

2）因插入位置不同，实现步骤 6 的程序段不同。

3）算法 2-4 使用首尾两个指针，算法 2-3 只用首指针而不用尾指针。

4）循环结束后，算法 2-4 要对所构造出来的链表作最后处理，将尾结点的链域置空，再返回；而算法 2-3 用不着进行最后处理，直接返回。

5）向前插入法构造的链表，其结点排列次序与元素输入次序正好相反，而向后插入法构

造的链表与输入次序相同。

例如，当输入的数据序列同为：1，2，3，4，0（0 是结束标记）时，

- 用算法 2-3 构造的链表，结点排列次序为：4，3，2，1。
- 用算法 2-4 构造的链表，结点排列次序为：1，2，3，4。

由此可见，算法 2-3 更简单些，所以更常用。

4. 有序插入法

用随机输入的无序序列构造有序链表，需要采用“有序插入法”，先为当前结点寻找有序位置，再进行插入，即带有查找过程。

有序插入法最适合于构造“带无穷大表头监督元的有序循环链表”，因为表头结点可以起到尾结点的作用，因而既便于查找，也便于插入。

算法 2-5 用有序插入法构造单向加头有序循环链表的算法。

```
ptr  creatlinkC( )
//输入数据是以 End_elm 为输入结束标记的元素序列
//返回值为所构造链表的首指针 head
{     element_type   x;
      ptr   head, f, s, p;
   head=(ptr)malloc(sizeof(snode));                 //申请表头结点
   head->data=MAX;                                  //置监督元
   head->next=head;                                 //以上 3 句，构造空链表
   scanf("%d", &x);
   while(x!=End_elm)
   {  p=(ptr)malloc(sizeof(snode));
      p->data=x;
      f=head, s=f->next;                            //设置搜索指针初值
      while(s->data<x)f=s,s=s->next;                //循环，查找 x 的有序位置
      f->next=p, p->next=s;                         //将新结点 x 插在 f->与 s->之间
      scanf("%d", &x);
   }
   return(head);
}
```

其中，MAX 是值等于“无穷大”的常数，超出元素取值范围的任意数值都可定义为无穷大。比如，当输入数据为 1 000 以内的正整数时，MAX 可定义为：

```
#define  MAX   1001
```

下面用归纳法证明算法 2-5 是正确的：对任意输入序列，所构造的链表都是有序的。

开始时，表为空，只有一个值为无穷大的附加表头结点，链表自然是有序的。

其后，只要证明：每插入一个结点（即语句5的循环体每执行一次），都能保持链表有序。

算法的核心在于语句8到语句10的程序段，为x找有序位置，并将其插入在有序位置上。

内循环语句9采用“双指针搜索法”（后文经常采用这种方法）查找x的有序位置。其中，s是搜索指针，f是前驱指针。在进入语句9的循环之前，由语句8为它们置初值，f指向表头结点，s指向其后继，搜索时跨过表头结点。每搜索一步，即语句9的循环体执行一次，f和s就“同步”右移，f始终在s左侧。

当搜索条件（s->data<x）成立时，说明x的有序位置还在右边，还要继续向右搜索。

当搜索条件（s->data<x）不成立时，语句9的循环终止，必有f->data<x而s->data≥x。执行语句10，将值为x的新结点插在结点f->与s->之间，所以，能够保持链表有序。

又由于表头结点在搜索过程中起着表尾结点的作用，而表头结点中又“埋伏着”一个无穷大的元素值，对于任何元素x，都阻止搜索指针s“越过”表头指针head，从而保证语句9的循环能够正常终止。

综上所述，算法2-5能够正确地构造出有序链表。

显然，算法2-5的最坏情况和平均情况时间复杂性都是$O(n^2)$，而算法2-3和算法2-4的时间复杂性都是$O(n)$，其中，n是所造链表的长度。

2.3.4 链表的遍历

1. 通用的遍历算法

遍历链表，就是逐一“访问”链表中的每一个结点。

对于单向链表，只要从表头结点起，一个结点一个结点地向后进行访问。使用一个“滑动”的访问指针，每访问一个结点后，就让访问指针滑向“下一个”结点。

算法2-6 遍历链表的通用算法（文字叙述形式）。

//算法的输入数据为链表的首指针，输出数据为链表所存储的结点访问序列

步骤1）使访问指针p指向第一个结点。

步骤2）当链表没遍历完时，循环执行步骤3和步骤4。

步骤3）访问p->。

步骤4）p=p->next;　　　　//p滑向下一个结点

步骤5）遍历完毕，返回。

对于不同形式的链表和不同的访问目的，具体的实现函数略有不同，主要体现在：

1）对于不同形式的链表，访问指针p的初值不同。

比如，对于简单链表，p的初值就是表头指针；对于加头链表，p的初值就是表头指针的后继。

2）对于不同形式的链表，步骤2循环终止条件不同。

比如，对于简单链表，p的值是否变到NULL；对于循环链表，p是否沿循环链“跑了一圈”。

3）由访问目的决定具体的访问操作。比如，访问目的是输出结点值，或查找某指定结点。下面给出 3 个示例算法。

2. 链表的输出

算法 2-7 单向简单链表的输出算法。

```
void    outlinkA(ptr p)
//p 是起始指针
{
    printf("链表中的结点序列为：\n");
    while(p!=NULL)           //等价于 while(p)
    {   printf("%5d", p->data);
        p=p->next;
    }
    printf("\n");
}
```

输出以 head 为首指针的单向简单链表时，主调语句为：

```
outlinkA(head);
```

算法 2-7 也能用来输出单向加头链表，主调语句为：

```
outlinkA(head->next);         //跨过表头结点
```

3. 单向链表的查找

算法 2-8 单向简单链表的查找算法。

```
ptr    searchA(ptr p,element_type x)
//p 是起始指针
//x 是待查元素值
//返回值为：指向结点 x 的指针（找到 x）；或 NULL（没找到 x）
{ while(p!=NULL)
      {    if(p->data==x)return    p;          //找到 x，返回 p
           p=p->next;                          //暂时没找到，则继续向后找
      }
  return    NULL;                              //查找不成功，返回空指针
}
```

算法 2-8 的调用方式为：

```
q=searchA(head,x);
if(q!=NULL)…                                   //找到 x 的处理步骤
    else …                                     //没找到 x 的处理步骤
```

用算法 2-8 查找长度为 n 的链表，其时间复杂性为 $O(n)$。

4. 加尾链表的查找

算法 2-9 单向加尾链表的查找算法。

```
ptr   searchB(ptr p,ptr last,element_type x)
//p 是起始指针，last 是尾指针
//x 是待查元素值
//返回值为：指向结点 x 的指针（找到 x）；或 NULL（没找到 x）
{ last->data=x;                          //设置监督元
  while(p->data!=x)p=p->next;            //当前没找到，继续查找
  if(p!=last)return   p;                 //查找成功
    else   return   NULL;                //查找不成功（这里的 else 可以省略）
}
```

算法 2-9 使用了表尾监督元，查找效率高于算法 2-8（减小了常因子）。因为 while 每循环一次，算法 2-8 要测试两个条件：一是测试 p 是否等于 NULL，另一个是测试是否找到 x。而算法 2-9 只需测试一个条件：是否找到 x。

算法 2-9 的调用方式与算法 2-8 相似，时间复杂性与算法 2-8 同阶。

2.3.5 链表的插入和删除

1. 单向链表的插入

（1）无条件插入

如果对插入点不作要求，比如在无序链表插入，则将结点插在表头附近最方便。

例如，在首指针为 head 的链表中，插入结点 p->。

对于单向简单链表，操作方法前已述（请参见图 2-10）。

对于单向加头链表，插入程序段为：

```
p->next=head->next;
head->next=p;
```

对于单向不加头循环链表，无法“直接”插在表头处，但可以插在表头结点右侧。如果一定要插在表头处，可以先插在表头结点右侧，而后再交换两个结点的值域，插入程序段为：

```
p->next=head->next;
head->next=p;
x=p->data;
p->data=head->data;
head->data=x;
```

每插一个结点，可在 $O(1)$时间内完成。

（2）按指定位置插入

如果要求插在表头，处理方法同上。

如果要求插在表尾，则最好带表尾指针，比如用 last 指向尾结点，对于单向简单链表，插入程序段为：

```
last->next=p;
last=p;
```

时间复杂性也是 $O(1)$。

如果要求插在中间部位某处，且给出插入点前驱指针 q，对于单向简单链表，操作方法前已述（请参见图 2-11）。每插一个结点，可在 $O(1)$时间内完成。

但是，若没有给出前驱指针，则需要从首结点起搜索到前驱 q 后再插入，显然，不能在 $O(1)$ 时间内完成。

（3）有序插入

需要为新结点找到有序位置再插入。算法 2-5 中有相应的插入程序段。

无论哪种情况，在编写具体的插入函数时，都需要仔细斟酌，比如，是否需要区分表是否为空，因为对空表和非空表的插入操作有所不同。

2．递归的插入函数

算法 2-10 单向有序链表的递归插入函数。

```
void   insertC(ptr &h, element_type x)
//h 是起始指针。h 是引用型参数，这一点至关重要
//x 是待插元素值
{
1.  if(h==NULL||h->data>=x)              //递归到有序位置时，终止递归
2.  {  ptr   p=new snode;
3.      p->data=x;
4.      p->next=h;                       //插在有序位置上
5.      h=p;                             //至关重要，隐性修改前驱链域
    }                                    //语句 2 至语句 5 是完成插入的程序段
6.  else   insertC(h->next,x);           //递归向右搜索
}
```

设 head 是首指针，a 是待插元素，则主调语句为：

```
insertC(head,a);
```

算法 2-10 之所以能够完成“有序插入”有两点最为关键：递归和引用型参数。而最难理解的是语句 5 的作用。

下面通过示例说明语句 5 是怎样修改新结点的前驱结点的链域或首指针的。

（1）空表的插入

表为空时，head 的值等于 NULL。执行语句“insertC(head,a);”（比如，a=10），插入第一个结点。调用插入函数时，形参 h 对应的实参为 head。由于 h 是引用型参数，h 的引用对象为 head，于是 h 就是 head，二者表示同一个变量。

进入函数体，执行语句 1，条件“h==NULL”成立，执行 if 内嵌子句（插入程序段）：

执行语句 2 和语句 3，产生一个值为 10 的结点。

执行语句 4“p->next=h;”将 h 的值 NULL 赋给 p->next。

执行语句 5“h=p;”，将 p 的值赋给 h，也就是赋给 head，head 便指向值域为 10、链域为 NULL 的结点。

接下来，函数返回。

形成如图 2-23 所示的单结点链表，它当然是有序的。

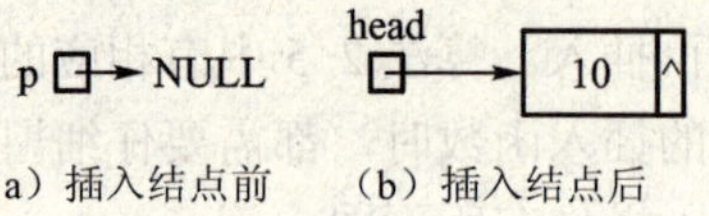

图 2-23 有序链表的插入示例——插入第一个结点

（2）在非空表的中间插入

例如，在如图 2-24 所示的链表中插入 20。

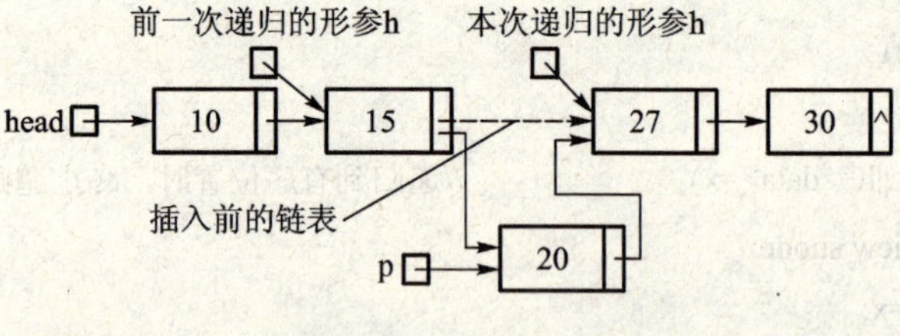

图 2-24 有序链表的插入示例——在中间插入

执行“insertC(head,20);”调用 insertC 函数时，h 与 head 建立引用关系，h 就是 head，h“也”指向结点 10。执行语句 1，条件“h==NULL||h->data>=x”不成立，执行语句 6“insertC(h->next,x);”，产生递归调用，即第二次调用 insertC 函数。本次调用的实参是 h->next。由于“当前”h 就是 head，实参就是 head->next，即结点 10 的链域。故这次的调用语句“insertC(h->next,x);”相当于“insertC(head->next,x);”。

执行第二次调用时，h 与 head->next 建立引用关系，h 等价于 head->next，也就是结点 10 的链域。这次调用时，if 的条件仍不成立，再次执行语句 6，进行第三次调用，实参“h->next”（这里 h 等价于 head->next）就是 head->next->next，即结点 15 的链域。

执行第三次调用时，h 与 head->next->next 建立引用关系。h 等价于 head->next->next。这次调用时，if 的条件成立，不再递归。接下来，执行插入程序段，语句 2 和语句 3 产生值为 20 的新结点，语句 4 将 h 的值（即结点 27 的地址）赋给 p->next。语句 5 将 p 的值赋给 h，也就是赋给 head->next->next（即赋给结点 15 的链域），然后返回，从而完成插入 20 的操作。

执行语句 6 的递归调用“insertC(h->next,x);”时，以 h 当前所指结点的链域作为实参，进入函数体的“下一轮”执行。反过来说，本轮的 h 就是“前一轮”h 的链域（h->next）。所以，语句 5 对 h 赋值，就是对前一轮的 h->next 赋值。

类似地，如果在如图 2-24 所示的链表中插入“40”，将会一直递归到表尾，h=NULL，然后将“40”插在表尾。

如果在如图 2-24 所示的链表中插入“3”，因第一次调用时，if 的条件就不成立，h 的实参是 head，语句对 h 赋值就是对 head 赋值，于是将“3”插在表头处的同时修改了 head 的值。

从上述示例也可看出，算法 2-10 对空表和非空表都能完成“有序插入”。

使用递归函数，通过“指针类型的引用型形式参数”进行“隐性”修改结点链域的做法，使程序变得简洁而易读。

3．单向链表的删除

（1）简单链表的删除

2.3.1 节的图 2-12 和图 2-13 已经给出了在简单链表中删除表头结点和非表头结点的操作示例。其中，删除非表头结点时，需要提供前驱结点指针，以便修改前驱结点的链域。

在删除非表头结点时，如果只给出指向要删除结点的指针 q，而没提供前驱指针，则可以使用下面“变通的”方法，将后继结点的值域复制到 q->的值域，然后删除后继结点。相应的程序段为：

```
p=q->next;              //记下后继
q->data=p->data;        //复制值域
q->next=p->next;        //删除后继
free(p);
```

但是，这种变通方法不能用来删除表尾结点，因为表尾结点没有后继，所以这种方法不通用。

在单向链表中删除 x 的通用方法是，先查找 x，在找到 x 的同时记住其前驱，再将 x 删除。所以，要选择合适的链表结构，使查找和删除都方便。

（2）加头链表的删除

因为加头链表插入或删除方便，而加尾链表查找方便，所以，如果频繁地进行查找、插入、删除，不妨采用加头循环链表，表头结点兼作表尾结点。

算法 2-11 单向加头循环链表的删除算法。

```
int deleteBC(ptr h,element_type x)
```

```
//h是起始指针
//x是要删除的结点值
//返回值，1：表示删除成功；0：表示删除不成功
{   ptr   f, p;
    f=h, p=h->next;              //置搜索指针初值
    h->data=x;                   //置监督元
    while(p->data!=x)f=p, p=p->next;
    if(p==h)return   0;          //删除不成功
    f->next=p->next;
    free(p);
    return 1;
}
```

在首指针为 head 的链表中删除结点 a 的主调用语句为：

```
k=deleteBC(head,a);
if(k)···                         //删除成功的处理步骤
  else ···                       //删除不成功的处理步骤
```

算法 2-11 的时间复杂性为 $O(n)$。

4．双向链表的插入和删除

（1）链接关系的特点

若 p 指向双向链表中某个结点，那么 p->Rlink 指向 p 的后继结点，p->Llink 指向 p 的前驱结点。如果 p 的前驱后继都不空，那么显然有：

```
(p->Rlink)->Llink=p
(p->Llink)->Rlink=p
```

下面分别介绍在 p 的前驱和后继都不空的情况下，在 p 的左侧或右侧插入，以及删除 p 所指向结点的程序段。

（2）在 p 的左侧或右侧插入

如图 2-25 所示，将 q 所指向的新结点插在 p 的左侧的程序段为：

```
q->Rlink=p;
q->Llink=p->Llink;               //先填写新结点的链域
p->Llink=q;                      //再改原来结点的链域
q->Llink->Rlink=q;
```

插入程序段中的 4 条语句次序不能随意颠倒。一般说来，插入时，先填写新结点的链域，记住原来的链接关系，再修改原来结点的链域，不至于“断链”。

只要将程序段中的 Llink 和 Rlink 互换，就表示将 q 插在了 p 的右侧。

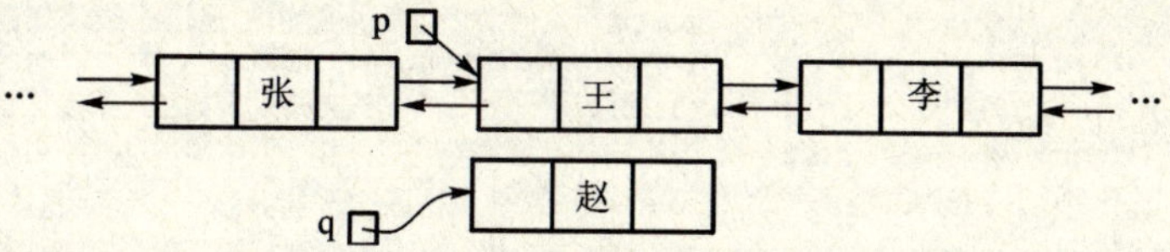

（a）插入结点前

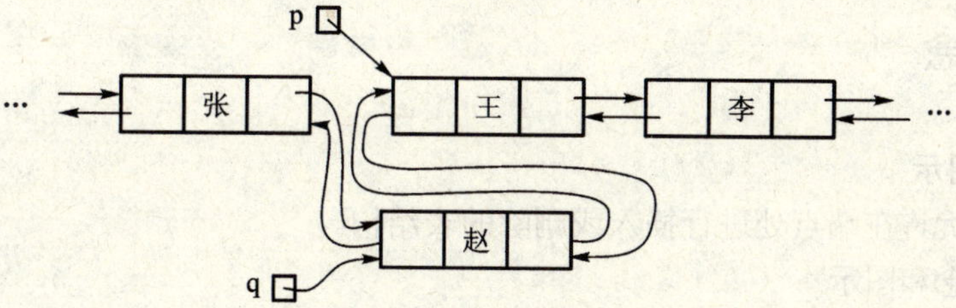

（b）插入结点后

图 2-25　双向链表插入示例

（3）删除 p 所指向结点

如图 2-26 所示，删除 p 所指向结点的程序段为：

```
p->Rlink->Llink=p->Llink;
p->Llink->Rlink=p->Rlink;
free(p);
```

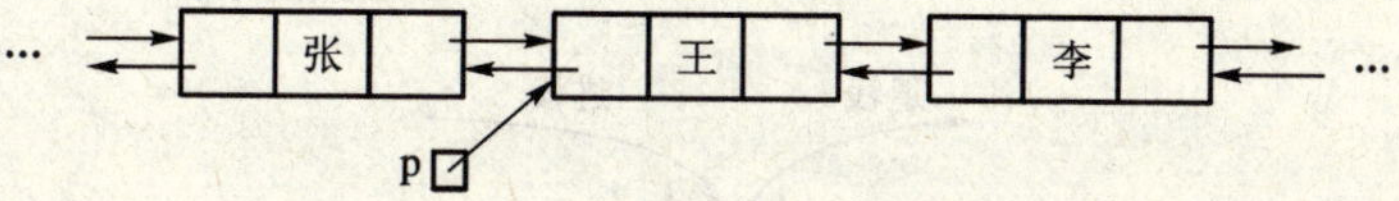

（a）删除结点前

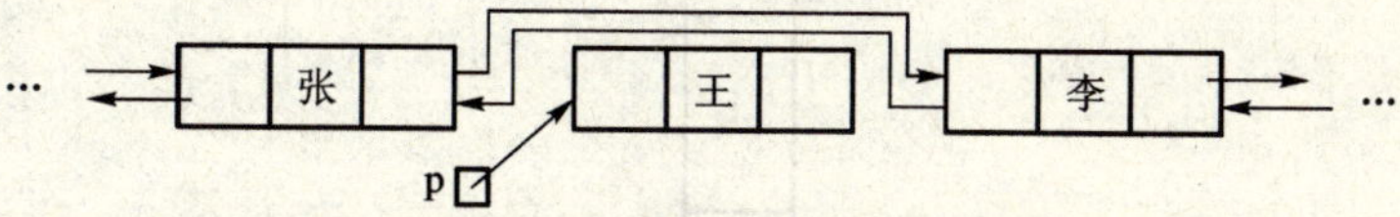

（b）删除结点后

图 2-26　双向链表删除示例

（4）其他情况下的插入或删除

在双向非循环链表中插入或删除时，需要判断 p 是否指向表头结点，是否指向表尾结点，并对上述程序段加以修改。

在非空双向循环链表中插入或删除时，则无须考虑 p 是否指向表头结点或表尾结点。

设计双向链表的主要目的之一就是便于插入或删除。但是，由于每个结点有两个链域，与单向链表相比，不仅链空间增加一倍，进行插入或删除时，维护链域的工作量也增加一倍。所以，如果单向链表能够满足要求，则不必使用双向链表。

2.4 栈和队

2.4.1 基本概念

1. 术语和图示

栈和队是只允许在端点处进行插入或删除的表结构。

（1）栈的概念和图示

只允许在同一端点进行插入或删除的表叫做**栈**，或堆栈。

允许插入或删除的那一端称为**栈顶**，另一端称为**栈底**。

栈插入称为**进栈**，或压栈；栈删除称为**退栈**，或弹出一个元素。

指针 top 用来指向栈顶，每当进退栈时，就“移动”栈顶指针 top，使其始终指向当前栈顶。

栈结构就像一个带底的开口向上的圆桶，如图 2-27 所示。栈中的结点好似落入桶内的编了号的木块。将木块放入桶内，即进栈；将木块从桶中取出，即退栈。先放的木块在下边，后放的木块在上边。如果不将上面的（也就是后进栈的）木块全部取走，下面的（也就是先进栈的）木块无法取出。所以，栈是一种后进先出结构，又称**后进先出表**，或 LIFO 表。

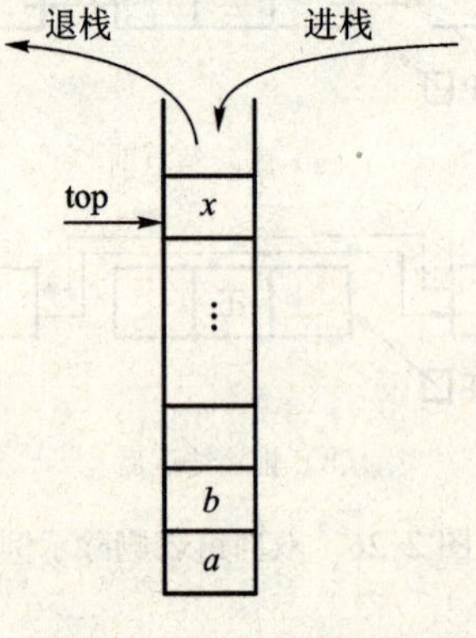

图 2-27 栈结构图示

（2）队的概念和图示

允许在一端插入、另一端删除的表叫做**队**，或队列。

允许插入的一端叫**队尾**，允许删除的一端叫**队头**。

队的插入和删除分别称为**进队**和**出队**。

指针 first 和 last 分别用来指向队头和队尾。每当进队时，就“移动”尾指针；每当出队时，就“移动”首指针，使其始终指向当前队头和队尾。

队结构好似一段两端开口的管道，如图 2-28 所示。结点从一端进入，从另一端退出。因为队结构遵循先进先出原则，所以，又称先进先出表，或 FIFO 表。

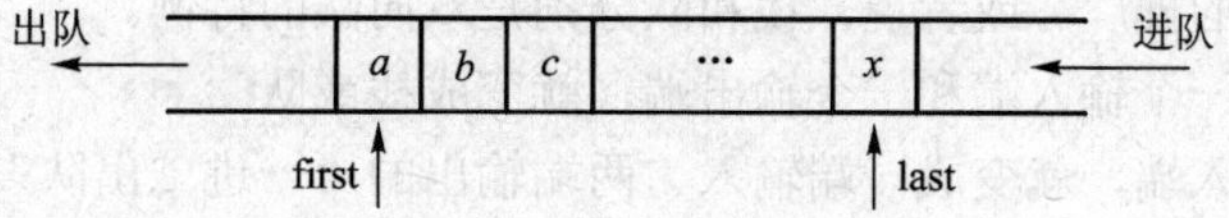

图 2-28　队结构图示

由于在端点处插入或删除特别方便，所以栈和队的插入或删除效率极高。

2．实例

日常生活中，有很多类似栈结构（后进先出）和队结构（先进先出）的实例。

比如装药片的小圆桶和军用子弹卡都属于后进先出结构。将药片放入桶里相当于进栈，取走药片相当于退栈；将子弹“压入”弹卡相当于进栈，射击时“弹”出子弹相当于退栈。

日常生活中队的实例就更多了，人们常常排队等候上车（或购物）的“队”属于先进先出的队结构，先来的排在队头，后来的排在队尾，只有排在队头者才能出队（即上车或接受服务）。

如图 2-29 所示的对车厢进行重新编组的“火车道岔”，常常作为“趣味栈”示例。编号为 1、2、3、……的车厢，以不同的次序穿过岔道，可以得到不同的排序次序。

在图 2-29 中，箭头所示方向是允许车辆行进方向，只能前进不能后退。一节节车厢从右边的轨道被推入栈。在栈中可稍作停留或不停留，又被推向左侧的轨道。

比如，编号为 1、2、3 的 3 节车厢，先将 1 和 2 号推入栈，然后 2 号退栈，1 号停留，再将 3 号推入栈，接着把 3 号和 1 号推出栈，得到新的排列：2、3、1。

可见栈能够改变原来的排列次序。因为车厢只前进不后退，而且每节车厢只能一次通过栈，不能反复通过栈，所以编号为 1～n 的 n 节车厢通过栈时，不能得到 $n!$ 种排列方式（$n>2$ 时）。

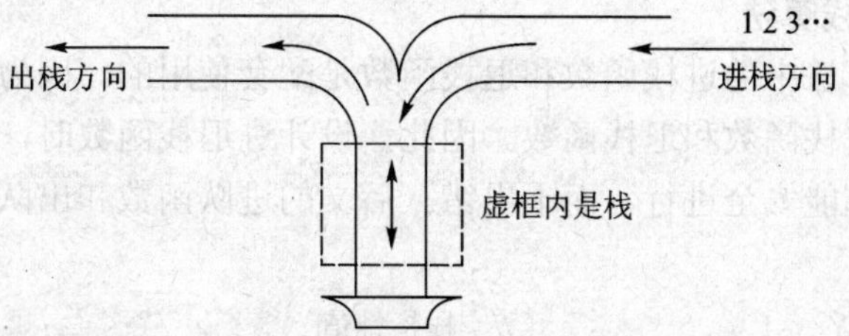

图 2-29　车厢编组的栈结构

在程序设计中，栈和队通常作为辅助存储机构，用来存储程序运行期间需要临时保存的信息。例如，操作系统中解决资源竞争时，将进程排成队，等候调度执行；程序中断时，需要将断点现场信息记录在栈中；实现存储管理所用的“自由队列”等。

3. 双向队

如图 2-30 所示的双向队也称为双端队，它有两个输入端和两个输出端，即两个端点都可以插入或删除。

双向队是栈和队的推广。或者说，栈和队分别是双向队的特例。

适当地“堵住”一个输入端和一个输出端，就变成栈或队。

如果堵住一个输入端，就变成一端输入、两端输出的“一进二出队”。

如果堵住一个输出端，就变成两端输入、一端输出的“二进一出队”。

除了队之外，栈、双向队、一进二出队和二进一出队都能改变排列次序。

如果将“火车道岔”设计成一进二出队，或二进一出队，或双向队结构形式，对车厢重新编组时，可以得到更多种不同的排列次序。

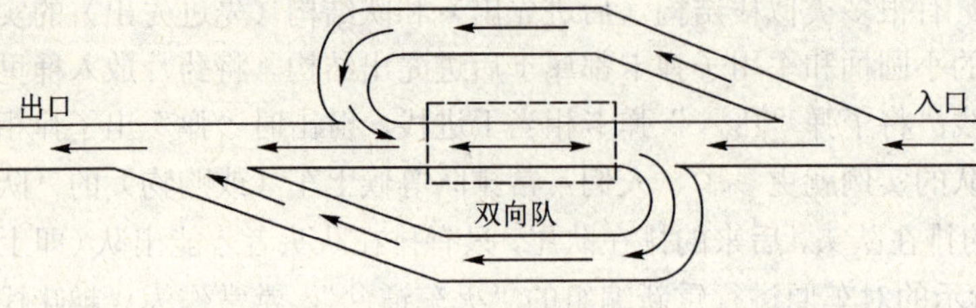

图 2-30 双向队结构

栈和队既可以采用顺序存储方式，即顺序栈和顺序队；也可以采用链式存储方式，即链式栈和链式队。因为顺序存储更方便，所以，一般情况下，没必要采用链式存储。

下面分别研究在顺序存储和链式存储下，进退栈和进出队的算法设计方法。

2.4.2 进栈和退栈算法

1. 顺序栈的进退栈算法

需要说明的是，算法中的进栈函数和退栈函数是配套使用的。因为，程序运行时，可能不定期地、交替地调用进栈函数和退栈函数。因此，设计进退栈函数时，要综合考虑，保证任何情况下，进栈和退栈都能安全进行，而不出错。后文的进队函数和出队函数也是配套使用的。

整体量定义部分：

```
#define  EMPTY  –1                    //空栈指针值
#define  SUCC  1                      //操作成功标记
#define  FAIL  0                      //操作失败标记
const  m=1000;                        //栈空间大小
typedef  int  element_type ;          //元素类型
```

算法 2-12 顺序栈的进退栈算法。

（1）进栈函数

```
int   push(element_type s[ ],int &top,element_type x )
//存储在数组 s 中的栈
//top 是栈顶指针
//x 是要求进栈的元素
//返回值，SUCC：表示进栈成功；FAIL：表示进栈不成功
1. { if(top==m–1)return FAIL;          //栈满，进栈不成功
2.     s[++top]=x;
3.     return   SUCC;
   }
```

（2）退栈函数

```
int   pop(element_type s[ ],int &top,element_type &x)
//存储在数组 s 中的栈
//top 是栈顶指针
//x 接收退栈元素
//返回值，SUCC：表示退栈成功；FAIL：表示退栈不成功
4. { if(top==EMPTY)return   FAIL;         //栈空，退栈不成功
5.     x=s[top--];
6.     return   SUCC;
   }
```

语句 1 的条件（top==m–1）成立时，表示栈的存储空间已用完（称作栈满），现在又有元素要求进栈，发生栈溢出，进栈失败，由主调函数完成相应的溢出处理（比如，要求增加栈空间）。为了避免发生溢出，最好采用下面介绍的“动态数组”。

语句 4 中的条件 top==EMPTY 成立时，说明栈已空，现在还想退栈，因此退栈失败，同样，由主调函数完成相应的处理（比如，借此控制程序流程）。

这两个函数中都没有循环语句，也没有递归调用，故其时间耗用量都是 $O(1)$的，即进栈和退栈的工作量与栈长度无关，属于“最优的”算法。

2．使用动态数组的进退栈算法

在程序设计中，元素 x 进栈通常有下面两种情况：

1）某一时刻有两件或多件工作同时要处理，但同一时刻只能处理其中的一件（对单 CPU 来说），这就需要把一部分工作暂时存入栈，等处理完手头工作后，再从栈中取出另一件进行处理。比如，中断处理、函数的嵌套调用和递归调用、快速排序算法中的划分段处理等。

2）处理 x 的时机尚不成熟，先把元素 x 放入栈中，等条件成熟时，再从栈中取出 x 进行处理。比如，表达式求值问题。

总之，元素 x 要求进栈时，就必须确保其进栈，否则程序无法正常进行。因而，具体应用

时，要根据实际需求情况，给栈定义足够大的空间，不让发生溢出。

如果事先不能确定栈空间究竟定义多大为好，可以使用**动态数组**，先调用 malloc 函数为栈预分配空间，一旦发生溢出，便调用 realloc 函数，要求追加空间。

整体量定义部分：

```
#define  SUCC  1                                  //操作成功标记
#define  FAIL  0                                  //操作失败标记
unsigned  m=500;                                  //预定的栈空间大小
unsigned  delta=100;                              //追加增量
typedef  int  element_type ;                      //元素类型
typedef   element_type  *eptr ;                   //定义指向元素的指针类型
eptr  p;                                          //指向动态分配的栈空间
```

程序开始时，执行语句：

```
top=p=(eptr)malloc(m*sizeof(element_type));       //预分配栈空间
```

算法 2-13 使用动态数组的进退栈算法。

（1）进栈函数

```
void  dpush(eptr &p,eptr &top,element_type x)
//p 是当前栈空间起始指针
//top 是栈顶指针
//x 是要求进栈的元素
{
1.  if(top==p+m)                                          //溢出
2.  {   m+=delta;                                         //追加增量
3.      p=(eptr)realloc(p,m*sizeof(element_type));        //分配更大的空间
4.      top=p+m-delta;                                    //重定栈顶指针
    }
5.  *top=x;                                               //x 进栈
6.  ++top;
}
```

（2）退栈函数

```
int  dpop(eptr &p, eptr &top,element_type &x)
//p 是当前栈空间起始指针
//top 是栈顶指针
//x 接收退栈元素
//返回值，SUCC：表示退栈成功；FAIL：表示退栈不成功
{
```

```
7.  if(top==p)  return  FAIL;          //栈空
8.  top--;
9.  x=*top;            //x 退栈
10. return  SUCC ;
}
```

尽管使用动态数组，仍然不能保证绝对不出错，因为调用 malloc 函数和 realloc 函数时，也会因为“存储空间用完”而造成分配失败。因此，为安全起见，调用这两个函数后，应当判断分配是否成功，例如，在语句 3 之后，加：

```
if(!p)… //若分配不成功，要进行出错处理
```

为了充分利用存储空间，还可以对退栈函数加以修改。退栈时，若发现栈的剩余空间较大，便调用 realloc 函数，将栈空间减少一个增量。

3．链式栈的进退栈算法

一般情况下，用顺序栈比较好，不仅存储结构简单，进退栈的算法也简单。但是在某些情况下，也会要用到链式栈。

可以采用单向简单链表结构实现链式栈，表头指针 top 作为栈顶指针。开始时，栈空，top 等于 NULL。

算法 2-14 链式栈的进退栈算法。

（1）进栈函数

```
int  push(ptr &top,element_type x)
//top 是栈顶指针
//x 是要求进栈的元素
//返回值，SUCC：表示进栈成功；FAIL：表示进栈不成功
{   ptr p;
    p=(ptr)malloc(sizeof(snode));               //申请结点
    if(p==NULL)return  FAIL;                    //申请失败，进栈不成功
    p->data=x;                                  //x 进栈
    p->next=top;
    top=p;
    return  SUCC;                               //进栈成功
}
```

（2）退栈函数

```
int  pop(ptr &top,element_type &x)
//top 是栈顶指针
//x 接收退栈元素
//返回值，SUCC：表示退栈成功；FAIL：表示退栈不成功
```

```
{   ptr  p;
    if(top==NULL)return   FAIL;        //栈空，退栈不成功
    x=top->data;
    p=top;
    top=top->next;
    free(p);
    return   SUCC;                      //退栈成功
}
```

主调函数根据返回值，判断进退栈是否成功，进行相应的处理。

2.4.3 进队和出队算法

1. 顺序队的基本用法

进出队算法设计比进退栈算法要稍微复杂一些，为便于编程，既要考虑如何使用队头、队尾指针，又要考虑如何设置表示队空和队满的判断条件，还要考虑如何充分利用已出队元素所占存储单元等诸多因素。

设数组 $q[m]$存储一个队，first 和 last 分别是头尾指针。开始时，first=last=0，如图 2-31(a)所示，此时队空。

（1）头尾指针用法

为了方便编程，不能将头尾指针直接指向队头和队尾的真正位置，要么让尾指针错开一位，要么让头指针错开一位。

尾指针前置：first 指向队头，last 指向队尾的下一位置，如图 2-31(b)所示。每当 x 进队时，将 x 放在 last 所指位置，使 x 作为新队尾，并将 last 增 1；每当出队时，取走 first 指向的队头元素，并将 first 增 1。

首指针后置：first 指向队头的前一位置，last 指向队尾，如图 2-31(c)所示。每当 x 进队时，last 增 1，将 x 放在 last 所指位置，使 x 作为新队尾；每当出队时，将 first 增 1，取走 first 指向的队头元素。

不管采用哪种方法，当 first=last=i（i 是 0～m–1 之间的任一值），都表示队空。

（2）队满的情况和处理方法

情况 1 如果在程序执行期间需要进队的元素总量不超过数组长度 m，就不会出现队满的情况。这种情况下，不需要考虑队满的处理，容易设计进出队算法。

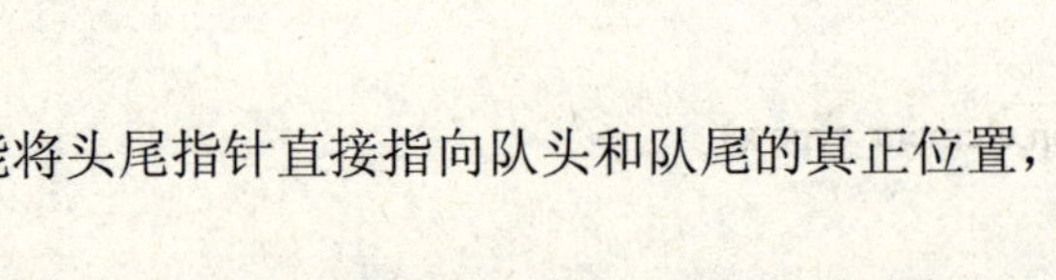

（a）开始状态

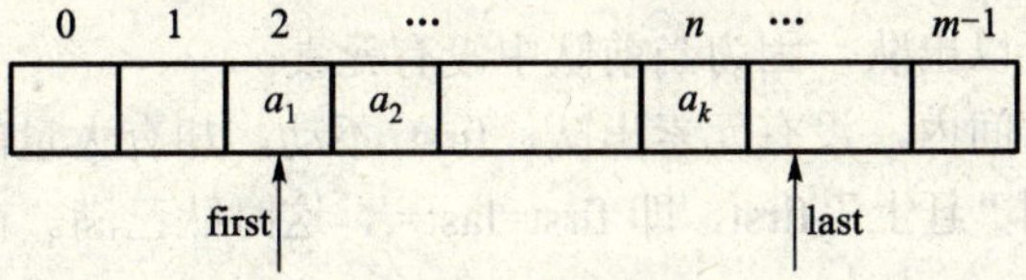

（b）尾指针前置

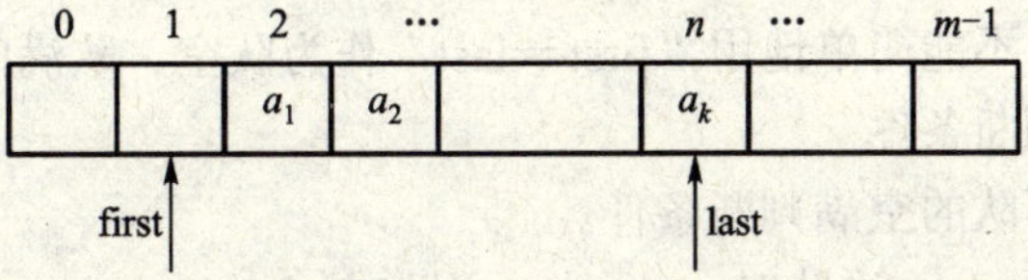

（c）首指针后置

图 2-31　队的存储结构示意图

情况 2　如果在程序执行期间需要进队的元素总量超过 m，但任何时刻队中所存储的元素数目始终小于 m，可以通过循环利用存储单元避免队满，即下面介绍的循环队。

其他情况，将会发生队满，可以通过追加队空间的方法来解决。

（3）循环队的结构

经过若干次进队和出队之后，队尾延伸到数组的末端，而左侧已经出队的元素原来所占单元可以作为“再生资源”循环使用。就像第一个单元“接在”最后一个单元之后那样形成圆环形状，存储单元仍然是“连续的”。这种结构称为循环队或环形队，如图 2-32 所示，其中所示的是尾指针前置。

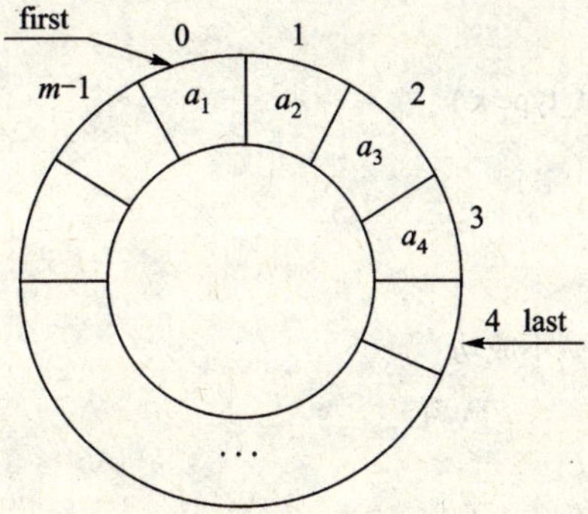

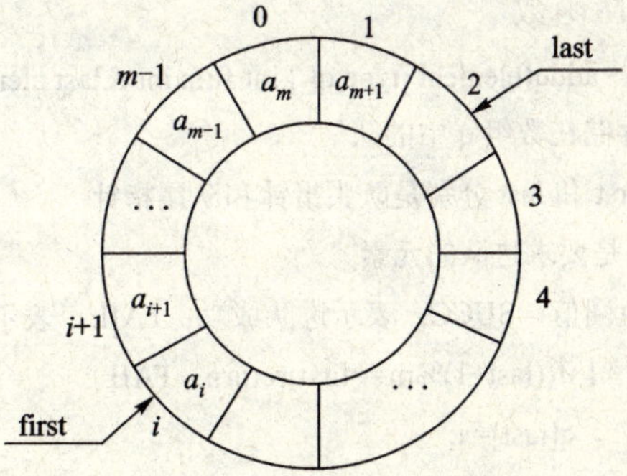

图 2-32　循环队结构

开始时队空，first=last=0。以后，随着进出队操作交替地执行，first 和 last 也相继地沿圆周顺时针地向前移动。

假定在一段时间内，没有元素进队，last 不动，但是却不时地有元素出队，first 不断地前移，到某时刻 first“赶上”last，使二者重合，即 first=last=i（$0\leq i<m$），这时，队空。在队空状

态下，可以进队，但不可以出队，因为当前队中没有元素。

反之，如果在一段时间内，没有元素出队，first 不动，却有大量的元素要求进队，last 不断地前移，也会在某时刻“赶上”first，即 first=last=*i*，这时队已满。在队满状态下，不能再进队，但可以出队。

于是，当 first 与 last 重合时，first 等于 last，队列既可能空，又可能满。空则可进不可出，满则可出不可进。可见，不能简单地用“first==last”作为队空、队满的判断条件。

（4）循环队空满的判断条件

有两种方法设置循环队的空满判断条件。

方法一：使用计数器 count。进队时，count++；出队时 count– –。count==0 表示队空；count==m 表示队满。在这种情况下，首尾指针 first 和 last 二者可以只用其中的一个。因为由 first 和 count 可以计算出 last，反之亦然。

方法二：利用首尾指针 first 和 last 的相对位置。条件“first==last”用于判断队是否空。而 last“将要赶上”first 时表示队满。

第一种方法简单直观，但是进出队时，在修改首尾指针的同时，还要修改计数器的值。

采用第二种方法，队中不能完全存满，至多存储 *m*–1 个元素。以牺牲一个单元的代价，赢得些许时间。算法 2–15 就采用了这种方法。

2．循环队进出队算法

算法 2–15 给出了实现如图 2–32 所示循环队的进出队函数。

整体量定义部分同前。

算法 2–15 循环队的进出队算法。

（1）进队函数

```
int   addq(element_type q[ ],int first,int &last,element_type x )
//存储在数组 q 中的队
//first 和 last 分别是队头指针和队尾指针
//x 是要求进队的元素
//返回值，SUCC：表示进队成功；FAIL：表示进队不成功
    { if((last+1)%m==first)return   FAIL ;              //队满
      q[last]=x;
      last=(last+1)%m;                                  //尾指针进 1
      return   SUCC;
    }
```

（2）出队函数

```
int   delq(element_type q[ ],int &first,int last,element_type &x)
//存储在数组 q 中的队
//first 和 last 分别是队头指针和队尾指针
```

```
//x 接收出队元素
//返回值，SUCC：表示出队成功；FAIL：表示出队不成功
5.  { if(first==last)return   FAIL;              //指针重合，队空
6.     x=q[first];
7.     first=(first+1)%m;                        //首指针进 1
8.     return   SUCC;
    }
```

不难发现，进出队算法的时间耗用量都是 $O(1)$。

3. 链式队的进出队算法

为了便于操作，链式队采用单向加头链表结构，first 为首指针，last 为尾指针。每当进队时，将新结点插在表尾处，并将 last 移向新结点；每当出队时，将队头元素所占结点作为新的头结点，释放原来的头结点。队空时（包括开始时），first 和 last 同时指向头结点。

算法 2-16 链式队的进出队算法。

（1）进队函数

```
int   saddq(ptr &last,element_type x)
//last 是队尾指针
//x 是要求进队的元素
//返回值，SUCC：表示进队成功；FAIL：表示进队不成功
{     ptr p;
1.    p=(ptr)malloc(sizeof(snode));              //申请结点
2.    if(p==NULL)return   FAIL;                  //申请失败，进队不成功
3.    p->data=x;
4.    last->next=p;
5.    last=p;
6.    return   SUCC;                             //进队成功
}
```

（2）出队函数

```
int   sdelq(ptr &first,ptr last ,element_type &x)
//first 和 last 分别是队头指针和队尾指针
//x 接收出队元素
//返回值，SUCC：表示出队成功；FAIL：表示出队不成功
{     ptr p;
7.    if(first==last)return FAIL;          //队空
8.    p=first;
9.    first=p->next;
```

```
    x=first->data;          //x 出队
    free(p);
    return  SUCC;           //出队成功
}
```

2.4.4 应用举例

栈和队在程序设计中应用广泛。由于队应用的原理比较简单，所以本书只介绍几个有关栈应用的示例。

栈是一种后进先出结构。在程序设计中，凡遇到“后存入的要先处理，先存入的要后处理”的情况，都可以使用栈，其中最常见的是程序中断、函数的嵌套调用和递归调用等。

1. 程序中断

中断是操作系统实现程序“并发执行”的重要技术。当程序要求输入输出数据时，主机向外设发出输入输出命令，由外设完成具体的输入输出操作。由于主机比外设的速度快得多，为了提高主机工作效率，主机在发出输入输出命令后，不是空等外设传输完毕再工作，而是继续运行系统中的程序。当外设完成输入输出任务之后，向主机发出一个中断信号，主机接收到中断信号后，执行“中断服务程序”进行响应，主机原来正执行的程序就被中断信号所打断，被打断的地方称为“断点”。

为了在执行完中断服务程序之后，能准确地执行原来被打断的程序，发生中断时，要将断点“现场”（包括断点的地址、有关寄存器值等）作为一个**栈架**保存在栈里，等到执行完中断服务程序，退栈，恢复现场，之后再继续执行原来被中断的程序。

如果主机同时用到多种外设，那么在执行一个中断服务程序时，可能又会收到另一个中断信号，如果这个中断比上一个中断要求更紧迫的话，那么当前正执行的中断服务程序也将被新的中断信号所打断，这个断点也要作为一个栈架保存在栈里，等执行完新中断服务程序，退栈后继续执行。

如果中断层层嵌套，要保护的现场也就层层嵌套。显然，最后被中断的程序必须最先恢复执行，所以，栈架与栈架之间服从后进先出的“栈”原则。不仅如此，同一个栈架中数据存储的次序也遵循后进先出的原则，以便于退栈。

2. 函数的嵌套调用和递归调用

函数的嵌套调用与嵌套的中断几乎是一样的，唯一的区别在于：函数调用是主动的，调用点是已知的；而中断是被动的，中断点是随机的，所以函数调用又称为“软中断”。

程序运行期间，每当遇到调用语句时，就要暂停正在执行的函数，转而执行被调函数，等被调函数执行完后，再回过头来执行原来的函数。

实现函数调用有两种方法：一种是“保护现场”法，另一种是更常用的开辟“活动空间”法。保护现场法与中断相同，这里不再赘述。下面简略介绍活动空间的含义和用法。

系统为每个函数配备一个活动空间（对应一个栈架），用于存储该函数的局部量（包括形参）以及与本函数有关的信息。

执行函数 A 时，系统为 A 配备一个活动空间（A 的栈架）。当函数 A 调用函数 B 时，先将 A 的“程序计数器 PC 的值”存放在 A 栈架中，然后在 A 栈架的上方，为函数 B 另辟一个栈架，作为 B 的活动空间。当执行完 B 的函数体而返回时，退出 B 的栈架，B 的局部量和形参因此“消失”，“露出”A 的栈架，从中取出 A 的 PC 值，继续执行函数 A。

如果层层嵌套调用，栈架也层层嵌套，与程序中断的现场栈架结构相同，服从后进先出原则。

函数的递归调用与嵌套调用的处理方法是一样的。实质上，递归调用也属于嵌套调用，如果程序中既有嵌套调用，又有递归调用的话，则可以将递归调用栈看做是嵌套调用栈的一部分。

一般用户也许无法感知栈的存在，因为栈操作是由系统自动完成的，所以，这种栈结构又称系统栈。

3. 表达式求值算法

高级语言（如 C 语言）源程序中通常都含有表达式，比如算术表达式、关系表达式、逻辑表达式等。对源程序进行编译时，编译系统中的**表达式求值**程序，对表达式进行分析，得出正确的计算步骤，并将计算步骤翻译成一条条机器指令。

为简单起见，下面以简单算术表达式为例，探讨如何对表达式进行分析，并设计出正确的计算步骤。这里，简单**算术表达式**是指，表达式中没有语法错误，而且只允许出现 5 种**二目算术运算符**“+、–、*、 / 、↑”（加、减、乘、除、乘方），不带括号，不带函数（否则，处理算法太复杂），运算项都是整数或实数（常量或变量）。

为便于算法描述，在表达式尾部加结束符“#”，并且把“#”看作具有最低优先级的“运算符”。

例如，表达式“a+x*y↑k–c / b#”，按照先乘方，再乘除，后加减的原则，经“人工分析”得出的计算步骤应当是：

第一步，计算 t1=y↑k；
第二步，计算 t2=x*t1；
第三步，计算 t3=a+t2；
第四步，计算 t4=c/b；
第五步，计算 t5=t2–t4。

其中，t1 和 t2 等是中间变量，t5 是最后得到的计算结果值。

下面的算法 2-17 采用“顺序扫描法”对表达式一边分析，一边给出计算步骤。读者可以用上述表达式跟踪算法 2-17，跟踪结果应该与人工分析结果是一样的。

设表达式存储在数组中，每个变量、常数和运算符都占据数组的一个单元。

为了便于“追溯”，算法 2-17 中使用操作数栈 s 和运算符栈 f，分别用于存储“已经扫描过，而未能及时处理”的**操作数**和**运算符**，如图 2-33 所示。

例如，在扫描表达式“a+x*y↑k–c / b#”时，当扫描“a”、“+”、“x” 3 个元素后，尚不能进行“a+x”运算，因为按照运算符优先原则，当前还不能确定 a 应当和 x 相加，还是应当和 x

与其后的数据项计算的结果值相加。于是，a 进 s 栈，+进 f 栈，x 进 s 栈。继续向后扫描，以得出正确的计算步骤。

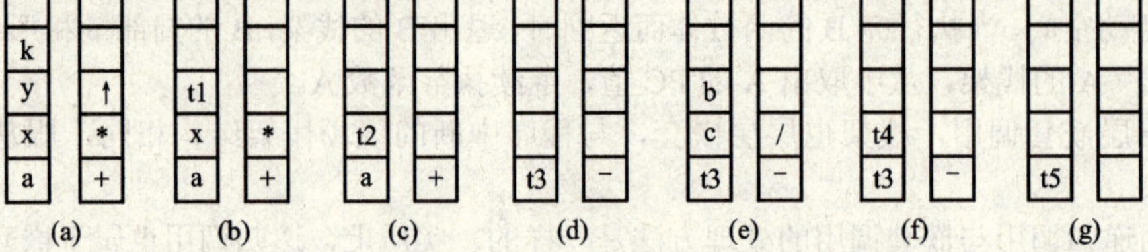

图 2-33 表达式 a+x*y↑k–c/b 的计算步骤

如果下一个元素是“+”、“–”或“#”（即优先级不比前面的运算符优先级高），就从栈中取出“a”、“+”、“x”，进行“a+x”运算；反之，若下一个运算符是“*”、“/”或“↑”，就不能进行“a+x”运算，还要继续向后扫描。

算法 2-17 简单算术表达式求值算法（文字叙述形式）。

注：为便于描述，用△和⊕代表“抽象的”运算符。

步骤 1）扫描表达式的当前元素。

步骤 2）如果当前元素是操作数，使其进 s 栈，转步骤 1，继续扫描下一个元素。

步骤 3）如果当前元素是运算符△，则反复执行步骤 4～8 的循环体。

步骤 4）若 f 栈空，转步骤 9 终止循环；否则，进行下一步。

步骤 5）使△与 f 的栈顶运算符⊕比较优先级。

步骤 6）若△的优先级高于⊕的优先级，（终止循环）转步骤 9；否则（△的优先级不高于⊕的优先级）进行下一步。

步骤 7）从 s 栈中依次退出两个操作数 x2 和 x1，从 f 栈退出一个运算符⊕，进行一次运算 x3=x1⊕x2，使 x3 进入栈 s。

步骤 8）转步骤 4。

一直循环到新运算符△的优先级高于 f 栈顶运算符的优先级，或 f 栈已空。

步骤 9）若△是结束符“＃”，则算法结束，此时 s 栈中只有一个元素，即是计算的结果；否则，使△进 f 栈，转步骤 1，继续扫描下一个元素。

2.5 静态链表

2.5.1 静态链表的一般原理和操作方法

本节以单向链表为例，介绍静态链表的一般形式和基本用法。

1. 存储状态和逻辑状态

结点是静态产生的链表称为静态链表，通常用数组作为静态链表的存储空间。一个数组元素就是一个存储结点，下标作为结点的地址。结点含有值域和链域。其中，链域用于存储后继结点的下标，其类型为 int。

例如，如图 2-34 所示的数组 *a* 存储了一个静态链表，首指针 head 等于 4，表示下标为 4 的结点“张”是首结点；*a*[4].next=1，表示 *a*[1]是 *a*[4]的后继；*a*[1].next=6，表示 *a*[6]是 *a*[1]的后继；*a*[6].next=3，表示 *a*[3]是 a[6]的后继；*a*[3].next=–1，表示 *a*[3]是表尾结点。这里，用“–1”表示空链。于是，结点排列次序为：张、王、李、赵。

数组中尚未占用的结点称自由结点，也称为空白结点（如图 2-34 中加阴影的结点）。

图 2-34(b)是该链表的逻辑状态。相应的，图 2-34(a)是它的存储状态。图 2-34(c)是自由队列的逻辑状态，是由空白结点构成的链表。

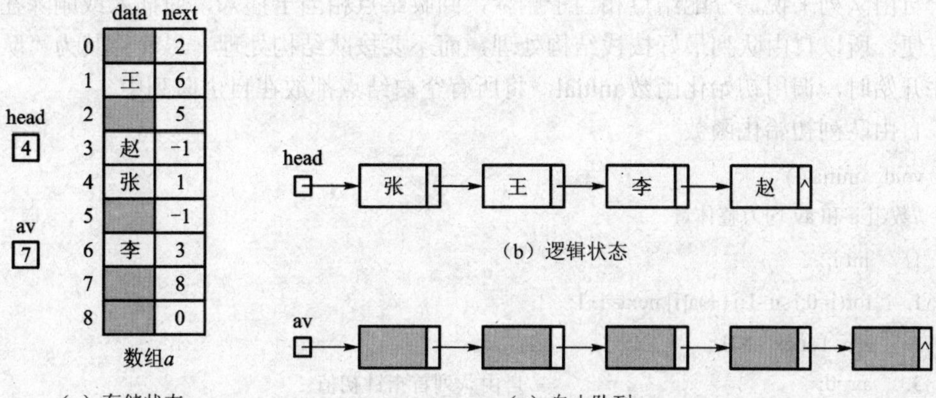

（a）存储状态　（b）逻辑状态　（c）自由队列

图 2-34　静态链表的存储状态和逻辑状态示例

2. 存储结点的分配和回收

使用静态链表的用户必须自己定义和管理存储空间，完成结点的分配和回收。

（1）存储空间的定义

存储空间及有关整体量的定义方式如下：

```
#define  N  1000                     //存储空间大小
#define  NIL  –1                     //空链域值
#define  OVER  –2                    //自由结点用完标记
typedef  int  element_type;          //元素类型
typedef  struct                      //定义结点类型
{   element_type  data;              //值域
    int  next;                       //链域
```

```
}slist;                                  //结点类型名
slist  a[N];                             //存储静态链表的数组
int  av;                                 //自由队列首指针
```

（2）存储空间管理算法

算法 2-18 存储空间管理算法。

由自由队列初始化函数 initial，分配结点函数 takoff 和回收结点函数 takeback 组成，其中，函数 takoff 和 takeback 的功能相当于库函数 malloc 和 free。

为了便于插入时寻找自由结点和删除时回收结点。将所有自由结点“串成”一个首指针为 av 的链表，称其为自由队列，或自由空间表。

插入结点时，只要自由队列不空，就从中任取一个结点，即分配结点。删除结点时，要将被删除结点加在自由队列中，即回收结点。

对于自由队列来说，分配结点相当于删除，回收结点相当于插入，而插入或删除在表头处进行最方便，所以自由队列最好按栈结构处理，而不要按队结构处理（尽管称其为“队列”）。

程序开始时，调用初始化函数 initial，将所有空白结点都放在自由队列中。

（1）自由队列初始化函数

```
void  initial( )
//数组 a 和 av 均为整体量
{   int i;
    for(i=0;i<n-1;i++)a[i].next=i+1;
    a[n-1].next=NIL;
    av=0;                             //自由队列首指针初值
}
```

（2）分配结点函数

```
int  takeoff( )
{   int i;
    if(av==NIL)return  OVER;          //自由队列已空，返回溢出标记
    i=av;                             //摘下首结点
    av=a[av].next;                    //修改首指针
    return  i;                        //返回所分配的结点下标 i
}
```

（3）回收结点函数

```
void  takeback(int p)
{   a[p].next=av;                     //将废结点插在自由队列首部
    av=p;                             //修改首指针
}
```

3. 插入和删除操作

静态链表的插入和删除步骤与动态链表差不多，只是“语句格式”不同。

（1）插入

以将 x 插在以 head 为首指针的链表中为例，介绍插入操作的基本做法。

插入操作包括申请结点程序段和插入程序段两部分。

申请结点的程序段如下：

```
p=takeoff( );
if(p==OVER)…;                    //溢出处理步骤（从略）
  else
  { a[p].data=x;                 //造新结点
    插入程序段
  }
```

根据插入部位不同，插入程序段略有不同。例如：

将 p 插在表头处的程序段：

```
a[p].next=head;                  //将首指针 head 的值复制到 a[p].next
head=p;                          //将 head 改为 p
```

将 p 插在结点 q 右侧的程序段：

```
a[p].next=a[q].next;
a[q].next=p;
```

（2）删除

删除结点后要及时回收结点。

例如，删除表头结点的程序段：

```
p=head;
head=a[head].next;               //删除
takeback(p);                     //回收
```

删除结点 q 后继的程序段：

```
p=a[q].next;                     //记下后继
a[q].next=a[p].next;
takeback(p);
```

另外，静态链表也可以设计成双向的、循环的，也可附加头尾结点等多种形式，用法与动态链表差不多。

2.5.2 静态链表的应用

除了与动态链表一样使用外，静态链表还有其独到之处，通过下面的示例可见一斑。

1．多表共享空间

若程序中同时使用多个表，可以让它们共同占据同一个存储空间。

实现多表共享空间有顺序表法和链表法。

（1）顺序存储下的多表共享空间

设 m 个表共同存储在数组 $a[n]$中。可以预先将存储空间 $a[n]$分成 m 段，每一段用于存储一个表，各表分别在自己的子空间中自由增长。在其中一个表中插入或删除时，多数情况下，只会引起子空间中的元素移动，但是，当某个表因插入超出其子空间时，就会引起“周围”表的元素移动，从而影响处理速度。

（2）链式存储下的多表共享空间

将数组 $a[n]$定义为静态链表的存储机构，结点带有链域。每个表都采用链式结构共同存储在数组 $a[n]$中。于是每个表都可以在整个空间中自由增长，只要元素总数不超过 n，就不会发生溢出。无论在哪个表中进行插入或删除，都不需移动元素，从而提高了速度。当然，由于增加了链域，所以空间开销要大些。

其实，前面介绍的链表和自由队列就是共享空间。只是二者有着“此消彼长”的关系，并非各自独立地自由增长。

（3）链表组共享空间

在程序设计中，经常会遇到这种情况，n 个元素的集合 S 被分割成 m 个子集，在任何时刻，S 的每个元素都在且只在一个子集中。在处理过程中，可能将元素从一个子集移入另一个子集，或将两个子集拼接成一个子集。于是，每个子集都是动态变化的，甚至，有时 n 个元素全都“跑”到一个子集中。

例如，某班级中共有 n 名学生，他们组织了 m 个课外活动小组，各小组人数不限，每人必须参加一个小组，也只能参加一个小组。学生中途可以退出原来的组而参加另一组。也可能会将两个小组合并成一个小组。

用含有 m 个链表的静态链表组，可以很方便地实现对课外活动小组的动态管理，如图 2-35 所示。其中，first[i]和 last[i]（i=0，1，2，…，m–1，分别是各个小组的编号）是各链表的首尾指针。虚框表示存储空间（即数组 $a[n]$），结点用于存储学生的个人信息，数组元素下标代表学生的编号。

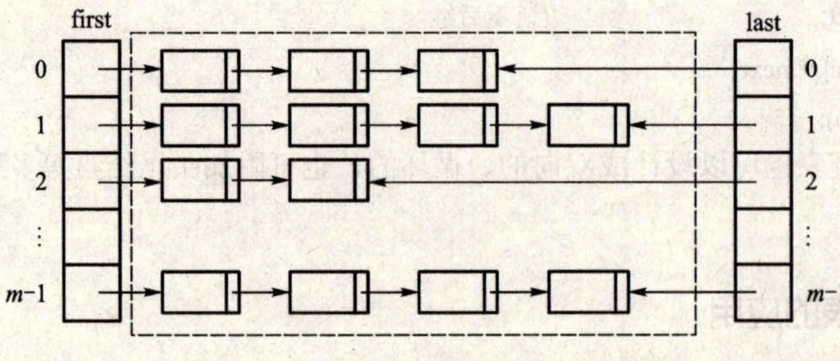

图 2-35 静态链表组共享空间示意图

如果某学生 x 要求从第 i 组调到第 j 组，只需将结点 x 从第 i 个链表移到第 j 个链表。

如果第 i 个小组与第 j 个小组合并，可以将第 i 个链表“接”到第 j 个链表尾部。

2. 省略数据域的静态链表

如果链表中存储的数据元素值都是（或者可以编号为）$0\sim n-1$ 的整数（对某个常量 n），那么值域可以省略，只保留链域，于是可以用数组 next[n]存储静态链表，在这种情况下，数组元素的下标既作为结点地址，又兼作元素值。

这里仅用一个例子说明这种链表的用法。

编号为 $0\sim n-1$ 的 n 只猴子排成一个圆圈，顺时针反复 $1\sim m$ 报数，凡报数为 m 者退到圈外。按退出的次序输出这些猴子的编号。

解此问题的方法很多。这里给出使用静态链表的求解算法。

让猴子“手拉着手”围成圆圈。开始时，0 号拉着 1 号，1 号拉着 2 号，…，$n-1$ 号拉着 0 号。即 next[0]=1，next[1]=2，…，next[$n-1$]=0，形成静态循环链表。

在报数过程中，设 next[i]=j，表示 i 拉着 j；而 next[j]=k，表示 j 拉着 k。若此时 j 退出，i 就拉着 k。体现于赋值语句为：

```
next[i]=next[j];                //等价于 next[i]=next[next[i]];
```

这个链表不需要表头指针。

算法 2-19 Josephus 问题的求解算法。

```
const   int  n=13;                //猴子总数
const  int   m=5;                 //报数间隔
void  Josephus( )
{     int   next[n], i,j,k;
1.    for(i=0; i<n–1;i++) next[i]=i+1;
2.    next[n–1]=0;
3.    j=n–1;                      //j 指向报数起点的前驱
4.      for(i=0;i<n;i++)          //每循环一次，退出一个猴子
5.    { for(k=1;k<m;k++)j=next[j];          //报数 m–1 个
6.        printf("%4d",next[j]);             //输出 j 的后继
7.        next[j]=next[next[j]];             //删除 j 的后继
      }
}
```

对程序的解释和说明：

1）j 是“报数指针”，k 是报数计数器。

2）每一轮报数开始时，报数指针 j 指向的是准备报“1”的前驱。

3）语句 6 输出的不是 j，而是 j 的后继，所以语句 5 只循环 $m-1$ 次，而不是循环 m 次。

4）当表长变得小于 m 时，会出现重复报数现象。可以通过修改报数间隔 m，以加快速度。

5）如果采用顺序存储，可以一下子向前跨 m 步，而无须一个个地进行报数，找到“下一个”要删除的元素，但删除后要进行压缩。

根据4）、5）两点，可以对算法2-19进行改写。

3. 存储空间管理

2.4.1节提到，通过初始化函数initial、分配函数takeoff和回收函数takeback可实现对静态链表存储空间进行管理，这种简单的管理方法是基于“等长结点”的。下面介绍一般的基于不等长结点的存储空间管理方法，即**动态存储分配**方法，其中的管理策略也正是系统函数malloc和free的设计基础。

在程序运行之初，整个存储区都是空白区，其后，经多次分配和回收长度不等的存储空间后，整个存储区将被分割成长短不一的若干段**已用区**（带阴影者）和**空白区**（不带阴影者），如图2-36所示。

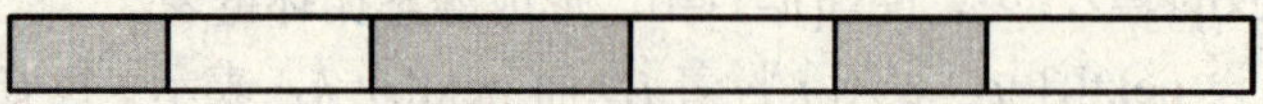

图2-36 存储区即时状态示意图

设计管理策略时，需要考虑：

- 当申请分配长度为 n 的存储区时，如何寻找空白区，并从中截取一段进行分配。
- 当释放存储区时，如何将其变成空白的。

使用一个静态加头双向循环链表（空白区链表），将所有的空白区链接起来，如图2-37所示。开始时，链表中只有一个空白结点，即整个存储区。结点的各域含义如下：

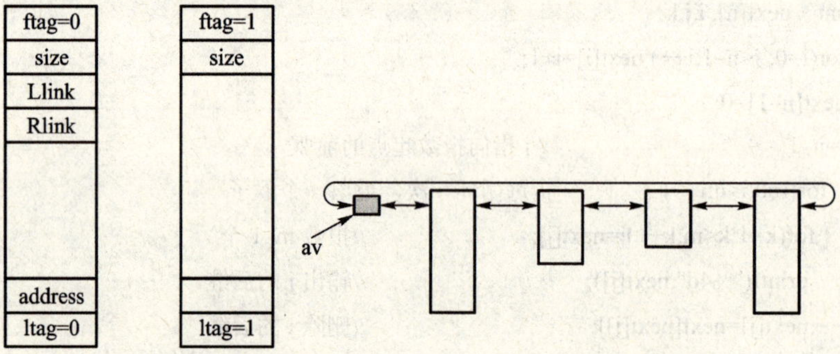

（a）空白区结构　（b）已用区结构　（c）空白区链表结构

图2-37 空白区链表

ftag和ltag分别是前、后标记，值为0表示空白区，非0表示已用区。

size表示该区长度，即字节数。

address记录该区首地址。

Llink 和 Rlink 分别是本空白区在链表中的左右链域。

对于首地址为 p 的结点：

ftag 对应*p，size 对应*(p+1)，Llink 和 Rlink 分别对应*(p+2)和*(p+3)，address 和 ltag 分别对应*(p+*(p+1)–2)和*(p+*(p+1) –1)。

这里，假定每个域长度为 1，而实际长度可能大于 1。

（1）分配结点

当程序 a 申请长度为 n 的存储空间时，沿链表搜索，从中选出一个长度为 m（$m \geqslant n$）的空白区进行分配。若找不到这样的空白区，本次分配失败，等待回收结点后重新试分配。

1）若 m 比 n 大很多，则从底部截取长度为 n 的一段进行分配，原区长度变为 $m-n$。

2）若 $m \leqslant n+\varepsilon$，就将其从链表中删除，将整个区分配给 a，防止把内存切成长度 $\leqslant \varepsilon$ 的无用小碎片。这里，ε 是一个小常数，其值的大小可由运行环境而设定。

3）3 种分配原则：最先分配、最佳分配和最大分配。

- 最先分配：沿链表搜索，分配（或截取）最先碰到的（长度 $\geqslant n$ 的）空白区。
- 最佳分配：寻找长度大于或等于 n 的最小空白区。
- 最大分配：寻找长度大于或等于 n 的最大空白区（与最佳分配相反）。

3 种分配原则各有其优缺点。其中，最先分配原则最常用，也最容易实现。

（2）回收结点

当程序释放地址为 p 的存储区时，不能盲目地将其插在链表中。先检查 p 的上下邻区（指地址相邻）是否空白。若为空白，则合并之。合并是为了避免内存被切得过碎，是存储管理的重要环节。具体如下：

- 上下邻都非空白：将 p 插在空白区链表中，并修改 p 结点的各域的值。
- 上邻空白，下邻非空白：将 p 接到上邻的下部，将二者合并，并修改上邻结点的 size、address 和 ltag 域。
- 上邻非空白，下邻空白：将 p 接到下邻的上部，并修改下邻结点的 ftag、size、Llink、Rlink、address 和 ltag 域，以及该结点在链表中的前驱、后继结点的链域。
- 上下邻都空白：将 p 和下邻都接到上邻，将三者合并，修改上邻结点的 size 和 address 域；并在链表中删除下邻结点。

具体的分配算法和回收算法从略。

2.5.3* 单链域的双向链表

一种使用单链域的“双向链表”结构是非常经济的。链表中每个结点的链域（比如 Link）存放着该结点的前驱结点和后继结点地址“按位异或”运算的结果值。C 语言中，按位异或运算符是“^”。

动态链表和静态链表都可以设计成单链域双向结构形式，而静态链表更合适些。

下面借用 2.5.1 节中定义的数据结构和初始化函数、分配结点函数（只是将其中的“next”改为“link”），介绍如何利用单链域实现双向指针。

1．“^”的运算性质

1）满足交换律、结合律。

2）“^”自逆，即“^”与“^”互逆。因而满足下列关系：

```
f^f=0
(f^s)^f=s
(f^s)^s=f
```

2．链域和指针的关系

设指针 p1、p2、p3 分别指向链表中 3 个相继结点（如图 2-38 所示），中间结点 p2 的链域存储的是左右结点地址 p1 和 p3 的“^”结果值，即：

```
a[p2].Link=p1^p3
```

于是，按照“^”的自逆性，有：

```
p1=a[p2].Link^p3
p3=a[p2].Link^p1
```

只要有两个相邻结点的指针，便可以方便地向左右两个方向搜索。比如，由 p2 和 p3 可以找到 p3 的后继 p（p=a[p3].Link^p2），由 p1 和 p2 可以找到 p1 的前驱 q（q=a[p1].Link^p2）。

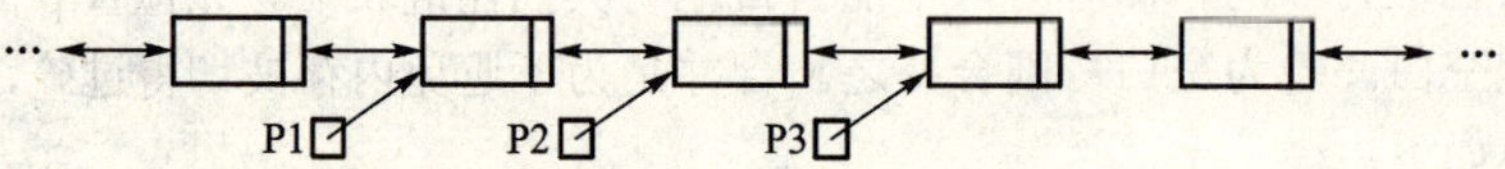

图 2-38 单链域双向链表示意图

3．插入和删除操作

（1）插入

将 q 指向的结点插在 p2 和 p3 之间的程序段为：

```
a[q].link=p2^p3;                    //建立新结点的链域
a[p2].link=a[p2].link^p3^q;         //从 a[p2].link 中“消去”p3，“加上”q
a[p3].link=a[p3].link^p2^q;         //从 a[p3].link 中“消去”p2，“加上”q
```

（2）删除

在不考虑回收，且假定 p1 和 p3 两端均不空的情况下，删除 p2 所指向结点的程序段为：

```
a[p1].link=a[p1].link^p2^p3; //也可写成：a[p1].link^=p2^p3;
a[p3].link=a[p3].link^p2^p1;
```

4．构造和输出

单链域双向链表可以带附加结点，也可以是循环链表。

由于必须有两个相邻结点的指针才能向左右搜索，所以单链域双向链表至少要带有两个表头指针，而且至少 3 个结点才能构成链表。

下面给出带“3 个附加表头结点”和“3 个表头指针”的静态单链域双向循环链表的构造和输出算法。

算法 2-20 3 头 3 指针的静态单链域双向循环链表的构造和输出算法。

（1）构造

```
void   creatlinked_SD(int &h1,int &h2,int &h )
//h1、h2、h 是 3 个表头指针
{    element_type   x;
     int     p, q;
     h1=takeoff( );
     h2=takeoff( );
     h=takeoff( );                                       //产生表头结点
     a[h2].link=h1^h;
     a[h].link=h1^h2;
     a[h1].link=h2^h;                                    //构造初始循环链表
     q=h;                                                //q 当前尾指针
     scanf("%d", &x);
     while(x!=End_elm)
     {    p=takeoff( );                              //申请结点
          a[p].data=x;
          a[p].link=h1^q;                            //插在表尾处
          a[q].link=a[q].link^h1^p;                  //修改原尾结点链域
          a[h1].link=a[h1].link^h2^p;                //修改表头的链域
          q=p;                                       //修改当前尾指针
          scanf("%d", &x);
     }
}
```

（2）输出

```
void outlink(int h1,int h2,int h)
//h1、h2、h 是 3 个表头指针
{    int p,q,r;
     q=h2; p=h;
     r=a[p].link^q;
     while(r!=h1)
     {    printf("%5d",a[r].data);
```

```
5.          q=p, p=r, r=a[p].link^q ;
        }
6.   printf("\n");
    }
```

例如，若输入序列为：

1 6 3 7 2 8 9 0（0是输入结束标记）

则输出结果为：

1 6 3 7 2 8 9

另外，将动态链表改造成单链域双向结构时，由于指针类型“ptr”不能直接进行^运算，所以，需要进行类型转换。例如，不能直接写成“p2->Link=p1^p3;”，而应改成：

```
p2->Link=(ptr)((unsigned)p1^(unsigned)p3);
```

2.6 矩阵

2.6.1 基本概念和存储方法

1．基本概念

矩阵又称**阵列**，是最常见的数学模型之一。

数学上，矩阵通常专指二维矩阵。在算法设计中，矩阵的概念可以推广到任意 n（n=1，2，3…）维矩阵。其中，一维矩阵更像线性表，二维以上的矩阵又极少用到，所以，如不特别声明，下面所说的矩阵指的就是二维矩阵。

矩阵是一种静态结构，每个元素都有一组表示它在矩阵中位置的下标。对于 n 维（$n \geqslant 1$）矩阵，其元素的下标是一个有序的 ***n*元组**。

矩阵的元素数目是固定的，不能在矩阵中插入或删除元素。

数学上常见的矩阵运算有：矩阵转置、求和、求逆、矩阵相乘等。

在研究矩阵运算问题时，首先要考虑如何存储矩阵元素，使得既节省存储空间，又能快速地完成运算。

在某些情况下，矩阵运算可以转化成线性表运算，所以矩阵被视作“特殊的表结构”。

由于矩阵与图的联系极为密切，所以本节介绍的很多内容都可以“移植”到图结构中。

2．顺序存储

（1）普通矩阵的完全存储

如果矩阵中每个元素值都是不能确定的“未知值”，那么在存储这样的矩阵时，每个元素都必须存储，即完全存储。常采用按行顺序存储方式。用C/C++描述时，就是用二维数组存储。为了与数组下标相一致，不妨将矩阵行列号也从0编起。

（2）特殊矩阵的压缩存储

这里，特殊矩阵是指存在大量值等于 0 的元素，而且 0 元素分布有一定规律的矩阵。比如，下三角形矩阵、上三角形矩阵、三对角形矩阵等。存储特殊矩阵时，可以采用压缩存储，只存其值未知的元素，不存已知为 0 的元素，往往可得到很高的存储效率。现以下三角形矩阵的“按行顺序压缩存储”为例，介绍压缩存储的一般方法。

下三角形矩阵 $\boldsymbol{A}_{n\times n}$ 是对角线上方的元素值全为 0，对角线及其下方的元素为任意值的矩阵。采用按行顺序压缩存储时，只需存储对角线及其下方的 $n\times(n+1)/2$ 个其值未知的元素。将这些元素顺序地存储在一维数组 $b[n\times(n+1)/2]$ 中，使 a_{00} 存于 $b[0]$，a_{10} 和 a_{11} 分别存于 $b[1]$ 和 $b[2]$……如图 2-39 所示。

	0	1	2	3	4	5	…	…
b	a_{00}	a_{10}	a_{11}	a_{20}	a_{21}	a_{22}	…	…

图 2-39　下三角形矩阵按行顺序压缩存储图示

一般地，元素 a_{ij}（$0\leqslant j\leqslant i\leqslant n-1$）存于 $b[k]$ 中，存储公式为：

$$k=i(i+1)/2+j \tag{2-4}$$

这种存储机构同样适用于对称矩阵。

（3）稀疏矩阵的压缩存储

稀疏矩阵是指绝大多数元素值为 0，非 0 元素极少，而且非 0 元素分布也不一定有什么特定规律的矩阵。

稀疏矩阵通常采用压缩存储法，而不用完全存储法。完全存储法既浪费存储空间，也会增加处理时间。

用压缩法存储稀疏矩阵 $\boldsymbol{A}_{m\times n}$ 时，不仅要存储非 0 元素值，还要存储元素的行列号。

这样，每个非 0 元素对应一个三元组（row，col，val），表示该元素的行号为 row，列号为 col，元素值为 val。例如，若 $a_{13}=1.2$，对应的三元组为（1，3，1.2）。

若稀疏矩阵 $\boldsymbol{A}$ 共有 t 个非 0 元素，便对应 t 个三元组。将每个三元组看做是线性表的一个结点，t 个三元组构成长度为 t 的线性表。于是，存储这个线性表，也就相当于存储了稀疏矩阵 $\boldsymbol{A}$。而这个线性表既可以采用顺序存储方式，也可以采用链式存储方式。

采用顺序存储方式时，用来存储稀疏矩阵的数组可以定义为：

```
#define  M  1000              //假定非 0 元素个数不超过 M
typedef  struct  element
{   float  val;               //假定值域是实型
    int  row, col;            //行号和列号域
}elem;                        //结点类型名
elem  b[M];                   //用于存储稀疏矩阵的数组
```

为了便于查找，将三元组序列构造成有序表形式，这里的有序是指结点按行号由小到大排

列，同行号的结点按列号从小到大排列。这样，矩阵就转化成了有序表。

图 2-40 给出了这种按行顺序压缩存储方式的示例。

$$A_{5\times6}=\begin{pmatrix} 0 & 0 & 35 & 13 & 0 & -1.5 \\ 31 & 0 & 0 & 0 & 17 & 0 \\ 0 & 0 & 0.6 & 0 & 0 & 20 \\ 0 & 21 & 0 & 0 & 0 & 0 \\ 1.8 & 0 & 0 & -8 & 0 & 0 \end{pmatrix}$$

	row	col	val
0	0	2	35
1	0	3	13
2	0	5	−1.5
3	1	0	31
4	1	4	17
5	2	2	0.6
6	2	5	20
7	3	1	21
8	4	0	1.8
9	4	3	−8

数组 b

图 2-40 稀疏矩阵按行顺序压缩存储示例

若稀疏矩阵 $\boldsymbol{A}_{m\times n}$ 按行顺序压缩存储在数组 b 中，对矩阵 $\boldsymbol{A}$ 的某些运算可以转换为有序表运算。例如：

1）存取运算。给定一组下标（i，j）（$0\leqslant i\leqslant m-1$，$0\leqslant j\leqslant n-1$），确定元素 a_{ij} 的存储地址。这种运算将对应于有序表的查找运算。

用线性表的查找算法在数组 b 中查找行列号（row，col）等于（i，j）的元素。若找到（比如下标为 k），那么可从 $b[k]$.val 中读取元素 a_{ij} 之值；若查找不成功，则表明 $a_{ij}=0$。

2）元素赋值运算。若程序中要修改元素 a_{ij} 的值，首先要查找 a_{ij} 的存储地址。根据查找结果和修改后 a_{ij} 的值，可分成下面 3 种情况：

- 查找不成功，即原来 $a_{ij}=0$，修改后 $a_{ij}\neq0$，就要在 b 中加一个元素（i，j，a_{ij}），这相当于线性表的插入运算。
- 若查找成功，即原来 $a_{ij}\neq0$，设 a_{ij} 存储于 $b[k]$，如果修改后 $a_{ij}=0$，则要删除 $b[k]$，这对应于线性表的删除运算。
- 若原来 $a_{ij}\neq0$（查找成功），修改后仍然 $a_{ij}\neq0$，只要简单地修改 $b[k]$.val 的值。

因为采用顺序存储结构，所以插入、删除会引起结点移动。如果矩阵元素值变动频繁，那么这种存储结构是不适用的，应当改为链式存储（后面将介绍）。

3）两个稀疏矩阵相加运算。

对应于有序表的合并运算。合并时，若两个结点的行列号相同，相加后值为 0，就不存储这个元素；反之，就存储这个元素。

3. 稀疏矩阵的链式存储

下面以稀疏矩阵 $\boldsymbol{A}_{m\times n}$ 为例，介绍稀疏矩阵的链式存储方法。

（1）简单链式存储

稀疏矩阵 $\boldsymbol{A}$ 的每个非 0 元素对应一个结点，结点含有的域为：row（行号）、col（列号）、

val（元素值）、next（链域）。将所有的结点串成一个链表。例如，图 2-40 所示的稀疏矩阵对应的链表如图 2-41 所示。

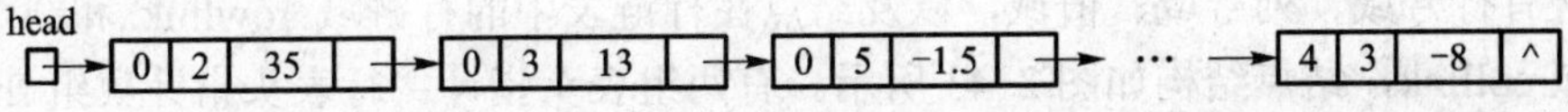

图 2-41 稀疏矩阵简单链式存储示例

稀疏矩阵简单链式存储形式在大多数矩阵运算中用处不大。因为处理矩阵运算时，常常按行（或按列）存取矩阵的元素。

（2）行链表组

为了便于按行存取，可将稀疏矩阵 $\boldsymbol{A}_{m\times n}$ 每一行中非 0 元素对应的结点构成一个链表，m 个行链表形成一个链表组。用一个指针数组 ah[m]作为各行链表的首指针，即 ah[i]是第 i 个行链表的首指针（i=0，1，…，m–1）。行链表的结点结构中不需要含有行号域，只需含有列号域、元素值域和链域，因为各行链表首指针的下标可以兼作行号。

为了便于查找，行链表中的结点可以按列号由小到大排列成有序链表。

图 2-42 给出了稀疏矩阵行链表组存储示例。

这种存储方式对完成稀疏矩阵的某些运算非常方便，比如相加运算、存取元素 a_{ij} 的运算、元素改值运算等。

在第 4 章中将会发现，图的邻接表实际上就是图的邻接矩阵的行链表组存储形式。

如果矩阵的元素值变更频繁，可能对行链表的结点反复进行插入或删除，为了便于插入或删除，行链表也可采用双向链表，或者双向加头循环链表等形式。

类似地，可以将稀疏矩阵存储成列链表组形式，以满足对矩阵元素按列存取的需要。

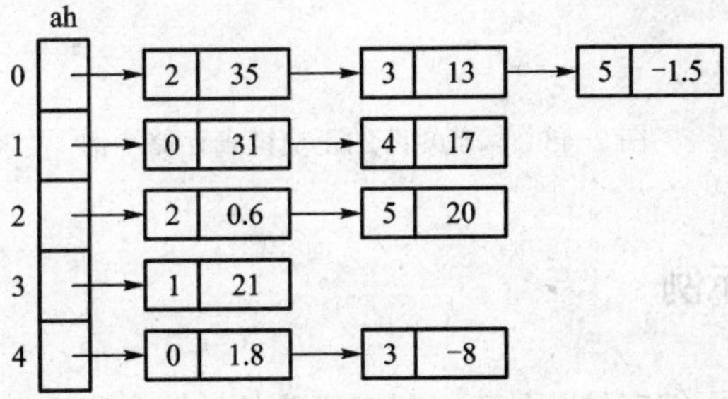

图 2-42 稀疏矩阵行链式组存储示例

（3）正交链表

在运算过程中，如果同时需要按行和按列存取矩阵元素，可以分别构造矩阵的行链表和列链表，以满足不同查找方向的需要。但是，这样会使一个非 0 元素对应两个结点，分别在行链表和列链表上，当需要修改元素 a_{ij} 值时，要在行链表中找到元素 a_{ij}，又要在列链表中找到元素 a_{ij}，插入或删除结点时，也要同时修改两个链表，操作起来比较麻烦。不如采用**正交链表**（也称为十字链表）的存储结构（如图 2-43 所示）。

正交链表是由行链表和列链表这两组链表组合而成，每个非 0 元素 a_{ij} 占用一个存储结点，每个结点含有行号域、列号域、值域，以及结点在行链表中的行链域 rowlink 和结点在列链表中的列链域 collink，结点结构如图 2-43 所示。有两组表头指针：行表头指针数组 rh[m]和列表头指针数组 ch[n]。

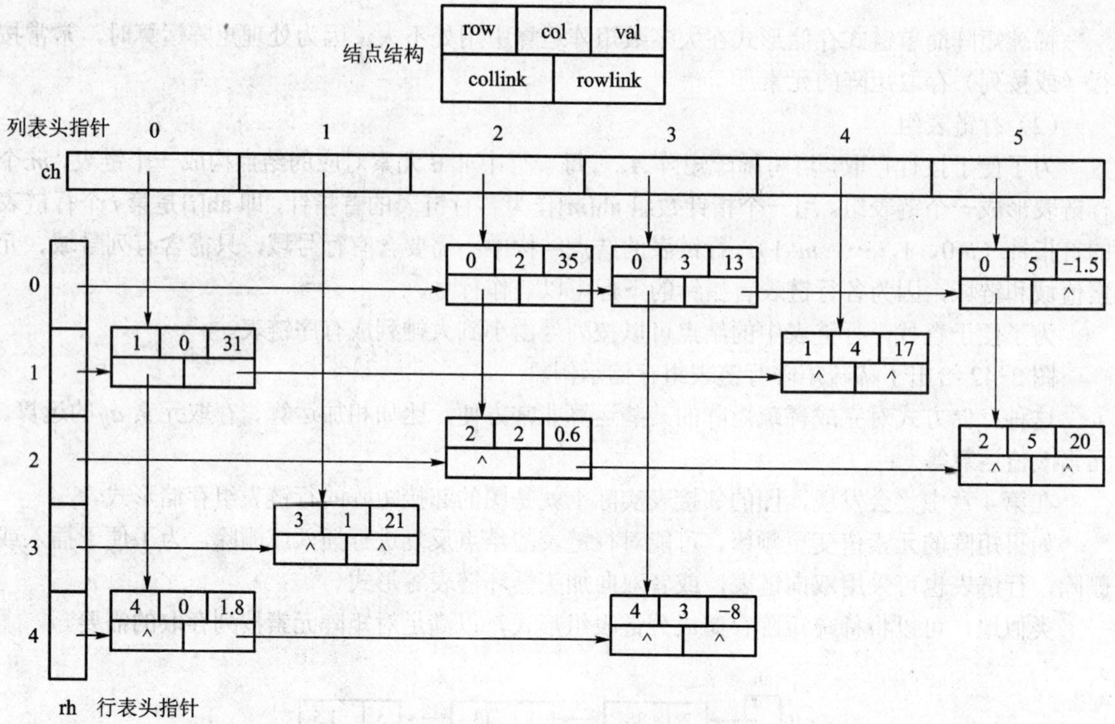

图 2-43 稀疏矩阵的正交链表存储示例

2.6.2 稀疏矩阵运算示例

下面研究在按行顺序压缩存储条件下，稀疏矩阵的转置和相乘运算的算法设计方法。

矩阵转置和相乘在数学上是很常见的。

1. 矩阵转置

矩阵 $\boldsymbol{A}_{m\times n}$ 的转置矩阵 $\boldsymbol{A}^{\mathrm{T}}{}_{n\times m}$ 是把 $\boldsymbol{A}$ 的各行变成 $\boldsymbol{A}^{\mathrm{T}}$ 的各列而得到的一个矩阵。

已知具有 t 个非 0 元素的稀疏矩阵 $\boldsymbol{A}_{m\times n}$ 用按行顺序压缩存储方式存储在数组 $b[t]$中。现通过 b 求 $\boldsymbol{A}^{\mathrm{T}}$，且 $\boldsymbol{A}^{\mathrm{T}}$ 也用同样的压缩方式存储于数组 $c[t]$。数组 c 与数组 b 的结构相同。

下面介绍 3 种求稀疏矩阵的转置矩阵算法，其性能各不相同。

（1）简单复制法

算法的主体部分如下：

```
for(i=0;i<t;i++)
{   c[i].row=b[i].col;          //行号变列号
    c[i].col=b[i].row;          //列号变行号
    c[i].val=b[i].val;
}
```

显然，这种方法只用 $O(t)$时间。但转置结果 $\boldsymbol{A}^{\mathrm{T}}$ 不是按行顺序存储的，而是按列顺序存储的。如果要求转置结果 $\boldsymbol{A}^{\mathrm{T}}$ 必须按行顺序存储，简单复制法不合要求。当然，可以在转置之后，用排序算法对数组 c 进行排序，但排序可能需要花费更多时间。

（2）逐行复制法

逐行复制算法的思想是按行号从小到大，依次复制 $\boldsymbol{A}^{\mathrm{T}}$ 的各行非 0 元素。即先在数组 b 中寻找列号为 0（b[i].col==0）的元素，将其逐一复制到数组 c 中；然后再在数组 b 中寻找列号为 1（b[i].col==1）的元素，将其逐一复制到数组 c 中……当然，复制时要调换行列域的值。

算法的主体部分如下：

```
for(k=0,j=0;j<n;j++)            //n 是 A 的列数
  for(i=0;i<t;i++)
    if(b[i].col==j)
      c[k].row=b[i].col, c[k].col=b[i].row, c[k++].val=b[i].val;
```

外循环执行 n 次，外循环每执行一次，内循环就执行 t 次，故需要 $O(nt)$时间。

（3）分段定位法

分段定位法，包括预处理阶段和转置阶段，可在 $O(n+t)$时间完成转置。

1）预处理阶段。

对数组 b 进行一遍扫描，统计出 $\boldsymbol{A}$ 的各列（即 $\boldsymbol{A}^{\mathrm{T}}$ 的各行）非 0 元素个数，并记录在数组 num[n]中。

然后，利用 num[n]计算行定位数组 pot[n]各元素 pot[j]（j=0，1，2，…）的值。数组 pot[n]的作用是将存储 $\boldsymbol{A}^{\mathrm{T}}$ 的数组 c 分成 n 段，以便将 $\boldsymbol{A}^{\mathrm{T}}$ 第 j 行上的 num[j]个非 0 元素存储在第 j 段。具体地说，pot[j]用来指示 $\boldsymbol{A}^{\mathrm{T}}$ 第 j 行非 0 元素在数组 c 中的起始存储位置。

行定位指针 pot[j]满足下述公式：

$$\begin{cases}\text{pot}[0]=0\\ \text{pot}[j]=\text{pot}[j-1]+\text{num}[j-1] \qquad (j=1,2,\cdots,n-1)\end{cases} \tag{2-5}$$

实现预处理阶段的程序段见算法 2-21 的语句 1～语句 3。

例如，对于如图 2-40 所示的稀疏矩阵，预处理结果如图 2-44 所示。

2）转置阶段。

对数组 b 进行第二遍扫描，当扫描到 $b[i]$时，取出其列号 j=$b[i]$.col，由 j 找到行定位指针 k=pot[j]，将该非 0 元素复制到 $c[k]$。当然，要交换行列号。

	0	1	2	3	4	5
num	2	1	2	2	1	2
pot	0	2	3	5	7	8

图 2-44 分段定位结果示例

具体算法如下。

算法 2-21 稀疏矩阵转置算法（分段定位法）。

```
void  transpose(elem b[ ],elem c[ ],int n,int t )
//数组 b[t]存储稀疏矩阵 Am×n 的 t 个非 0 元素，n 是 A 的列数
//数组 c[t]用于存储 AT 的非 0 元素
{    int   i,j,k,num[n],pot[n];
     //预处理阶段
     for(j=0;j<n;j++)num[j]=0;                              //初始化
     for(i=0;i<t;i++)num[b[i].col]++;                       //统计 AT 各行非 0 元素个数
     for(pot[0]=0,j=1;j<n;j++) pot[j]=pot[j-1]+num[j-1];    //计算行定位指针
     //转置阶段
     for(i=0; i<t; i++)                                     //第二遍扫描数组 b
     {   j=b[i].col;                                        //取列号
         k=pot[j];                                          //取行定位指针值
         c[k].row=j,c[k].col=b[i].row,c[k].val=b[i].val;    //转置一个非 0 元素
         pot[j]++;        //修改定位指针为本行下一个非 0 元素的存储位置
     }
}
```

例如，图 2-45 给出了利用图 2-44 的定位指针对存储于数组 *b* 中的稀疏矩阵的转置步骤。

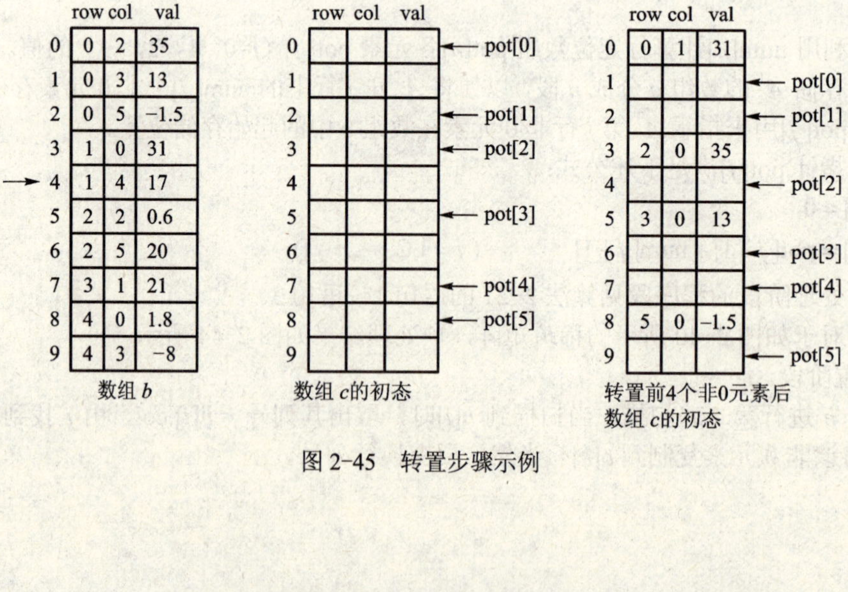

图 2-45 转置步骤示例

算法 2-21 的时间复杂性为 $O(n+t)$，具体计算步骤如下。

预处理阶段，含有 3 个并列的单循环，循环次数分别为 n、t、n。于是，预处理阶段共花费 $O(n)+O(t)+O(n)=O(n+t)$时间。

转置阶段，循环 t 次，每循环一次只用常数时间，转置阶段花费 $O(t)$时间。

合起来，共花费 $O(n+t)+O(t)=O(n+t)$时间。

不过算法 2-21 用了 2 个辅助数组：数组 num 和数组 pot，它们各占 $O(n)$个单元。所以，其空间复杂性是 $O(n)$。

分段定位法是典型的"以空间换取时间"的范例。下面介绍的稀疏矩阵乘法也用到这一技术。

2．矩阵乘法

由数学知识，若矩阵 $\boldsymbol{X}$ 和 $\boldsymbol{Y}$ 是可以配对相乘的两个矩阵（$\boldsymbol{Z}_{m,n}=\boldsymbol{X}_{m,p}\times\boldsymbol{Y}_{p,n}$），那么，由下列公式计算 $\boldsymbol{Z}$ 的各元素之值。

$$z_{ij}=\sum_{k=1}^{p}x_{ik}\times y_{kj}\qquad (i=0,1,2,\cdots,m-1;\ j=0,1,2,\cdots,n-1) \tag{2-6}$$

设 $\boldsymbol{X}$ 和 $\boldsymbol{Y}$ 均是稀疏矩阵，并分别用按行顺序压缩方式存储在数组 $a[t1]$和数组 $b[t2+1]$中，其中，$t1$ 和 $t2$ 分别是 $\boldsymbol{X}$ 和 $\boldsymbol{Y}$ 非 0 元素个数，而数组 b 带监督单元 $b[t2]$（用法见算法 2-22）。因为稀疏矩阵的乘积不一定是稀疏矩阵，故积矩阵 $\boldsymbol{Z}$ 不用压缩方式存储，而是用完全方式存储在二维数组 $c[m][n]$中。

另外，由于 $\boldsymbol{X}$ 和 $\boldsymbol{Y}$ 是采用按行顺序压缩方式存储的稀疏矩阵，在计算 z_{ij} 时，会遇到麻烦。因为，先要在数组 a 中找出行号等于 i 的所有非 0 元素，比如，找到了 x_{ik_1}，x_{ik_2}，…。然后在数组 b 中找出行号等于 k_1，k_2，…，而列号等于 j 的非 0 元素，比如找到 y_{k_1j}，y_{k_2j}，…，把它们两两配对相乘，并累加起来，最后得出 z_{ij} 之值。

在数组 a 中找出行号等于 i 的所有非 0 元素并不困难，因为它们是连续存放的。但是在数组 b 中找 y_{k_1j}，y_{k_2j}，…，需要对数组 b 全程扫描，扫描一次就要花费 $O(t2)$时间。

采用下面分步累加法，可以降低时间复杂性，提高运算速度。

分步累加法包括预处理阶段和相乘阶段。

（1）预处理阶段

1）将存储矩阵 $\boldsymbol{Z}$ 的数组 c$[m][n]$的各元素清 0。

2）构造行定位指针数组 pot$[p]$，使 pot$[k]$（k=0，1，2，…）指向矩阵 $\boldsymbol{Y}$ 第 k 行第一个非 0 元素在数组 b 中的存储位置。

实现预处理阶段的程序段：

```
for(i=0;i<m;i++)                                    //初始化
        for(j=0;j<n;j++)c[i][j]=0;
for(i=0; i<p; i++)pot[i]= –1;                       //用特殊标记对各行定位指针赋初值
for(i=t2–1; i>=0; i– –)pot[b[i].row]=i;             //确定行定位指针
```

预处理阶段时间耗费为：$O(mn)+O(p)+O(t2)=O(mn+p+t2)$。

（2）相乘阶段

1）顺序扫描数组 a。设当前遇到的非 0 元素为 x_{rk}（行号为 r，列号为 k，值为 x_{rk}）。

2）由行定位指针 pot[k]，找到矩阵 $\boldsymbol{Y}$ 第 k 行的非 0 元素在数组 b 中的存储位置。设这些非 0 元素分别是 y_{ks1}，y_{ks2}，…。

但是，若 pot[k]= −1，则表明矩阵 $\boldsymbol{Y}$ 第 k 行没有非 0 元素，x_{rk} 不能与 b 中任何元素相乘，故可以跳过下一步。

3）将 x_{rk} 依次与 y_{ks1}，y_{ks2}，…相乘，并把乘积分别累加到元素 z_{rs1}，z_{rs2}，…的存储单元 $c[r][s1]$，$c[r][s2]$，…之中。

具体的实现程序如下。

算法 2-22　稀疏矩阵相乘算法。

```
void   multiply(elem a[ ],elem b[ ],float c[m][n],int t1,int t2 )
//数组 a[t1]和 b[t2+1]：存储稀疏矩阵 Xm×p 和 Yp×n
//t1 和 t2 分别是 X 和 Y 的非 0 元素个数
//另外，b[t2].row= –1，是为便于程序设计而增设的监督元
//c[m][n]存储积矩阵
//m，n，p 是矩阵的行列数，均为整体量
{   int i,j,k,r,s,pot[p];   float x,y;
    //预处理阶段
1.  for(i=0;i<m;i++)                    //初始化
      for(j=0;j<n;j++)c[i][j]=0;
2.  for(i=0; i<p; i++) pot[i]= –1;
3.  for(i=t2–1; i>=0; i– –) pot[b[i].row]=i;
    //相乘阶段
4.  for(i=0; i<t1; i++)                 //顺序扫描数组 a，做元素乘法
5.  {k=a[i].col;                        //取 X 非 0 元素的列号
6.   j=pot[k];                          //取 Y 的行定位指针
7.   if(j<0)continue;                   //Y 第 k 行中没有非 0 元素，跳过，进入下一轮循环
8.   r=a[i].row;                        //取 X 非 0 元素的行号
9.   x=a[i].val;                        //取元素 xrk 之值
10.  while(b[j].row==k)                 //当 Y 的非 0 元素的行号为 k 时，循环
11.  {    s=b[j].col;                   //取 Y 非 0 元素的列号
12.       y=b[j].val;                   //取元素 yks 之值
13.       c[r][s]+=x*y;                 //元素相乘，并累加
14.       j++;                          //指向 Y 的下一个非 0 元素
     }
```

```
    }
  }
```

相乘阶段时间耗费≤$O(n\ t1)$，计算方法如下。

外循环语句 4 共执行 $t1$ 次。外循环每执行一次，内循环语句 10 执行次数取决于 $\boldsymbol{Y}$ 本行非 0 元素个数。因为 $\boldsymbol{Y}$ 共 n 列，所以一行中最多含有 n 个非 0 元素，所以，内循环执行次数不超过 n。

加上预处理阶段耗用的时间，算法 2-22 的时间复杂性为：

$$T(n) \leqslant O(mn+p+t2)+O(n\ t1)$$

因为 $\boldsymbol{X}$ 和 $\boldsymbol{Y}$ 都是稀疏矩阵，所以 $t1<mp$，$t2<pn$，故算法时间复杂性低于 $O(mpn)$。

如果采用完全存储，完成两个矩阵相乘，通常需要 $O(mpn)$时间。

另外，因为行定位指针数组 pot 占用 $O(p)$空间，其余变量只占 $O(1)$空间，所以算法的辅助空间用量为 $O(p)$。

图 2-46 给出了算法执行步骤示意图。

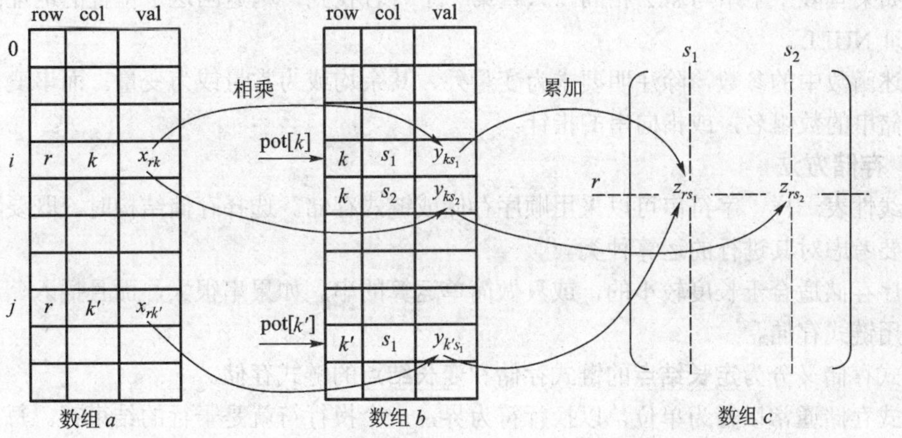

图 2-46 分步相乘累加示意图

2.7 字符串

2.7.1 基本概念和存储方法

1. 基本概念

字符串是有穷的字符序列，字符个数称为串长。长度为 0 的串是空串。

字符串在文本编辑中占有很重要的地位。比如，一个 C 源程序就是一个字符串，使用 Visual C++的编辑环境对 C 源程序进行编辑时，就是利用系统提供的编辑功能对这个字符串进行插入、删除、查找、替换等处理。

字符串除具有一般表结构的常用运算外，还具有一些特殊运算。大多数编译系统都提供一些标准函数处理串运算。例如，C/C++语言在头文件 string.h 中提供的串处理库函数有：

1）strlen(str) 求串长函数（字符个数）。

2）strcat(str1，str2) 串连接函数，将 str2 的内容接在 str1（变量）后面，构成一个长串。

3）strcmp(str1，str2) 串比较函数，比较 str1 和 str2 的大小。大小的含义由“字典序”确定。若“str1=str2”，则返回 0；若“str1<str2”，则返回负数；若“str1＞str2”，则返回正数。

4）strcpy(str1，str2) 串复制函数，将 str2 的内容复制到 str1（变量）中。

5）strchr(str，c) 串查找函数，在串中查找字符 c 第一次出现的位置。若找到，则返回这个位置的地址；否则，返回空地址 NULL。

6）strstr(str1，str2) 子串匹配函数，在 str1 中查找内容与 str2 相同的子串在 str1 中出现的位置。如果有多个子串与 str2 相同，只查第一个。若找到，则返回这个位置的地址；否则，返回空地址 NULL。

上述函数中的参数，除注明要求为变量外，其余均或为常量或为变量。而串变量对应的实参是存储串的数组名，或指向串的指针。

2. 存储方法

同线性表一样，字符串可以采用顺序存储或链式存储。选择存储结构时，既要考虑串的大小，也要考虑对其进行的运算种类。

顺序存储适合于长度较小的，或只做简单运算的串。如果串很大，而且插入、删除频繁，最好采用链式存储。

链式存储又分为**定长结点**的链式存储和**变长结点**的链式存储。

链式存储通常以行为单位，以换行符为界，一个换行符就是一行的结束符。每行对应一个存储结点，字符在结点内是顺序存储的。这种存储方式实际上是顺序存储与链式存储的“混合”。混合存储的好处在于：在多数情况下，对串的修改操作是按行进行的，所以修改只局限于结点内部，不会影响其他结点。这就避免了因插入或删除而大量地移动字符。

（1）定长结点的链式存储

选定一个合适的大小 m，比如 80 或 1 024，作为结点的长度，于是，每个结点可存储的有效字符数不超过 m，结点类型可以定义为：

```
#define  m  80
typedef  struct  snode1
{    char  line[m];                    //用于存放字符
     int count ;                       //本结点存放的字符数
     struct  snode1  *next;            //链域
```

```
    }     fixturenode,*fdptr;               //定义结点类型名和指针类型名
```

当一行长度大于 m 时，将占用多个结点；当一行长度小于等于 m 时，占一个结点，以行结束符作为本行有效字符的终点。

（2）变长结点的链式存储

采用动态方式分配各行的存储结点，使每行的长度不固定，结点类型可以定义为：

```
#define  m  80                          //定义每行最小长度
#define  n  40                          //重新分配时的长度增量
typedef  struct  snode2
{    char   *line;                      //指向存放字符的存储单元地址
     int   linelong ;                   //本行当前分配的空间长度
     int count ;                        //本结点存放的字符数
     struct   snode2   *next;           //链域
} infnode,*infdptr;                     //定义结点类型名和指针类型名
```

每产生一个新行时，调用 malloc 函数预先为其分配长度为 m 的存储空间；每当本行超长时，调用 realloc 函数，为其长度增加一个增量 n；而每当本行过短时，调用 realloc 函数，使其长度减少一个增量 n。

2.7.2 简单模式匹配算法

1．基本原理

模式匹配也称为串匹配，或子串查找。用于在某文本中查找某特定的子串，其中，文本称为正文串，而要查找的内容称为模式串。通常，正文串是一个“大串”，而模式串只是一个“小串”。例如，在本书第 2 章中查找“结点结构”一词。

设“$a_0a_1\cdots a_{m-1}$”是长度为 m 的正文串，“$p_0p_1\cdots p_{n-1}$”是长度为 n 的模式串，且 $m \geqslant n$。模式匹配的含义是，求出最小的下标 i=index(a,p)，使得：

$$a_ia_{i+1}\cdots a_{i+n-1}=p_0p_1\cdots p_{n-1}$$

即在串 a 中寻找“最早发现的”子串 p。如果 a 中不存在子串 p，则返回无效下标–1。

C/C++语言提供的库函数 strstr(a,p)能够完成模式匹配运算。

探讨实现模式匹配算法的设计方法是很有意思的。

为了简单起见，假定字符串用字符数组顺序存储。

最简单而又直观的方法是采用“逐段试配法”。

从正文串 a 的第一个字符起，“截取”长度为 n 的子串，与模式串 p 进行试匹配，将对应字符逐个进行比较。如果两两字符对应相等，即匹配成功，得出 index(a,p)函数值；如果存在一对字符不相等，则匹配不成功。再从 a 的第 2 个字符起截取 n 个字符，与模式串 p 试匹配……如此反复，直至找到匹配的子串，匹配成功；或 a 的剩余长度不足 n，则匹配不成功。

更形象地说，将模式串 p 比作一把标准检验尺，用尺子 p 逐段检验正文串 a。从 a 的端点起，用尺子一段一段“量”、一点点地比对。当所有点都“对上”，即匹配成功；否则，将尺子 p 向右移一格，再逐点检验……

这个过程可用图 2-47 说明，如果第 i 次试匹配成功，则返回 i；如果最后一次试匹配都不成功，则返回无效下标-1。最多试匹配 $m-n+1$ 次。

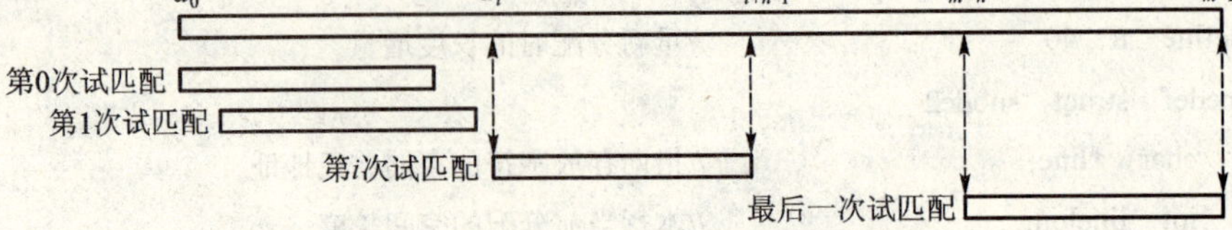

图 2-47 简单的模式匹配原理示意图

2．匹配算法

算法 2-23 简单模式匹配算法。

```
int   index(char a[ ], char p[ ], int m, int n)
   //a 和 p 分别存储长度为 m 和 n 的正文串和模式串
   //返回值为-1 表示匹配失败；否则，表示匹配成功，返回匹配点下标
   {     int i,j,k;                          //i：正文串试配起点；j 和 k 分别是模式串和正文串的扫描指针
   1.    for(i=0;i<=m-n;i++)                 //外循环控制试匹配遍数
   2.    {   for(k=i,j=0;j<n;j++,k++)        //内循环完成一次试匹配
   3.          if(a[k]!=p[j])break;          //若失配，则中断内循环
   4.        if(j==n)return   i;             //找到匹配子串
         }
   5.    return   -1;                        //匹配失败
   }
```

3．时间复杂性

在最坏情况下，算法 2-23 的时间复杂性为 $O(mn)$。

这是因为一次试匹配最多比较 n 对字符，最多试匹配 $m-n+1$ 次，所以，字符比较次数最多为 $O(n(m-n+1))=O(mn-n^2+n)<O(mn)$。

例如，对于如下正文串和模式串会出现这种极端现象：

正文串 a="aaaa…aa"

模式串 p="aa…ab"

不过，算法 2-23 的平均性能会好得多。因为对于那些不成功的试匹配来说，并非每次试匹配都测试到模式串尾部才发现失配，通常只测试到模式串的前几个字符就发现失配了。或者说，如果前一次试匹配，测试到模式串尾部才发现失配，那么下一次，甚至下几次，试匹配往

往在模式串首部就会发现失配。

2.7.3* KMP 算法

1. 基本原理

1970 年，库克（S. A. Cook）证明了可用 $O(m+n)$时间求解模式匹配问题。克努特（D. E. Knuth）和普拉特（V. R. Pratt）根据库克的证明，设计出一个 $O(m+n)$时间的模式匹配算法。几乎与此同时，莫里斯（J. H. Morris）也设计出性能差不多的算法，人们将此 3 人同时设计的算法称为——**KMP 算法**。

简单模式匹配算法在某次试匹配过程中，发现失配（$a[k]\neq p[j]$）时，正文串扫描指针 k 和模式串扫描指针 j 同时回退。k 回退到本次试匹配起点 i 的下一位置，即下一轮试匹配起点，j 回退到模式串的开头处。然后，从模式串开头起，进行下一轮试匹配。

KMP 算法的基本做法是，发生失配时，正文串扫描指针 k 不回退，直接从失配点 k 起，继续向右试匹配。而且，虽然模式串扫描指针 j 需要回退，但也不是必须回退到开头处。

为了便于说明，用 $a[x{:}\ y]$表示从 $a[x]$～$a[y]$的字符段；用 $p[0{:}j-1]=a[k-j{:}k-1]$表示已匹配成功的一段，即 $p[0]$～$p[j-1]$与 $a[k-j]$～$a[k-1]$长度相同，且对应字符相等。

下面分两种情况说明在 k 点失配（$a[k]\neq p[j]$）时，模式串如何右移以及如何进行下一轮试匹配。

1）首字符 $p[0]$与 $p[0{:}j-1]$中的其他字符都不同，即 $p[0]\neq p[1]$，$p[0]\neq p[2]$，…，$p[0]\neq p[j-1]$。在 k 点失配时，必有 $p[0]\neq a[k-j+1]$，$p[0]\neq a[k-j+2]$，…，$p[0]\neq a[k-1]$。于是，$p[0]$可以跳过 $a[k-j+1{:}k-1]$，直接与 $a[k]$比较。

也就是说，下一次试匹配时，可以将模式串一次右移 j 格，使模式串头对准失配点，进入下一轮试匹配，如图 2-48 所示，其中“*”表示某个未匹配的字符（下同）。

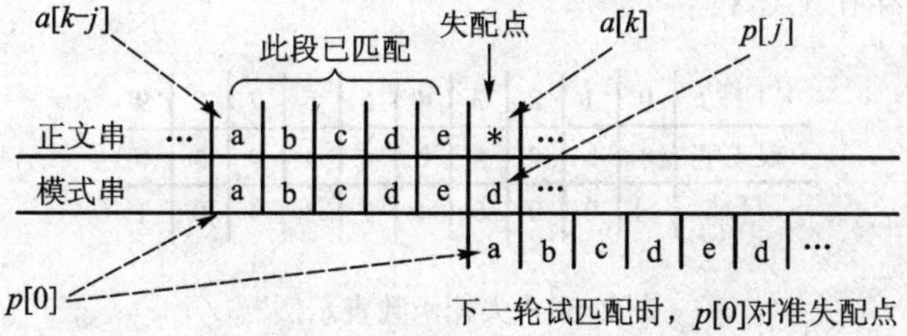

图 2-48 模式串头右移至失配点的示例

2）已匹配段 $p[0{:}j-1]$中，首部有一段与尾部的一段相同，即 $p[0{:}s-1]=p[j-s{:}\ j-1]$。可将模式串头 $p[0]$右移至 $p[j-s]$处，使 $p[s]$对准失配点 $a[k]$。下一轮试匹配时，从失配点 $a[k]$处开始测试，而首部一段 $p[0{:}s-1]$就用不着比较了，因为这一段与对应的正文段是相配的。也就是说，这一段是一个“免配段”。

如图 2-49 所示，已匹配段“abcdabc”中，前 3 个字符“abc”，后 3 个字符也是“abc”，“abc”就是免配段。将模式串头右移至免配段头，开始下一轮试匹配。

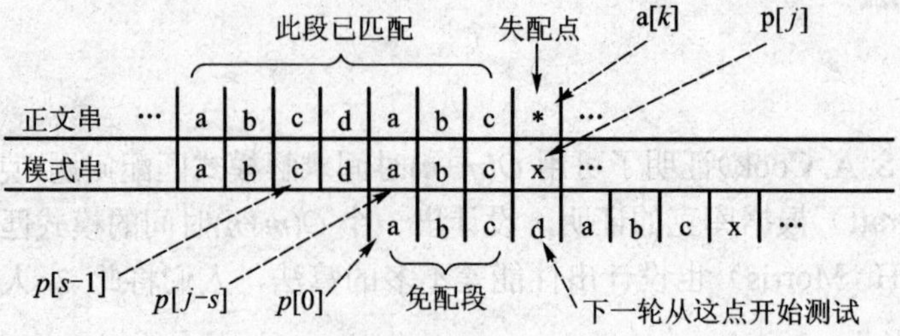

图 2-49 失配点左侧有免配段的示例

2．失配函数

为了避免漏匹配，上述免配段必须是“最长的”，即与模式段 $p[0:j-1]$对应的免配段，必须是满足 $p[0:s-1]=p[j-s:j-1]$的最大 s。

例如，模式段“aaahgaaa”的免配段应该是“aaa”，而不是“aa”，更不是“a”。

免配段长度必须小于其对应的模式段。例如，模式段“aaaa”的免配段是“aaa”，而不是“aaaa”。

对于模式段 $p[0:j-1]$来说，免配段 $p[0:s-1]$的长度只与模式段 $p[0:j-1]$本身有关，与正文串无关，与模式串的其余部分也无关。

式（2-7）定义的失配函数 $f[j]$（对于 j=1，2，…，n-1）的值等于模式段 $p[0:j-1]$对应的免配段长度。图 2-50 给出了用式（2-7）计算出的失配函数表示例。

失配函数 f：$\{0, 1, 2, \cdots, n-1\} \to \{-1, 0, 1, \cdots, n-2\}$

$$f[j]=\begin{cases}-1 & j=0\\ s & 1\leqslant s<j \quad \text{满足 } p[0:s-1]=p[j-s:j-1] \text{ 的最大 } s\\ 0 & \text{不存在上述}s\end{cases} \tag{2-7}$$

下标 j	0	1	2	3	4	5	6	7	8	9
模式串	a	b	c	a	b	c	a	c	a	b
$f[j]$	-1	0	0	0	1	2	3	4	0	1

图 2-50 失配函数表示例

KMP 算法分两个阶段：计算失配函数表阶段和匹配阶段。

匹配阶段，从串头开始试匹配。在某次试匹配过程中，如果发现 $a[k]$与 $p[j]$失配（$a[k]\neq p[j]$），从失配函数表中取出 $f[j]$的值 s，让 $a[k]$与 $p[s]$比较，进入下一轮试匹配。但是，如果失配点发生在模式串头（$a[k]\neq p[0]$），就要让指针 k 进 1（k++），再从 $a[k]$与 $p[0]$开始比较，进入下一轮试匹配。

下面先给出试匹配阶段的实现程序，然后再探讨如何计算失配函数。

3．匹配算法

算法 2-24 KMP 算法之匹配函数。

```
int   index_KMP(char a[ ], char p[ ],int f[ ],int m,int n)
//a 和 p 分别存储长度为 m 和 n 的正文串和模式串
//f 存储模式串 p 的失配函数表
//返回值为–1 表示匹配失败；否则，表示匹配成功，返回匹配点下标
{   int k,j;
1.  k=j=0;                              //正文串指针 k 和模式串指针 j 的初值
2.  while(k<m && j<n)                   //当正文串和模式串都未测试完时循环
    {
3.      if(j== –1){j++,k++;continue;}   //若 j 退到头，k 右移，j=0
4.      if(a[k]==p[j]){ j++,k++;continue;} //若相配，k 和 j 右移，继续本轮试匹配
5.      j=f[j];                         //若失配，k 不变，j 回退
    }
6. if(j<n)   return   –1;               //匹配失败
7. return   k–n;                        //匹配成功
}
```

语句 3、4、5 是语句 2 的循环体中的 3 条并列语句，显然，每循环一次，只执行其中的一条，分别对应下列 3 种情况之一。

当语句 4 中的条件成立时，表明当前测试的一对字符相配，k 和 j 同时右移，继续进行本轮的试匹配，测试下一对字符。

当语句 4 中的条件不成立时，执行语句 5，表明当前测试的一对字符不相配。这种情况下，要用 j 的失配函数值 $f[j]$ 代替 j，继续循环，进入下一轮试匹配。

当语句 3 中的条件成立时，表明上一次循环时，执行的是语句 5，当时的 j=0，因发生失配（$a[k]\neq p[0]$），才使 j 退到–1。这种情况下，要将指针 k 右移（k++），指针 j 的值增 1（变为 0），进入下一轮试匹配。

因为语句 2 的循环同时受两个条件“$k<m$”和“$j<n$”控制，所以，退出循环后，需要判断是因为哪个条件被破坏而退出的。

如果语句 6 中的条件“$j<n$”仍成立，必是“$k<m$”不成立，即模式串未测试完，而正文串指针已移过串尾，这表明匹配失败，返回–1。

否则，条件“$j<n$”不成立，或者两个条件都不成立，表明模式串的 n 个字符都相配（匹配成功），返回本次试匹配时的正文串起点 k–n。

4．失配函数算法实现

先给出实现函数，再解释其各步骤含义。

算法 2-25 KMP 算法之计算失配函数表的函数。

```
void   fail(int f[ ],char p[ ],int n )
// p 存储长度为 n 的模式串
//f 存储模式串 p 的失配函数表
{    int   k, j;
8.   k=0, j=f[0]=-1;
9.   while(k<n)
10.  {    if(j==-1) {j++,k++,f[k]=0; continue;}
11.            if(p[k]==p[j]) {j++,k++,f[k]=j;continue;}          //相配，求出一个函数值
12.       j=f[j];      //不相配，k 不变，j 回退
     }
}
```

算法 2-25 与算法 2-24 的程序结构非常相似。算法 2-25 实质上是模式段与模式段的“自匹配”。采用迭代法，按照 k 的值从 0～n–1 依次计算 $f[k]$的值。

语句 8 首先置 $f[0]=-1$。根据失配函数的定义，对于任何模式串 p 都有 $f[0]=-1$。这个函数值将作为计算其他函数值的初始值。

语句 9 的循环体与语句 2 的循环体结构相同，语句 10、11、12 分别与语句 3、4、5 对应。

当语句 11 中的条件成立时，执行语句“j++,k++, f [k]=j;”相当于先执行“$f[k+1]=f[k]+1$”，然后，k 和 j 再分别增 1，继续循环，计算下一个 $f[k+1]$。

这是因为，设 $f[k]=j$，即 $p[0:j-1]=p[k-j:k-1]$，现在 $p[k]=p[j]$，那么，必有 $p[0:j]=p[k-j:k]$。根据定义，$f[k+1]=f[k]+1=j+1$。

当语句 11 中的条件不成立时，执行语句 12“$j=f[j]$”，让 j 回退到 $f[j]$，继续循环，再求 $f[k+1]$。

当语句 10 中的条件成立时，表明 j 已经退到头，$p[0:k-1]$没有免配段，于是，置 $f[k]=0$。

5．时间复杂性

（1）匹配函数耗用时间

显然，算法 2-24 的耗用时间正比于语句 2 的循环体执行次数，即语句 3、4、5 执行次数之和。

语句 1 为 j 和 k 设定初值 0，而 k 的值在循环体内只增不减。语句 3 和语句 4 每执行一次，将 k 和 j 的值增 1。由语句 2 中的条件可知，k 的值不超过 m，所以语句 3 和语句 4 的执行次数的总和不超过 m。于是 j 增加的总次数不超过 m。语句 5 使 j 减小，每次至少减 1，因为 j 不能为负值，故 j 减小的次数也不超过 m。也就是说，语句 5 执行次数不超过 m。于是语句 3、4、5 执行次数总和不超过 $2m$。

匹配函数耗用时间不超过 $O(m)$。

（2）计算失配函数表的函数耗用时间

算法 2-25 的耗用时间计算方法与上述类似，即正比于语句 9 的循环体执行次数，也就是

语句 10、11、12 执行次数之和。

j 和 k 的初值分别为 0 和–1。在循环体中，j 只增不减，语句 10 和语句 11 每次使 j 加 1。所以语句 11、12 执行次数之和不超过 n。于是 k 的增加次数也不超过 n。

语句 12 使 k 减小，每次至少减 1。又因为 k 不能小于–1，故 k 的减小次数不超过 n。所以语句 12 执行次数不超过 n。

于是语句 10、11、12 执行次数之和不超过 $2n$，所以计算失配函数表耗用时间不超过 $O(n)$。

两个函数耗用时间之和不超过 $O(m+n)$。

在很多情况下，模式串是相对固定的，不必每次重新计算失配函数，这就可以进一步降低时间复杂性。因而，KMP 算法（包括算法 2-24 和算法 2-25）是一个关于正文串长度的线性算法。

另外，与简单模式匹配算法相比，KMP 算法不仅速度快，而且匹配时正文串指针不需要回退，如果正文串很长，且取自流式文件，可以一边从文件中读正文串字符，一边试匹配。无须重复地从文件中读数据。

6. 改进的失配函数

设模式串 p="bbbbc"，正文串 a="bbbcbbbbc…"，用上述 KMP 算法计算出失配函数表 f 和匹配步骤如图 2-51 所示。

当 k=3，j=3 时失配，这时 $a[k]$='c'，$p[j]$='b'，$a[k]$='c'$\neq p[j]$='b'，根据算法 2-24，正文串指针 k=3 不变，模式串指针 j 变成 $j=f[j]=f[3]=2$，将让 $a[3]$与 $p[2]$比较。

由于 $p[2]=p[3]$='b'，所以比较结果仍不相配，指针 j 退到 $j=f[j]=f[2]=1$，再让 $a[3]$与 $p[1]$比较，比较结果仍不相配。于是指针 j 再次后退到 j=0，又让 $a[3]$与 $p[0]$相比较。

一般地，当 $a[k]$与 $p[j]$比较时，若比较结果 $a[k]\neq p[j]$，指针 j 退到 $f[j]$，如果 $p[f[j]]=p[j]$（这里的 j 是后退前的 j），那么可以肯定 $a[k]\neq p[f[j]]$，这次比较显然是多余的，也就是说，指针 j 还要再次后退。

j	0	1	2	3	4
模式串	b	b	b	b	c
$f[j]$	–1	0	1	2	3
$g[j]$	–1	–1	–1	–1	3

（a）失配函数 f 和改进的失配函数 g

下标 k	0	1	2	3	4	5	6	7	8	…
正文串 a	b	b	b	c	b	b	b	b	c	
模式串 p	b	b	b	b	c					
		b	b	b	b	c				
			b	b	b	b	c			
				b	b	b	b	c		

（b）使用 f 的匹配步骤

图 2-51 匹配步骤示例

根据这一分析，设计出改进的失配函数 g，具体程序见算法 2-26。图 2-51(a)给出了改进的失配函数 g 示例。

算法 2-26 KMP 算法之计算改进的失配函数表。

```
void    fail_2(int g[ ],char p[ ],int n )
```

```
//p 存储长度为 n 的模式串
//g 存储模式串 p 的失配函数表
{ int   k, j;
13.  k=0, j=g[0]= –1;
14.  while(k<n)
15.   { if(j== –1|| p[k]==p[j])
16.        { j++,k++;
17.          if(p[k]!=p[j])   g[k]=j;
18.             else   g[k]=g[j];
          }
19.     else    j=g[j];
      }
}
```

匹配函数仍用算法 2-24，只要将失配函数表名称由 f 改为 g。

与算法 2-25 相比，算法 2-26 花费时间可能会多一些，因为，语句 17“填写”的 $g[k]$值有可能会被语句 18 修改。

2.7.4* BM 算法和 KR 算法

1. BM 算法

1976 年 R. S. Boyer 和 J. S. Moore 设计出一种新颖的模式匹配算法——**BM 算法**。该算法使用特殊的失配函数（称为定位函数 d）和特殊的扫描方向。

（1）扫描方向自右向左

通常的模式匹配算法都是自左向右扫描的，而 BM 算法却是自右向左扫描的。具体地说，试配时从模式串 $p[n]$的尾部 $p[n-1]$向模式串头 $p[0]$方向逐一与正文串对应字符测试。

在 BM 算法中，正文串起点指针 i 指示模式串尾部对应正文串的位置，即 $a[i]$与模式串尾 $p[n-1]$对齐。

例如，第一次试匹配时，$i=n-1$，即 $a[n-1]$与 $p[n-1]$对齐，$a[0]$与 $p[0]$对齐。扫描语句形如：

```
for(k=i,j=n–1;j>=0;k– –,j– –)
    if(a[k]!=p[j]) i 右移 d(x)位，进入下一轮试匹配;          //d(x)是某个定位函数值
    //否则，继续本轮试匹配，测试一下对 a[k]和 p[j]
```

（2）定位函数的意义

某次试匹配时，模式串尾部 $p[n-1]$与正文段尾部 $a[i]$对齐，首部 $p[0]$与 $a[i-n+1]$对齐。从 $p[n-1]$起向左测试时，若在 $p[j]$处失配，即 $a[k]\neq p[j]$，设 $a[i]=x$，根据字符 x 是否在模式串 p 中出现，以及出现的位置，确定如何将模式串 p 右移，开始下一轮试匹配。

具体分成下列 3 种情况。

- 模式串 p 中不出现字符 x。$a[i]$不可能与任何 $p[t]$相配（$0 \leqslant t \leqslant n-1$），故可以断定，从 $a[i]$～$a[i-n+1]$这一段的正文串不可能与模式串 p 完全匹配，于是可以将模式串 p 右移 n 位，即 $p[0]$与 $a[i+1]$对齐，而 $p[n-1]$与 $a[i+n]$对齐（请参见图 2-52），也就是，执行语句“i+=n;”，进入下一轮试匹配。
- 字符 x 仅在模式串 p 的尾部出现，即 $p[n-1]=x$。同样，$a[i]$不可能与除 $p[n-1]$以外的任何 $p[t]$（$0 \leqslant t \leqslant n-2$）相配，而 $a[i]$已与 $p[n-1]$比较过了（本轮第一对比较的字符），可以断定，从 $a[i]$～$a[i-n+1]$这一段正文串不可能与模式串 p 完全匹配，于是可以将模式串 p 右移 n 位，处理步骤同上（请参见图 2-52）。

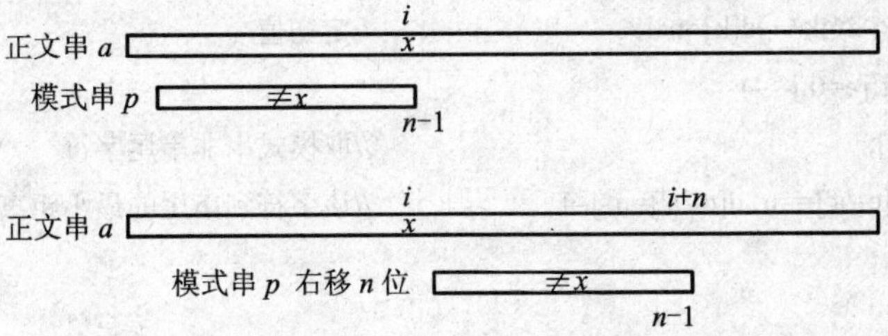

图 2-52 模式串 p 中不出现 x，或仅 $p[n-1]=x$ 的情况

- 字符 x 在模式串 p 的“中间部位”出现，即存在某个最大的 t（$0 \leqslant t \leqslant n-2$），$p[t]=x$，因为从 $p[t+1]$～$p[n-2]$这一段中没有字符 x，所以，只要将两个 x 对齐，即 $a[i]$与 $p[t]$对齐，于是模式串尾 $p[n-1]$与 $a[i+n-1-t]$对齐（请参见图 2-53），也就是执行语句“i=i+n−1−t;”，进入下一轮的试匹配。

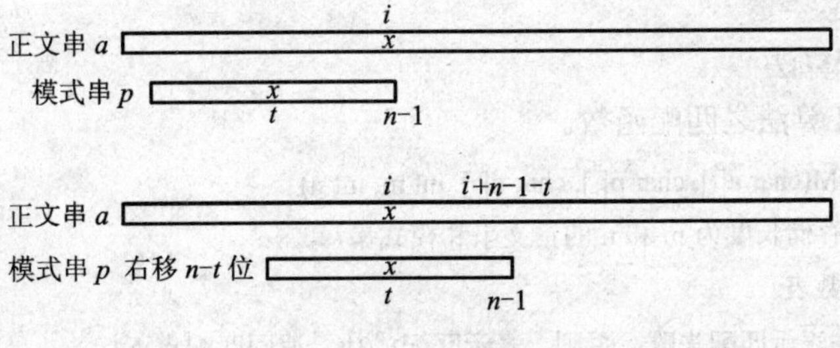

图 2-53 $p[t]=x$ 的情况

（3）定位函数的定义和求法

定位函数 d 与模式串和“字母表 Σ”有关，正文串和模式串中的字符都是取自于字母表 Σ 的。

定位函数 d 是 Σ 到$\{1, 2, \cdots, n-2\}$的函数（n 是模式串长度），其中，$d[x]$等于字符 x 到串尾 $p[n-1]$的最小“距离”。具体的定义如下：

对于每一个 $x\in\Sigma$，

$$d[x]=\begin{cases} n & \text{如果 } p \text{ 中不出现 } x\text{，或仅 } p[n-1]=x \\ n-t-1 & \text{如果存在最大的 } t\ (0\leqslant t\leqslant n-2) \text{ 而 } p[t]=x \end{cases} \tag{2-8}$$

下面以小写字母集合为例，给出求定位函数表的算法。

算法 2-27 BM 算法之计算定位函数表的函数。

```
void  fail_3(char d[ ],char p[ ],int n )
//p 存储长度为 n 的模式串
//d 存储模式串 p 的定位函数表
{ int  k, j;  char c;
   for(k=0;k<26;k++)d[k]=n;                    //定初值
   for(j=n-2;j>=0;j--)
   {  c=p[j];                                  //取模式串非串尾字符
      if(d[c-'a']==n) d[c-'a']=n-j-1;          //该字符到串尾的最小距离
   }
}
```

例如，模式串'pattern'（这里 n=7）的定位函数表为（仅列出在模式串中出现的字符）：

d['n']=7

d['r']=1

d['e']=2

d['t']=3

d['a']=5

d['p']=6

（4）BM 的匹配算法

算法 2-28 BM 算法之匹配函数。

```
int  index_BM(char a[ ], char p[ ], char d[ ], int m, int n)
//a 和 p 分别存储长度为 m 和 n 的正文串和模式串
//d 是定位函数表
//返回值为-1 表示匹配失败；否则，表示匹配成功，返回匹配点下标
{   int i,j,k;   //i：正文串试配起点；j 和 k 分别是模式串和正文串的扫描指针
    for(i=n-1;i<m;)                                    //外循环控制试匹配起点和遍数
    { for(k=i,j=n-1;j>=0;j--,k--)                      //内循环完成一次试匹配
         if(a[k]!=p[j])  {i+=d[a[i]-'a']; break;}      //失配，右移起点
      if( j<0)  return  i-n+1;                         //找到匹配子串
    }
```

```
5.  return  –1;         //匹配失败
}
```

在最坏情况下，BM 算法的时间复杂性是 $O(mn)$的（不包括计算定位函数表的时间）。比如，正文串为“aa…aaa”，而模式串为“baa…a”的情况，不过这种极端情况很少出现。

另外，如果字母表Σ很大（比如匹配汉字串），那么 BM 算法需要用较多的时间计算定位函数，并占用较多的存储空间存储定位函数。

将 KMP 算法与 BM 算法的设计思想结合，可以产生更为优秀的模式匹配算法。本书不再介绍。

2．KR 算法

1980 年，R. M. Karp 和 M. O. Rabin 合作设计出了另一种模式匹配算法——**KR 算法**。

KR 算法很有意思，正如在人群中找某个人一样，先看“像不像”，再看“是不是”。而不是盲目地一点点测试。

KR 算法将字符串映射成一个数值——串值，将模式串 $p[n]$的串值记作 $V(p)$。显然只有串值等于 $V(p)$的正文串中的一段（长度为 n）才可能与模式匹配。当然，即使串值相等也不一定能匹配。

最简单的串值，可以定义为串中各字符的 ASCII 码值之和。

当对正文段 $a[i:i+n-1]$试匹配时，先求出子串 $a[i:i+n-1]$的串值，记作 $V(i)$。如果 $V(i)=V(p)$，那么进行试匹配，将子串 $a[i:i+n-1]$与模式串 p 的对应字符逐一比较。如果串值不相等，或失配，只要将 $V(i)$减去字符 $a[i]$的值，加上字符 $a[i+n]$的值，就得到下一个子串 $a[i+1:i+n]$的串值 $V(i+1)$。

实际上，串值公式可以随意指定，不过，为了减少不必要的试匹配，串值计算公式可以定义得稍复杂些，但是，最好能在 $O(1)$时间内由 $V(i)$计算出 $V(i+1)$，否则可能“得不偿失”。对于具体做法，本书不再详述。

2.8 广义表

1．基本概念

广义表，也称为**列表**，是表结构的推广，表中的结点既可以是简单的数据结点（称原子结点，简称**原子**），也可是**子广义表**。

为方便起见，本书用小写字母表示原子结点；用大写字母表示子表的名称，子表也可以用一对括号括起它所含的具体内容。例如：

- A=(a,c,b,d)，其中 A 是一个普通线性表。
- B=(a,(b,c,d))，其中 B 含有两个结点，其一是原子结点 a，另一个是子表(b,c,d)。
- C=(B,B,(a),A)，其中 C 含有 4 个子表结点：2 个 B，1 个(a)，1 个 A。如果 A 和 B 就是前面定义的表，那么，展开后，C 的结构为：

C=((a,(b,c,d)), (a,(b,c,d)),(a), (a,c,b,d))

广义表常用来表示某些递归结构，借以实现信息共享。

例如，算术表达式：

E=(a+b)*(c+d)–(a+b)/e+b/(c+d)

可以写成：

B=(b)

A=(a+B)

C=(c+d)

E=(A*C－A/e+B/C)

2. 存储方法

广义表通常采用链式存储，结点结构可采用如下定义形式：

```
typedef   struct   gnode
{  int   tag;                        //标志域
   union   attribute                 //属性域
   {  int   data;                    //原子结点值
      struct   gnode   *slist;       //指向子表
   };
   struct   gnode   *next;           //链域
}gnode,*gptr;
```

其中：

- 标志域 tag，用来区分原子结点和子表结点。比如，tag=1 表示原子结点；tag=0 表示子表结点。
- 属性域 attribute，对于原子结点此域存放结点值，对于子表结点此域是指向子表的指针。
- 链域 next，用来指向主链中下一个结点。

具体应用时，应根据实际情况，对上述结点结构加以修改。例如，用于存储上述表达式 E 的广义表，可以为 attribute 增加一个运算符域 sym。tag=0 表示子表结点，使用 slist 域；tag=1 表示操作数结点使用 data 域；tag=2，则表示运算符结点，使用 sym 域。结点结构定义为：

```
typedef   struct   gnode
{     int   tag;
      union   attribute
      {  int   data;                 //操作数
         char   sym;                 //运算符
         struct   gnode   *slist;    //指向子表
      };
      struct   gnode   *next;        //链域
```

```
}gnode,*gptr;
gptr  Ehead;
```

图 2-54 给出了表达式“E=(a+b)*(c+d)−(a+b)/e+b/(c+d)”的广义表结构存储示例。

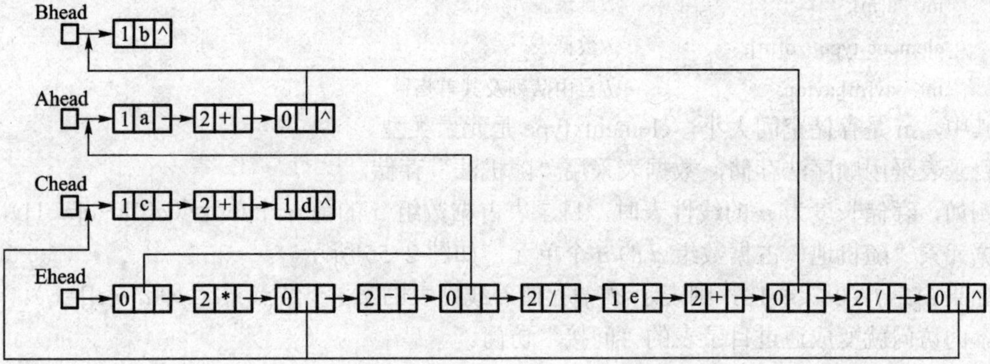

图 2-54 广义表存储结构示例

3. 基本运算

与一般表结构相同，广义表也可以进行查找、插入、删除等运算，只是处理这些运算的算法比一般表结构要复杂些。比如，顺序查找算法的大体步骤如下。

沿着主表的 next 域进行搜索，直至查找成功，或已搜索完主表。如果遇到的结点是：

1）原子结点，测试其值域，判断是否为所求结点。

2）子表结点，通过指针，查找子表。

实现插入、删除运算的算法可能会更复杂一些，要区分插入、删除的结点是原子结点，还是子表型结点。插入时，要充分利用现有的共享信息；删除时，要考虑被删除结点的信息是否为其他结点所共享。插入子表型结点，需要递归地构造子表；删除一个子表型结点，要递归地回收在子表中的所有结点。

2.9* 目录存储和索引目录存储

目录存储和索引目录存储都是顺序表的改进形式。

在顺序表中进行插入或删除时，往往会造成大段大段的结点移动，如果结点较长（比如，带有众多数据项），是很费时间的。

采用目录存储结构，可以将结点“变”短，移动时只需移动指向结点的指针，从而用短结点的移动代替长结点的移动，以节省时间。

目录存储结构由目录表和数据表两部分组成，其中，数据表用于存储表元素值，目录表用于存储元素在数据表中的存储地址。另外，还需要配备一个自由队列用于存储数据表中的自由结点。

1．存储结构的定义和图示

存储结构定义方式如下：

```
int  a[m];                    //目录表
element_type  d[m];           //数据表
int  av[m],avtop;             //自由队列及其首指针
```

其中，m 是存储空间大小，element_type 是元素类型。

目录表采用顺序法存储，数据表采用“随机法”存储。

例如，存储长度为 n 的线性表时，目录表占据数组 a 的前 n 个单元（$a[0]\sim a[n-1]$），而 n 个数据元素“随机地”占据数组 d 的 n 个单元，如图 2-55 所示。

如果 $a[i]=j$（$0\leqslant i\leqslant n-1$），则表示 $d[j]$ 存储着线性表的第 i 个结点 x_i，（即 $d[a[i]]=x_i$）。于是，对元素的访问就变成通过目录表的“间接”访问。

当然，初始建表时，数据表中的元素完全没有必要如此“乱放”，如图 2-55 所示的是经多次插入或删除后的即时状态。

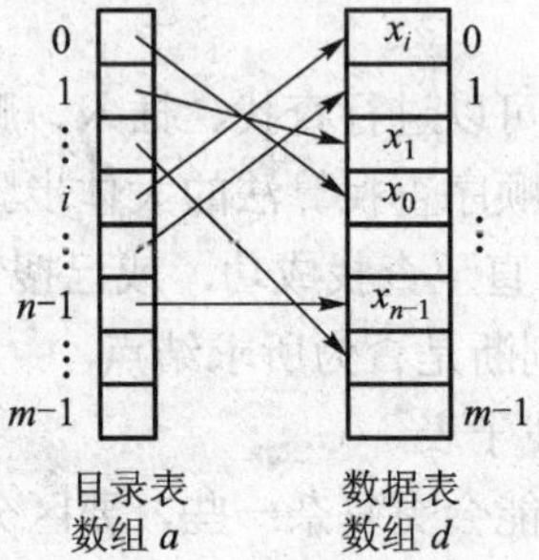

图 2-55　目录存储结构示意图

2．自由队列初始化

```
for(i=0;i<m;i++)av[i]=i;      //所有结点都放入自由队列
avtop=m;                      //自由队列首指针初值
```

3．插入和删除

为简化程序结构，假定插入时，不会溢出；删除时，表不空。

（1）插入

将 y 插在第 k（$0\leqslant k\leqslant n$）个位置的程序段为：

```
j=av[--avtop];                //申请自由结点，并修改自由队列首指针
d[j]=y;                       //存放 y
for(i=n-1;i>=k;i--)a[i+1]=a[i];   //目录项右移
a[i]=j;                       //存放 y 的地址
```

```
n++;                                          //修改表长度
```

（2）删除

删除第 i 个表元素的程序段为：

```
j=a[i];
av[avtop++]=j;                                //回收结点 j
for( ;i<n–1;i++) a[i]=a[i+1];                 //目录项左移
n– –;                                         //修改表长度
```

可见，插入或删除时，不移动表元素，移动的只是目录项。由于 $a[i]$是 int 类型，而 $d[j]$是“大类型”，sizeof($a[i]$)<sizeof($d[j]$)，所以，比直接移动表元素更高效。

4．不等长结点的处理

如果数据元素长度不等，可以将其化成等长结点。对下列两种情况分别处理。

1）若结点长度差别不大，或短结点极少，可以按照最长结点的大小，将短结点“凑成”长结点，从而将结点变成等长的。

这样，短结点将多占些存储单元，虽然牺牲了少量存储空间，但却简化了处理步骤，减少了系统开销。

这种情况下的存储方法同前。

2）若结点长度参差不齐且差别较大，则可以采用“不等长结点的目录存储”方法。

目录表同上，将数据表改为数据区，不预先划分结点。根据申请的单元数确定分配结点的大小，需要设计专门的“数据区管理程序”，处理方法同 2.5.2 节中的“存储空间管理”。

5．索引目录存储

将元素的关键字放在（或复制到）目录表中，就构成了索引目录存储，简称索引存储。于是，目录表就变成索引目录表，简称索引表。如图 2–56 所示。

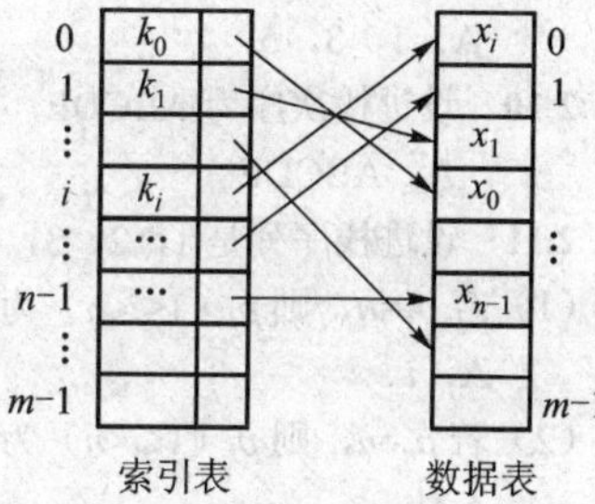

图 2–56　索引目录存储结构示意图

索引目录存储更便于通过关键字访问表元素。

习题

[填空题]

2.1　用二分法对数组 $a[13]$进行查找，若待查元素为 x，且 $a[7]<x<a[8]$，那么查找路径为___（1）___（用下标序列表示）；查找长度为___（2）___；在等概率的情况下，查找不成功的平均查找长度为___（3）___（用分数表示）。

2.2　用二分法对数组 $a[n]$进行查找，最大查找长度为___（1）___；等概率情况下的平均查找长度为___（2）___。

2.3　设下三角形方阵 $R_{4\times4}$ 采用按行压缩顺序存储，已知 R_{00} 的地址为 0，如果每个元素占一个存储单元，那么，$\boldsymbol{R}_{32}$ 的存储地址 k=________。

[选择题]

2.4 对于顺序存储的长度为 n 的线性表，在第 i 个位置插入一个元素需要移动___(1)___个元素；而删除第 i 个元素需要移动___(2)___个元素。其中，$0 \leqslant i<n$。

A. $n-i$　　B. $n-i+1$　　C. $n-i-1$　　D. i

2.5 顺序查找长度为 n 的线性表的平均查找长度为_____。

A. n　　B. $n/2$　　C. $(n+1)/2$　　D. $(n-1)/2$

2.6 对 $a[12]$进行二分查找，在等概率情况下，查找成功的平均查找长度为_____。

A. 37/12　　B. 35/12　　C. 39/12　　D. 43/12

2.7 对 $a[12]$进行二分查找，查找下标为_____的元素时，查找长度最大。

A. 1，4，7，9，11　　B. 0，3，6，9，11

C. 1，3，6，9，11　　D. 0，4，8，9，10

2.8 (1) 用二分法对 $a[\ ]$={1，3，7，15，22，32，34，56，63，67，78，81，89}查找，查找元素 78 的查找长度为_____。

(2) 用二分法对 $a[\ ]$={6，8，12，21，42，45，56，70，76，83，99}查找，查找元素 64 的查找长度与查找元素____的查找长度相同。

(1) A. 1　　B. 2　　C. 3　　D. 4

(2) A. 4　　B. 38　　C. 48　　D. 78

2.9 对有序数组 $a[18]$进行二分查找时，查找到 $a[3]$的查找路径（下标序列）为_____。

A. 1，3，5　　B. 8，2，5　　C. 8，3，5　　D. 8，4，5

2.10 设进栈次序为 ABCDE，______是不可能得到的出栈序列。

A. ABCDE　　B. BCDEA　　C. EABCD　　D. EDCBA

2.11 设进栈序列是 1，2，3，…，n，输出序列为 p_1，p_2，p_3，…，p_n。

(1) 若 $p_1=n$，则 p_i（$1<i \leqslant n$）为_____。

A. i　　B. $n-i$　　C. $n-i+1$　　D. 不确定

(2) 若 $p_n=n$，则 p_i（$1 \leqslant i<n$）为_____。

A. i　　B. $n-i$　　C. $n-i+1$　　D. 不确定

(3) 若 $p_1=3$，则 p_2 为_____。

A. 可能是 2　　B. 不可能是 2　　C. 可能是 1　　D. 必是 1

(4) 若 $p_3=1$，则 p_1 为_____。

A. 必是 2　　B. 可能是 3　　C. 必定是 3　　D. 不可能是 3

(5) 若 $p_n=1$，则 p_i（$1 \leqslant i<n$）为_____。

A. 有多种可能　　B. $n-i$　　C. i　　D. $n-i+1$

2.12 数组 $S[M]$存储一个栈，top 为栈顶指针。

(1) 如果条件 top==M 表示栈满，那么条件_____表示栈空。

A. top==1　　B. top== –1　　C. top==0　　D. top!=0

(2) 如果条件 top==M 表示栈满，在栈不空的情况下，栈顶元素为_____。

A. S[top]　　B. S[top–1]　　C. S[top+1]　　D. S[top++]

(3) 如果条件 top==M–1 表示栈满，那么条件______表示栈空。

A. top== –1　　B. top==1　　C. top==0　　D. top!=0

（4）如果条件 top==M–1 表示栈满，在栈不空的情况下，栈顶元素为_____。

A．S[top–1]　　B．S[top+1]　　C．S[top++]　　D．S[top]

（5）如果条件 top==0 表示栈空，那么条件_____表示栈满。

A．top==M　　B．top==M–1　　C．top==M+1　　D．top>M

（6）如果条件 top==0 表示栈空，在栈不空的情况下，栈顶元素为_____。

A．S[top]　　B．S[top+1]　　C．S[top–1]　　D．S[top++]

（7）如果条件 top== –1 表示栈空，那么条件______表示栈满。

A．top==M　　B．top>M　　C．top==M+1　　D．top==M–1

（8）如果条件 top== –1 表示栈空，在栈不空的情况下，栈顶元素为_____。

A．S[top–1]　　B．S[top]　　C．S[top+1]　　D．S[top++]

2.13　数组 *q*[*M*]存储一个循环队，first 和 last 分别是首尾指针，如果使元素 x 进队操作的语句为“q[last]=x,last=(last+1)%m;” 那么：

（1）判断队满的条件是_____。

A．last==first　　B．last==M–1　　C．(last+1)%m==first　　D．last+1==first

（2）判断队空的条件是_____。

A．first==0　　B．first== –1　　C．(first+1)%m==last　　D．last==first

（3）元素 x 出队的语句是_____。

A．x=q[first]　　B．x=q[first], first=(first+1)%m;

C．x=q[first+1]　　D．x=q[(first+1)%m]

2.14　数组 q[M]存储一个循环队，first 和 last 分别是首尾指针。当前队中元素个数为_____。

A．(last–first+M)%M　　B．last–first+1　　C．last–first–1　　D．last–first

2.15　数组 q[M]存储一个循环队，first 和 last 分别是首尾指针。如果使元素 x 出队操作的语句为“first=(first+1)%m, x=q[first];”。那么元素 x 进队的语句是_____。

A．last=(last+1)%m,q[last]=x　　B．x=q[last], last =(last+1)%m;

C．q[last+1]=x　　D．q[(last+1)%m]=x

2.16　数组 *q*[*M*]（*M* 等于 6）存储一个循环队，first 和 last 分别是首尾指针。已知 first 和 last 的当前值分别等于 2 和 5，且 *q*[5]存放的是队尾元素。当从队列中删除两个元素，再插入一个元素后，first 和 last 的值分别等于_____。

A．3 和 6　　B．4 和 0　　C．1 和 3　　D．5 和 1

2.17　一个单向简单链表存储的栈，其栈顶指针为 top。

（1）执行操作______可将 s 所指结点进栈。

A．top->next=s;　　B．s->next=top->next; top->next=s;

C．s->next=top; top=s;　　D．s->next=top; top=top->next ;

（2）执行操作______可将原栈顶元素退栈，并存放在变量 x 中（不考虑回收结点）。

A．x=top; top=top->next;　　B．x=top->data;

C．top=top->next; x= top->data;　　D．x=top->data; top=top->next;

2.18　以 top 为首指针的简单链表存储一个栈，元素 x 退栈（假定不回收结点），以及将 p 所指结点进栈的语句分别是：

A．x=top->data,top=top->next;　和　top->next=p, top=p;

B．top=top->next,x=top->data;　和　p->next=top, top=p;

C．x=top->data,top=top->next; 和 p->next=top, top=p;

D．x=top->next->data,top=top->next; 和 p->next=top, top=p;

2.19 首尾指针分别是 f 和 r 的单向加头链表存储一个队，元素 x 出队的语句为“f=f->next, x=f->data;”，那么：

（1）判断队空否的条件是_____。

A．f==r　　B．f==NULL　　C．f->next==r　　D．f->next=NULL

（2）s 所指结点进队的语句是_____。

A．f->next=s, f=s　　B．s->next=f, f=s

C．s->next=r, r=s　　D．r->next =s, r=s

2.20 已知 last 指向单向简单链表的尾结点，将 s 所指结点加在表尾，不正确的操作是____。

A．s->next=s,last=s,last->next=NULL;

B．last->next=s,s->next=NULL,last=s;

C．s->next=NULL, last->next=s, s=last;

D．s->next=NULL, last->next=s,last=s;

2.21 已知 last 指向单向简单链表的尾结点，将 s 所指结点加在表尾，正确的操作是____。

A．s->next=s,last=s,last->next=NULL;

B．last->next=s,s->next=NULL,last=s;

C．s->next=NULL, last->next=s, s=last;

D．s->next=last, last->next=NULL,last=s;

2.22 已知 h 是指向单向加头链表的首指针，p 指向一个新结点。

（1）将 p 所指结点插在表头的操作是_____。

A．p->next=h,h->next=p;　　B．p->next=h->next,h->next=p;

C．p->next=h,h=p;　　D．h->next=p,p->next=h->next;

（2）删除表头结点的操作是_____。

A．p=h,h=p->next;free(p);　　B．p=h->next;free(p);h=h->next;

C．p=h->next,h->next=p->next;free(p);　　D．free(h->next);h=h->next;

2.23 就单一的____运算来说，线性表采用顺序存储比采用链式存储好（n 是表长）。

A．存取任意第 i（$0\leqslant i\leqslant n-1$）个结点　　B．交换前两个结点的值

C．输出所有结点　　D．查找结点 x 在表中的序号

2.24 判定以 head 为首指针的单向简单链表为空的条件是___（1）___。判定以 head 为首指针的单向加头链表为空的条件是___（2）___。

（1）A．head==NULL　　B．head->next==NULL

C．head->next==head　　D．head!=NULL

（2）A．head==NULL　　B．head->next==NULL

C．head->next==head　　D．head!=NULL

2.25 在长度为 n 的有序链表中插入结点并保持有序，在最坏情况下和平均情况下，时间复杂性分别是____。

A．$O(n)$和 $O(1)$　　B．$O(n)$和 $O(\log n)$　　C．$O(n)$和 $O(n)$　　D．$O(n\log n)$和 $O(n)$

2.26 （1）在长度为 n 的单向链表中查找值为 x 的结点，在查找成功的情况下，平均查找长度为_____。

（2）在长度为 n 的有序链表中插入结点使其仍然有序，最坏情况下，时间复杂性为____。

（1）A．$n/2$　　B．n　　C．$(n+1)/2$　　D．$(n-1)/2$

（2）A．$O(n)$　　B．$O(1)$　　C．$O(n^2)$　　D．$O(\log n)$

2.27 在单向链表中，删除 p 所指结点的后继结点的链操作作为____（不考虑回收结点）。

A．p->next=p->next->next;　　B．p=p->next;

C．p=p->next->next;　　D．p->next=p;

2.28 在单向链表中，已知 q 指向的结点是 p 指向结点的前驱，将 s 指向的结点插在 q 和 p 所指向结点之间的语句是__（1）__；若 last 指向表尾结点，将 s 指向的结点插在表尾的语句是__（2）__。

（1）A．s->next=p->next,p->next=s;　　B．q->next=s,s->next=p;

C．p->next=s->next,s->next=p;　　D．p->next=s,s->next=q;

（2）A．s->next=s,last=s,last->next=NULL;　　B．s->next=NULL, last->next=s, s=last;

C．last->next=s,s->next=NULL,last=s;　　D．s->next=last, last->next=NULL,last=s;

2.29 双向循环链表中，在 p 所指结点的右侧插入指针 s 所指结点，其操作是____。

A．p->Rlink=s; s->Llink=p;
(p->Rlink)->Llink=s; s->Rlink=p->Rlink;

B．s->Llink=p; s->Rlink=p->Rlink;
p->Rlink=s; p->Rlink->Llink=s;

C．p->Rlink=s; p->Rlink->Llink=s;
s->Llink=p; s->Rlink=p->Rlink;

D．s->Llink=p; s->Rlink=p->Rlink;
p->Rlink->Llink=s; p->Rlink=s;

2.30 在双向链表中，删除 p 所指结点（不考虑回收结点）不正确的操作是____。

A．p->Llink->Rlink=p->Rlink, p->Rlink->Llink=p->Llink;

B．p->Llink= p->Rlink, p->Rlink=p->Llink;

C．p=p->Llink,p->Rlink= p->Rlink->Rlink, p->Rlink->Rlink=p;

D．p=p->Rlink,p->Llink= p->Llink->Llink, p->Llink->Llink=p;

2.31 将如图 2-57 所示的向单向链表中 A 段和 B 段交换位置（将 B 段调到 A 段的前面，其余结点次序不变），正确的程序段为______。

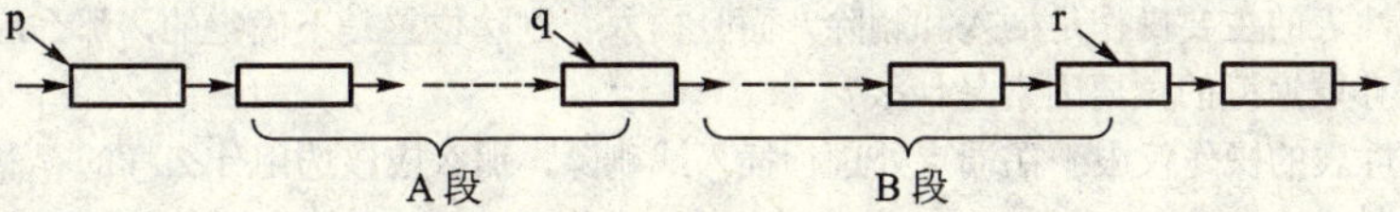

图 2-57　第 2.31 题图

A．p->next= q->next; q->next=r->next; r->next=p->next;

B．q->next=r->next; r->next=p->next; p->next=q->next;

C．t=q->next;　q->next=r->next;　r->next=p->next; p->next=t;

D．t=q->next;　q->next=r->next;　r->next=q; p->next=t;

2.32 若线性表元素值均是 0～M-1 之间的整数（其中 M 是某不太大的正整常数），最便于插入和删除的存储方式是______。

A．顺序存储　　B．0/1 数组 $a[M]$　　C．双向链表　　D．单向链表

2.33 若矩阵 $\boldsymbol{M}$ 的行下标为 0～8，列下标为 0～9，每个元素占 6 个字节，则：

（1）存放 $\boldsymbol{M}$ 至少需要______个字节。

（2）**M** 的第 8 列和第 5 行共占______个字节。

（3）**M** 采用按行顺序存储时元素 $M_{8,5}$ 的起始地址，与 **M** 按列顺序存储时元素____的起始地址相同。

（1）A．90　　B．180　　C．240　　D．540

（2）A．108　　B．114　　C．54　　D．60

（3）A．$M_{8,5}$　　B．$M_{3,9}$　　C．$M_{5,8}$　　D．$M_{0,9}$

2.34 若矩阵 **M** 的行下标为 0～4，列下标为 0～5，每个元素占 4 个字节。那么，按行顺序存储时元素 $M_{3,5}$ 的起始地址，与按列顺序存储时元素_____的起始地址相同。

A．$M_{2,4}$　　B．$M_{3,4}$　　C．$M_{3,5}$　　D．$M_{4,5}$

2.35 若矩阵 **M** 的行下标为 1～8，列下标为 1～10，每个元素占 3 个字节，从首地址 x 开始按行顺序连续存放，那么，元素 $M_{8,5}$ 的起始地址为（1），元素 $M_{5,8}$ 的起始地址为（2）。

（1）A．x+141　　B．x+144　　C．x+222　　D．x+225

（2）A．x+141　　B．x+180　　C．x+222　　D．x+225

2.36 对称矩阵 $A_{n\times n}$ 按行压缩顺序存储在数组 $b[n(n+1)/2]$ 中，只存下三角部分。那么，元素 a_{ij}（$i\geqslant j$）将存储在 b[____]中。矩阵的行列下标从 0 算起。

A．$i(i-1)/2+j-1$　　B．$i(i-1)/2+j$　　C．$i(i+1)/2+j-1$　　D．$i(i+1)/2+j$

2.37 设串 s1="ABCDEFG"，s2="PQRST"，并定义如下函数：

（1）con(x,y)表示将串 x 与串 y 连接串后所得的新串

（2）subs(s,i,j)表示由串 s 的第 i 个字符起的连续 j 个字符组成的子串（i 从 0 算起）

（3）len(s)返回串 s 的长度。

那么，con(subs(s1,2,len(s2))，subs(s1,len(subs(s1,2,len(s2)),2)))的结果串内容是_____。

A．BCDEF　　B．BCDEFG　　C．BCPQRST　　D．CDEFGFG

2.38 _____不是串“abcd321ABCD”的子串。

A．abd　　B．321AB　　C．ABC　　D．B

[基本概念题]

2.39 （1）如果对线性表的主要操作是存取表中的元素，而极少进行插入和删除，那么应该选用什么样的存储结构？影响元素存取速度的主要因素是什么？

（2）如果对线性表的主要操作是插入和删除，而且插入、删除位置是不确定的，那么应该选用什么样的存储结构？影响元素存取速度的主要因素是什么？

（3）如果对线性表的操作仅限于在端点处进行插入或删除，那么应该选用什么样的存储结构？影响元素存取速度的主要因素是什么？

以上 3 点均要简述理由。

2.40 （1）在单向链表中，能否从当前结点出发访问任一结点？

（2）在双向链表中，能否从当前结点出发访问任一结点？

以上 2 点均要说明理由。

2.41 （1）求算法 2-10 的时间复杂性。

（2）用算法 2-10 在如图 2-24 所示的链表中，分别插入 40 和 3 时，跟踪算法的执行步骤，进一步理解形参“ptr &h”和“语句 5”的作用。

2.42 画图表示在如图 2-34 所示链表中，将结点“陈”插在表头处，将结点“刘”插在“王”与“李”之间，然后再删除“张”时，链表和自由队列的存储状态和逻辑状态的变化情况。

要求：每插删一个结点，画一套图形。

2.43 在如图 2-29 所示的栈结构中，

（1）若编号为 1，2，3 的 3 节车厢按不同的进退栈次序穿过栈，可以得到哪几种不同次序的排列？

（2）若编号为 1，2，3，4 的 4 节车厢按不同的进退栈次序穿过栈，可得到哪几种排列？

（3）* 一般地，若编号为 1，2，…，n 的 n 节车厢，按不同的进退栈次序穿过栈，可以得到多少种排列？即推导出通项公式。

提示：考虑由 n 个 1 和 n 个 0 组成的长度为 $2n$ 的 0/1 序列。其中 1 表示进栈操作，0 表示退栈操作。任何时刻退栈操作不多于进栈操作。

（4）* 试分析所能得到的排列具有什么特点，并证明之。

2.44 在如图 2-30 所示的双向队结构中，若入口处有编号为 1，2，…，n 的 n 节车依次穿过双向队到达出口。分析下列 4 种情况下，各有哪些排列不可能产生。以不能产生所有“全排列”的最小 n 为例，说明不能产生的排列具有什么特点。

（1）若上下两条路都不通（一入一出）。

（2）若上边的输入线不通（一入二出）。

（3）若下边的输出线不通（二入一出）。

（4）若上下两条路都通（二入二出）。

2.45* [式（2-4）逆]由给定的 k，确定 $b[k]$中所存储的矩阵元素 a_{ij} 的行列下标 i 和 j 的计算公式。

2.46 对于上三角形矩阵，以及如图 2-58 所示的三对角形矩阵和反三对角形矩阵，分别采用按行顺序压缩存储于一维数组 b 中。设非 0 元素 a_{ij} 存储于 $b[k]$。

（1）由给定非 0 元素 a_{ij} 的行列号 i 和 j，求 k。

（2）由给定的 k，求 $b[k]$中所存储的矩阵元素 a_{ij} 的行列下标 i 和 j。

说明：对于反三对角形矩阵，三条斜线表示三条反对角线上元素非 0，其余元素值为 0。在回答问题（2）时，可按照行号 i 的不同取值，分别给出计算公式。

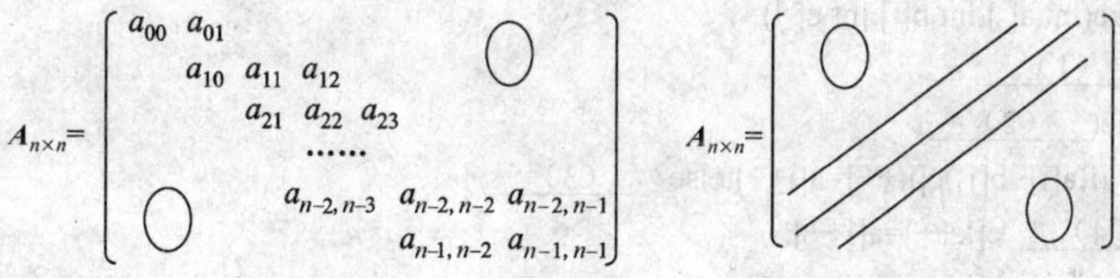

三对角形矩阵　　　　反三对角形矩阵

图 2-58　三对角形矩阵和反三对角形矩阵

2.47* 以 h1 为首指针的链表中，结点值依次为：1，2，3，…，n（n 某个具体整数值）。试写出执行下面的程序段之后，以 h1 为首指针的链表和以 h2 为首指针的链表中结点值的排列次序。

```
h2=new snode;
q=h2;    p=h1;
while(p)
    if(p->next==NULL)p=NULL;
        else q->next=p->next,q=q->next,p->next=q->next,p=p->next;
q->next=NULL;
q=h2;
h2=h2->next;
delete q;
```

2.48 试写出下面程序的输出结果。

```
#include  <stdio.h>
#define  N  12
#define  M  5
void  main( )
 {  int  next[N],i,j,k,p=0;
    int d[M]={5,2,4,3,6};
    for(i=0;i<N–1;i++)next[i]=i+1;
    next[N–1]=0;
    j=N–1;
    for(i=1;i<N;i++)
      { for(k=1;k<d[p];k++)j=next[j];
        printf("%4d", next[j]);
        next[j]=next[next[j]];
        p=(p+1)%M;
      }
   printf("%4d\n", j);
  }
```

[算法填空题]

2.49 函数 merge 用于将两个顺序存储的递增有序表合并成一个递增有序表。

设数组 $a[M]$，$b[N]$，$c[M+N]$分别用来存储原表和结果表，其中，M和N是整体量（常数）。

```
void merge(int a[ ],int b[ ],int c[ ])
{    int___(1)___;
     while(___(2)___)
         if(a[i]<b[j])c[k++]=a[i++];else ___(3)___;
     ___(4)___ c[k++]=a[i++];
     ___(5)___ c[k++]=b[j++];
}
```

2.50 指针 ha 和 hb 分别是两个加头单向链表 a 和 b 的首指针，函数 move 将表 a 的第 j 个结点起的 n 个结点从表中删除，将这一串结点插到表 b 的第 i–1 个结点与第 i 个结点之间。

已知：（1）i >1，且小于表 b 的长度。

（2）j >1，n>0，且表 a 的长度大于 n+j。

```
typedef  struct  linkednode
{  int    data;
   struct  linkednode  *next;
}  snode, *ptr;
void  move(ptr ha,ptr hb,int j,int n,int i)
{  ptr h,p,q,s,t;  int ___(1)___;
   p=ha; ___(2)___;
   while(k<j){p=s;s=s->next; ___(3)___;}
```

```
    q=p;   k=0;
    while(k<n){p=s;s=s->next; ____(3)____;}
    ____(4)____;
    h=q->next;   ____(5)____;
    p=hb;  ____(6)____;
    k=1;
    while(k<i){p=s;s=s->next; ____(3)____;}
    ____(7)____;
    t->next=s;
}
```

2.51 函数 spilt 用于将带表头无穷小监督元结点的单向递增有序链表中，结点值大于 min 且小于 max 的结点从链表删除（若这样的结点存在的话），将这些结点单独做成一个带表头监督元结点的单向递增有序链表，已知 min<max。

```
typedef   struct   linkednode
{   int     data;
    struct   linkednode   *next;
}   snode, *ptr;
ptr   spilt(ptr ha,int min,int max)
{   ptr hb,p,q,s;
    hb=(ptr)molloc(____(1)____);
    ____(2)____=NULL;
    q=NULL;
    s=ha;
    while(____(3)____)                   //注意：head->data 值为无穷小
        if(s->data<=min){p=s; ____(4)____;}
          else ____(5)____;
        if(s==NULL)  ____(6)____;        //原表空，或均不大于 min
        while(s!=NULL)
            if(s->data<max){q=s; ____(4)____;}
              else ____(5)____;
        if(____(7)____)return hb;         //无大于 min 且小于 max 的元素
        q->next=NULL;
        ____(8)____=p->next;
        p->next=s;
        ____(6)____;
}
```

2.52 数组 *q*[MAX]存储一个循环队，尾指针 last 用来指向当前队列中的尾元素，count 用来记录队列中当前元素个数。

下面的程序用于模拟队操作全过程。

提示：当 count=0 时，表示队空；count=MAX 时，表示队满。

当队不空时，(last−count+1+MAX)%MAX 即是队头位置。

```
#include  <stdio.h>
#define  MAX  400
//x 进队函数
int  addq(int q[ ],int &last, int& count,int x)
{  if(count==MAX)  ____(1)____;
   last=(last+1)%MAX;
   ____(2)____;
   ____(3)____;
   return 1;
}
//x 出队函数
int  delq(int q[ ],int last,int& count,int &x)
{  int f;
   if(count==0)  ____(1)____;
   f=____(4)____;
   x=q[f];
   count--;
   return 1;
}
//输出队列中所有元素的函数
void print(int q[ ],int last,int count)
{  int i,j;
   if(____(5)____)
   {printf("  当前队中没有元素！\n");return;}
   printf("  当前队中元素为：\n");
   i=____(6)____;
   for(j=1; ____(7)____;j++)
   {  printf("%4d",q[i]);i=(i+1)%MAX;}
      printf("\n");
   }
//主函数
void main ( )
{  int q[MAX], ____(8)____,count=0,c,k,x;
   while(1)
   {  printf("请输入操作码，1：进队；2：出队；3：显示队内容，0：结束  c=");
      scanf("%d",&c);
      if(c==0)break;
      if(c==1)
      {  printf("请输入进队元素 x：");
         scanf("%d",&x);
         k=____(9)____;
```

```
            if(k==0)printf("队已满，进队失败!\n");
              else printf("%d 已进队!\n",x);
      }
      else
      if(c==2)
      {  k=____(10)____;
         if(k==0)printf("队空，无元素出队!\n");
         else
             printf("元素 %d 已从队中退出!\n",x);
      }
      else
         if(c==3)print(q,last,count);
         else continue;
      }
      printf("程序结束\n");
   }
```

2.53 已知同为 *M* 行 *N* 列的稀疏矩阵 ***A*** 和 ***B*** 分别按行顺序压缩存储在数组 *a*[*t*1]和数组 *b*[*t*2]中，*t*1 和 *t*2 分别是稀疏矩阵 ***A*** 和 ***B*** 的非 0 元素个数。函数 aaddbtoc 用于求 ***C***=***A***+***B***，相加所得的和矩阵 ***C*** 用同样方式存储在数组 *c*[*t*1+*t*2]中。

类型定义：

```
typedef   struct
{ int   row, col, val;                    //行号、列号、元素值域
} elem;
void   aaddbtoc( elem a[ ],int t1,elem b[ ],int t2, elem c[ ],int &k)
// k 用于记录和矩阵的非 0 元素个数
{    int   i, j, x;
     for(i=j=k=0; ____(1)____j<t2;)
     {
        if(a[i].row<b[j].row|| a[i].row==b[j].row&& a[i].col<b[j].col)
        {      c[k++]=a[i++];    ____(2)____;}
       if(a[i].row>b[j].row|| a[i].row==b[j].row&&a[i].col>b[j].col)
       {      c[k++]=b[j++];  ____(2)____;}
       if(a[i].row==b[j].row && a[i].col==b[j].col)
       {    x=____(3)____;
            if(x!=0)   { c[k]=a[i];   ____(4)____ =x;}
            i++; j++;
       }
     }
     for( ; i<t1 ;) c[k++]=a[i++];
     ____(5)____ c[k++]=b[j++];
}
```

2.54 下面的函数，采用二分法在有序表 *a*[*N*]中插入的元素 *x*，*n*（0≤*n*≤*N*）是表长度。

```
int   binsert(int a[ ],   int x, int &n,int max)
{ int j,left,right,mid;
  if(n==max)  return  0;  //数组已满，插入失败
  left=0;  right=n–1;
  while(____(1)____)
  {   ____(2)____ =(left+right)/2;
      if(x<a[mid])  right=mid–1;
      else  ____(3)____;
  }
  for(j=n–1;j>=left;j– –)  ____(4)____;
  ____(5)____ =x;
  n++;
  return 1;       //返回插入成功信息
}
```

2.55 下面的函数，将两个顺序存储的严格递增的有序表 *a* 和 *b* 合并成一个严格递增的有序表 *c*。若 *a* 和 *b* 有重复元素，仅保留其中的一个。

```
int  merge(int a[ ],int m,int b[ ],int n,int c[ ])
//参数 m，n 分别是 a 和 b 的长度
{int  i=0 ____(1)____;
   while(i<____(2)____ j<n)
   {  if(a[i]<b[j])c[k++]=a[i++];
      else if(b[j]<a[i])c[k++]=b[j++];
      else ____(3)____;
   }
 ____(4)____c[k++]=a[i++];
 ____(5)____c[k++]=b[j++];
 return  k;      //返回 c 的长度
}
```

2.56 下面的函数，删除加头链表 h 中，所有值大于 min 且小于 max 的结点（min<max）。

```
void    delete_maxmin(ptr h,int min,int max)
{  ptr p,q,s;
   ____(1)____; s=h–>next;
   while(____(2)____)
   if(s–>data>min && s–>data<max)
   {  ____(3)____;    s=s–>next;
      ____(4)____=s; delete q;
   }
   else  {p=s;  ____(5)____;}
}
```

2.57 下面的函数将两个有序链表 ha 和 hb 合并成一个有序链表，原表不保留。

```
ptr   Lmerge1(ptr &ha,ptr &hb)
{   ptr h,s,p;
   ___(1)___ s=new snode;
   while(ha!=NULL &&hb!=NULL)
   if(ha->data<hb->data)
   {    p=ha;   ___(2)___ ;
       s->next=p;   s=p;
   }
   else
   {   p=hb;  ___(3)___ ;
       s->next=p;   s=p;
   }
   if(ha);  ___(4)___  else   s->next=hb;
   p=h;   ;  ___(5)___  delete p ;
   ha=hb=NULL;    return   h;
}
```

2.58 下面的函数将两个有序链表 ha 和 hb 合并成一个有序链表，原表保留。

注：编号相同的空内填写相同内容。

```
ptr   Lmerge2(ptr ha,ptr hb)
{   ptr h,s,p;
   ___(1)___ s=new snode;
   while(ha!=NULL&&hb!=NULL)
   if(ha->data<hb->data)
   {      ___(6)___ ;
         p->data=ha->data;
         ___(2)___ ;
       s->next=p;   s=p;
   }
   else
   {      ___(6)___ ;
         p->data=hb->data;
         ___(3)___;
       s->next=p;   s=p;
   }
   while(ha!=NULL)
   {   ___(6)___;
         p->data=ha->data;
         ha=ha->next;
         s->next=p;   s=p;
```

```
    }
    while(hb!=NULL)
    {  ___(6)___;
       p->data=hb->data;
       hb=hb->next;
       s->next=p;   s=p;
    }
    ___(4)___;
    p=h;  ___(5)___; delete p;
     return h;
}
```

[算法设计题]

2.59 试写出将数组 $a[n]$中的元素逆转（即元素次序与原次序相反）的算法，并计算元素移动次数。

2.60 为了减少元素移动次数，提高效率，当删除顺序存储的线性表中的一个元素时并不立即作压缩，而是设置删除标记，比如把此元素值改为“无效”元素值 INEFFICACY。等到无效元素过多，影响查找效率时，再集中压缩。

试写出集中压缩算法。假定线性表元素顺序存储在数组 $a[m]$中。

2.61 试写出递归的二分查找函数。

2.62 改写二分查找算法，将“中值点”改为“黄金分割”点，即 0.618 处（而非 0.5 处）。

2.63 [Fibonacci（斐波那契）查找]满足递推式 $f_i=f_{i-1}+f_{i-2}$（$i\geqslant 2$）的序列称 Fibonacci 序列，其中，$f_0=0$，$f_1=1$。查找长度为 $n=f_t-1$（对某个 $t\geqslant 1$）的有序表时，选择测试点为 f_{t-1}。该点左侧子表长度为 $f_{t-1}-1$，右侧子表长度为 $f_{t-2}-1$。如果本次查找不成功，则递归地对左侧（或右侧）子表作查找。

如果初始表长不是某个 Fibonacci 数减 1，则可以延长表的长度，比如可在尾部加“无穷大”元素，使之成为某个最小的 f_t-1。

试写出 Fibonacci 查找算法。

2.64* [内插查找]若有序表中的元素“差不多”呈等间距分布，那么查找 x 时，可以按照下述公式选择查找中值点 m，查找成功的可能性很大。

$$m \approx l + \frac{(x - A[l])(h - l)}{A[h] - A[l]}$$

其中，l 和 h 分别是当前查找段的下界和上界指针。

公式中之所以用约等于符号“≈”，目的是

（1）保证计算的地址应是整数。

（2）保证 $l\leqslant m\leqslant h$。

试写出内插查找算法，同时注意，当待查段长度小于某个常数 c 时，改用顺序法。

2.65 试分别写出在顺序存储和链式存储下带自动调频机制的顺序查找算法。

2.66 已知两个有序表 $A=(a_1, a_2, \cdots, a_m)$和 $B=(b_1, b_2, \cdots, b_n)$，分别用顺序法存储在数组 $a[m]$和 $b[n]$中。按下述要求，分别写出算法，将 A 和 B 合并成一个有序表 $C=(c_1, c_2, \cdots, c_{m+n})$。设合并后表 C 顺序地存储在数组 $C[m+n]$中。

（1）合并时，不去掉重复元素。

（2）若 A 和 B 两表中均无重复元素，但 A 与 B 间可能存在重复元素，要求合并后 C 无重复元素，即相等元素只保留一个。

2.67 设 A 是一个长度为 n 的线性表，x 是表的首元素。

按下述要求，分别试写一个算法，将 A 分成两个线性表 B 和 C。使得 A 表中小于 x 的元素都放在 B 表中，而大于或等于 x 的元素都放在 C 表中。要求：

（1）若 A、B、C 分别用数组 $a[n]$、$b[n]$和 $c[n]$顺序存储。

（2）若 A 用数组 $a[n]$顺序存储，但 B 和 C 不另外存储，而是将 B 的元素存储在数组的前半段，C 存储在后半段。

（3）A 用单向简单链表存储，B 和 C 也用同样结构存储，同时 B 和 C 不另行分配存储结点，占用 A 的原来结点。

2.68 两个有序表 $A=(a_1，a_2，\cdots，a_n)$和 $B=(b_1，b_2，\cdots，b_m)$具有下述性质，则称 A 和 B 是正交的。

如果将这两个有序表合并成一个有序表时，它们的元素将交替地出现。即或者呈 $a_1，b_1，a_2，b_2，\cdots$或者呈 $b_1，a_1，b_2，a_2，\cdots$

试写出一个算法，判断有序表 A 和 B 是否正交。注意，并非真的合并它们。

为简化程序结构，假定 A 和 B 中没有相等元素，且假定两个表的长度相等。

2.69 对下列各种形式的链表分别写出：初始链表的构造、查找、插入、删除、输出等全套函数，并配备具有模拟调用环境功能的主控函数。

其中，构造无序链表时，结点在链表中的排列次序与元素输入次序一致，其后的插入不受此限制；构造有序链表时，输入的元素序列是杂乱的；输出双向链表时，要“正向”和“逆向”各输出一次。

（1）简单无序链表。

（2）不加头的无序循环链表。

（3）加头的无序循环链表。

（4）简单的有序链表链表（不加头也不加尾）。

（5）加头有序链表。

（6）加尾有序链表。

（7）加头也加尾的有序链表。

（8）有序循环链表（不加头也不加尾）。

（9）加头有序循环链表。

（10）加尾有序循环链表。

（11）加头也加尾有序循环链表。

（12）不加头的双向有序链表。

（13）加头双向有序链表。

（14）加头也加尾的双向有序链表。

（15）不加头的双向有序链表循环链表。

（16）加头双向有序链表循环链表。

2.70 （1）设计将单向链表逆转的函数。

（2）设计将单向循环链表逆转的函数。

2.71 （1）设 ha 和 hb 分别是两个加头循环链表的首指针。试写出一个算法，把 hb 接在 ha 的结点之后，并去掉多余的表头结点 hb。拼接后 ha 仍是加头循环链表。

（2）重做（1），若 ha 和 hb 分别是两个加头循环链表的尾指针。

2.72 写出算法，把一个简单链表分裂成两个链表，使两个链表长度相等，或其中一个链表的结点数比另一个多 1。

2.73 写出算法，将两个简单链表合并成一个简单链表，使得两个链表中的结点交替地在新链表中出现。

但是若原来某个链表具有较多的结点，则把多余的结点接在新链表的尾部。

2.74 写出算法，把一个简单链表中值为偶数的结点都排在链表的前半段，而值为奇数的结点留在表的后半段，并且使同奇偶的结点保持原来的相对次序。

2.75 已知非空简单链表的首指针为 head，指针 p 指向链表中某个结点。试写出算法用 $O(1)$时间将新结点 x 插在 p 结点之左侧。注意，不提供 p 的前驱指针。

2.76 设两个栈 S1 和 S2 以顺序方式共同存储在数组 a[MAX]中，栈底分别固定在数组的两端，使它们迎面增长。

分别写出共用的进栈、退栈、显示各栈当前元素的函数。最后给出完整程序。

2.77 分别按下述方式完成循环队 q[MAX]的进、出队算法设计。

（1）将算法 2-15 改为首指针后置法。

（2）保留首尾指针，用当前队长度作为队空/满的判断条件。

（3）保留首尾指针，用变量 flag 标记队是否空。0 为空，1 为不空。

（4）将习题 2.52 中的程序改为仅用首指针 first 指向当前队列中的首元素，不用尾指针。

2.78 根据下面给出的显示循环队 $q[m]$当前所有的元素函数，写出相应的进出队函数。

```
void disply(int   q[ ], int first,int last) //first 和 last 分别是首尾指针
{int i;
  if(first==last)
     {printf("当前队空！ \n");return; }
  printf("当前队中的元素：\n");
  for(i=first; ; )
     {i=(i+1)%m;printf("%5d",q[i]);
     if(i==last)break;}
  printf("\n");
}
```

2.79 用单向循环链表存储队列，只设队尾指针 last，不设队首指针。

试分别设计进队函数、出队函数，以及显示当前队中所有元素的函数。

2.80 改写算法 2-17，通过事先在 f 栈底压进一个具有特殊优先级的“运算符”，从而省略对 f 栈空否的判断。

2.81 分别写出“前置波兰表达式”求值算法和“后置波兰表达式”求值算法。只用一个栈。

2.82 按下述要求，分别写出算法，回收以 head 为首指针的静态链表中的全部结点，其中 av 是自由队列的首指针。

（1）链表 head 是单向简单链表。

（2）链表 head 是一个循环链表。

2.83 根据算法 2-19 程序后面的解释说明中的 4）和 5）两点，分别写出改进的程序。

2.84 重解算法 2-19 中的问题。若 n 只猴子排成一排，先从左往右地报数（从 1 报起），凡报数是 m 的整倍数者退出，并输出其编号。余下的，再从右往左报数（也从 1 报起）凡报数是 m 的整倍数者退出，并输出其编号。重复上述过程，直到队列中的猴子数少于 m。然后按上述规律接着报数，并按照报数次序之逆输出剩余猴子的编号。

分别采用顺序存储和静态双向链表或动态双向链表写出程序。

2.85 若 $n \times n$ 的对称矩阵按下三角形矩阵形式压缩存储，写出输出第 i 行所有元素的算法。

2.86 写出稀疏矩阵 $A_{m \times n}$ 压缩顺序存储下，确定元素 a_{ij} 之值的算法。

2.87 （1）分别写出两个按降幂次序压缩顺序存储的稀疏多项式相加和相乘算法。

稀疏多项式是指绝大多数项系数为 0 的多项式，例如：

$P(x)=1.5x^{53}-12.3x^{19}+2.19x^{8}-5.7x^{2}+3.14$

压缩存储时，每个非 0 项含有系数域 coef 和指数域 exp。

要求：相加时，和多项式也用压缩顺序存储；相乘时，积多项式不用压缩法存储。

（2）重做（1），稀疏多项式用有序链表存储。

相加时，按原多项式保留、不保留两种情况分别写出算法。

可以根据需要，选择适当的链表结构，比如适当地使用监督元和循环链表。

2.88 分别写出稀疏矩阵在行链表和正交链式存储方式下的相加算法。

2.89 若矩阵 $\boldsymbol{A}_{m\times n}$ 中存在一个元素 a_{ij}，使得 a_{ij} 是 $\boldsymbol{A}$ 的第 i 行中最小值，同时又是第 j 列中的最大值，则称 a_{ij} 是 $\boldsymbol{A}$ 的一个鞍点。

（1）试证明 $\boldsymbol{A}$ 不可能存在两个鞍点，除非它们的值相等。

（2）若 $\boldsymbol{A}$ 的元素均不同，试写出求 $\boldsymbol{A}$ 的鞍点的算法。若无鞍点，请给出信息。

（3）* 若 $\boldsymbol{A}$ 的元素可以相同，试写出求 $\boldsymbol{A}$ 的所有鞍点的算法。若无鞍点，请给出信息。

2.90 （1）不使用库函数 strcpy，将字符串 str2 中的全部字符复制到字符串 str1 中。

（2）不使用库函数 strcmp 比较字符串 str1 和 str2，若 str1>str2 则输出 1；若 str1=str2，则输出 0；若 str1<str2，则输出–1。

2.91 （1）写出算法，确定模式串 $p[n]$在正文串 $a[m]$中一共出现多少次。

（2）写出算法，将正文串 $a[m]$中出现的模式串 $p[n1]$全部换成另一个串 $q[n2]$。

2.92* （1）写出等长结点的线性表目录存储下的查找、插入、删除运算算法。要求含有对数据区的存储管理部分。

（2）重做（1），其中目录表用链式存储。要求含有对目录表和数据区的存储管理部分。

（3）* 重做（1），线性表用索引顺序存储。

（4）* 重做（1），但是结点不等长。

2.93 写出单链域双向循环链表输出、查找、插入、删除算法。

2.94 写出广义表的查找函数。

[基础实验题]

2.95 [二分查找算法的变形]不使用左右界指针，而是用中值指针 m 和 m 的变化速度 i，每当测试不相等时，根据测试结果，置 $m=m\pm i$ 和 $i=i/2$（近似地）。当 $i=0$ 时，则查找以失败告终。

（1）将上述“变种算法”加以实现，并上机调测。提示：要仔细考虑 m 和 i 的变化情况，以免出现“死循环”或“遗漏测试点”。

（2）用不同的表长 n，对程序进行测试，要遍历每种成功和不成功的查找结果。

（3）对于 n=5，6，7，8，9……分别画出判定树，分析算法的正确性，即对不同的 n 是否都能穷尽所有可能的情况，并指出算法是否存在多余的比较（比如 x 与同一个元素 $a[i]$比较一次以上）。

2.96 用线性表实现“十进制大正整数相加和相乘运算”。

将十进制正整数表示成线性表时，每一位（或每几位）作为一个结点。例如，整数 067 012 034 502 190 522 208 000 767，若每 3 位作为一个结点，可以表示成线性表(067，012，034，502，190，522，208，000，767)。

分以下情况分别实现两个不超过 n 位（假定 n=200）的十进制正整数相加和相乘算法。包括输入和输出函数。

（1）每 1 位作为一个结点。

（2）每 3 位作为一个结点。

（3）大正整数用顺序存储。

（4）大正整数用链式存储。可以根据需要适当选择链表的结构形式。

2.97 分别用无序链表和有序链表完成下面的链表综合练习。

其中的链表可以选用动态的，也可选用静态的。

由 m 个链表组成一个链表组，指针数组 $h[m]$是这组链表的首指针，其中 $h[i]$是第 i 个链表的首指针，表中的元素类型为 int。

按照下述要求，完成构造链表，输出链表，链表的查找、插入、删除和合并。

（1）将有关数据结构初始化，例如将各表头指针置空。

（2）按下述要求读入数据，构造初始链表组。

每次读两个整数 i 和 x（其中 $0 \leqslant i \leqslant m-1$）表示要将元素 x 插在第 i 个链表中。当读到的 $i<0$，则表示初始输入数据结束。

要求输入数据时，i 的值在 $0 \sim m-1$ 之间无规律的随机变化，且同一个元素 x 只能插入一次。要求，程序要具有“检查输入数据”的功能。

（3）按 i 从 0 到 $m-1$ 的次序，输出上一步所构造的各个初始链表。

（4）按照下述要求，完成链表操作。

每次读 3 个数据，其中第一个是一个字符型数据，表示操作码，后面两个是整数 i 和 x（i 和 x 的含义与前述相同）。

① 若读到的操作码是字符 f，则要求在第 i 个链表中查找值为 x 的结点。若找到，则输出 x 在链表中的相对序号，即 x 在第 i 个链表中是第几个结点；若没找到，则输出“在 i 链表中没有 x”式样的信息。

② 若读到的操作码是字符 d，则要求在第 i 个链表中找到并删除结点 x。但若 x 不在第 i 个链表中，应输出“在 i 链表中没有 x”式样的信息。

③ 若读到的操作码是字符 i，则要求在第 i 个链表中插入结点 x。但是如果 x 原来已经在第 i 个链表中，就不能再作插入，并且要给出“x 已在第 i 个链表中”式样的信息。

④ 若读到的操作码是字符 j，字符 *j* 后面两个整数是 a 和 b，则要求将第 b 个链表中的结点统统合并到第 a 个链表中。

⑤ 若读到的操作码不是上述 4 个字符（字母 f、d、i、j），则表示对链表的操作结束。

要求：查找、插入、删除运算穿插进行多次，而且分别含有成功的和不成功的查找、插入、删除。合并操作至少做一次。

（5）像步骤（3）那样，输出最后的结果链表组。

2.98 编程实现静态双向链表的全套处理函数，包括存储空间定义和初始化，查找、插入、删除、输出、自由结点的摘取和回收，以及用于模拟调用环境的主控函数等。

2.99 用静态链表形式实现单链域双向链表（循环的或非循环的）的全套处理函数，包括存储空间定义和初始化，查找、插入、删除、输出、自由结点的摘取和回收，以及用于模拟调用环境主控函数等。

[综合实验题]

2.100 设计一套实现存储空间管理的函数，包括初始化、存储分配函数、存储回收函数等，并模拟其运行环境。

2.101 编写完成模拟小型计算器功能的程序。

注意：只能从键盘读字符，包括数字符和运算符等，而不能直接读整数或实数。即，需要将读入的数字串拼成数值。

为了方便设计，可按下述要求，分为几个层次，逐步完成。

（1）完成对正整数的加减乘除运算，不进行错误检查。

输入一个数、一个运算符和另一个数，按=键和 Enter 键，输出计算结果。

例如，输入

123+305=

按 Enter 键后，输出计算结果。

注意：这一层主要练习编写正整数的拼数函数。

（2）完成正整数的混合四则运算，要考虑优先级，但算式中不带括号，程序不作错误检查。

例如，输入

12+34*54–21/3=

按 Enter 键后，输出计算结果。

这一层主要练习运算符的优先级和栈的应用。

（3）完成实数的混合四则运算，不作错误检查。

这一层主要练习如何拼实数。

（4）完成带括号的混合四则运算，不作错误检查。

例如，输入

12*(2+4)/5=

按 Enter 键后，输出计算结果。

这一层主要练习如何处理括号。

（5）完成带负数，带数学函数的混合四则运算。

例如，输入

–12.3+sin(0.12)=

按 Enter 键后，输出计算结果。

这一层主要练习如何处理负数和函数等“一目”运算。

（6）完成带错误检查的，用于计算任一数学表达式的计算。

当检查到错误时，最好要指明错误位置和出错原因。

例如，在第 5 个字符处少右括号、或少运算符、多运算符、数值中出现字母等非数值字符等。

第 3 章
树结构

3.1　基本概念和存储方法

3.1.1　普通树的基本概念

1．定义

树是 n（$n \geqslant 0$）个结点构成的层次结构，若：

- $n=0$，是空树。
- $n=1$，是单结点的树，同时，这个结点既是根，也是叶。
- $n>1$，则存在且仅存在一个结点作为树的根结点，简称根；其余结点分成若干个子集，每个子集分别构成根结点的子树，子树本身也是树。

这个定义属于归纳定义，也称为递归定义。每棵子树都有自己的根和若干子树，子树的子树又各自有根和下一级子树……直到每一棵子树都是单结点的树。即用较小的树定义越来越大的树。

这里定义的树，在数学上属于“有根树”。

2．树的表示方法

树有多种不同的表示法。例如，同一棵树可以表示成如图 3-1～图 3-5 所示的多种形式，其中，最直观最形象的是“树形”表示法。

1）“树形”表示法如图 3-1 所示。

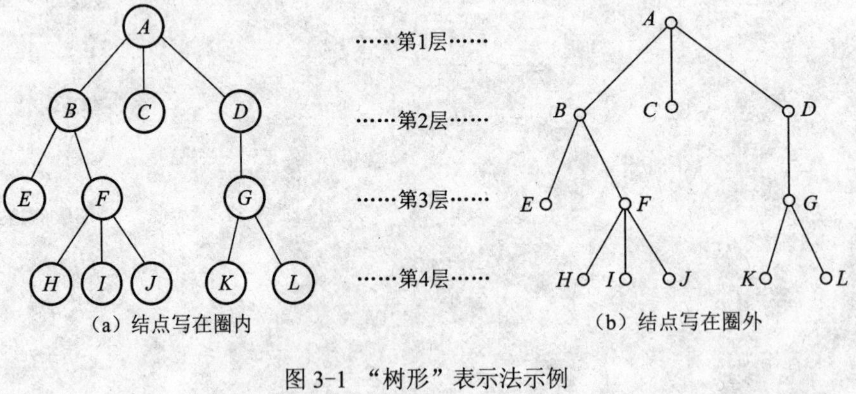

（a）结点写在圈内　　（b）结点写在圈外

图 3-1 “树形”表示法示例

画树的图形时，习惯上用圆圈表示结点，结点值通常写在圆圈内，如图 3-1(a)所示，或写在圆圈外侧，如图 3-1(b)所示。两个结点之间的连线用来表示结点之间的父子关系，连线又称**边**，也称为树枝。

正因为图形酷似自然界中生长着的树，只不过是倒着画的，树因此而得名。之所以根在上而叶在下，一是作图方便，二是符合日常中表示层次结构、隶属关系等习惯。如果需要，也可以画成根在下而叶在上。

在图 3-1 中，*A* 是根结点，它有 3 棵子树，其根依次是 *B*、*C*、*D*。其中以 *B* 为根的子树含有 6 个结点。结点 *B* 又有 2 棵子树：其一是单结点的树 *E*，其二是根为 *F* 的子树。

类似的，*A* 的第二棵子树是单结点树 *C*；*A* 的第三棵子树以 *D* 为根，而 *D* 只有一棵子树（*G* 为根），但 *G* 却有两棵子树。

2）嵌套集合表示法，如图 3-2 所示。

在集合族中任一对集合或者不相交，或者一个包含另一个。

3）缩进排版法，也称为凹入法，如图 3-3 所示。

源程序的物理结构、书籍的章节结构、隶属关系图表，常用此表示法。

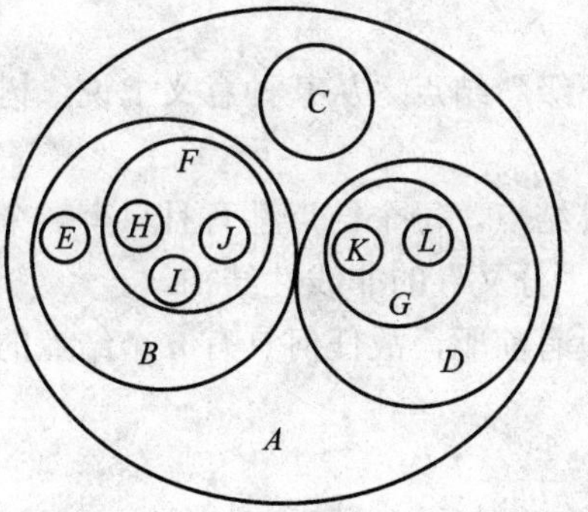

图 3-2 嵌套集合表示法示例

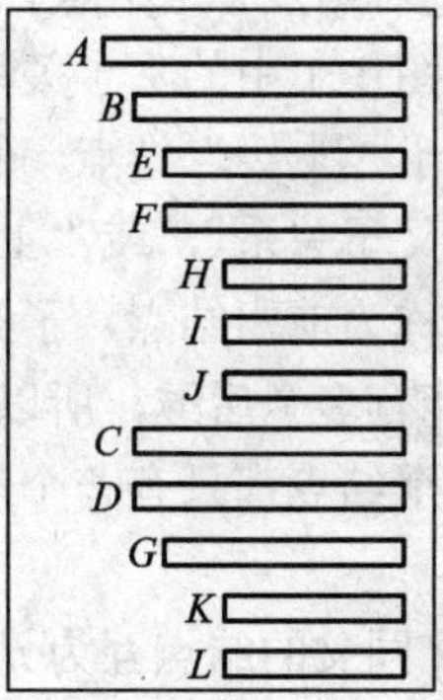

图 3-3 缩进排版法示例

4）目录编号法也称为杜威（Dewey）计数法，如图 3-4 所示。

1A；1.1B；1.1.1E；1.1.2F；1.1.2.1H；1.1.2.2I；1.1.2.3J；1.2C；1.3D；1.3.1G；1.3.1.1K；1.3.1.2L；

图 3-4 目录编号法示例

5）嵌套圆括号法，是嵌套集合表示的翻版，如图 3-5 所示。

A（B（E，F（H，I，J）），C，D（G（K，L））

图 3-5 嵌套圆括号法示例

3. 有关术语

下面参考图 3-1 介绍有关术语。

1）结点的**度**：一个结点的度等于该结点的子树个数。

例如在图 3-1 中，*A* 和 *F* 的度数都等于 3；*B* 和 *G* 的度数都等于 2；*D* 的度数等于 1；*E*、*C*、*H* 等结点的度数都等于 0。

2）**叶子**：度数为 0 的结点叫做叶子。

叶结点又称终端结点，非叶结点又称为分支结点。

图 3-1 中共有 7 片叶子：*C*、*E*、*H*、*I*、*J*、*K*、*L*。

3）树的**元数**：在某一类树中，限制各结点的度数不能超过 m，那么 m 就称为树的元数。

比如，将一本英汉字典看成一棵"大树"，其元数等于 26，因为共有 26 个字母。

再如，二元树（m=2）、三元树（m=3）等。

图 3-1 中的树没指明是几元的，既可能是三元的，也可能是四元的，但不会是二元的。

4）**儿子**：一个结点的子树之根称为该结点的儿子。儿子也称为**孩子**。

例如，在图 3-1 中，*A* 有 3 个儿子：*B*、*C*、*D*；*D* 有一个儿子 *G*。

显然，结点的儿子数等于它的度数。当然，叶结点没有儿子。

5）**父亲**：若结点 s 是结点 f 的儿子，则 f 是 s 的父亲。父亲亦称**双亲**。

不难找出图 3-1 中的父子关系。

父结点属于"上级"结点，子结点属于"下级"结点。从某种意义上说，树所描述的正是结点之间的"父子关系"，或"上下级关系"。

父结点也称为前驱结点，子结点也称为后继结点。每个结点都有且只有一个前驱（根结点除外），但可能有多个后继，所以树结构是一种"分叉"的非线性结构。

正因为每个结点都只有一个前驱，而根又没有前驱，故任何具有 n 个结点的树，其边数一定等于 n–1。

6）**兄弟**：同父的结点互为兄弟。

例如在图 3-1 中，*B*、*C*、*D* 互为兄弟，*K* 和 *L* 是一对兄弟。

7）**子孙**和**真子孙**：一棵树（或子树）上的所有结点都是根结点的子孙（包括根结点本身），除根结点本身之外，都是根结点的真子孙。

例如图 3-1，所有结点都是 *A* 的子孙；而 *D*、*G*、*K*、*L* 是 *D* 的子孙；但 *D* 的真子孙有 3 个：*G*、*K*、*L*。

显然，叶结点没有真子孙。一个结点的子孙数等于它各儿子的子孙数加 1。一个结点的真子孙数等于它各儿子的子孙数之和，也等于它各儿子的真子孙数加它的儿子数。

8）**路径**：路径是一个结点序列，在这个序列中，任何两个相邻结点，前者是后者的父亲或儿子。路径中的边数称为**路径长度**。这里的路径指简单路径，即没有重复结点的路径。

9）**祖先**和**真祖先**：设 r 是根，x 是 r 的任一子孙，从 r 到 x 的路径上所有的结点都是 x 之祖先，除 x 本身之外，它们又都是 x 的真祖先。

例如图 3-1，A、B、F 都是 F 的祖先，而 A、B 是 F 的真祖先。

10）结点的层数：根的层数定为 1，第 i 层结点的儿子层数为 $i+1$。

图 3-1 已标注出各结点的层数。

结点的层数反映它在树中的地位，层数越小，离根越近。

11）结点的高度：所有叶子的高都定为 1，非叶结点的高等于它各个儿子高度的最大值加 1。

有时将树根的高称为树的高。同样，子树根结点的高称为该子树的高。

例如图 3-1，B 和 D 的高都等于 3；F 的高等于 2；A 的高（即树的高）等于 4。

显然，树的高等于树中结点的最大层数；任一结点 x 的高等于以 x 为根的子树中结点最大层数与 x 的层数之差加 1；根到结点 x 的路径长度等于 x 的层数，根到最远叶的路径长度等于树的高度[①]。

12）有序树和无序树：在某种应用中，要求树中各结点的儿子按一定的次序排列，比如，“字典树”按字母顺序排列，这样的树称为有序树。相反，各结点的儿子可以任意排列的树称为无序树。

13）位置树：位置树是结点位置固定的树。在一棵 k 元位置树中，每个非叶结点的 k 个儿子（不管它是否为空）都有其固定的位置，空儿子也占据一个空位置，其他儿子不能占据这个位置。

例如，图 3-6(a)给出了一棵“完全的”三元位置树，A 的 3 个儿子一个不缺：B 是左儿子，C 是中儿子，D 是右儿子；而在图 3-6 的另外 3 棵树中，A 分别缺少左、右、中儿子。

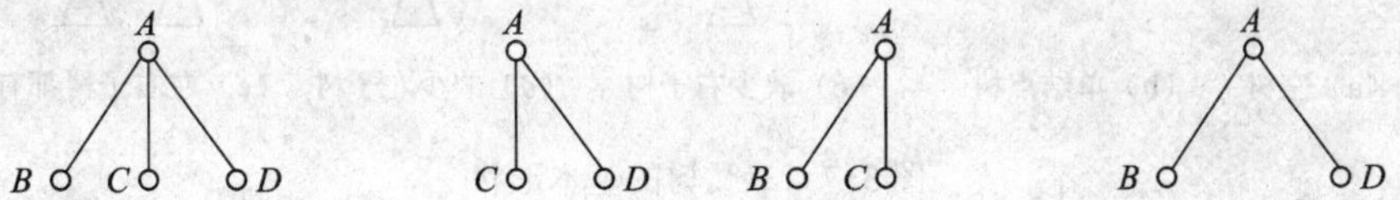

（a）完全树　（b）缺少左子树　（c）缺少右子树　（d）缺少中子树

图 3-6　三元位置树示例

14）树同构：若两棵树的形状相同，即它们具有相同的结构，那么这两棵树就是互相同构的。

显然，位置树的同构要求更严格些。例如，在位置树的前提下，图 3-6(b)～图 3-6(d)三者互不同构，而在非位置树的前提下，它们却是同构的。

15）k 元正则树：每个非叶结点都有 k 个儿子的 k 元树称为 k 元正则树。也就是说，对于任何结点，要么没有儿子，要么有 k 个儿子。

16）森林：n（$n≥0$）棵树的集合称为森林。

如果删去图 3-1 中的根结点 A，当然连同 A 到 B、C、D 的边一起删去，那么 A 的原来 3

① 有时为计算方便，也可将层数、高度定为从 0 开始，而不是从 1 开始的。于是，根的层数定义为 0；叶的高定义为 0。

棵子树便构成一个由 3 棵树组成的森林。

树的有关术语大部分源于父系家族图谱。

熟悉计算机磁盘文件系统的读者，不难理解树结构和这些术语。

在日常生活中，也不乏树结构实例。例如行政区划图（全国各省、市、区、县、乡、村等），隶属关系图，一个学校的年级、班级、学习小组图表等。

3.1.2 二叉树的基本概念

1．定义和示例

二叉树也称为二分树，是二元位置树。结点的两个子树分别称为左子树和右子树。左右子树的根称为该结点的左儿子和右儿子。

通常情况下，左右儿子的含义不同，所以右儿子不能代替左儿子，左儿子也不能代替右儿子。

二叉树的结构简单，存储效率较高，树运算的算法也相对简单，而且任何 k 元树（或森林）都可以方便地转化成二叉树，因此二叉树在数据结构中占有很重要的地位。

图 3-7 是二叉树的 5 种基本形状，任何复杂的二叉树都是这 5 种树形的组合。图 3-8 给出了 3 棵二叉树示例。

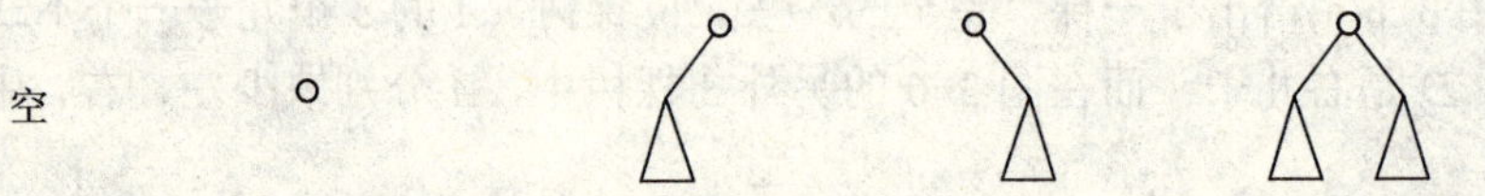

（a）空树　（b）单结点树　（c）缺少右子树　（d）缺少左子树　（e）左右子树都有

图 3-7　二叉树的基本形状

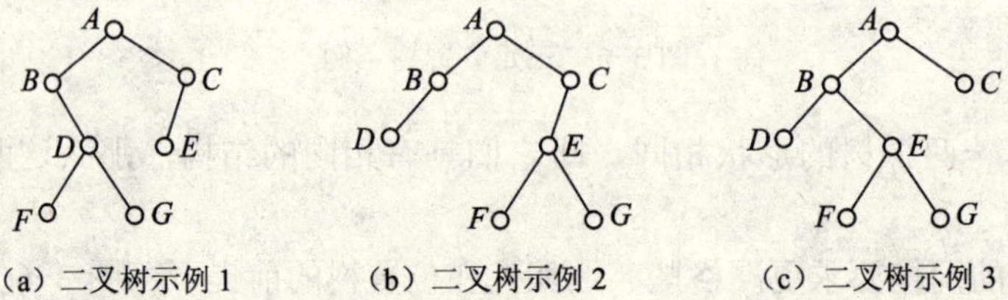

（a）二叉树示例 1　（b）二叉树示例 2　（c）二叉树示例 3

图 3-8　二叉树示例

2．基本性质

二叉树有很多“很好的”性质。在设计算法和对算法进行评价时，将会用到这些性质。

定理 3-1　在非空二叉树中，第 i 层（$i \geqslant 1$）上结点的个数 n_i 满足：

$$n_i \leqslant 2^{i-1} \tag{3-1}$$

证明：只需对 i 归纳。

基础：i=1 时显然。因为每棵非空二叉树恰有一个根结点，而且只有根处于第一层。

归纳：对任何 i>1。根据归纳假设，第 i–1 层上的结点数满足：

$$n_{i-1}\leqslant 2^{(i-1)-1}=2^{i-2}$$

第 i–1 层上的每个结点最多有 2 个儿子，它们是处于第 i 层上仅有的结点。故

$$\begin{aligned}n_i &\leqslant 2\cdot n_{i-1}\\ &\leqslant 2\cdot 2^{(i-1)-1}\\ &\leqslant 2^{i-1}\end{aligned}$$

定理 3-2 在高为 k（$k\geqslant 0$）的二叉树中，结点总数 m_k 满足：

$$m_k\leqslant 2^k-1 \tag{3-2}$$

可以用“第二数学归纳法”对 k 进行归纳证明。

基础：k=0，因为空树不具有任何结点，显然 $0\leqslant 2^0-1=0$ 成立。

归纳：假定对高度小于 k 的任何二叉树定理成立。那么一棵高为 k 的二叉树，其左右子树的高均不超过 k–1，但至少有其一高为 k–1。不失一般性，设左子树高为 k–1，右子树高为 $h\leqslant k-1$。

由归纳假设，左子树的结点数 $m_{k-1}\leqslant 2^{k-1}-1$，右子树的结点数 $m_h\leqslant m_{k-1}\leqslant 2^{k-1}-1$。

整个二叉树的结点数应等于左右子树的结点数之和，再加根结点本身，故

$$\begin{aligned}m_k &=m_{k-1}+m_h+1\\ &\leqslant 2^{k-1}-1+2^{k-1}-1+1\\ &=2\cdot 2^{k-1}-1\\ &=2^k-1\end{aligned}$$

这个定理也可直接由定理 3-1 推出。

高为 k 的二叉树，共 k 层，这 k 层结点数之和便是树的结点总数。将定理 3-1 中的公式代入，得

$$\begin{aligned}m_k &=n_1+n_2+n_3+\cdots+n_k\\ &\leqslant 1+2+4+8+\cdots+2^{k-1}\end{aligned}$$

利用等比数列求和公式，容易计算出：

$$m_k\leqslant 2^k-1$$

定理 3-2 的推论 n 个结点的二叉树的高 h 至少是 $\lfloor\log_2 n\rfloor+1$，即

$$h\geqslant\lfloor\log_2 n\rfloor+1 \tag{3-3}$$

式（3-3）中，符号 $\lfloor\log_2 n\rfloor$ 表示“下取整”。对于非负 x，下取整 $\lfloor x\rfloor$ 的含义是“取 x 的整数部分，忽略其小数部分”。

证明：根据定理 3-2，有

$$n\leqslant 2^h-1$$

所以

$$n<2^h$$

两边求对数，得

$$h>\log_2 n$$

因为 h 是整数，$\log_2 n$ 是实数，$h>\log_2 n$，当然大于 $\log_2 n$ 的整数部分。即

$$h>\lfloor \log_2 n \rfloor$$

整数 h 大于整数 $\lfloor \log_2 n \rfloor$，当然至少比 $\lfloor \log_2 n \rfloor$ 大 1。即

$$h \geqslant \lfloor \log_2 n \rfloor + 1$$

3．满二叉树和完全二叉树

（1）满二叉树

高为 k 而结点数等于 2^k-1 的二叉树，称为满二叉树，或丰满二叉树。

显然，满二叉树也是正则二叉树。

由定理 3-2 可知，高为 k 的满二叉树的结点数达到最大值，在保持树的高度不变的前提下，不能在树的任何位置添加结点，所以称其为“满”。

像图 3-9 那样，从根结点起，对满二叉树的结点自上而下、自左而右顺序编号 1，2，3，…，2^k-1（这里 $k=4$），可以发现不少“有趣的”规律。在图 3-9 中，标在圆圈外的数字是结点的编号。

1）最左边的一条分支上，结点的编号依次是 1，2，4，8，…，即编号的形式为 2^0，2^1，2^2，2^3，…。

2）最右边的一条分支上，结点的编号依次是 1，3，7，15，…，即编号的形式为 2^1-1，2^2-1，2^3-1，2^4-1，…。

3）叶结点共 2^{k-1} 个，其编号依次是 2^{k-1}，$2^{k-1}+1$，…，2^k-1。

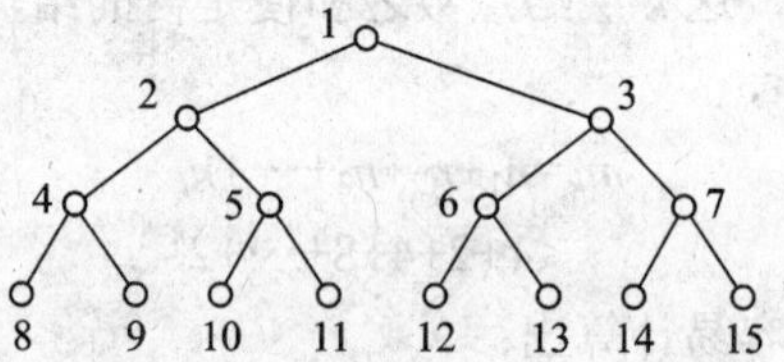

图 3-9 高为 4 的满二叉树和结点编号

（2）完全二叉树

在高为 k 的满二叉树中，由编号 1～n 的“前 n 个”结点所构成的树称为完全二叉树。这里，$0 \leqslant n \leqslant 2^k-1$。完全二叉树也称为顺序二叉树，或左满二叉树。

显然，完全二叉树是满二叉树的一部分，而满二叉树是完全二叉树的特例。

例如图 3-10(a)和图 3-10(b)都是完全二叉树。而图 3-10(c)和图 3-10(d)都不是完全二叉树。其中，图 3-10(c)是“右满”的，而不是“左满”的。图 3-10(d)的最后一片叶子位置不符合要求。

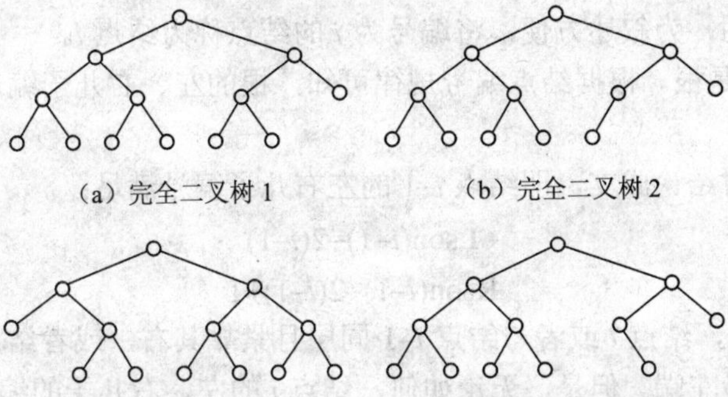

(a) 完全二叉树 1　(b) 完全二叉树 2

(c) 非完全二叉树 1　(d) 非完全二叉树 2

图 3-10　完全二叉树和非完全二叉树示例

4. 完全二叉树的性质

定理 3-3　n 个结点的完全二叉树的高度 k 满足：

$$k=\lfloor \log_2 n \rfloor+1 \tag{3-4}$$

证明：根据结点编号规律，可知

$$2^{k-1}\leqslant n\leqslant 2^k-1$$

即

$$2^{k-1}\leqslant n<2^k$$

两边取对数，得

$$k-1\leqslant \log_2 n<k$$

因为 $k-1$ 和 k 是两个连续的整数，而 $\log_2 n<k$，所以 $\log_2 n$ 的整数部分必须等于 $k-1$。即

$$\lfloor \log_2 n \rfloor = k-1$$

移项后，得

$$k=\lfloor \log_2 n \rfloor+1$$

定理 3-4　编号为 i（$1\leqslant i\leqslant n$）的结点，其父亲和左、右儿子的编号满足下列条件：

① 若 $i=1$，则 i 是根结点，没有父亲；否则（$i>1$）其父结点的编号为

$$\text{father}(i)=\left\lfloor \frac{i}{2} \right\rfloor \tag{3-5}$$

② 若 $2i>n$，则 i 无左儿子；否则（$2i\leqslant n$）其左儿子编号为

$$\text{Lson}(i)=2i \tag{3-6}$$

③ 若 $2i+1>n$，则 i 无右儿子；否则（$2i+1\leqslant n$）其右儿子编号为

$$\text{Rson}(i)=2i+1 \tag{3-7}$$

证明：

因为①与②③是相对应的，所以只需证明②和③，而且只需讨论 i 有左儿子（$2i\leqslant n$）和有右儿子（$2i+1\leqslant n$）的情况。

对 i 进行归纳证明，为叙述方便，将编号为 i 的结点称为结点 i。

基础：i=1 时，i 是根。根据结点编号规律可知，根的左、右儿子编号分别是 2 和 3，结论成立。

归纳：假定 i–1 时结论成立，即结点 i–1 的左右儿子编号满足：

$$\mathrm{Lson}(i-1)=2(i-1)$$

$$\mathrm{Rson}(i-1)=2(i-1)+1$$

观察图 3-10 可知，结点 i 或者与结点 i–1 同层且紧靠其右，或者结点 i–1 在某层最右端，而结点 i 在其下一层最左端。但是，无论如何，结点 i 的左、右儿子的编号都是紧接着结点 i–1 的右儿子的编号，故

$$\mathrm{Lson}(i)=\mathrm{Rson}(i-1)+1=2(i-1)+1+1=2i$$

$$\mathrm{Rson}(i)=\mathrm{Lson}(i)+1=2i+1$$

3.1.3 普通树与二叉树的相互转换

1. 普通树转换成二叉树

普通树和森林可以转换成二叉树，二叉树也可以还原成森林（或普通树）。

由于二叉树结构简单，相应的处理算法也比较简单，所以在处理多元树（或森林）时，可以先将其转换成二叉树，用二叉树的处理算法进行处理。必要时，也可以将由普通树转换成的二叉树转换成原来的树（或森林）。

下面介绍“人工”转换方法。如果将人工转换方法写成计算机程序，需要考虑树的存储结构，本书从略。

设 T 是一棵普通树，将 T 转换成二叉树 B 的转换规则如下：

步骤 1）使 T 之根作为 B 之根。

步骤 2）对于所有已经转换过的结点 f 和尚未转换过的结点 s，反复做下面两步：

步骤 3）如果结点 s 在 T 中是结点 f 的第一个儿子，那么在 B 中让 s 作为 f 的左儿子。

步骤 4）如果结点 s 在 T 中是紧靠结点 f 的“下一个”兄弟，那么在 B 中让 s 作为 f 的右儿子。

图 3-11 给出了转换示例。

由于根结点没有兄弟，所以将普通树转换成二叉树后，根结点没有右子树。

一般说来，将普通树转换成二叉树后，树的高度增加了。

2. 森林转换成二叉树

只要给森林增设一个附加根结点，使森林中各树的根都作为附加根的儿子，把森林变成一棵普通树，用上述方法将其转换成二叉树。必要的话，转换后可以删去附加根。因为普通树转换成二叉树后根结点没有右子树，所以，删去附加根之后仍是一棵二叉树。

图 3-12 给出了转换示例。

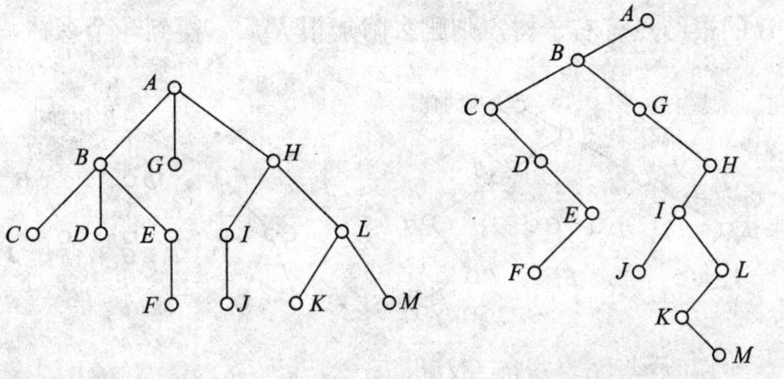

（a）普通树　　（b）转换成的二叉树

图 3-11　普通树转换成二叉树示例

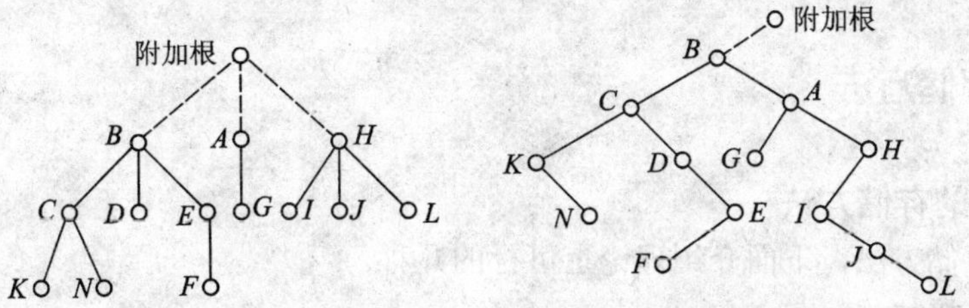

（a）森林　　（b）转换成的二叉树

图 3-12　森林转换成二叉树示例

3. 二叉树还原成森林（或普通树）

只要把森林转换成二叉树的转换规则“倒过来”即可。具体转换步骤如下。

步骤 1）给二叉树 B 增设一个附加根 R，原根作附加 R 的左儿子。

步骤 2）使 R 作为转换后树 T 的根。

步骤 3）对于所有已经转换过的结点 f 和尚未转换过的结点 s，反复做下面两步：

步骤 4）如果结点 s 在 B 中是结点 f 的左儿子，在 T 中 s 作为 f 的第一个儿子。

步骤 5）如果结点 s 在 B 中是结点 f 的右儿子，在 T 中 s 作为 f 的兄弟，即作为 f 之父的另一个儿子，这个儿子紧靠在 f 的右侧。

步骤 6）删去附加根 R，得到最终的转换结果。

如果二叉树 B 的根结点没有右子树，则删去附加根 R 后，得到一棵树，如图 3-13 所示。

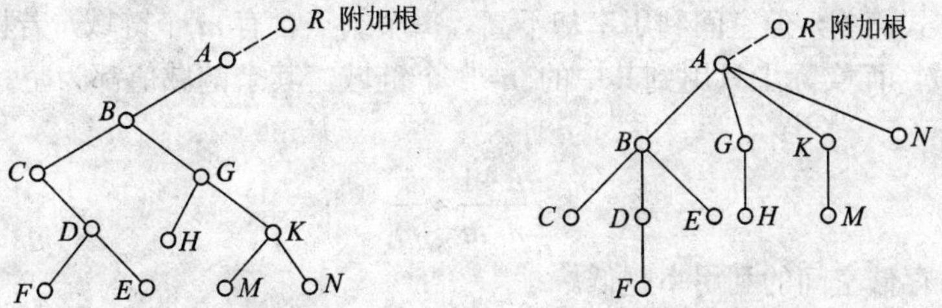

（a）根结点没有右子树的二叉树　　（b）转换成的普通树

图 3-13　由二叉树转换成普通树示例

如果二叉树B的根结点有右子树，则删去附加根 R 后，得到一个森林，如图3-14所示。

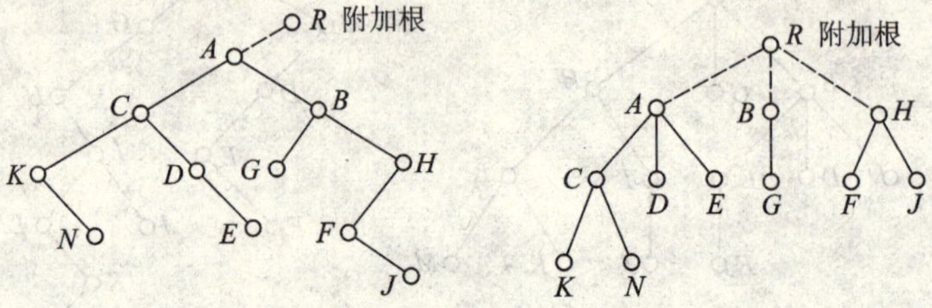

（a）根结点有右子树的二叉树　　（b）转换成的森林

图3-14　由二叉树转换成森林示例

3.1.4 树的存储方法

1. 普通树的存储方法

树有多种存储方法，下面介绍理论上可行的几种。

（1）多重链接法

对于 m 元树，结点含有 m 个链域，分别用于指向各个儿子。如果缺少某个儿子，则其相应的链域值为空。结点结构如图3-15所示，结点类型定义如下：

```
typedef   struct   tnode
{   element_type   data;              //值域
    struct   tnode *son[m];           //指向各个儿子的链域
}   tnode,*tptr;                      //结点类型名，和指针类型名
```

data	son[0]	son[1]	…	son[m-1]

图3-15　多重链接法的结点结构

只要用一个指针指向根结点，就能很方便地查看树中每个结点。

这种存储方式简单，但空间利用率却不高。每个结点含有 m 个链域，若树有 n 个结点，则共有 nm 个链域。而实际上只用到其中的 $n-1$ 个链域，其余链域值都为空。于是链域的利用率为：

$$\frac{n-1}{n\cdot m}\approx\frac{1}{m}$$

显然，m 越大，存储空间的利用率越低。

这种存储方式仅适用于元数 m 较小的树。

请读者画出用这种存储方式存储图3-1所示树的存储结构图，并分析链域的利用情况。

（2）左儿子右兄弟链接法

结点只含两个链域：一个指向“第一个”儿子，另一个指向“下一个”兄弟。结点结构如图 3-16 所示，结点类型定义如下：

```
typedef   struct   tnode
{    element_type   data;                        //值域
     struct   tnode *son，*sibling;        //指向儿子和兄弟
}    tnode,*tptr;
```

其中，son 用于指向“第一个”儿子，sibling 用于指向“下一个”兄弟。

同样，用 root 指向根结点，由 root 找到根，由根的 son 域找到根的第一个儿子，再沿着第一个儿子的 sibling 域找到根的其余儿子……

这种结构实际上等同于将树转换成二叉树后，再用“双链法”存储（请参见下面的“二叉树的存储方法”）。

data	son	sibling

图 3-16　儿子兄弟链接法的结点结构

以上两种都属于“根定位”的存储方式，适合于“从上到下”地搜索，从父亲很容易找到儿子。如果要求从儿子找到父亲却很困难。要解决这一矛盾，可以给结点加一个指向父亲的链域。这样，既可以从父亲找到儿子，又可以从儿子找到父亲。当然，这会增加空间占用量。

（3）父亲链接法

结点只含一个链域 father，用于指向其父亲，这样便于从下层向上层搜索。

为了定位各结点，可对结点进行 0～（n–1）编号，整棵树用数组 tree[n]存储，存储结构可以定义为：

```
typedef   struct   tnode
{    element_type   name;
     int   father;
}    tnode;
tnode   tree[n];          //n 是结点数
```

在图 3-17 给出的示例中，结点 A、B、C 等依次编号为 0～11。tree[0].father=−1，表示该结点没有父亲，是根结点。不难发现，图 3-17 所存储的就是图 3-1 中的树。

下标	0	1	2	3	4	5	6	7	8	9	10	11
name	A	B	C	D	E	F	G	H	I	J	K	L
father	−1	0	0	0	1	1	3	5	5	5	6	6

图 3-17　父亲链接法存储示例

这种存储结构有些像静态链表，数组元素的下标对应结点的编号。其特点是很容易由儿子

找到父亲，但无法从父亲找到儿子。

为了能快速地将结点名换算成结点编号，还需要建立一个辅助的“名–号对照表”，以便由名查到号。

2．二叉树的存储方法

（1）完全二叉树的顺序存储

根据结点的编号规律，可以用一维数组 $a[n+1]$具有 n 个结点的完全二叉树，使编号为 i 的结点存放在 $a[i]$中（$a[0]$空着不用）。

于是 $a[1]$是根结点，$a[2]$和 $a[3]$是根的两个儿子……。$a[i]$（$i>1$）的父结点必定是 $a[i/2]$。$a[i]$的左右儿子必定是 $a[2*i]$和 $a[2*i+1]$（除非 $a[i]$没有左右儿子）。

这种存储方式属于“顺序存储”，其好处在于，不需要链域，便可以由父亲快速地找到儿子，由儿子快速地找到父亲。

图 3-18 给出了存储示例。

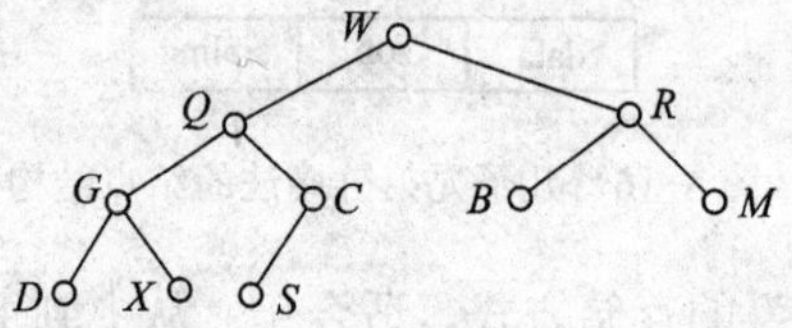

下标	0	1	2	3	4	5	6	7	8	9	10
a		W	Q	R	G	C	B	M	D	X	S

图 3-18　完全二叉树顺序存储示例

（2）普通二叉树的双链式存储

结点含两个链域 Lson 和 Rson，分别用来指向其左儿子和右儿子。结点结构如图 3-19 所示。

Lson	data	Rson

图 3-19　双链式结点结构

结点类型定义如下：

```
typedef   int   element_type;        //值域类型是 int
typedef   struct   Bnode             //结点结构
{    element_type   data;
     struct   Bnode   *Lson, *Rson;
}    Bnode, *Bptr;                   //结点类型和指针类型别名
```

再定义一个指向根结点的指针，比如：

```
Bptr   root;
```

从根结点起，沿着左右儿子的链域可以搜索到树中每个结点。

必要的话，可以定义一个二叉树类型，它含有一个用来指向根结点的指针域 root，和树的名称域，或者还含有其他域。类型定义如下：

```
typedef  struct  BTree
{   char  *name;                //树的名称，指向字符串的指针
    Bptr  root;                 //根指针
}   BTREE, *Bptree;             //树结构类型和指向树结构的指针类型
```

此后，可以用 BTREE 定义二叉树“变量”，也可用指针类型 Bptree 动态产生二叉树“变量”。不过，为简化程序的书写，后文相关算法没有采用这种格式。

3.2 二叉树的遍历和构造

3.2.1 二叉树的遍历

1. 遍历算法

遍历就是对每个结点访问一次且仅一次。“访问”就是对结点进行某种处理，比如查看结点的值，查找某个或某些结点，求各结点的层号、高度、子孙个数等。

因为二叉树是非线性结构，要既不漏也不重复地访问每个结点，需要按“一定的规律”进行遍历。

二叉树的遍历方法很多，常见的有**先序遍历**、**中序遍历**和**后序遍历**，还有按层遍历等。

算法 3-1 先序遍历算法（文字叙述形式）。

步骤 1）如果当前遇到的结点为空，则什么也不做，直接返回。

步骤 2）访问当前结点 x（D）。

步骤 3）递归地遍历 x 的左子树（L）。

步骤 4）递归地遍历 x 的右子树（R）。

步骤 5）完成对以 x 为根的二叉树的遍历，返回。

只要从根结点起，调用上述递归算法，就可完成对整棵二叉树的遍历。

因为算法的执行次序是 DLR，所以先序遍历又称 DLR 遍历，对结点的访问序列（即访问次序）称为先序序列，或 DLR 序列。

只要将步骤 2 的访问操作移至步骤 3 和步骤 4 之间，便得到中序遍历算法；将步骤 2 移至步骤 4 之后，便得到后序遍历算法。

与先序遍历相仿，中序遍历称为 LDR 遍历，中序序列称为 LDR 序列；后序遍历称为 LRD 遍历，后序序列称为 LRD 序列。

另外，如果将步骤 4 调到步骤 3 之前，并同时调整步骤 2 的位置，便得到另外 3 种遍历算

法：右先序（DRL）、右中序（RDL）、右后序（RLD）。

2．递归的遍历函数

设二叉树采用双链法存储，并有如下定义：

```
#define  NULL  0                         //空链域值
typedef  int  element_type;              //假定的结点类型
typedef  struct  Bnode                   //结点类型
{  element_type  data;
   struct  Bnode  *Lson, *Rson;
}  Bnode, *Bptr;
```

（1）先序遍历函数

```
void  preorder(Bptr  p)          //p 指向当前子树的根结点
{
     if(p==NULL)return;
     visit(p);
     preorder(p->Lson);
     preorder(p->Rson);
}
```

（2）中序遍历函数

```
void  inorder(Bptr  p)           //p 指向当前子树的根结点
{
     if(p==NULL)return;
     inorder(p->Lson);
     visit(p);
     inorder(p->Rson);
}
```

（3）后序遍历函数

```
void  postorder(Bptr  p)         //p 指向当前子树的根结点
{
      if(p==NULL)return;
      postorder(p->Lson);
      postorder(p->Rson);
      visit(p);
}
```

设 root 是二叉树的根指针，那么：

- 先序遍历函数的主调语句为 preorder (root)。
- 中序遍历函数的主调语句为 inorder(root)。
- 后序遍历函数的主调语句为 postorder(root)。

其中，visit(p)表示访问操作。访问目的不同，访问操作方式也不同。比如，访问目的仅仅是为了输出结点值，若值域类型为 int，那么只要用 printf("%4d",p->data)代替 visit(p)。如果访问操作比较复杂，那么，可以编写一个专用的访问函数。

3．遍历函数跟踪示例

执行递归函数时，系统将产生“递归调用栈”。现以图 3-20 为例，模拟先序遍历函数的执行过程和递归栈的变化情况。假定递归调用栈采用保护现场方式，每个栈架存放结点名和返回后将要执行的语句编号。

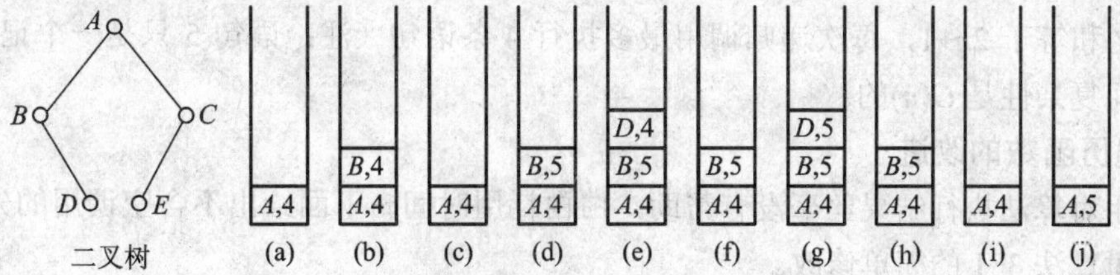

（a）（*A*, 4）进栈　（b）（*B*, 4）进栈　（c）（*B*, 4）退栈　（d）（*B*, 5）进栈　（e）（*D*, 4）进栈　（f）（*D*, 4）退栈
（g）（*D*, 5）进栈　（h）（*D*, 5）退栈　（i）（*B*, 5）退栈　（j）（*A*, 4）退栈，（*A*, 5）进栈

图 3-20　先序遍历之递归栈示例

执行调用语句“preorder(root);”时，参数 *p* 的值等于 root，*p* 指向结点 *A*，执行语句 2，访问 *A*，在执行语句 3“preorder(p->Lson);”对 *A* 的左子树（以 *B* 为根）进行遍历之前，(*A*，4）进栈，栈结构如图 3-20(a)所示，表示在调用“preorder(p->Lson);”返回后，从栈顶退出（*A*，4），执行 *A* 的语句 4。

对 *A* 的左子树遍历时，*p* 指向结点 *B*，执行语句 2，访问 *B*，接着执行语句 3，对 *B* 的左子树进行递归遍历，(*B*，4）进栈，栈结构如图 3-20(b)所示。

因为 *B* 的左子树为空，*p* 等于 NULL，执行语句 1，直接返回。(*B*，4）退栈，栈结构变成图 3-20(c)。

执行 *B* 的语句 4，对 *B* 的右子树进行递归遍历。(*B*，5）进栈，栈如图 3-20(d)所示。

本次调用时，*p* 指向 *D*，执行语句 2，访问 *D*，执行语句 3，对 *D* 的左子树递归遍历，(*D*，4）进栈，如图 3-20(e)所示。

D 的左子树为空，p=NULL，执行语句 1，返回，(*D*，4）退栈，栈结构变成图 3-20(f)。对 *D* 的右子树进行遍历，(*D*，5）进栈，栈结构如图 3-20(g)所示。

因 *D* 的右子树也为空，*p* 等于 NULL，执行语句 1，返回，(*D*，5）退栈，栈结构变到图 3-20(h)的状态。

再执行 D 的语句 5，即对 D 为根的子树遍历结束，再次退栈，退出（B，5），栈结构变成图 3-20(i)。

执行对 B 的语句 5，对 B 为根的子树遍历结束，再退栈，退出（A，4），这时栈空。

接着执行 A 的语句 4，对 A 的右子树递归遍历，（A，5）进栈，栈结构如图 3-20(j)所示。

此后的遍历次序及栈结构的变化与对 A 的左子树的遍历相仿，从略。

最后，得到先序序列：*ABDCE*。

4．时间复杂性

用算法 3-1 对 n 个结点的二叉树遍历时，每个结点访问一次，每访问一个结点就要产生一次递归调用，所以共有 n 次调用。如果某结点缺少一个子树，对这个空树也要产生一次递归调用。因为，n 个结点的二叉树共有 $n+1$ 个“空儿子”，所以共产生 $n+1$ 次空调用。空调用和非空调用次数之和等于 $2n+1$，每次递归调用最多执行 4 条语句（注：语句 5 只是一个记号），所以算法的时间复杂性是 $O(n)$的。

5．遍历函数的改进

空调用对算法执行结果丝毫没有帮助，白白耗用时间。下面给出不含空调用的先序遍历函数，它是对算法 3-1 的简单修改。

```
void   preorder_1(Bptr   p)          //p 指向当前子树的根结点
{   visit(p);
    if(p->Lson!=NULL)preorder_1(p->Lson);
    if(p->Rson!=NULL)preorder_1(p->Rson);
}
```

主调用语句改为

```
if(root!=NULL)   preorder_1(root);
```

对中序、后序遍历函数的改进类似，从略。

6．遍历路线

上述 3 种遍历有着共同的规律，其遍历路线都是环绕二叉树半封闭外轮廓线，起点在根结点的左上方，终点在根结点的右上方，如图 3-21 中的虚线所示。实际上，遍历就是沿着轮廓线围绕二叉树“巡视一周”。

如图 3-21(a)所示，遍历路线靠近每个结点时，有以下 3 个特殊部位，对应 3 种遍历。

- 左侧对应先序：当遍历路线从左侧靠近结点时访问它，从而得到先序序列。
- 正下方对应中序：当遍历路线从正下方靠近结点时访问它，从而得到中序序列。
- 右侧对应后序：当遍历路线从右侧靠近结点时访问它，从而得到后序序列。

例如图 3-21(b)所示的二叉树，其先序序列为 *ABDFGCE*，中序序列为 *BFDGAEC*，后序序列为 *FGDBECA*。

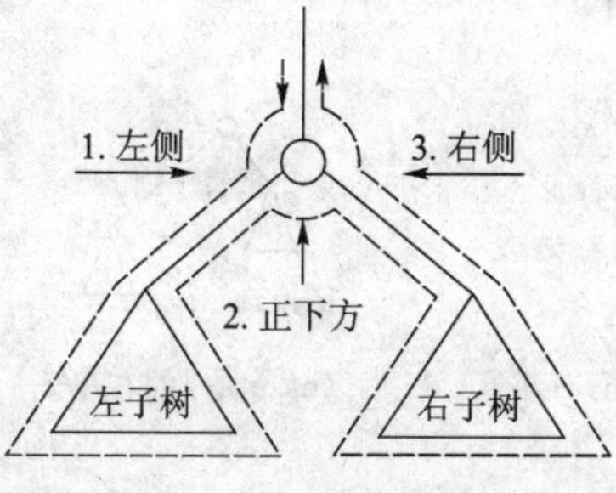

（a）遍历路线示意图

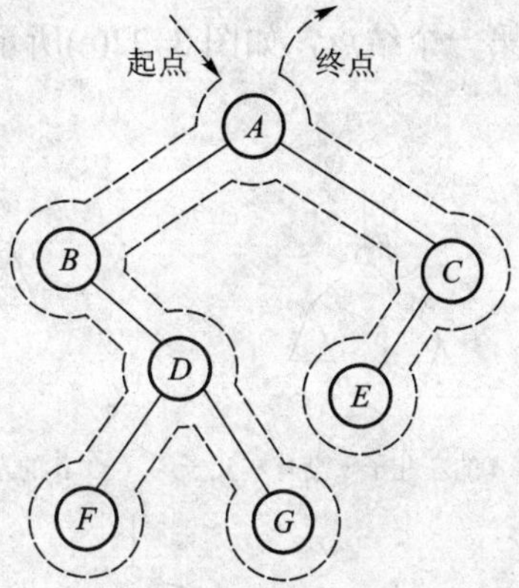

（b）遍历路线示例

图 3-21　二叉树的遍历路线

3.2.2*　遍历序列的前驱和后继

设二叉树的先序序列为：

$\cdots xay \cdots$

那么，称 x 是 a 的先序前驱，y 是 a 的先序后继。其中 x、y 和 a 是二叉树的 3 个不同结点。

类似地，a 有中序前驱和中序后继，以及后序前驱和后序后继。

下面探讨如何确定 a 的先序（中序、后序）前驱后继，以加深对遍历路线的理解。

1．中序前驱

分情况讨论。

情况 1：a 有左儿子 s，它又分两种情况。

情况 1-1：s 没有右儿子，则 s 就是 a 的中序前驱，如图 3-22(a)所示。

情况 1-2：s 有右儿子 r，那么 r 的最右子孙 t 就是 a 的中序前驱。

这里，r 的最右子孙是指沿 s 的右路一直向下，遇到的第一个没有右儿子的结点，如图 3-22(b)所示。

情况 2：a 没有左儿子，又分下列几种情况。

情况 2-1：a 没有父亲，a 是根结点，那么 a 没有中序前驱。

情况 2-2：设 a 的父亲是 f，又分两种情况。

① 情况 2-2-1：a 是 f 的右儿子，则 f 是 a 的中序前驱，如图 3-22(c)所示。

② 情况 2-2-2：a 是 f 的左儿子，又分下述两种情况。

• 情况 2-2-2-1：如果存在这样的结点 g，g 是根 root 到 a 的路径上距离 a 最近的结点，且 a 在 g 的右子树上，那么 g 就是 a 的中序前驱，如图 3-22(d)所示。

• 情况 2-2-2-2：如果没有这样的结点 g，a 是 root 的最左子孙，那么 a 无中序前驱，a 是中序序列中的第一个结点，如图 3-22(e)所示。

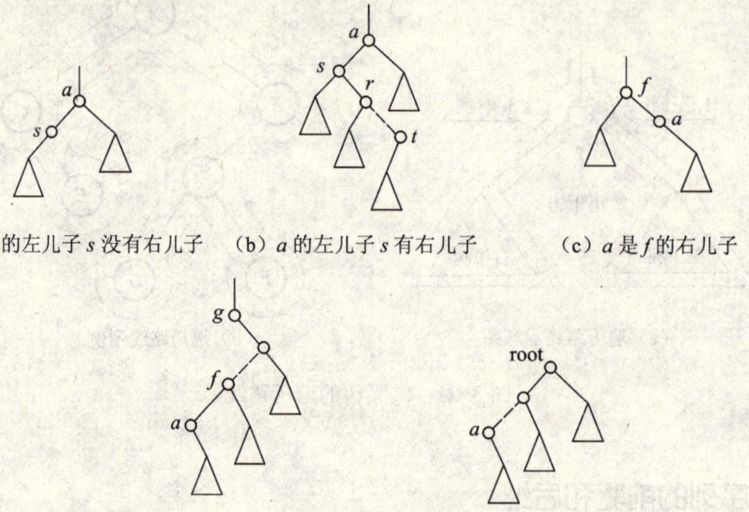

（a）a 的左儿子 s 没有右儿子　（b）a 的左儿子 s 有右儿子　（c）a 是 f 的右儿子

（d）a 在 g 的右子树上　（e）a 是 root 的最左子孙

图 3-22　a 的中序前驱

2. 中序后继

确定 a 的中序后继与确定 a 的中序前驱的方法完全对称。只要把上述步骤中所有的“左”与“右”互换即可。正因为如此，中序又叫“对称序”。

3. 先序前驱

分情况讨论。

若 a 是根结点，a 没有先序前驱，因为它是先序序列中第一个结点。否则，设 f 是 a 的父亲。

情况 1：a 是 f 的左儿子，则 f 是 a 的先序前驱，如图 3-23(a)所示。

情况 2：a 是 f 的右儿子，又分 3 种情况。

① 情况 2-1：f 没有左儿子，则 f 是 a 的先序前驱，如图 3-23(b)所示。

② 情况 2-2：f 有左儿子 s，且 s 是叶结点，则 s 是 a 的先序前驱，如图 3-23(c)所示。

③ 情况 2-3：f 的左儿子 s 不是叶结点，a 的先序前驱是 s 的最右最下的子孙 x。

这里，所谓最右最下的子孙是指，能向右尽量向右，不能向右就向左一步，转向左儿子，然后再尽量向右……反复如此，一直到最下方的叶子为止，既不能再向右转，也不能再向左转。如图 3-23(d)所示。

类似地，可以确定结点 a 的先序后继、后序前驱和后序后继。根据“对称性”，先序前驱与后序后继是对称的；先序后继与后序前驱也是对称的。

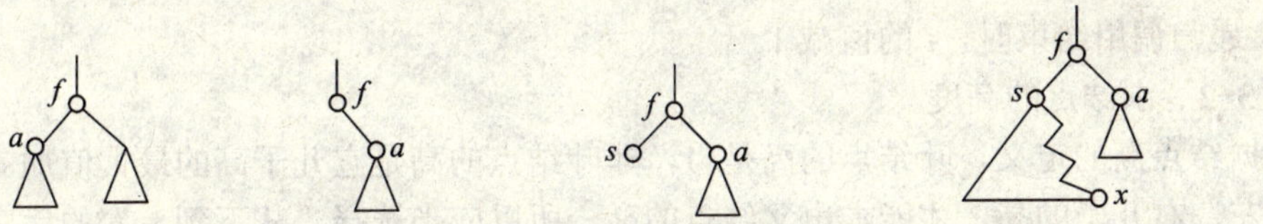

（a）a 是 f 的左儿子　（b）a 是 f 的右儿子　（c）a 的左兄弟是叶　（d）x 是 s 的最右最下的子孙

图 3-23　a 的先序前驱

3.2.3 遍历的应用示例

下面介绍几个通过遍历实现对二叉树的结点进行处理的例子。

例 3-1　求结点的层号。

根据结点层数的定义，根结点的层号为 1，第 i 层结点的儿子，其层号是 i+1。就是说，只有求出父结点的层号，才能求出儿子的层号，所以，应当采用先序遍历，"从上到下"地求出各结点的层号。

如果需要记住层号，可以在定义结点结构类型时加层号域 layer，结点结构变成如图 3-24 所示。

Lson	data	layer	Rson

图 3-24　带层号域的结点结构

算法 3-2　求二叉树各结点层号的算法。

```
void level(Bptr p,int i)
//p 指向当前子树的根结点
//i 是层号
{
    if(p==NULL)return;
    p->layer=i;          //填写层号域
    level(p->Lson,i+1);
    level(p->Rson,i+1);
}
```

主调语句为"level(root,1);"。

如果只要输出各结点的层号，而不用记住，也可不增加 layer 域，只要将上述函数中的填写层数的语句改为输出结点值及其层号 i 即可。

另外，可以将算法 3-2 中的形参 i 改为整体量。使 i 的初值为 0，每递归一次，i 的值就加

1，每次递归调用结束时，i 的值减 1。

例 3-2 求结点的高度。

根据结点高的定义，叶结点的高是 1，非叶结点的高是它儿子高的最大值加 1。显然，只有求出左、右儿子的高，才能求出父结点的高，所以应当选择“从下到上”的后序遍历。

结点结构同图 3-24，不过是将域名 layer 改为 height。

算法 3-3 求二叉树中各结点高度的算法。

```
int   h(Bptr p)                          //p 指向当前子树的根结点
{     int i,j;
1.    if(p==NULL)return   0;             //空树的高度等于 0
2.    i=h(p->Lson);                      //递归的求左儿子高度
3.    j=h(p->Rson);                      //递归的求右儿子高度
4.    p->height=(i>j)? i+1: j+1;         //求出结点高度
5.    return   p->height;                //返回所求高度，以便求出父结点的高度。
}
```

使用主调语句：

```
treeh=h(root);
```

可以求出根指针为 root 的二叉树各结点高度，并将树高赋给变量 treeh。

在算法 3-3 中，语句 1 的作用是当结点缺少某个儿子时，可认为该儿子高度等于 0。语句 2 和语句 3 分别用于递归地求出结点左、右儿子的高度。因为是递归的，所以在执行语句 4 之前，左右儿子的高度已经求出，并分别记录在局部量 i 和 j 中。然后经语句 4 比较左右儿子的高度，确定当前正访问结点的高度。

语句 5 的作用是将求出的高度带回，以便求出父结点的高度，也就是将返回的函数值带到上一层递归调用的语句 2 或语句 3 处。

例 3-3 输出某结点的所有子孙。

假定树中有且只有一个结点值为 a。输出 a 的所有子孙的算法要点：先找到结点 a，再输出以 a 为根的子树中所有结点。

解此问题可用多种方法，下面给出的算法 3-4 既含有先序遍历，又含有后序遍历。算法中使用初值为 0 的整体量 found，记录遍历路线碰到 a 的次数。

- found=0，表示尚未发现 a。
- found=1，表示第一次碰到 a，相当于对 a 的先序访问。
- found=3，表示第三次碰到 a，相当于对 a 的后序访问。

算法 3-4 输出二叉树中结点 a 所有子孙的算法。

```
void   descents(Bptr p,element_type a)
//p 指向当前子树的根结点
//a 是树中某结点值
```

```
{
1.   if(p==NULL|| found==3) return;
2.   if(p->data==a) found=1;              //先序访问法查找 a，找到后进入以 a 为根的子树
3.   if(found==1) printf("%4d",p->data);  //输出 a 的子孙
4.   descents(p->Lson,a);                 //递归的向左搜索
5.   descents(p->Rson,a);                 //递归的向右搜索
6.   if (p->data==a) found=3;             //后序访问时发现 a，退出以 a 为根的子树
}
```

调用时，使用语句：

```
found=0;
descents(root,a);
```

即可。

由语句 2 中的条件可知，当遍历路线进入以 a 为根的子树之前，found=0。遍历路线进入以 a 为根的子树时，置 found=1。

语句 6 中的条件成立时，表示遍历路线已经围绕以 a 为根的子树一周，即将退出以 a 为根的子树，置 found=3。

因此，只有遍历路线围以 a 为根的子树环绕时，found 才可能等于 1，故语句 3 的条件成立时，输出内容必是以 a 为根的子树上所有结点。

语句 1 中的条件"found==3"，表示当遍历路线退出以 a 为根的子树之后停止遍历。因为，树中尚未遍历到的部分与问题无关。

注意：算法中有 3 处"访问操作"，语句 2、语句 3 和语句 6。由于语句 2 和语句 3 位于语句 4 和语句 5 的递归调用语句之前，故属于"先序访问"；语句 6 位于递归调用语句之后，故属于"后序访问"。

如果在语句 4 和语句 5 之间加一句：

```
if(p->data==a) found=2;  //中序访问时发现 a，退出 a 的左子树
```

并适当的修改输出语句，就能分别输出 a 的左子树和右子树中的各结点。

例 3-4 求结点的中序编号。

在遍历过程中，可以对结点进行编号。按照访问的先后次序，依次对结点编号 1，2，3，…，n（n 是结点个数）。

对先序遍历可进行先序编号，对中序遍历可进行中序编号，对后序遍历可进行后序编号。

算法 3-5 给二叉树各结点进行中序编号。

```
void  in_num(Bptr p)
//p 指向当前子树的根结点
//结点结构中含有中序编号域 number
//count 是初值为 0 的整体量
```

```
{
1.    if(p==NULL) return;
2.    in_num(p->Lson);
3.    p->in_number=count++;
4.    in_num(p->Rson);
}
```

中序编号有如下性质：

对任意一个非叶结点 v，

1）v 的左子树上结点的编号都小于 v 的编号。

2）v 的右子树上结点的编号都大于 v 的编号。

3）以 v 为根的子树中，编号最小的结点必定位于该子树的最左端，即从 v 起，沿左路向下，遇到的第一个没有左儿子的结点；编号最大的结点一定位于该树的最右端，即从 v 起，沿右路向下，遇到的第一个没有右儿子的结点。

4）在中序序列中，v 的左子树上的结点都排在 v 的左边且紧靠 v，v 的右子树上的结点都排在 v 的右边紧靠 v。v 位于其左右子树的子中序序列的中间，故中序也称为内序。

类似地，可以对结点进行先序编号和后序编号，并得出编号的性质。

3.2.4 二叉树的构造

这里，构造二叉树是指用给定的结点序列，生成二叉树并存储成双链式结构。

1．构造二叉树的基本原理

由结点序列构造二叉树依赖于树的唯一性。

可以证明（见习题 3.36），n 个结点的二叉树，共有

$$C(2n, n)/(n+1) \tag{3-8}$$

个不同的树形。

所以，同一个先序（中序、后序）序列可对应 $C(2n, n)/(n+1)$棵不同的二叉树。

例如，当 n=3 时，共有 $C(6,3)/4=5$ 个不同的二叉树树形。

图 3-25 给出了先序序列是 ABC 的 5 棵二叉树。

图 3-26 给出了中序序列是 ACB 的 5 棵二叉树。

图 3-27 给出了后序序列是 CBA 的 5 棵二叉树。

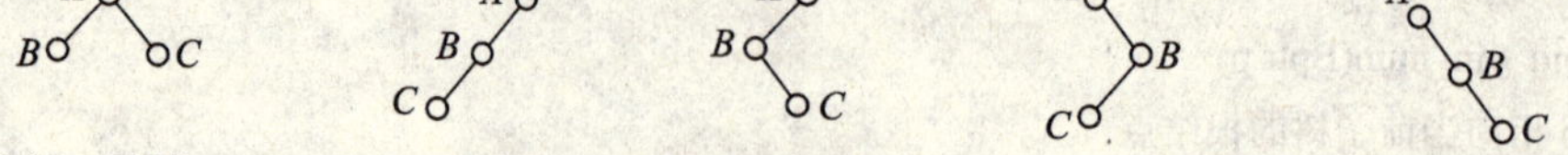

（a）二叉树 1　（b）二叉树 2　（c）二叉树 3　（d）二叉树 4　（e）二叉树 5

图 3-25 先序序列是 ABC 的 5 棵二叉树

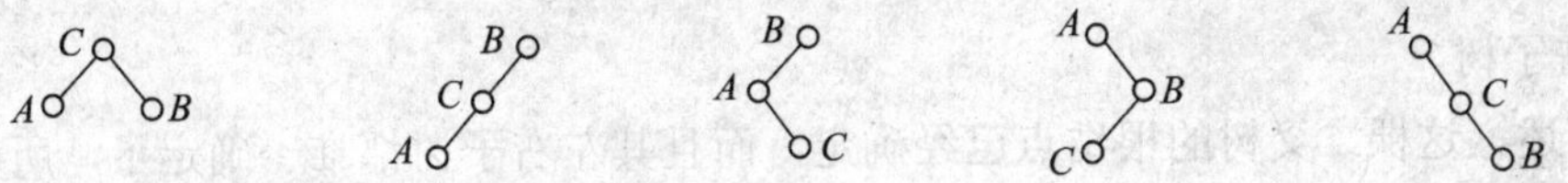

（a）二叉树 1　（b）二叉树 2　（c）二叉树 3　（d）二叉树 4　（e）二叉树 5

图 3-26 中序序列是 *ACB* 的 5 棵二叉树

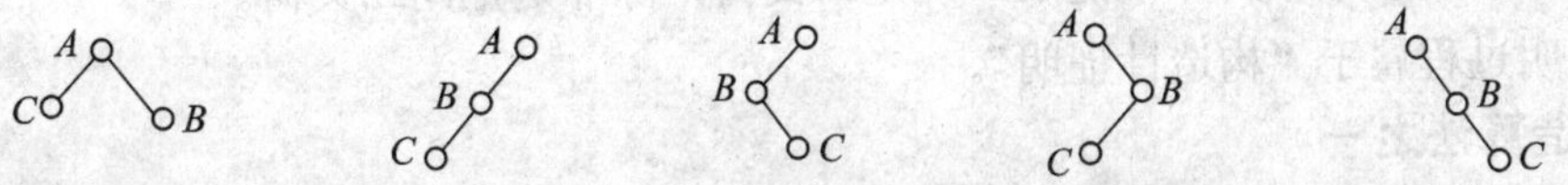

（a）二叉树 1　（b）二叉树 2　（c）二叉树 3　（d）二叉树 4　（e）二叉树 5

图 3-27 后序序列是 *CBA* 的 5 棵二叉树

可见，仅用先序序列，或中序序列，或后序序列，不能构造出唯一的二叉树。

可以证明，由先序序列和中序序列，或者由中序序列和后序序列，能唯一确定二叉树。

例如，先序序列是 *ABC*，而中序序列是 *ACB* 的二叉树必定如图 3-25(d)所示；中序序列是 *ACB*，而后序序列是 *CBA* 的二叉树必定如图 3-27(d)所示。

但是，由先序序列和后序序列不能唯一确定二叉树，比如图 3-25 和图 3-26 中的(b)～(e)的 4 棵二叉树先序序列都是 *ABC*，而后序序列都是 *CBA*。

定理 3-5 用中序序列和先序序列可以唯一确定二叉树。

证明：对结点个数 n 进行归纳。

归纳基础：n=0 时，二叉树为空，结论当然是正确的。

归纳假设：假设结点数小于 n 的任何二叉树，都可以由其先序序列和中序序列唯一的确定。

归纳：如果已知某棵二叉树具有 n（n>0）个不同结点，其先序序列和中序序列如下。

先序序列：$a_1a_2\cdots\cdots\cdots\ a_i\ \cdots\cdots\cdots\cdots\cdots a_n$

中序序列：$b_1b_2\cdots\cdots\ b_{i-1}b_i\,b_{i+1}\cdots\cdots\cdots\cdots b_n$

由结点的先序序列和中序序列的性质可知，a_1 是二叉树的根结点，而且 a_1 必然在中序序列中出现。也就是说，在中序序列中必有某个结点 b_i（$1\leqslant i\leqslant n$）就是根结点 a_1。

因为 b_i 是根结点，所以中序序列的前段 $b_1b_2\cdots\cdots b_{i-1}$ 必是根结点 b_i（也就是 a_1）左子树的中序序列，也就是说，b_i 的左子树有 i–1 个结点。若 i=1，表示结点 b_i 没有左子树。

继而可知，在先序序列中，紧跟在根结点 a_1 之后的 i–1 个结点 $a_2\cdots a_i$ 就是左子树的先序序列。

根据归纳假设，由子先序序列 $a_2\cdots a_i$ 和子中序序列 $b_1b_2\cdots b_{i-1}$ 可以唯一地确定根结点 a_1 的左子树。

类似地，中序序列的后段 $b_{i+1}\cdots b_n$ 便是根结点右子树的中序序列。若 i=n，根结点无右子树。而 $a_{i+1}\cdots a_n$ 就是根结点右子树的先序序列。根据归纳假设，由这两个子序列可以唯一的确定根

结点 a_1 的右子树。

综上所述，这棵二叉树的根结点已经确定，而且其左右子树都唯一确定了，所以整个二叉树也就唯一确定了。

用类似的方法，可以证明由中序序列和后序序列能够唯一地确定二叉树。

用先序序列和后序序列却不能唯一确定二叉树，除非是正则二叉树。

上述证明过程属于“构造性证明”。

2．构造算法之一

下面给出由先序序列和中序序列构造二叉树的算法，构造步骤与上述证明过程是一致的。

算法 3-6 用先序序列和中序序列构造二叉树的算法。

```
Bptr   creat(int a[ ],int b[ ],int i,int j,int s,int t)
//存储先序序列和中序序列的数组 a 和数组 b
//i 和 j 是子先序序列的下标界；s 和 t 是子中序序列的下标界
//返回值 p 是由 a[i]至 a[j]和 b[s]至 b[t]所构造的子二叉树根结点指针
{    int k;    Bptr p;
     if(i>j) return NULL;                         //序列为空时，返回一个空指针值
     p=new   Bnode;
     p->data=a[i];                                //造根结点
     k=s;
     while((k<=t)&&(b[k]!=a[i]))k++;              //在中序序列中找根
     if(b[k]!=a[i])exit(ERROR);                   //没找到根结点，返回出错码 ERROR
     p->Lson=creat(a,b,i+1,i+k-s,s,k-1);          //递归的构造左子树
     p->Rson=creat(a,b,i+k-s+1,j,k+1,t);          //递归的构造右子树
     return p;                                    //返回根结点指针
}
```

主调语句为“root=creat(a,b,0,n-1,0,n-1);”。

例如，由先序序列 6，7，8，9，和中序序列 7，8，6，9，构造的二叉树如图 3-28 所示。

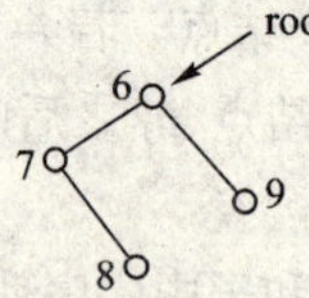

图 3-28 用先序序列和中序序列构造二叉树示例

只要略加修改，可以得出用后序序列和中序序列构造二叉树的算法。

3．扩充先序序列

在先序遍历一棵二叉树时，如果当前要访问的结点不空，就记下这个结点的值；如果为空，就记下一个“空”字，代表“空结点值”，所得的序列称为该二叉树的扩充先序序列。

这里的“空”只是一个记号，根据结点值域类型，选定一个“特殊数值”代替这个“空”。比如，如果结点值都是正整数，则可用 0 表示空结点值，非 0 表示非空结点值。

例如，如图 3-28 所示的二叉树的扩充先序序列为（0 表示空）：

6 7 0 8 0 0 9 0 0

4．构造算法之二

可以证明二叉树与其扩充先序序列一一对应，因而，可以用扩充先序序列构造出唯一的二叉树，证明过程从略。下面给出构造算法。

算法 3-7 用预先定义的 ZERO 表示空结点值，采用一边读入扩充先序序列的结点值，一边构造树的方法，即反复读元素 *x*，当读到的 *x* 不是 ZERO 时，就造一个结点，并使用递归技术将结点连接在树上；当读到的 *x* 为 ZERO 时，就返回空指针值 NULL。

算法 3-7 用扩充先序序列构造二叉树的算法。

```
Bptr   precreat( )
//输入扩充先序序列，x 是整体量
//返回值 p 是所构造的（子）二叉树根结点指针
{ Bptr p;
    scanf("%d",&x);                //输入一个结点值
    if(x==ZERO)return   NULL;      //若读到空结点值，则返回空指针值 NULL
    p=new   Bnode;
    p->data=x;                     //造一个结点
    p->Lson=precreat( );           //递归的构造左子树
    p->Rson=precreat( );           //递归的构造右子树
    return p;                      //返回所造结点的地址
}
```

主调语句：root=precreat( );

例如，当扩充先序序列是 4，5，6，0，0，0，7，8，0，0，9，0，0，这里 0 即 ZERO。构造出的二叉树如图 3-29 所示。

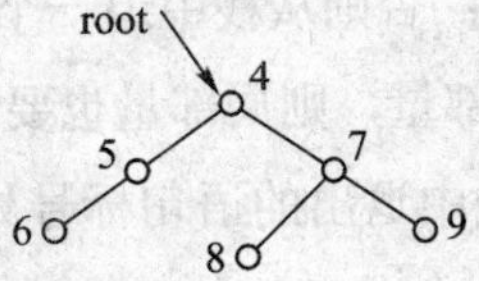

图 3-29 用扩充先序序列构造的二叉树示例

3.2.5* 非递归的遍历算法

任何递归算法都可以改写成非递归形式。非递归算法往往比递归算法的运行效率更高。

本节目的一是介绍“由递归到非递归”的一般“翻译”方法，二是有利于进一步加深对遍历路线的理解。

1. 公式化翻译的算法

任何递归函数都可以采用通用的“公式化翻译规则”，将其译成非递归的。现以中序遍历函数为例介绍翻译规则，翻译步骤体现于算法 3-8。

规则中使用“人工栈 stack”模拟“系统栈”。

为了便于对照，算法 3-8 的左侧给出递归的中序遍历函数，右侧是对应的翻译结果。

翻译步骤如下：

步骤 1）给递归函数的下列语句各加一个标号。

① 第一条语句前加语句标号，如算法 3-8 中的 L1。

② 最后一个花括号前的“空语句”加语句标号，如算法 3-8 中的 L3。

③ 每条递归调用语句下面的那条语句加语句标号，如算法 3-8 中的 L2 和 L3。

步骤 2）在原函数的第一条语句之前，将栈 stack 置为空。

步骤 3）“照抄”原函数中所有非递归调用语句。

步骤 4）将 return 语句改为“goto 最后一个标号;”，如算法 3-8 语句 2 的“goto L3;”。

步骤 5）用下述步骤改造每条递归调用语句。

① 将参数的当前值，以及递归调用语句下一个语句的标号进栈。算法 3-8 中用字母 L 后面的数字代替语句标号进栈。若函数有局部量，则局部量也要进栈。

② 将递归调用语句中的实参值赋给形参。

③ 用 goto 语句转移到第一个标号处，如算法 3-8 中的“goto L1;”。

步骤 6）在函数出口（即最后一个标号）处增加退栈操作，步骤如下：

① 如果栈 stack 空，则结束；否则从栈中退一个“栈架”。算法 3-8 中退出的是 p 的值和语句标号。如果函数中带局部量，则局部量也要退栈。

② 用 goto 语句转移到从栈中退出的语句标号处。如算法 3-8 中的“goto L2;”和“goto L3;”。

算法 3-8 公式化翻译中序遍历函数。

递归的中序遍历函数：

```
void inorder(Bptr p)
{
L1: if(p==NULL) return;

    inorder(p->Lson);

L2: visit(p);

    inorder(p->Rson);

L3: ; //空语句
}
```

公式化翻译成非递归的中序遍历函数：

```
void  inorder (Bptr p)
{
1.  将 stack 置空;
2. L1: if(p==NULL) goto L3;
3.    push (p,2)   on   stack;
4.    p=p->Lson;
5.    goto   L1;
6. L2: visit( p );
7.    push   (p,3)   on   stack;
8.    p=p->Rson;
9.  goto   L1;
10. L3: if(stack 不空)
11.     { pop (p,i) from stack;
12.       if(i==2) goto L2;
13.       else   goto L3;
      }
}
```

2. 对公式化翻译算法的初步优化

算法 3-8 的翻译程序质量不高，结构很差，很难读懂，可以对其加以修改。

首先，算法 3-8 的语句 7 使（p，3）进栈完全没有必要，因为（p，3）进栈后，它必然在某次执行语句 11 时退栈，紧接着由语句 13 的 goto L3 转向语句 10，或者继续退栈，或者函数终止。但不管怎样，（p，3）进栈对程序毫无作用。因而删去语句 7 不会改变程序的执行结果。删去语句 7 之后，进栈的标号只有一个“2”，所以这个标号也不必进栈。于是，栈架中只存指针 p。

算法 3-9 对算法 3-8 的初步优化（伪程序）。

```
void   inorder3(Bptr p)              //p 指向当前子树的根结点
1. {     将 stack 置空;
2.   L1: if(p==NULL) goto L3;
3.       push   p   on   stack;
4.       p=p->Lson;
5.       goto   L1;
6.   L2: visit( p );
7.       p=p->Rson;
8.       goto   L1;
9.   L3: if(stack 不空)
10.      { pop   p from stack;
11.        goto   L2;
```

```
        }
    }
```

算法 3-9 的程序结构有了较大的改善，但仍不能令人满意，3 条 goto 语句使人眼花缭乱。

3．按遍历路线走向设计的非递归中序遍历算法

可以按照遍历路线“向左下到底，向右走一步，无路即回头”的走向，和中序遍历的特点——遍历路线第二次遇到结点时进行访问，设计出不含 goto 语句的、结构良好的非递归的中序遍历函数。

算法 3-10 不含 goto 语句的非递归中序遍历函数（伪程序）。

```
void  inorder(Bptr p)                  //p 指向当前子树的根结点
{
    将栈 stack 置空;
    while(stack 不空|| p!=NULL)
    {   while(p!=NULL)                 //向左走到底
        {  push  p  on  stack;         //第一次遇到，不访问，进栈
           p=p->Lson;
        }
        if(stack 不空)
        {  pop  p  from  stack;        //退栈
           visit(p);                   //第二次遇到，访问，不再进栈
           p=p->Rson;                  //向右走一步
        }
    }
}
```

类似地，可以设计出非递归的先序遍历函数和非递归的历后序遍历函数。其中，非递归的先序遍历函数容易设计，因为第一次遇到就访问；而非递归的后序遍历函数较难设计，因为第三次遇到才访问。

此外，还可以设计出不使用栈的非递归遍历函数，参见习题 3.69。

3.3 检索树

3.3.1 检索树的查找

1．定义

这里说的检索树是二叉检索树的简称，也称为二叉排序树或二叉有序树。树中任何一个值

为 a 的结点，其左子树中结点值均小于或等于 a，右子树中结点值均大于 a，简述为“左小右大”。

不难证明，检索树的中序序列是递增的有序序列，简述为“中序有序”。

2. 查找方法

在检索树中查找值为 x 的结点，只需从根结点起，使 x 与当前结点 a 比较：

- 如果遇到空树，则表明结点 x 不在树中，查找以失败结束。
- 若 $x=a$，找到 x，查找以成功结束。
- 若 $x<a$，则递归地查找左子树。
- 若 $x>a$，则递归地查找右子树。

整个查找过程只需沿着根到某个叶结点的一条路线搜索。

算法 3-11 检索树的查找算法。

```
Bptr   search(element_type x,Bptr p)
//x 是待查元素值
//p 是搜索指针
//返回值：指向值为 x 的结点指针（x 在树中）；或 NULL（x 不在树中）
{
    if(p==NULL)return   NULL;                       //树中没有 x，返回 NULL
    if(x==p->data)return p;                         //找到 x，返回指向结点 x 的指针
    if(x<p->data)return   search(x, p->Lson);       //递归地查左子树
      else   return   search(x, p->Rson);           //递归地查右子树
}
```

主调语句：

```
p=search(x,root);
```

图 3-30 给出了检索树的查找示例。其中粗线标出了查找 x=28 的搜索路线，双线标出了查找 x=60 的搜索路线。

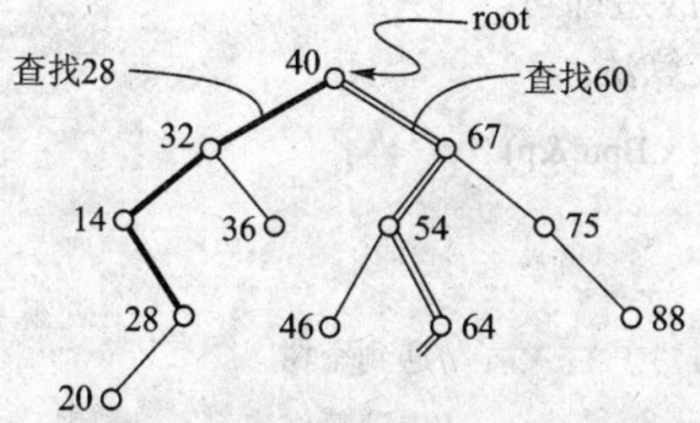

图 3-30 检索树的查找示例

如果查找成功，查找长度等于 x 的层数；如果查找不成功，查找路线将终止于某个结点（称其为 x 之父），这个结点必然至少缺少一个儿子，那么查找长度等于 x 之父的层数。

无论查找是否成功，查找长度不超过树的高度。所以，最坏情况下，算法的时间复杂性为 $O(h)$，其中 h 是树的高度。

很容易将算法 3-11 改为非递归的。

3.3.2 检索树的插入和构造

1. 插入方法

插入方法与查找差不多。

从根结点起，将要插入的元素 x 与当前搜索的结点值比较，如果 x 小于或等于当前结点值，就向左搜索；如果 x 大于当前结点值，就向右搜索；如果当前结点为空，就将结点 x 作为一片新叶插在这个位置上。

图 3-31 给出了插入 x（x=60）示例。搜索路线终止于结点 64，它缺少左儿子，就将 60 作为结点 64 的左儿子。

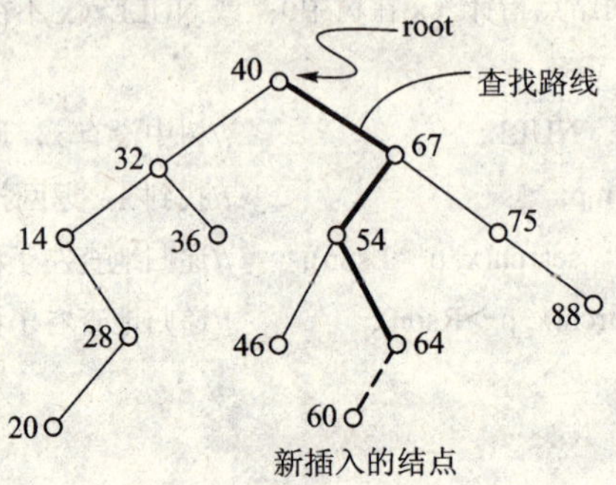

图 3-31 检索树的插入示例

2. 插入函数

只要对上述查找函数略加改造即可。

算法 3-12 检索树的插入算法。

```
void  insert(element_type x,Bptr &p)
//x 是待插入元素值
//p 是搜索指针
{  if(p==NULL)                    //遇到空树
   {  p=new  Bnode ;               //申请新结点
      p->data=x;
      p->Lson=p->Rson=NULL;        //新结点作为叶子
      return;                      //完成插入
   }
```

```
//p 不空，递归向下层查找 x 的有序位置
    if(x<=p->data)insert(x,p->Lson);          //向左
      else   insert(x,p->Rson);              //向右
}
```

主调语句为：

```
insertS(x,root);
```

上述函数是靠引用型参数 p“自动”填写新叶结点 x 父亲的链域，从而使新结点连接到树上。填写操作很隐蔽，所以要特别注意。

如果改成非递归的，需要手工填写新结点父亲的链域，这就要求在搜索 x 的有序位置时，使用双指针搜索法，以便记住 x 的父亲。

3. 检索树的构造

从空树开始，反复调用插入算法，即可构造出检索树。

算法 3-13 检索树的构造算法。

```
Bptr   creat( )
//输入元素值序序列
//返回值 p 是所构造的检索树根指针
{   Bptr   root;   element_type x;
    root=NULL;                    //开始时树为空
    scanf("%d",&x);               //读入结点序列
    while(x!=ZERO)                //ZERO 是结点序列输入结束标记值
    {   insert(x,root);           //插入结点 x
        scanf("%d",&x);           //读入下一个要插入的结点
    }
    return   root;                //构造完毕，返回根结点指针
}
```

当结点值都是正整数，ZERO 可定义为 0。

图 3-32 给出了用输入序列：24，14，39，21，16，32，0 构造检索树的过程。

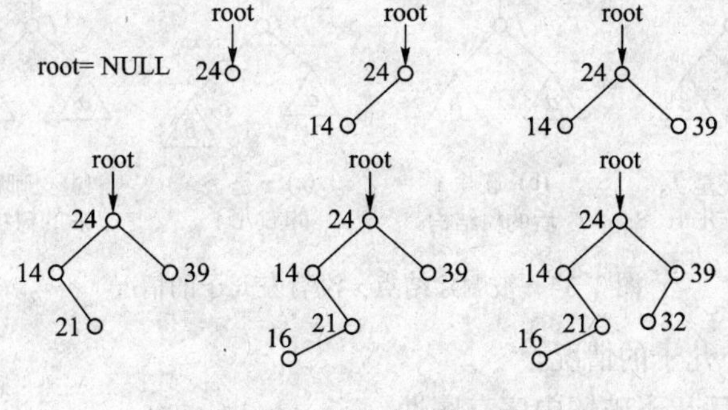

图 3-32 构造检索树示例

3.3.3 检索树的删除

1. 基本原理和图示

在检索树上删除结点，必须考虑如何接好断枝，并保持“左小右大”的性质，大体步骤如下：

步骤 1）用查找的方法找到要删除的结点 x，并记住 x 的父亲 f，再根据下列几种不同情况进行处理。

步骤 2）若 x 是叶，则只要把 f 指向 x 的那个链域（Lson 或 Rson）置空，就删除了 x。

步骤 3）若 x 只有一个儿子，则只要将 f 指向 x 的那条链域（Lson 或 Rson）改为指向 x 的那个唯一的儿子。

步骤 4）若 x 有两个儿子，就要找到 x 的中序前驱 y，用 y 代替 x，并删除 y。这里“代替”指的是将结点 y 的值域复制到结点 x 中。

这样做的目的是为了保持“中序有序”。当然也可用 x 的中序后继代替 x，效果是一样的。

图 3-33～图 3-35 分别展示了几种不同情况下删除结点 x 的操作原理。图中，αβγδ等表示子树。

图 3-33 是 x 没有右儿子的情况（是叶，或只有左儿子），f 是 x 的父亲。图 3-33(a)表示 x 是 f 的左儿子，删除 x 后的树结构如图 3-33(b)所示。图 3-33(c)表示 x 是 f 的右儿子，删除 x 后的树结构如图 3-33(d)所示。

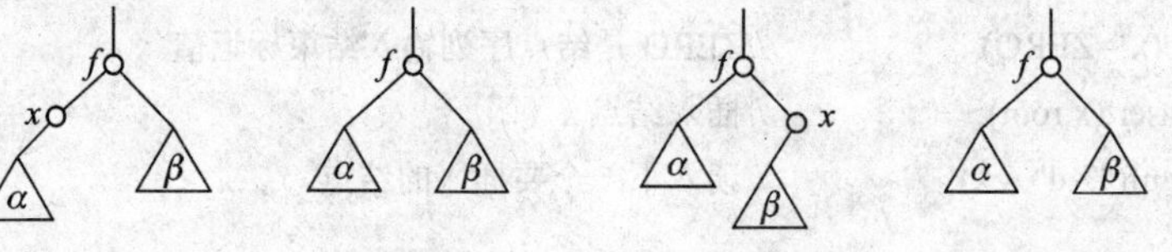

图 3-33 被删除结点 x 没有右儿子的情况

图 3-34 是 x 只有右儿子的情况。

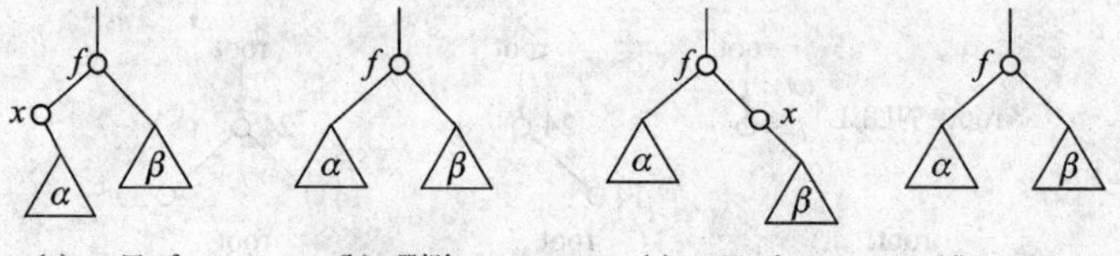

图 3-34 被删除结点 x 没有左儿子的情况

图 3-35 是 x 有两个儿子的情况。

不难发现，删除 x 后，不破坏中序有序性。

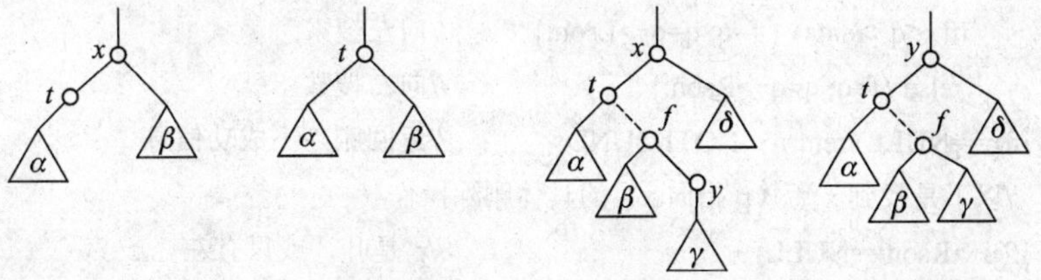

(a) *x* 的左儿子 *t* 没有右儿子　(b) 删除 *x* 后的树结构　(c) *x* 的左儿子 *t* 有右儿子　(d) 删除 *x* 后的树结构

图 3-35　被删除结点 *x* 有两个儿子的情况

2．使用监督元

为了避免因删除根结点所带来的麻烦，可以将二叉树构造成“带表头监督元结点”的双链式结构。增加一个附加根结点，作为监督元结点，原来根作附加根的儿子。如果在附加根的值域中存放一个“无穷小”的值，原来的根就作为附加根的右儿子；如果在附加根的值域中存放一个“无穷大”的值，原来的根就作为附加根的左儿子。这样，连同附加根在内，树仍具有“左小右大”的性质，即符合检索树的定义。

同前面的做法一样，这里的“无穷小”或“无穷大”要根据检索树结点值的类型和取值范围设定。比如，若结点值是 1～1 000 的正整数，那么“无穷小”就可选为 0 或–1；“无穷大”可选为 1 001 等。

在构造检索树时，首先输入无穷小（或无穷大）值，再输入其他结点值就可以构造带附加根结点的检索树，当然根指针 root 指向附加根结点。

3．带表头监督元结点检索树的删除算法

算法 3-14 完成在根指针为 root 带无穷小监督元结点的检索树中，删除值为 *x* 的结点。如果删除成功，返回 SUCC；否则，返回 NOTFOUND。其中，常量 SUCC 和 NOTFOUND 可以定义成：

```
#define  SUCC  1
#define  NOTFOUND  0
```

算法 3-14　检索树的删除算法。

```
int  deleteT(element_type x, Bptr root)
{  Bptr f,p,q,s,r;
1.     p=NULL;                          //p 用于指向要删除结点。p 的这个初值将在语句 8 中起作用
2.     f=root;                          //f 的初值指向附加根
3.     q=root->Rson;                    //q 搜索指针
4.     while(q!=NULL)                   //循环查找 x
5.        if(x==q->data){ p=q;   q=NULL;}   //找到 x 后，使 p 指向 x 并退出循环
          else                          //没找到 x 后，继续搜索
```

```
6.          if(x<q->data) { f=q; q=q->Lson;}        //向左搜索
7.            else {f=q; q=q->Rson;}                //向右搜索
8.      if(p==NULL) return   NOTFOUND;              //返回删除不成功信息
     //以下是找到 x 后（p 指向 x）的具体删除操作
9.      if(p->Rson==NULL)                           //p 是叶，或只有左儿子
10.         if(p==f->Lson){f->Lson=p->Lson; free(p);}
11.         else { f->Rson=p->Lson; free(p);}       //用 p 的左儿子代替 p，删去 p
     else
12.         if(p->Lson==NULL)                       //p 有右儿子，没有左儿子
13.             if(p==f->Lson){f->Lson=p->Rson; free(p);}
14.             else    {f->Rson=p->Rson; free(p);} //用 p 的右儿子代替 p，删去 p
         else                                       //以下是处理 p 有两个儿子的情况
15.          {    s=p->Lson;                        //s 是 p 的左儿子
16.               if(s->Rson==NULL)                 //s 没有右儿子，则 s 是 p 的中序前驱
17.               {    p->data=s->data;             //用 s 的值域代换 p 的值域
18.                    p->Lson=s->Lson;             //删去 s
19.                    free(s);
                  }
                  else                              //s 有右儿子
20.               {    r=s->Rson;                   //找 p 的左儿子的最右子孙 r
21.                    while(r->Rson!=NULL){s=r; r=r->Rson;}   //r 始终是 s 的右儿子
22.                    p->data=r->data;             //用 r 的值域代换 p 的值域
23.                    s->Rson=r->Lson;             //删去 r
24.                    free(r);
                  }
             }
25.     return   SUCC;                              //返回删除成功信息
     }函数结束
```

主调语句：

```
k=deleteT(x,root);                                  //根据 k 的值，可知删除成功否
```

语句 1～7 完成查找结点 x 的操作。

语句 9～11 完成 x 没有右儿子的删除操作。

语句 12～14 完成 x 有右儿子，但没左儿子的删除操作。

语句 15 以后的程序完成 x 有两个儿子的删除操作。其中，语句 16～19 是 x 的左儿子没有右儿子的情况；语句 20～24 是 x 的左儿子有右儿子的情况。

删除算法也可以写成递归的。

可以看出，检索树的查找算法、插入算法、删除算法的时间复杂性是同阶的。

4．删除示例

图 3-36～图 3-39 分别给出了在检索树中删除叶结点、删除单枝结点和删除双枝结点的操作实例。其中，每个图的左侧是删除前的树形，右侧是删除后的树形。用粗线标出查找被删结点的搜索路线。

（1）删除叶结点的示例

在如图 3-36 所示的检索树中删除叶结点 48，将其父（结点 51）左儿子链域置空。

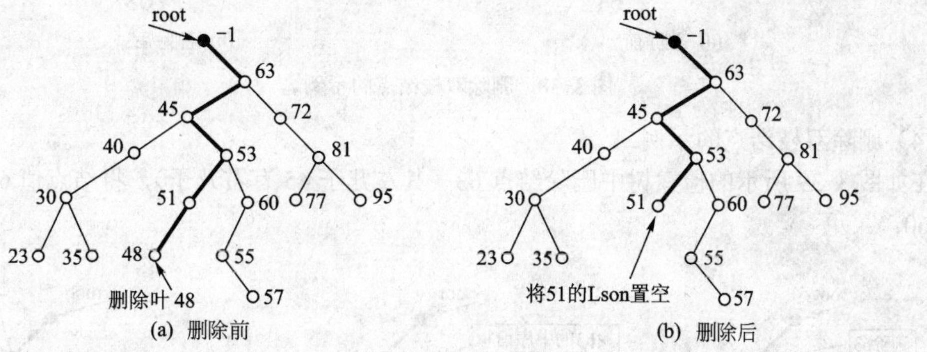

图 3-36 删除叶结点示例

（2）删除单枝结点的示例

在如图 3-37 所示的检索树中删除结点 60（只有左儿子，没有右儿子），将其父的右儿子链域改为指向 60 的左儿子 55。

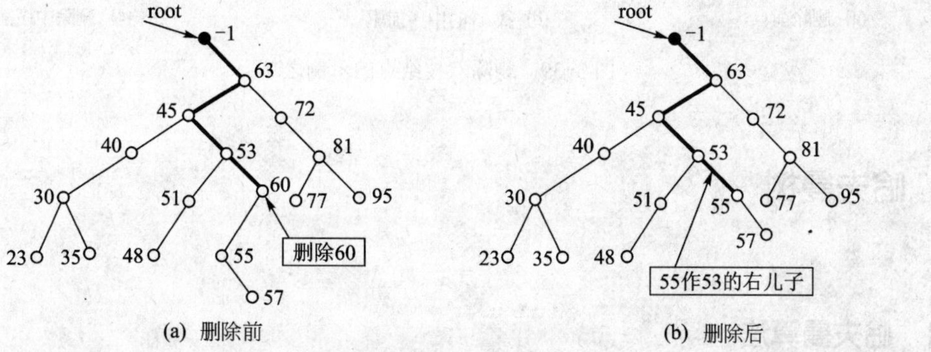

图 3-37 删除单枝结点的示例

（3）删除双枝结点的示例一

在如图 3-38 所示的检索树中删除结点 45（其左儿子 40 没有右儿子），用 40 取代 45 作 63

的左儿子。

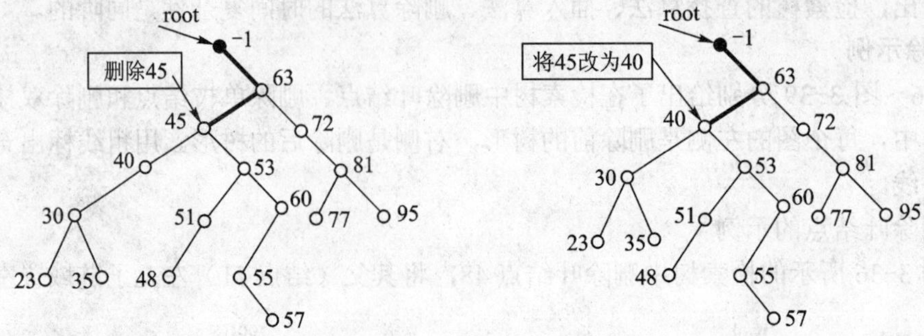

(a) 删除前 (b) 删除后

图 3-38 删除双枝结点的示例之一

（4）删除双枝结点的示例二

在如图 3-39 所示的检索树中删除结点 63（其左儿子 45 有右儿子），将结点值 63 改为 60，删除 60。

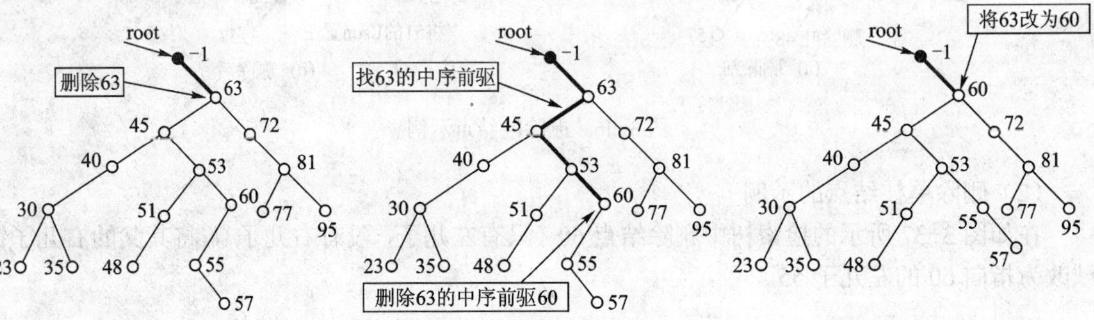

(a) 删除前 (b) 找 63 的中序前驱 (c) 删除中序前驱后

图 3-39 删除双枝结点的示例之二

3.4 哈夫曼树

3.4.1 哈夫曼算法

1. 哈夫曼树的定义

设二叉树 T 共有 n 片叶子，各叶分别带有正实数权值 $w_1 \sim w_n$，根到第 i（$1 \leqslant i \leqslant n$）片叶子的路径长度为 t_i，那么，$w_i * t_i$ 称为该叶的加权路径长度，所有叶子加权路径长度之和称为二叉

树 T 的权 $w(T)$。

$$w(T)=\sum_{i=1}^{n} w_i t_i \tag{3-9}$$

对于给定的 n 个正实数 $w_1 \sim w_n$，使 $w(T)$最小的二叉树称为哈夫曼树。

显然，哈夫曼树必然是一棵正则二叉树，因为，如果含有 1 度的结点，删除去 1 度结点，叶子数目不会减少，而 $w(T)$却减小了。

2．哈夫曼算法的描述

哈夫曼（D. A. Huffman）于 1952 年设计出构造哈夫曼树的算法——哈夫曼算法。

哈夫曼算法采用自底向上逐步合并的方法构造哈夫曼树，构造步骤如下。

步骤 1）构造 n 棵单叶结点的二叉树，构成初始森林。将权 $w_1 \sim w_n$ 依次赋给各叶。

步骤 2）按下述步骤，反复将森林中的两棵树合并成一棵树，直到森林中只有一棵树，这棵树就是哈夫曼树。

① 在森林中找出根的权最小的两棵树：$T1$ 和 $T2$。

② 将 $T1$、$T2$ 合并成一棵树 T，使 $T1$、$T2$ 分别作为 T 的左右子树，且使 T 之根的权等于 $T1$、$T2$ 之根的权之和。

③ 把合并树 T 加入森林。

因为每次将两棵树合并成一棵树，每合并一遍，森林中的树就少一棵，所以经 $n-1$ 遍合并，便得到一棵具有 n 片叶的哈夫曼树。

3．示例

例如，假定有 5 片叶子 A，B，C，D，E，它们的权分别为 6，2，3，5，9。

为便于找到最小树，最好做成有序森林形式，即按根的权从小到大依次排列。所以，构造初始森林之前，先将权排成有序形式，使得 $w_1 \leqslant w_2 \leqslant \cdots \leqslant w_n$。构造过程如图 3-40（a）～图 3-40(e)所示。

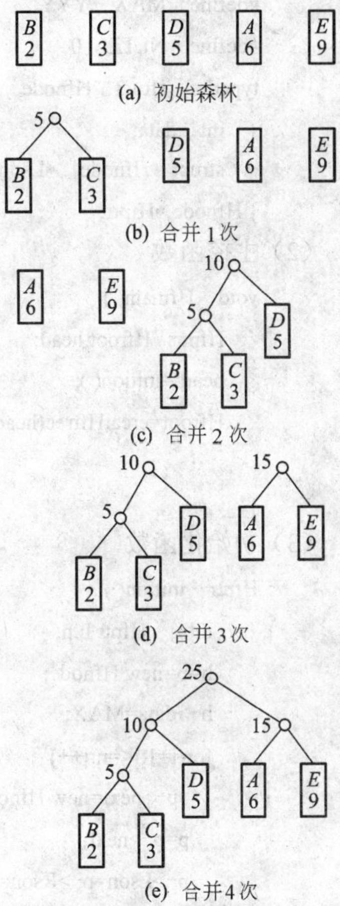

图 3-40 构造哈夫曼树的示例

3.4.2 哈夫曼树的构造和应用

1．构造哈夫曼树的程序

算法 3-15 构造哈夫曼树的程序。

由下面几个程序，以输入的从小到大排列的 n 个正实数 $w_1 \leqslant w_2 \leqslant \cdots \leqslant w_n$ 作为叶之权，共同

完成构造具有 *n* 片叶的，根指针为 Hroot 的哈夫曼树。

（1）程序前部的定义

```
#include  <stdio.h>
#define  n  XX                              //XX 为具体叶子数目
#define  MAX  YYY                           //YYY 代表无穷大值，用作监督元
#define  NULL  0                            //空链域值
typedef  struct  Hfnode                     //结点类型
{  int  data;                               //权值域，假定为 int 类型
   struct  Hfnode  *Lson, *Rson, *next;     //儿子链域和森林链域
} Hfnode,*Hfptr;
```

（2）主控函数

```
void  Hfmain( )
{  Hfptr  Hfroot,head;
   head =inition( );                        //调用初始化函数
   Hfroot=creatHftree(head);                //调用造树函数
     …                                      //其他处理
}
```

（3）初始化函数

```
Hfptr  inition( )
{    int i;   Hfptr h,p;
     h=p=new Hfnode;
     h->data=MAX;                           //构造监督元结点
     for(i=1;i<=n;i++)
     {   p->next=new Hfnode;                //申请结点
         p=p->next;
         p->Lson=p->Rson=NULL;              //作叶结点
         scanf("%d",&p->data);              //读入叶之权 wi
     }
   p->next=h;                               //构成循环链
   return  h;
}
```

（4）构造哈夫曼树的函数

```
Hfptr  creatHftree(Hfptr  head)
{    int i; Hfptr  p,q,r,t1,t2;
     for(i=1;i<n;i++)                       //进行 n–1 遍合并
```

```
    {  r=new Hfnode;                        //申请新根
       t1=head->next;                       //t1，t2 指向两棵权最小的树根
       t2=t1->next;
       r->data=t1->data+t2->data;           //权值相加
       r->Lson=t1;                          //t1，t2 作新根 r 的左右儿子
       r->Rson=t2;
       head->next=t2->next;                 //从森林中删去 t1，t2
       q=head;                              //准备进行有序插入
       p=head->next;                        //p 是搜索指针，q 是 p 的前驱
       while(1)                             //循环的为 r 寻找有序位置
         if(p->data<r->data)
         {  q=p;   p=p->next;}              //尚未找到时，继续循环
         else
          {  r->next=p;                     //找到后，插入 p
             q->next=r;
               break;
           }
       }                                    //终止 for 循环
    p=head->next;
    delete  head;                           //删去监督元
    return  (p);                            //返回 Huffman 树之根
    }
}                                           //构造完毕
```

2．哈夫曼树的应用

哈夫曼编码是哈夫曼树的主要应用，在计算机文件压缩存储、文电压缩传输中起到非常重要的作用。

比如，一篇西文文章中含有 10 000 个字符，如果用 ASCII 码，每个字符占 8 比特（bit），共占 80 000 比特。但是，一般文章中各字符出现的频度不同。根据统计规律，26 个英文字母中，字母 A、B、C、D、E、F 的使用频度（百分数）分别是 6.182、1.492、2.782、4.253、12.702、2.228，字母 T 的使用频度为 9.056，仅次于 E；而字母 Q 和 Z 的使用频度最小，分别为 0.095 和 0.074。如果使 E、T、A 等常用字母的编码短一些；Q、Z 等不常用字母的编码长一些，可望缩短整篇文章所占的存储量。

采用这种“不等长编码”方案需要考虑两个问题：一是要保证能唯一的译码；二是怎样才能达到“最佳”，也就是总的码长最短。用哈夫曼树作为编码树就能同时解决这两个问题。被编码的字符作叶子，字符的使用频数作为叶的权值。

例如，若用如图 3-40(e)所示的二叉树作为字符集{A，B，C，D，E}的编码树，树中指向

左儿子的边标记为“0”，指向右儿子的边标记为“1”。从根到叶子的路径上，边标记的“0/1”序列，就指定为该叶对应字符的编码。于是 B 的编码是“000”，C 的编码是“001”，D 的编码是“01”，A 的编码是“10”，E 的编码是“11”。

译码的时候，从根结点起，遇“0”向左，遇“1”向右，遇到叶子就译出一个字符，然后再从根结点起进行译码。例如由编码序列“000111001”译出的原文是“BEAD”；由“100101”，译出“ADD”。

3.5* 判定树

以判断选择为主要操作的算法，其流程可以表示成一棵树，称为算法的判定树，简称判定树。大多数查找算法和排序算法都有对应的判定树。此外，用于描述人-机对弈算法的博弈树，用于表示淘汰制体育竞赛的比赛树等都属于判定树。

很多判定树的叶结点都对应问题的一个答案，这类判定树又称为解答树。比如博弈树的叶结点表示“输/赢”或“胜/负”；排序算法的判定树，其叶结点对应排序结果。

如果一次判定总是产生两个分支，那么对应的判定树是二元判定树，如果一次判定可能产生多个分支，就对应多元判定树。

用判定树表示算法不仅形象清晰，而且便于对算法的正确性和时间复杂性进行分析评价。算法耗用时间往往取决于根到某解答结点的路径长度。于是，最坏情况下的时间复杂性正比于判定树的高度；平均情况下的时间复杂性正比于根到各解答结点路径长度的平均值。

1．二分查找算法的判定树

2.2.2 节的图 2-7 已经给出了一棵关于二分查找算法的判定树，该判定树的树形与表长 n 和中值地址 mid 的选取方法有关。

为了便于叙述，将图 2-7 中的判定树改成如图 3-41 所示的形式，用数组元素下标作为内结点值。

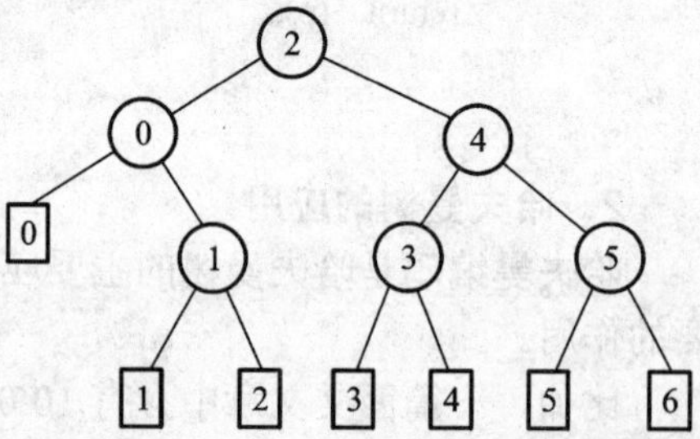

图 3-41 二分查找算法的判定树

设 n 是有序表长度，那么二分查找算法判定树的中序序列形如：

$\boxed{0}$ 0 $\boxed{1}$ 1 $\boxed{2}$ 2⋯$\boxed{i-1}$ $i-1$ $\boxed{i}$ ⋯$n-1$ $\boxed{n}$

内部结点恰好穿插在外部结点之间。每个结点对应一种查找结果，内结点对应查找成功，外结点对应查找不成功，共 $2n+1$ 种可能的查找结果。对长度为 n 的有序表进行查找时，共有 $2n+1$ 种可能的查找结果，而这些查找结果全都出现在中序序列中，故可以说明算法的正确性。又由于没有出现重复结点，可以说明没有多余的比较。

对于成功的查找，当 $x=a[i]$时，查找路径终止于内结点 i，查找长度等于内结点 i 的层数。

对于不成功的查找，也就是当 $x<a[0]$，或 $x>a[n-1]$，或 $a[i-1]<x<a[i]$时，查找路径终止于外结点 $\boxed{i}$，查找长度等于外结点 $\boxed{i}$ 之父的层数。

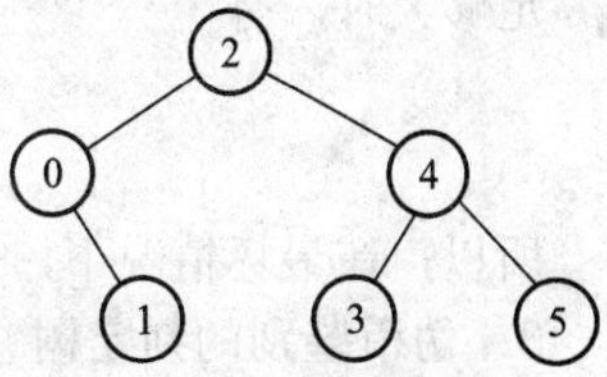

图 3-42 不带外部结点的判定树

为便于计算二分查找算法的时间复杂性，可以将图 3-41 中的外部结点删去，如图 3-42 所示。

观察图 3-42，叶结点的层数至多差 1，除了最下层的某些非叶结点可能缺少一个左儿子之外，每个非叶结点都有两个儿子。该判定树与完全二叉树结构极为相似，仅叶结点的排列次序不同。因此，具有 n 个结点的判定树，其高 h 满足：

$$h=\lfloor \log_2 n\rfloor+1 \tag{3-10}$$

故，在最坏情况下，二分查找算法的时间复杂性为：

$$T_W(n)=\lfloor \log_2 n\rfloor+1=O(\log n) \tag{3-11}$$

在等概率的情况下，平均成功的查找长度，等于判定树结点层数的平均值。因为二叉树第 i 层上结点个数 $\leqslant 2^{i-1}$，所以算法的平均耗用时间为：

$$T(n)\leqslant \frac{1}{n}\sum_{i=1}^{h} i\cdot 2^{i-1} \tag{3-12}$$

显然，当 $n=2^h-1$ 时，判定树是一棵满二叉树，式（3-12）取等于号，这时有：

$$T(n)=\frac{n+1}{n}\log_2(n+1)-1 \tag{3-13}$$

因此，在平均情况下，二分查找算法的时间复杂性也是 $T_E(n)=O(\log n)$。

2．排序算法的判定树

图 3-43 给出了将 3 个元素 a、b、c 排序算法的判定树。以此树为例剖析比较类排序算法的判定树。树中椭圆形内结点中的符号“a:b”表示将 a 与 b 进行比较，树边上标出比较的结果。外部结点表示最终的排序结果。

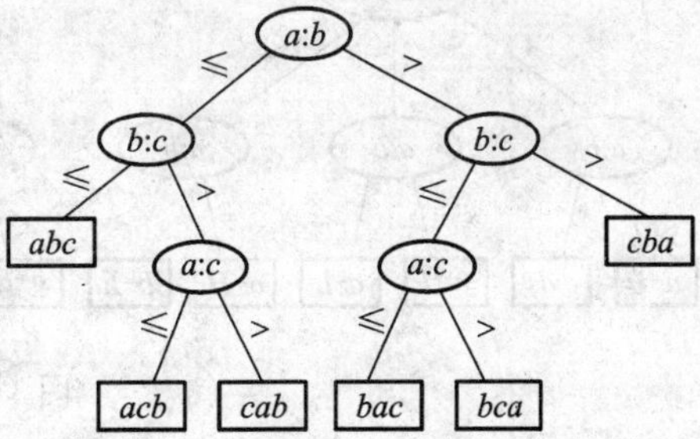

图 3-43 3 个元素排序的判定树

因为一次比较取两种可能，所以这是二元判定树。

显然，一个正确的比较排序算法，对 n 个元素进行排序，其判定树应当具有 $n!$个外部结点。对于输入数据的 $n!$种不同的杂乱形式，每个外结点对应一种排序结果。通过计算判定树的高度，可以求出最坏情况下算法的时间复杂性（即比较次数）；通过计算根到叶的平均路径长度可以求出平均情况下算法的时间复杂性。

借助判定树，还可以探讨比较类排序算法的“最优性”。因为对 n 个元素进行排序，判定树至少具有 $n!$片叶子。根据式（3-3）可知，具有 $n!$ 片叶子的二叉树高度至少是 $\log_2(n!)$，而

当 n 足够大时，有

$$n! \geqslant \left(\frac{n}{2}\right)^{\frac{n}{2}} \tag{3-14}$$

所以，在最坏情况下，比较排序算法的时间复杂性不能低于 $O(n\log n)$。

3．伪币鉴别的判定树

这是一个智力游戏。

已知外观完全相同的 8 枚金币中混入一枚是伪币，真币重量相等，而伪币重量比真币或轻或重。试用天平称 3 次，找出这枚伪币，并指出伪币比真币轻还是重。

因为使用的工具是天平，一次称量可以区分 3 种不同的情况：左右两端相等，左轻于右，左重于右。所以可以用三元判定树描述称量方法。

采用分组称量法，并借助于判定树，很容易解答上述问题。

将金币编号成 a，b，c，d，e，f，g，h。将它们分成 3 组，第一组 3 枚（a，b，c），第二组 3 枚（d，e，f），最后一组 2 枚（g，h）。

图 3-44 给出了一种称量方法的三元判定树。外部结点给出答案，答案标明伪币的编号，并指出比真币是轻（标“–L”），还是重（标“–H”）。

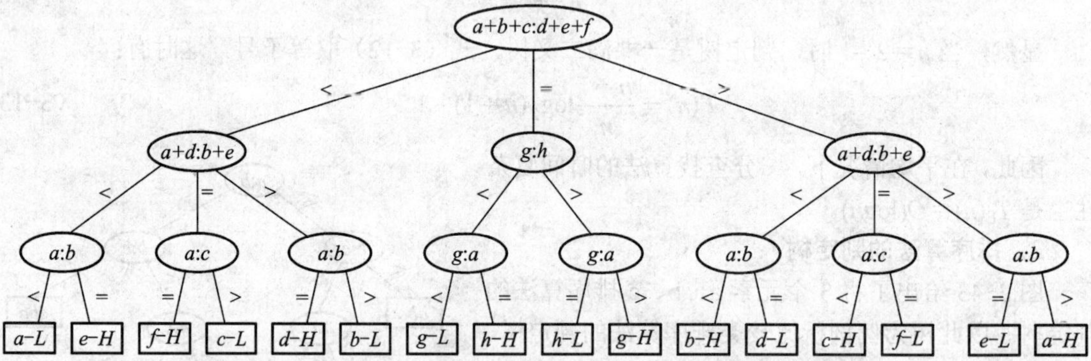

图 3-44 鉴别伪币的判定树

从图 3-44 中可以看出，不计外结点，树的高度为 3，表明只称 3 次。

不妨将上述问题推广到“n 枚金币鉴别问题”，即已知 n 枚金币中混入一枚伪币，要求用天平称 k 次找出伪币，并指出其比真币轻还是重。

探讨这一问题的“最优解法”是很有趣的：对于给定的 n，求出最小的 k 值，即至少要称多少次；或对于给定的 k，求出最大的 n，即称 k 次至多能从多少枚金币中找出那枚伪币。

因为 n 枚金币的每一枚都可能轻或重，所以判定树的外结点数等于 $2n$。

考虑到三元树中，第 i 层（$i \geqslant 1$）的结点个数 $n_i \leqslant 3^{i-1}$，也就是说，高为 k 的三元树的叶子数 m 满足：

$$m \leqslant 3^{k-1} \quad (3-15)$$

两边取对数（以 3 为底），得

$$k-1 \geqslant \log_3 m \quad (3-16)$$

又因为，描述求解 n 枚金币鉴别问题的判定树，外结点的父结点表示最后一次称量，所以高为 k 的三元判定树表示至多称 $k-1$ 次。取 $m=2n$，可得出如下结论：

由式(3-15)可知，用 $k-1$ 次称量，能够鉴别金币枚数 n 满足：

$$2n \leqslant 3^{k-1}$$

$$n \leqslant 3^{k-1}/2 \quad (3-17)$$

用 $k=4$ 代入式（3-16），得 3 次称量所能鉴别的金币数不超过 $3^3/2=27/2=13$。

由式（3-16）可知，求解 n 枚金币鉴别问题称量次数 $k-1$ 满足：

$$k-1 \geqslant \log_3(2n) \quad (3-18)$$

也就是说，求解 n 枚金币鉴别问题，至少要称 $\log_3(2n)$次，当然，这里的 $\log_3(2n)$要"上取整"，即取大于等于 $\log_3(2n)$的最小整数。

用 $n=8$ 代入式（3-18），得

$$k-1 \geqslant \log_3(16)=2.53\cdots$$

也就是说，求解 8 枚金币鉴别问题，至少要称 3 次。

需要说明的是，式（3-17）只给出了 n 的一个"上界"，而不是"上确界"。同样，式（3-18）给出了 k 的一个"下界"，而不是"下确界"。因为判定树不可能对于任意的 n 和 k 都是"三元正则树"，可能会出现 2 度结点，如图 3-44 所示。对于不同的 n，不同的 k，以及不同的分组方法，2 度结点的个数和出现的位置将会影响树的形状，要寻求下确界和上确界的通用公式，尚有一定的困难。

习题

[填空题]

3.1 已知(L,N)，(G,K)，(G,L)，(G,M)，(B,E)，(B,F)，(D,G)，(D,H)，(D,I)，(D,J)，(A,B)，(A,C)，(A,D)是表示一棵树中具有父子关系的边，那么：

（1）树的根、叶、非叶结点分别是_____。

（2）树的高度为_____。

（3）各个结点的度数分别是_____。

（4）各个结点的层数分别是_____。

（5）结点 G 的父亲、真祖先、儿子、真子孙、兄弟分别是_____。

3.2 含 3 个结点的普通树的树形共有__（1）__种，其树形分别为__（2）__。

3.3 含 3 个结点的二叉树的树形共有__（1）__种，其树形分别为__（2）__；其中有__（3）__个是完全二叉树。

3.4 在图 3-45 中，

二叉树 1 的先序、中序、后序序列分别为：__（1）__。

二叉树 2 的先序、中序、后序序列分别为：____。

3.5 任何二叉树的叶结点在先序、中序和后序序列中的相对次序____(2)____。

3.6 由二叉树的先序序列和中序序列，求后序序列：

先序序列 *ABDGCEF*，中序序列 *DGBAECF*，后序序列是____(1)____。

先序序列 *ABEFGCD*，中序序列 *BFEGADC*，后序序列是____(2)____。

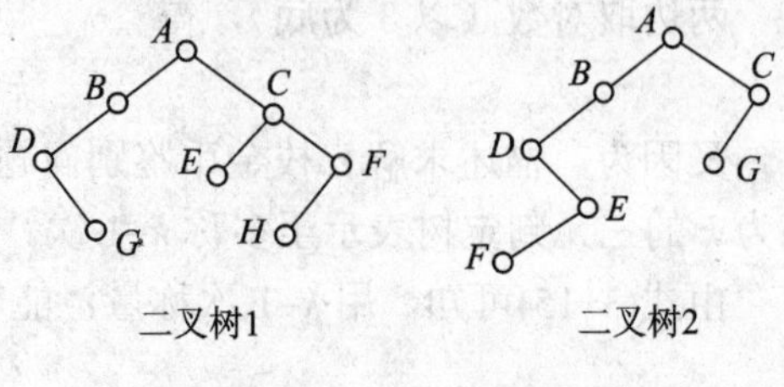

图 3-45 第 3.4 题用图

3.7 由二叉树的后序序列和中序序列，求先序序列：

后序序列 *DBKHFEGCA*，中序序列 *DBAKHEFCG*，先序序列是____(1)____。

后序序列 *HGFBEDCA*，中序序列 *HFGBAECD*，先序序列是____(2)____。

3.8 由正则二叉树的先序序列和后序序列，求中序序列：

先序序列 *ABCDE*，后序序列 *BDECA*，中序序列是____(1)____。

先序序列 *ABCDFGHKE*，后序序列 *BFHKGDECA*，中序序列是____(2)____。

3.9 已知二叉树的先序序列是 15，5，3，10，8，11，18，24，而后序序列是 3，8，11，10，5，24，18，15，除结点 18 只有右儿子而无左儿子之外，其余每个非叶结点均有两个儿子。那么，它的中序序列是____。

3.10 已知二叉树的扩充先序序列是“*ABC*□□*DE*□*FG*□□□□□”。那么，它的中序序列是____(1)____，后序序列是____(2)____。

3.11 （1）已知检索树的先序序列是 18，16，8，29，21，27，38，那么它的后序序列是____。

（2）已知检索树的后序序列是 12，21，19，67，45，23，那么它的先序序列是____。

3.12 由输入序列 46，70，25，15，28，10，36，78，55 所构造的检索树，其先序序列是____(1)____，后序序列是____(2)____；在此树上插入结点 30 和 32 后，它的先序序列是____(3)____；再删除结点 46，它的后序序列是____(4)____。

3.13 由权 14，7，8，2，5，4，23 所构造的哈夫曼树为____(1)____，该树的权 $W(T)$=____(2)____（要列出计算步骤）；而由权 6，6，3，10，7，4，8 所构造的哈夫曼树为____(3)____。

3.14 已知字符集{A，B，C，D，E，F}各字符的哈夫曼编码依次是 011，010，10，001，11，000，那么，对编码序列“01011011000111011001”的译码结果是____。

[选择题]

3.15 k 层满三元树的结点数为____。

A. $(3^k-1)/2$ B. 3^k-1 C. $(3^k-1)/3$ D. 3^k

3.16 高为 h 的 m 元树（$m\geqslant 2$，$h\geqslant 1$）的第 i 层上结点数 n_i____(1)____，树中结点总数 n____(2)____。

（1）A. $\leqslant m^i$ B. $\leqslant m^{i-1}$ C. $\leqslant m^{i+1}$ D. $\geqslant m^{i-1}$

（2）A. $\leqslant m^{h+1}-1$ B. $\geqslant m^{h+1}-1$ C. $\leqslant (m^h-1)/(m-1)$ D. $\leqslant m^h/(m-1)$

3.17 若在三元树中，度数为 1，2，3 的结点数分别是 2，1，3；则叶子数必为____个。

A. 4 B. 5 C. 6 D. 7

3.18 在图 3-46 中，____都不是完全二叉树。

A. 1 和 2 B. 2 和 3 C. 3 和 4 D. 2 和 4

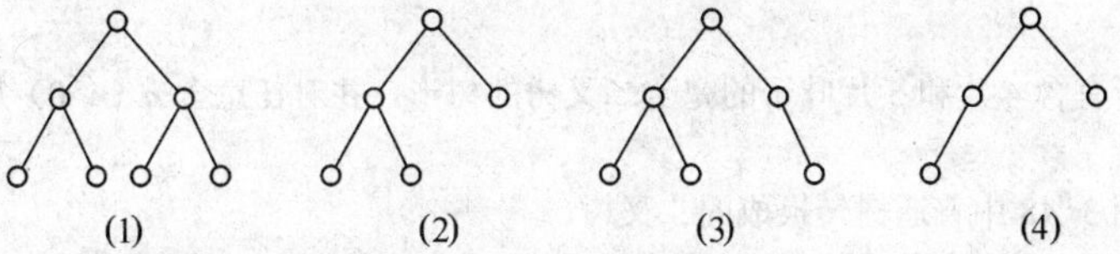

图 3-46 第 3.18 题图

3.19 对普通树先根遍历的规则是：先访问根结点，再依次遍历根的各个子树；后根遍历的规则是：先依次遍历根的各个子树，再访问根结点。

对普通树 T 先根遍历和后根遍历得到先根序列和后根序列，与将 T 转换成二叉树 B 的先序序列、中序序列、后序序列之间的关系是_____。

A．T 的先根序列与 B 的先序序列相同

B．T 的后根序列与 B 的后序序列相同

C．T 的先根序列与 B 的中序序列相同

D．无简单的对应关系

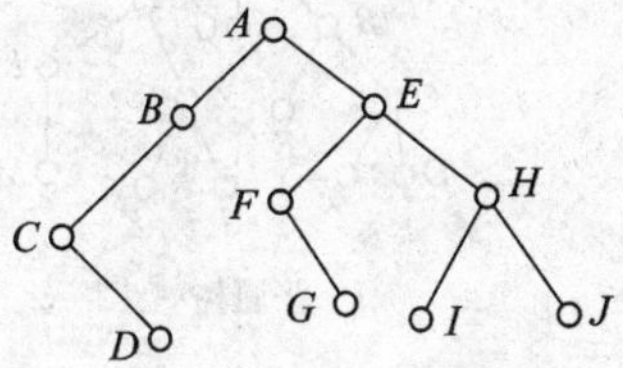

图 3-47 第 3.20 题图

3.20 如图 3-47 所示的二叉树是由某森林转换而来的，那么在原森林中，共有___(1)___棵树，共有___(2)___片叶子。

A．3　　B．4　　C．5　　D．6

3.21 若二叉树中，2 度结点数为 m，则叶子数为_____。

A．m　　B．$m+1$　　C．$2m$　　D．不确定

3.22 若 k 元正则树中共有 m 个非叶结点，则叶子数_____。

A．$\geqslant(k-1)m$　　B．$\leqslant km$　　C．$=(k-1)m-1$　　D．$=(k-1)m+1$

3.23 高度为 h 的正则二叉树至少有_____结点。

A．2^h　　B．$2h-1$　　C．2^h+1　　D．$2h+1$

3.24 二叉树的中序序列之中，根结点 r 的右边_____。

A．只有 r 所有的右子孙　　B．只有 r 的一部分右子孙

C．只有 r 的一部分左子孙　　D．只有 r 所有的左子孙

3.25 二叉树的中序序列之中，结点 a 排在结点 b 之前的条件是_____。

A．a 在 b 右方　　B．a 是 b 的祖先

C．a 在 b 左方　　D．a 是 b 的子孙

3.26 （1）将元素“50，30，15，35，70，65，95，60，25，40”依次插入开始为空的检索树，之后再逐一对它们进行查找，那么平均查找长度为_____。

（2）将元素“42，30，74，56，15，60”依次插入开始为空的检索树，那么不成功查找的平均查找长度为_____。

（1）A．2.5　　B．3.2　　C．2.9　　D．2.7

（2）A．3　　B．4　　C．15/6　　D．21/6

3.27 字母 ABCDE 的不等长编码不可能是_____。

A．111，110，10，01，00　　B．000，001，010，011，1

C．100，11，10，1，0　　D．001，000，01，11，10

3.28 用权：2，12，4，14，3，16 构造哈夫曼树，则 $W(T)$=_____。

A．123　　B．110　　C．102　　D．116

[基本概念题]

3.29 分别画出所有含 4 片和 5 片叶子的完全二叉树的树形，并对任意含 n（$n>0$）片叶子的完全二叉树的树形得出一般性结论。

3.30 （1）画出图 3-48 中普通树转换成的二叉树。

（2）画出图 3-48 中由 3 棵树组成的森林所转换成的二叉树。

（3）画出图 3-48 中二叉树所转换成的普通树（或森林）。

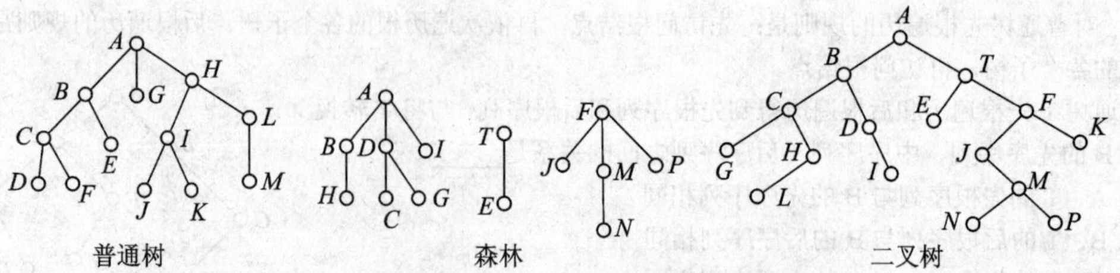

图 3-48 第 3.30 题图

3.31 已知二叉树的先序序列是 15，5，3，10，8，18，24；后序序列是 3，8，10，5，24，18，15；树中共有 3 片叶（3，8，24），而根结点和另外一个结点的度数为 2。其余结点度数为 1。试画出所有满足上述条件的二叉树。

3.32 在图 3-49 中，数组 T 存储着一棵二叉树，根指针为 Root（值等于 4），–1 为空链域。试画出该树的逻辑图（即树形图），并指出它是不是完全二叉树。

数组 T

下标	Lson	data	Rson
0	5	B	1
1	−1	E	−1
2	−1	F	−1
3	−1	C	2
4	0	A	3
5	−1	D	−1

Root: 4

图 3-49 第 3.32 题图

3.33 证明对于任何 k 元正则树，结点数必等于 k 的某个倍数加 1。关于其叶子数目，能得出什么结论？

3.34 证明非空二叉树中，叶子数等于 2 度结点数加 1。

3.35 简述二叉树的右先序（右中序、右后序）序列与其左先序（中序、后序）序列之间的对应关系。

3.36* 证明公式（3-8），即具有相同先序序列的二叉树共有 $C(2n,n)/(n+1)$棵。

提示：将算法 3-10 与习题 2.43（3）作对照。

3.37 仿图 3-20，分别画出对图中的二叉树进行中序遍历和后序遍历时，递归栈的变化情况。分含空调用和不含空调用两种情况。

3.38 仿照二叉树结点的中序编号性质，总结出结点的先序编号性质和后序编号性质。

3.39 仿照图 3-22、图 3-23 及相关叙述，画图说明如何确定结点 a 的中序后继、先序后继、后序前驱和后序后继。

3.40 画出用 5 次比较将 4 个元素 a，b，c，d 排序的算法判定树。

3.41* 仿照图 3-44，画出求解 12 枚金币鉴别问题算法的判定树，用 3 次称量。

3.42 画出以序列 2，3，23，9，12，14，6，8，15，17 作为叶之权的三元哈夫曼树，即根到叶加权路长最短的三元树。

3.43 证明正则二叉树可由其先序序列和后序序列唯一地构造，并写出用先序序列和后序序列构造一棵正则二叉树的算法。

3.44 证明任何一棵二叉树可由其扩充先序序列唯一地构造。

3.45 写出高为 h 的满 k 叉树中第 i 层上的结点数的公式。

如果像满二叉树那样对结点按层编号，写出编号为 i 的结点的父亲、儿子、兄弟的编号公式。

3.46 设 a 和 b 是二叉树中两个不同的结点。对下列 4 种情况，分别指出命题："在先（中、后）序序列中，a 排在 b 之前"是对，是错，还是不确定。

（1）a 是 b 的祖先。

（2）a 是 b 的子孙。

（3）a 在 b 的左侧。

（4）a 在 b 的右侧。

3.47* 证明，如果输入序列是随机的，那么用算法 3-13 构造的检索树平均查找长度为 $2\cdot\ln(2)\log_2 n$（约等于 $1.386\log_2 n$）。

3.48 试指出如图 3-41 所示的二分查找算法的判定树，为什么总是最下层的某些非叶结点可能缺少一个左儿子，而不是缺少右儿子？对算法做怎样的修改，可得到相反情况，即最下层某些非叶结点可能会缺少右儿子？

3.49 已知一棵二叉树的先序序列是 B，A，C，D，G，F，E 和整数序列 3，2，0，1，3，0，0，其中，整数序列中的第 i 个数表示先序序列第 i 个结点的"状态"（含义如下）：

0——表示本结点是叶。

1——表示本结点只有左儿子，没有右儿子。

2——表示本结点只有右儿子，没有左儿子。

3——表示本结点有两个儿子。

（1）试画出该二叉树。

（2）试说明这种方式能否唯一地表示任一棵二叉树。若"能"，请给出证明（可用归纳法证）；若"不能"，请找出反例，即找出两棵不同的二叉树，它们的这两个序列完全相同。

3.50 已知一棵二叉树的先序序列是 A，B，C，D，E，F，G 和整数序列 2，0，0，1，0，1，0。其中，整数序列中的第 i 个数表示先序序列第 i 个结点的左子树上结点个数。

（1）试画出该二叉树。

（2）试说明这种方式能否唯一地表示任一棵二叉树。若"能"，请给出证明（可用归纳法证）；若"不能"，请找出反例，即找出两棵不同的二叉树，它们的这两个序列完全相同。

3.51 已知一棵二叉树的先序序列是 A，C，D，E，G，K，H，F，B 和整数序列 5，2，1，0，2，1，0，0，0。其中，整数序列中的第 i 个数表示先序序列第 i 个结点的右子树上结点个数。

（1）试画出该二叉树。

（2）试说明这种方式能否唯一地表示任一棵二叉树。若"能"，请给出证明（可用归纳法证）；若"不能"，请找出反例，即找出两棵不同的二叉树，它们的这两个序列完全相同。

3.52 已知一棵二叉树的先序序列是 A，B，C，D，E，F，G 和整数序列 3，0，0，6，0，0，0。其中，整数序列中的第 i 个数表示先序序列第 i 个结点的右儿子在先序序列中的序号（序号从 1 编起，0 表示无右儿子）。

（1）试画出该二叉树。

（2）试说明这种方式能否唯一地表示任一棵二叉树。若"能"，请给出证明（可用归纳法证）；若"不能"，请找出反例，即找出两棵不同的二叉树，它们的这两个序列完全相同。

3.53 已知正则二叉树的先序序列是 A，C，D，E，G，K，H，F，B 和整数序列 8，6，0，4，2，0，0，0，0。其中，整数序列中的第 i 个数表示先序序列第 i 个结点的真子孙个数。

（1）试画出该二叉树。

（2）试说明这种方式能否唯一地表示任一棵二叉树。若“能”，请给出证明（可用归纳法证）；若“不能”，请找出反例，即找出两棵不同的二叉树，它们的这两个序列完全相同。

3.54 已知一棵二叉树的中序序列是 *B*，*A*，*E*，*D*，*C* 和整数序列 0，3，0，3，0。其中，整数序列中的第 *i* 个数表示中序序列第 *i* 个结点的“状态”，含义如下：

0——表示本结点是叶。

1——表示本结点只有左儿子，没有右儿子。

2——表示本结点只有右儿子，没有左儿子。

3——表示本结点有两个儿子。

（1）试画出该二叉树。

（2）试说明这种方式能否唯一地表示任一棵二叉树。若“能”，请给出证明（可用归纳法证）；若“不能”，请找出反例，即找出两棵不同的二叉树，它们的这两个序列完全相同。

（3）试说明这种方式能否唯一地表示任一棵正则二叉树，为什么？

[算法填空题]

3.55 函数 creat 用中序序列和后序序列构造二叉树。

设有定义：

```
typedef    struct   Bnode
{  int     data;
   struct  Bnode   *Lson, *Rson;
} Bnode, *Bptr;
主调语句为"root=creat(a,b,0,n–1,0,n–1);"。
Bptr  creat(int a[ ],int b[ ],int i,int j,int s,int t)
//数组 a[n]和 b[n]分别存储二叉树的后序序列和中序序列
{  int k;    Bptr p;
     if (i>j)return____(1)____;
     p=(Bptr)malloc(sizeof(Bnode));
     p->data=a[j];
     k=s;
     while ((____(2)____)&&(b[k]!=a[j]))____(3)____;
     if(b[k]!=a[j])
     {  printf("ERROR!\n");
     exit(1);
     }
     ____(4)____=creat(a,b,i, ____(5)____,s, ____(6)____);
     p->Rson=creat(a,b, ____(7)____,j–1,k+1,t);
     ____(8)____;
  }
```

3.56 函数 creat 用先序序列和后序序列构造正则二叉树。

类型定义如上题。

主调语句为"root=creat(a,b,0,n–1,0,n–1);"。

```
Bptr    creat(int a[ ],int b[ ],int i,int j,int s,int t)
//数组 a[n]和 b[n]分别存储二叉树的先序序列和后序序列
{   int k;   Bptr p;
    if (i>j)
    {   printf("ERROR!\n");
        exit(1);
    }
    p=(Bptr)malloc(sizeof(Bnode));
    p->data=______(1)______;
    if(i= =j)
    {   ______(2)______;
        return   p;
    }
    k=s;
    while ((k<t)&&( ______(3)______)) k++;
    if(b[k]!=a[i+1])
    {   printf("ERROR!\n");
        exit(1);
    }
    p->Lson=creat3(a,b,i+1, ______(4)______,s,k);
    p->Rson=creat3(a,b, ______(5)______,j,k+1, ______(6)______ );
    return   p;
}
```

3.57 函数 toot 用于将根指针为 root 的二叉树输出成嵌套的括号形式，即形如：

根(左子树,右子树)

其中，左右子树是递归的。

例如，若输出结果呈（■表示空结点）：

1(2(3,■),4(■,5))

它所代表的树为：

1 是根，2 和 4 分别是 1 的左右儿子。

2 的左儿子为 3，右儿子是空。

4 的左儿子为空，右儿子为 5。

类型定义如上题。

主调语句为"toot(root);"。

```
void   toot(Bptr   p)
{   if(___(1)___)
    { printf("■");
    ___(2)___;
    }
    if(p->Lson==NULL&&p->Rson==NULL)
```

```
{  printf("%d",p->data);
   return;
}
___(3)___;
toot(p->Lson);
___(4)___;
toot(p->Rson);
___(5)___;
}
```

3.58 函数 outa 在二叉树中找值为 *a* 的结点（假定树中有且只有一个值为 *a* 的结点），分别输出：

（1）*a*。

（2）*a* 的左子树上所有结点。

（3）*a* 的右子树上所有结点。

（4）a 的祖先。

例如，对于图 3-50，若 *a*=9，则输出结果为：

```
The   node: 9
Ltree   of   9:        8      5      7
Rtree   of   9:       12     10     18     15     13     17
ancesters   of   9:        9     23
```

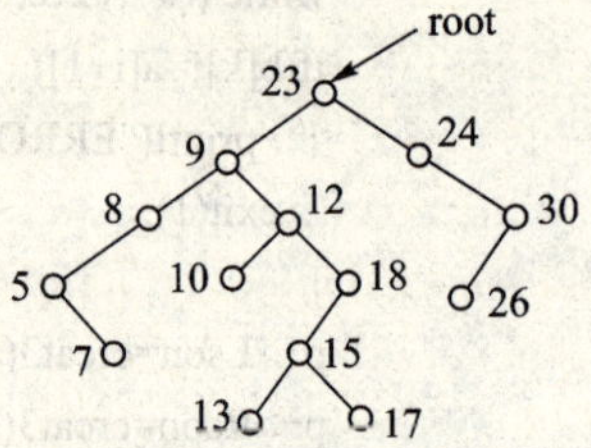

图 3-50 第 3.58 题图

```
//主调程序段
founda=0;         //整体量，初值为 0
scanf("%d",&a);
outa(root,a);
printf("\n");
//函数
void   outa(Bptr p, int   a)
{   if(_____(1)_____)return;
    if(founda==1)printf("%5d",p->data);
    if(_____(2)_____)
    {  founda=1;
       printf("   The node:   %d\n   Ltree   of   %d:   ",a,a);
    }
    _____(3)_____;
    if(_____(2)_____)printf("\n   Rtree   of   %d:   ",a);
     _____(4)_____;
    if(_____(2)_____)
   { founda=3;
     printf("\n   ancesters   of   %d:   ",a);
   }
   if(_____(5)_____)printf("%5d",p->data);
}
```

3.59 本算法输出一棵二叉树中结点 *a* 的所有最远子孙。

设根指针为 Root，树中有且只有一个结点值等于 *a*。

算法由下面几段程序组成。

```
int   i,h,b;           //定义整体量
void high(Bptr p)
{  if(p)
   {  i++;
      high(p->Lson);
      high(p->Rson);
      if(______(1)______)h=i;
      ______(2)______;
   }
}
void wrt(Bptr p,int i )
{
   if(p)
   {  if(______(3)______) printf("%4d",p->data);
      wrt(p->Lson,i+1);
      wrt(p->Rson,i+1);
   }
}
void   find(Bptr p,int x )
{
   if(______(4)______&&b)
     if(p->data==x)
     {    b=0; ______(5)______;   wrt( ______(6)______ );}
  else
   {    find(p->Lson,x);
        find(p->Rson,x);
   }
}
//主函数
void main( )
{  …
   构造以 root 为根的二叉树；输入元素 a;
   b=1; h=0; i=0;
   find(root,a);
   …
}
```

[算法设计题]

3.60 设一棵 *k* 元树（*k*>2）已经转化成二叉树存储，试写出一个算法，判断它是不是 *k* 元正则树，若是，

输出 YES；若不是，输出 NO。

二叉树采用双链式存储结构，root 为根指针。

3.61 修改算法 3-5，通过对二叉树一次遍历，同时求出结点的先序、中序和后序编号。结点含有 3 个编号域。

3.62 通过对二叉树适当的遍历，完成下列操作。

说明：设二叉树采用双链式存储结构，给定根指针。必要的话，可以适当地为结点增加域。

（1）求二叉树的叶子数目。

（2）把各结点的左右子树交换位置。

（3）求各结点的子孙个数。

（4）求各结点的真子孙个数。

（5）删除树中原来所有 1 度的结点。

（6）删除树中原来所有的叶结点。

（7）输出结点 *a* 的所有祖先，其中 *a* 是树中某结点的值（下同）。

（8）输出结点 *a* 的所有真祖先。

（9）* 输出结点 *a* 和 *b* 的所有共同祖先。

（10）* 输出结点 *a* 和 *b* 最近的共同祖先。

（11）输出根到叶的一条最长路径。用结点序列表示路径（下同）。

（12）* 输出根到叶的所有最长路径。

（13）输出根到叶的所有最短路径。

（14）* 输出根到每个叶的路径。

（15）求各结点的“逆向”层号。其中，逆向层号定义为：

① 离根最远的叶结点的逆向层号为 0。

② 若结点 *a* 的逆向层号为 *i*，其兄弟的逆向层号也为 *i*。

③ 若结点 *a* 的逆向层号为 *i*，其父结点的逆向层号为 *i*+1。

（16）判断二叉树是否是正则二叉树。

（17）判断二叉树是否是满二叉树。

（18）判断二叉树是否是完全二叉树。

（19）判断两棵二叉树是否同构，即具有相同的树形。

（20）判断两棵二叉树是否同构，或者把其中一棵树中所有结点的左右子树交换位置之后二者同构。

（21）求各结点的平衡因子，并判断二叉树是否是 AVL 树（关于平衡因子和 AVL 树的含义介绍请参见 5.4.1 节）。

[基础实验题]

3.63 编程实现二叉树的构造算法和遍历算法。其中，构造算法可以任选，而遍历运算可以从 3.62 题中任选其中的若干个加以实现。

3.64 设计一个二叉树“先序右链式”的存储结构（参见习题 3.52）：

（1）将一个二叉树“输入到”这个先序右链式的存储结构，即构造这棵二叉树。

（2）在这种存储结构下，完成对二叉树的中序遍历和后序遍历。

（3）将先序右链的存储形式的二叉树转换成“双链式”存储结构，并通过先序、后序遍历检验转换结果。

（4）将“双链式”存储的二叉树，再还原成“先序右链”的存储形式，并与原来的存储数据进行比较，以检验还原结果。

3.65 参照 3.2.5 节，写出二叉树非递归的先序遍历函数和后序遍历函数。

3.66 通过用队记录结点访问次序的方法实现对二叉树进行按层遍历，即按层数由小到大，同层由左到右的次序访问树中各结点。并求二叉树宽度，即同层结点数的最大值。

［综合实验题］

3.67 实现检索树的一套处理函数，包括构造、查找、插入、删除、中序遍历，以及模拟调用环境的主控函数等。其中查找、插入、删除函数要分别含有递归和非递归两种形式。

3.68 利用哈夫曼编码，对文件进行压缩，并将压缩后的文件进行还原，即：

（1）根据文件特征，动态生成编码表。也就是统计文件中每个字符的出现频度，然后构造哈夫曼树，通过遍历哈夫曼树构造出哈夫曼编码表。

（2）由编码表对文件进行压缩，生成新的压缩文件。

（3）将压缩文件经译码还原成“还原文件”。其中，译码函数应具有“查错”功能，即能够检查出“传输过程”造成的“误码”，比如，将某一位的“0”误传为“1”，或相反。

（4）将还原文件与原文件进行比较，查验是否相同。

（5）计算压缩率，即原文件容量与压缩文件容量之比。要求原文件的容量≥5KB。

（6）原文件可以字符为单位（对西文文件）进行统计、编码和压缩；也可以字节为单位（对任意形式的文件）进行统计、编码和压缩。

3.69 根据下面描述的算法，实现不使用栈的非递归遍历二叉树算法。不使用 goto 语句。

为处理方便，给二叉树附加“表头结点”，原根作为附加结点的左儿子，如图 3-51 所示。

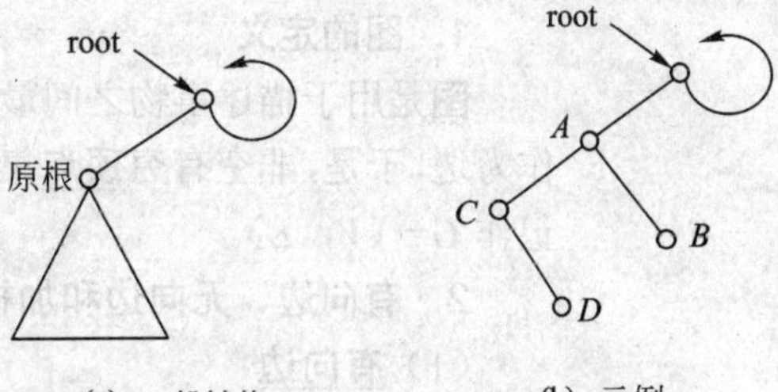

(a) 一般结构　　(b) 示例

图 3-51　带表头结点的二叉树结构及示例

算法对先序、中序、后序遍历都适用。

算法的主要思想是，当遍历路线从根向下搜索时，将指向其儿子的指针反过来指向其父亲，记住遍历路线，以便能准确地返回。返回时再将指针恢复。

同时，给结点增加标记域 Rtag，p->Rtag 的初值为 0。p->Rtag 为 0 表示是向左，p->Rtag 为 1 表示向右。

算法描述如下：

```
步骤 1）  若二叉树为空，则算法终止。否则，
          p=root;   q=root->Lson;              //p 是 q 之父
步骤 2）  先序的访问 q;
步骤 3）  r=q->Lson;                           //q 是 r 之父
          if(r!=NULL){q->Lson=p, p=q,q=r;转步骤 2;}
步骤 4）  中序的访问 q;
步骤 5）  r=q->Rson;
          if(r!=NULL){ q->Rson=p, p=q,q=r p->Rtag=1; 转步骤 2;}
步骤 6）  后序的访问 q;
步骤 7）  if(p==root) return;                  //算法终止
          if(p->Rtag==0)                       //从左路返回时，还原左指针
          { r=p->Lson; p->Lson=q,q=p,p=r;   转步骤 4;}
          else  //从右路返回时，还原右指针，并恢复 p->Rtag
          {r=p->Rson, p->Rson=q,p->Rtag=0,q=p,p=r; 转步骤 6;}
```

第 4 章
图结构

4.1 基本概念

4.1.1 图的定义和种类

1．图的定义

图是用于描述事物之间最一般关系的数据结构，事物作为顶点，事物之间关系作为边，于是，非空有穷顶点集合 V 以及 V 上的顶点对所构成的边集 E 构成一个图，记作 $G=(V, E)$。

2．有向边、无向边和加权边

（1）有向边

如果顶点 v 和 w 之间有一条带方向的边（即有向边），就记作<v，w>，称该边是由 v 射入 w 的，同时称 v 是这条边的尾，w 是这条边的头，并且说 w 是与 v 相邻的顶点，简称 w 是 v 的邻接点。有时，把有向边称为弧，以区别于无向边。

注意，<v，w>与<w，v>是两条不同的边。

（2）无向边

如果顶点 v 和 w 之间有一条不带方向的边（即无向边），就记作（v，w），称该边是关联于顶点 v 和 w 的，并且 v 和 w 互为邻接点。

注意，（v，w）与（w，v）表示同一条边。

无向边用于表示“对称关系”，比如同志关系；有向边用于表示非对称关系，比如上下级关系（领导和被领导关系）。又如，城市中的单行道可以用有向边表示，双行道可以用无向边表示。

（3）加权边

有些图中，边附带着一个称为权的实数，这样的边称为加权边。为简单起见，本书只研究权是非负实数的情况。边的权可以表示边的长度、沿着边旅行所需的费用或时间、工程（输电线路、通信线路、高速公路等）造价等等。

权又统称为耗费，俗称长度。由于长度不一定指的就是几何距离，所以大多数权不满足“两边之和大于第三边”。因而，这里研究的图只是一种“拓扑结构图”，而非几何图。

3．图的图形表示法

在画图形时，通常用圆圈表示顶点，用连接两个顶点间的线段表示一条边。表示无向边（v，w）的线段不带箭头；表示有向边<v，w>的线段带箭头，箭头指向顶点 w；加权边的权标注在边的旁边；顶点名称写在圆圈内，或标注在圆圈旁边。

习惯上，顶点名称用大写字母 A，B，C，D…，或“北京”、“南京”、“上海”等具有某种实际含义的词表示；顶点变量名用小写字母 v，w，s，…或 v_0，v_1，…表示。

4．图的种类

图的种类繁多，分类的方法各异，最常见的是有向图和无向图。

1）若图中所有边都是有向的，则称该图是**有向图**。

2）若图中所有边都是无向的，则称该图是**无向图**。

3）若有些边是有向的，另一些边是无向的，则该图是一个混合图。

在某些情况下，一条无向边（v，w）相当于正反方向的两条有向边<v，w>和<w，v>，所以从这个意义上来说，无向图、混合图都可以转换成有向图。

4）无向图中，若任何两个点之间最多只能有一条边，且没有（v，v）形式的边（称自环，或自回路），则该图是一个简单无向图。

5）有向图中，若没有<v，v>形式的边，则该图是一个简单有向图。

6）有向图（或无向图）中，如果允许两点之间有多条边，则称该图为多重图。

7）若有向图（或无向图）的每条边都带权，这样的图称为**加权图**。

加权图也称为网，非加权图也称为 0/1 图。

为简单起见，这里只研究简单图（包括简单无向图、简单有向图、简单有向加权图和简单无向加权图），不研究混合图和多重图。所以，下面所说的图均指简单图。

5．示例

图 4-1～图 4-3 分别给出了无向图、有向图、无向加权图和它们的邻接矩阵示例。

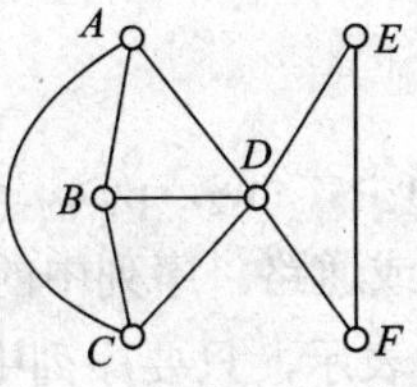

	A	B	C	D	E	F
A	0	1	1	1	0	0
B	1	0	1	1	0	0
C	1	1	0	1	0	0
D	1	1	1	0	1	1
E	0	0	0	1	0	1
F	0	0	0	1	1	0

图 4-1　无向图 $G1$ 及其邻接矩阵

4.1.2　有关术语

1．顶点的度

在有向图中，顶点 v 射出的边数，称为 v 的**出度**；射入 v 的边数，称为 v 的**入度**；v 的出度

与入度之和是 v 的度。

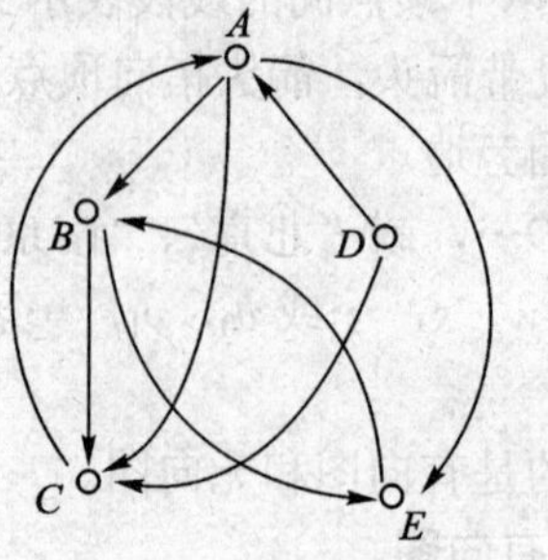

	A	B	C	D	E
A	0	1	1	0	1
B	0	0	1	0	1
C	1	0	0	0	0
D	1	0	1	0	0
E	0	1	0	0	0

图 4-2 有向图 *G*2 及其邻接矩阵

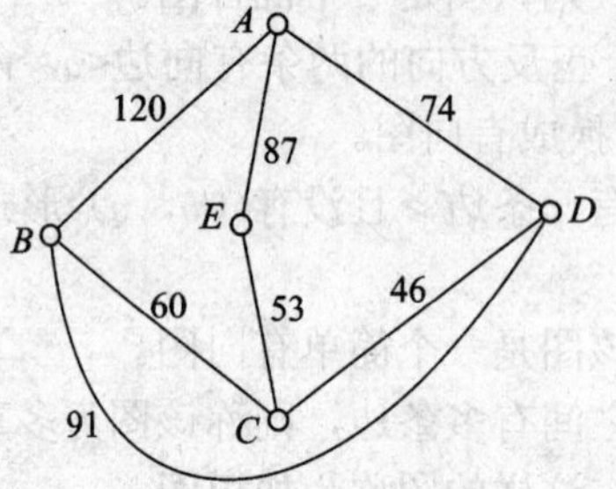

	A	B	C	D	E
A	0	120	∞	74	87
B	120	0	60	91	∞
C	∞	60	0	46	53
D	74	91	46	0	∞
E	87	∞	53	∞	0

图 4-3 无向加权图 *G*3 及其邻接矩阵

在无向图中，与 v 关联的边数，称为 v 的度。

2．子图

设 G=（V，E）和 $G1$=（$V1$，$E1$）是两个图，且 $V1 \subseteq V$，$E1 \subseteq E$，那么称 $G1$ 是 G 的**子图**。

通俗地说，子图是原图的一部分，即由原图中一部分顶点以及这些顶点之间的一部分边组成的图。

3．路径和回路

在有向图中，如果存在首尾相接的边序列 $<w_1, w_2>$、$<w_2, w_3>$、…、$<w_{k-1}, w_k>$，那么称这个序列是一条从 w_1 到 w_k 的**路径**。路径又称为路，或通路。序列中的边数称为**路径的长度**。

路径也可用顶点序列 w_1，w_2，w_3，…，w_{k-1}，w_k 表示，只要序列中相邻顶点之间，前者到后者有边相连。

为方便起见，本书说的路径均指**简单路径**，即顶点不重复出现的路径（不包括第一个点与最后一个点相同的情况）。

若路径上第一个顶点就是最后一个顶点，则该路径称为**回路**。

对于无向图有类似的定义。无向回路也称为圈。

路径是一种特殊的子图。

4．无向图的连通性

无向图 G 中，若顶点 v 到顶点 w 有一条路径，则称 v 与 w 是**连通的**，也称 v 可到达 w。

若 G 的任何两顶点都连通，则 G 是**连通图**，否则 G 是不连通的图。

G 的极大连通子图是 G 的**连通分量**，这里的“极大”是指在满足连通的条件下，尽可能多的含有 G 中的顶点以及这些顶点之间的边。

一个无向图可以含有多个连通分量。连通图只含一个连通分量，即图本身。

图 4-4 给出了连通分量示例。

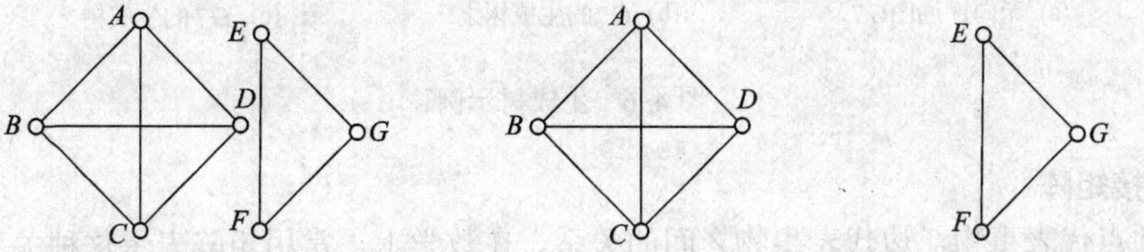

(a) 无向图 $G4$ (b) $G4$ 的连通分量之一 (c) $G4$ 的连通分量之二

图 4-4 无向图连通分量示例

5．有向图的连通性

在有向图 G 中，若顶点 v 到顶点 w 有一条路径，则称 v 与 w 是连通的。若 v 到 w 和 w 到 v 均有路径，即 v 与 w 同在一条回路上，则称 v 与 w 是互连通的。

若 G 中任何两点 v 和 w 均互连通，则 G 是**强连通的**。

类似地，G 的极大强连通子图称为 G 的**强连通分量**。

例如，在图 4-5 中，$G5$ 是一个强连通图；$G6$ 不是强连通的，它含有两个强连通分量。

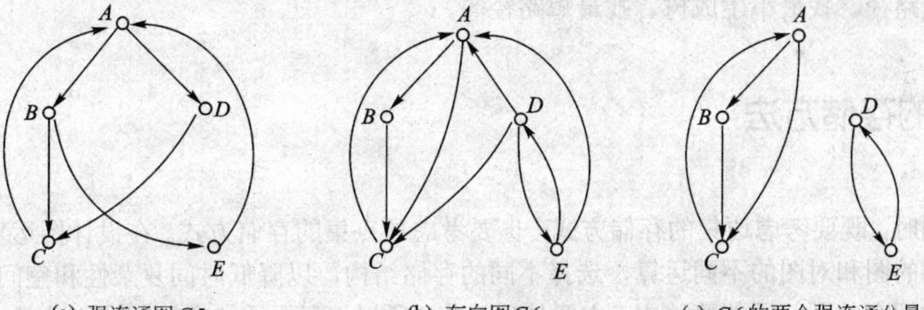

(a) 强连通图 $G5$ (b) 有向图 $G6$ (c) $G6$ 的两个强连通分量

图 4-5 强连通图和强连通分量示例

6．生成树和生成林

无向连通图的**生成树**也称为支撑树，是图的一种连通子图，它含有图的全部 n 个顶点，但只保留原图中能够维持图连通的 n–1 条边。一般说来，一个连通图的生成树不是唯一的。

若 G 是一个不连通的无向图，G 的每个连通分量的生成树构成 G 的**生成森林**，简称生成林。

有向图的生成树和生成森林有类似的定义。

图 4-6 给出了生成树示例。

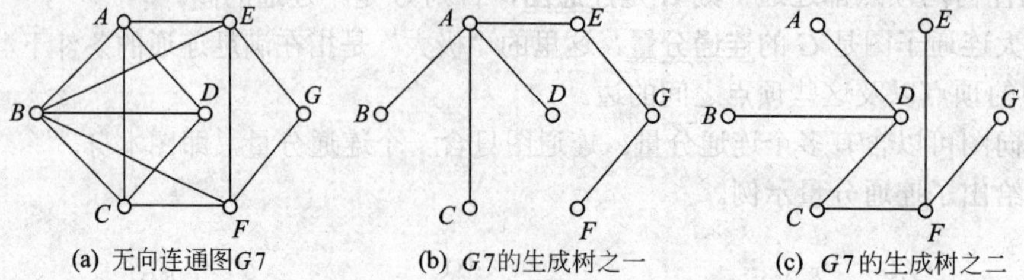

图 4-6 生成树示例

7. 邻接矩阵

图的顶点代表事物，边代表事物之间的关系。在数学上，常用矩阵表示这种关系，称为图的邻接矩阵。如果图中有 n 个顶点，那么图的邻接矩阵是一个 $n \times n$ 的方阵，顶点对应矩阵的行列号，边对应矩阵元素值。

0/1 图对应的邻接矩阵是 0/1 矩阵。若顶点 v 和 w 之间有一条边，矩阵第 v 行第 w 列的元素值为 1；否则，元素值为 0。

加权图对应的邻接矩阵是实数矩阵，其对角线元素值均为 0。若顶点 v 和 w 之间有一条边，矩阵第 v 行第 w 列的元素值为该边的耗费值；否则，元素值为∞。该矩阵也称为图的耗费矩阵。

无向图的邻接矩阵是对称矩阵。

图 4-1～图 4-3 已经给出邻接矩阵示例。

图的运算主要有先深搜索和先广搜索，找某种子图，比如找连通分量、找双连通分量、找生成树、找路径、找最小生成树、找最短路径等。

4.2 图的存储方法

存储图时，既要考虑边集的存储方式，也要考虑顶点集的存储方式。在设计图运算算法时，应针对不同的图和对图的不同运算，选择不同的存储结构，以降低时间复杂性和空间复杂性。

由于求解有关图问题的算法中，主要处理边集，所以，下面重点介绍邻接矩阵的存储方式。

4.2.1 号名对照表

为了与邻接矩阵的行列下标相对应，通常要对顶点进行 0～n–1 编号（n 是顶点数）。

如果顶点名称是“北京”、“南京”、“上海”等具有某种实际含义的词，通常还要建立一个号/名对照表，以便能够尽快地由名查到号，或由号查到名。

1．由号查名

只要使用长度为 n 的数组 name，将编号为 i 的顶点名顺序存储于 name[i]，如图 4-7 所示。

顶点编号(下标)	0	1	2	…	…	n-1
name	北京	南京	上海	…	…	…
其他信息域						

图 4-7 号名对照表示例

2．由名查号

为了便于由名查号，在对顶点进行编号时，可将顶点名排成有序形式再编号。这样，如图 4-7 所示的存储结构就属于“有序表”，由名查号时，可采用二分查找法。每查一次只需 $O(\log n)$时间，但增加排序所需时间。

如果不对图 4-7 中的表按名排序，直接进行查找，只能采取顺序查找算法，这样，每查找一次将花费 $O(n)$时间，查找速度太慢。

一种可行的方法是建立一个由名查号的辅助机制——字典，将顶点名和其编号做成一个结点，以顶点名作为关键字存储在“字典”中。由名查号时，在字典中查找顶点名，然后读出其编号。

常用的字典有：散列表、检索树、平衡树（请参见 5.1 节）等。

4.2.2 邻接矩阵的顺序存储

1．二维数组存储

邻接矩阵最直观的存储方式是用二维数组存储，不妨称该数组为图的邻接数组。

2．一维数组压缩存储

无向图和无向加权图的邻接矩阵 $\boldsymbol{A}_{n\times n}$ 是对称矩阵，可用一维数组压缩存储，仅存其下三角部分。又由于顶点没有到自身的边，邻接矩阵对角线元素全为 0，所以对角线元素也用不着存储，而只存严格下三角部分。于是，可推导出压缩存储公式：

第 0 行的元素不存储，第 1 行存储 1 个元素，第 2 行存储 2 个元素……，第 n–1 行存储 n–1 个元素，共需要存储 m=1+2+3+…+(n–1)=n (n–1)/2 个元素。用一维数组 $b[m]$存储 $\boldsymbol{A}_{n\times n}$ 时，$b[0]$存储 a_{10}，$b[1]$存储 a_{20}，$b[2]$存储 a_{21}，$b[3]$存储 a_{30}……对于任意的 i，j（$1\leqslant i\leqslant n-1$，$0\leqslant j<i$），$\boldsymbol{A}$ 的第 i 行，第 j 列元素 a_{ij} 存储于 $b[k]$，这里

$$k=1+2+\cdots+(i-1)+j$$
$$=i\times(i-1)/2+j$$

找到 a_{ij}，也就相当于找到它的对称元素 a_{ji}。

例如，图 4-3 中的 $G3$ 的邻接矩阵，用压缩法存储于图 4-8 中的数组 b，其中，“∞”可用一个很大很大的实数表示。

	0	1	2	3	4	5	6	7	8	9
b	120	∞	60	74	91	46	87	∞	53	∞

图 4-8 G3 的邻接矩阵压缩存储示例

3. 存储效率分析

顺序存储方式简单明了，极易在图中查找、插入、删除一条边，但要占用 $O(n^2)$ 个存储单元（n 是顶点数），无论图中实际含有多少条边，图的读入、存储空间的初始化等，都需要花费 $O(n^2)$ 个单位时间，这对边数较少的**稀疏图**是不经济的。换言之，这种顺序存储方式适用于边数较多的**稠密图**。

存储稀疏图最好采用邻接表法。

4.2.3 邻接表

1. 邻接表的概念

v 是图 G 的任一顶点，v 的所有邻接点组成一个表，称为 v 的邻接表，记为 $L[v]$。G 的所有顶点的邻接表，总称为 G 的**邻接表**。

邻接表 $L[v]$ 通常采用链式存储，即 $L[v]$ 是一个邻接链表，$L[v]$ 中每个结点对应图中一条边，故链表结点也称为边结点。

对有向图，如果 $\langle v, w\rangle$ 是一条边，则 w 处于 $L[v]$ 中。

对无向图，如果（v，w）是一条边，则 w 处于 $L[v]$ 中，同时 v 也处于 $L[w]$ 中。

n 个顶点的邻接链表构成一个链表组，使用一个表头指针数组将这些链表结合在一起。邻接表通常设计成单向链表的形式。当然，根据需要，邻接链表也可设计成双向链表，或其他形式的链表。

2. 边结点结构

（1）加权图的边结点类型定义

每条加权边对应的结点含有邻接点编号域、边的长度域和指向下一个边结点的指针域，结点类型定义如下，结点结构如图 4-9 所示。

adjacent	cost	next

图 4-9 加权图的边结点结构

```
typedef struct edge_node                //边结点的结构类型
{   int    adjacent;                    //邻接点编号域
    cost_type    cost;                  //边的长度域
    struct edge_node    *next;          //指向下一个边结点的指针
}   edge_node, *Eptr;                   //指向边结点的指针类型名 Eptr
```

如果边还带有其他信息，则增加相应的域。

（2）0/1 图的边结点结构类型定义

非加权边对应的结点不含边的长度域，结点类型定义如下，结点结构如图 4-10 所示。

```
typedef struct edge_node                //边结点的结构类型
{  int    adjacent;                     //邻接点编号域
   struct edge_node    *next;           //指各下一个边结点的指针
}  edge_node, *Eptr;                    //指向边结点的指针类型名 Eptr
```

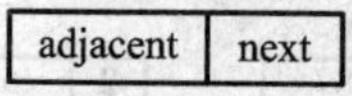

图 4-10 非加权图的边结点结构

3. 邻接链表的表头结点（顶点结点）结构

```
typedef struct                          //邻接表的表头结点类型
{  Vname_type    name;                  //顶点名称，用于由顶点编号查找顶点名称
   Eptr    firstedge;                   //邻接表首指针，若是有向图，域名也可改为 firstarc
}  hnode;
```

如果顶点还带有其他信息，则增加相应的域。

n 个顶点的图，其表头结点组定义为：

```
hnode     L[n];                         //n 为具体顶点数
```

4. 示例

图 4-11 给出了无向图 *G*1（请参见图 4-1）的邻接表。

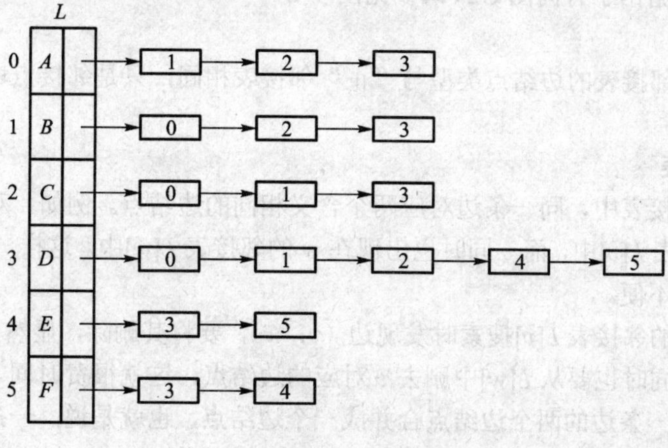

图 4-11 无向图 *G*1 的邻接表

图 4-12 给出了无向加权图 *G*3（请参见图 4-3）的邻接表。

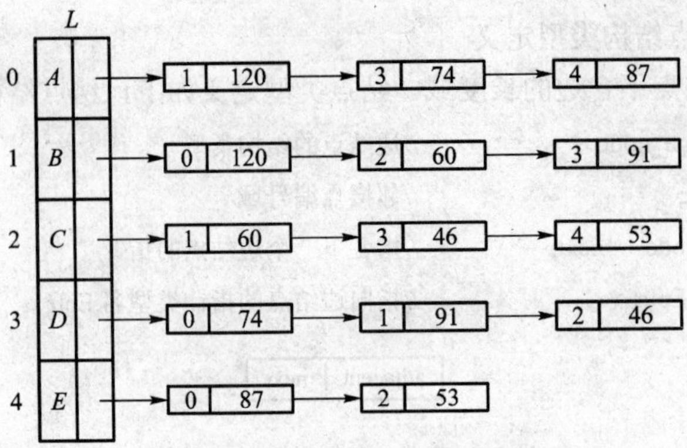

图 4-12 无向加权图 *G*3 的邻接表

4.2.4* 邻接表的变种

1. 逆邻接表

如果用普通邻接表存储有向图的边集，那么，沿着顶点 *v* 的邻接表可以方便地找到 *v* 射出的所有边，但是要找到射入 *v* 的所有边就很困难。为了满足这种要求，可以给有向图建立一个逆邻接表，使得如果存在有向边<*w*, *v*>，就将 *w* 放在 *v* 的逆邻接表 *IL*[*v*]中。逆邻接表相当于邻接矩阵的列链表。

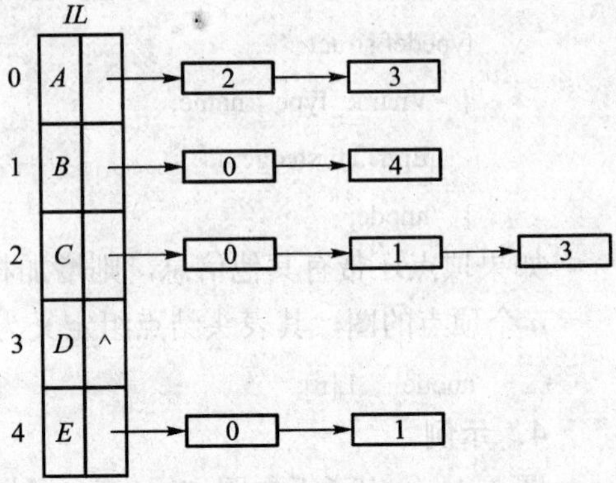

图 4-13 有向图 *G*2 的逆邻接表

例如，图 4-13 给出了有向图 *G*2（请参见图 4-2）的逆邻接表。

不难想象，逆邻接表的边结点类型与“正”邻接表相同，只是邻接点域存放的逆邻接点，而不是邻接点。

2. 邻接多重表

在无向图的邻接表中，同一条边对应两个含义相同的边结点。例如，对于无向边（*v*，*w*），*w* 出现在 *v* 的邻接表 *L*[*v*]中，而 *v* 同时也出现在 *w* 的邻接表 *L*[*w*]中。这样，不仅浪费存储空间，也给某些处理带来不便。

例如，若沿 *v* 的邻接表 *L*[*v*]搜索时发现边（*v*，*w*），要将其删除，显然，既要从 *L*[*v*]中删去 *w* 对应的边结点，同时也要从 *L*[*w*]中删去 *v* 对应的边结点，这就很费时间。

可以将表示同一条边的两个边结点合并成一个边结点，也就是说，一条无向边（*v*，*w*）只对应一个边结点，使其同时处于 *v* 的邻接表 *L*[*v*]和 *w* 的邻接表 *L*[*w*]中。这样构造出来的邻接表称为邻接多重表。

next1	vext1	vext2	next2

图 4-14 邻接多重表的边结点结构

邻接多重表的边结点结构如图 4-14 所示。其中，vex1 和

vex2 是两个邻接点域，next1 和 next2 分别用于指向两个顶点的邻接表的“下一个”边结点。

例如，若指针 p 指向边（*v*，*w*）对应的边结点，那么，p->vex1=v，p->vex2=w，p->next1 用于指向 *v* 的邻接表 *L*[*v*]的下一个边结点，p->next2 则用于指向 *w* 的邻接 *L*[*w*]的下一个边结点。

当然，为了配合删除边结点的操作，链域 vex1 和 vext2 最好改成双向的（请参见图 4-15）。

3．正交邻接表

如果处理一个有向图时同时需要正邻接表和逆邻接表，可以将这两个邻接表合并成一个，一条有向边<*v*，*w*>仅占用一个边结点，构成有向图的**正交邻接表**。

正交邻接表中的边结点结构如图 4-16(a)所示。其中，arctail 和 archead 分别用于存储有向边<*v*，*w*>的尾 *v* 和头 *w*，tLlink 和 tRlink 是尾顶点 *v* 邻接表的 *L*[*v*]的双向链域，hLlink 和 hRlink 是头顶点 *w* 的逆邻接表 *IL*[*w*]的双向链域。

表头结点结构如图 4-16(b)所示，两个首指针 firstout 和 firstin，分别用于指向顶点的正邻接表和逆邻接表。

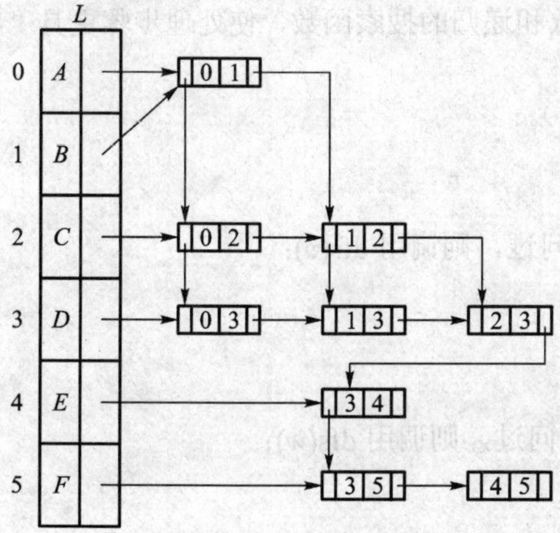

图 4-15 无向图 *G*1 的邻接多重表

tLlink	tRlink	arctail	archead	cost	hLlink	hRlink

(a) 边结点结构

name	firstout	firstin

(b) 表头结点结构

图 4-16 正交邻接表的边结点和表头结点结构

习惯上，正邻接表画成水平的，逆邻接表画成垂直的。那么，有向图正交邻接表相当于稀疏矩阵的正交链表（请参见 2.6.1 节的图 2-43）。

4.3 图的遍历

和二叉树遍历相仿，按一定规律沿着图中的边访问图的每个顶点恰一次的运算称为对**图的遍历**。图的遍历通常称为搜索，搜索方法主要有**深度优先搜索**（简称**先深搜索**）和**广度优先搜索**（简称**先广搜索**）。通过搜索可以找出图的生成树、图的连通分量等，所以搜索属于图的基本运算。

4.3.1 先深搜索

1. 描述形式

图的先深搜索是二叉树先序遍历的推广，搜索算法也是递归的。

算法 4-1（1） 先深搜索算法（原始描述形式）。

步骤 1）将图 *G* 中所有顶点作“未访问过”标记。

步骤 2）任选某个未访问过的顶点 *v* 作搜索起点。

步骤 3）访问 *v*。

步骤 4）选择 *v* 的每一个未访问过的邻接点 *w* 作起点，递归的搜索图 *G*。

步骤 5）若所有顶点均已访问过，则搜索结束；否则，转步骤 2。

2. 进一步描述

可以将算法 4-1（1）分解成两个部分：主控函数和递归的搜索函数，使处理步骤更具“结构化”，更便于翻译成 C/C++程序。

算法 4-1（2） 先深搜索算法（进一步描述形式）。

（1）主控函数

步骤 1）　{　将图中每个顶点置未访问标记；

步骤 2）　　　检查图中每个顶点 *v*，如果 *v* 未访问过，则调用 dfs(*v*);

　　　　　}

（2）递归的搜索函数 dfs(*v*)

步骤 3）{　访问 *v*，并对 *v* 作“已访问”标记；

步骤 4）　检查 *v* 的每个邻接点 *w*，如果 *w* 未访问过，则调用 dfs(*w*);

步骤 5）　返回上一次调用点；

　　　　}

主控函数负责选择搜索起点，函数 dfs 完成递归的先深搜索。

3. 示例

图 4-17 给出了算法 4-1（2）的跟踪示例。

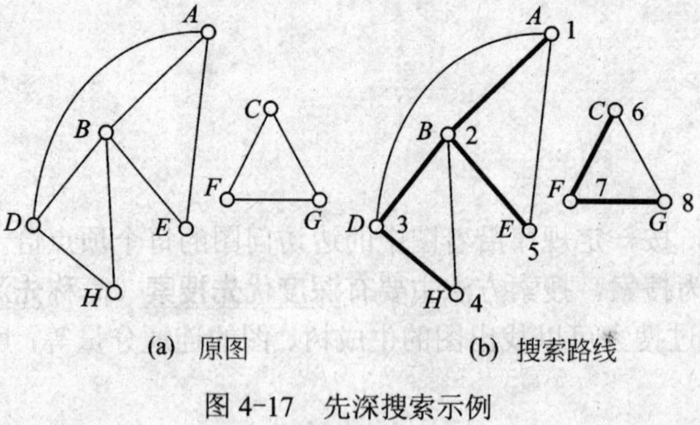

(a) 原图　　(b) 搜索路线

图 4-17 先深搜索示例

顶点旁边的数字 1，2，…是访问次序编号，称为顶点的先深编号或先深号；粗线条的边标出的是搜索路线。

算法执行步骤 1，将所有顶点都置未访问标记。

在执行步骤 2 时，假定主控函数对顶点的检查次序是 *A*，*B*，*C*……。检查到顶点 *A* 时，因 *A* 未访问过，就以 *A* 为搜索起点，调用 dfs(*A*)。

执行 dfs (*A*)步骤 3，访问 *A*，标记 *A* 为已访问过。由于 *A* 是第一个访问的，其先深号为 1。

执行 dfs(*A*)步骤 4，*A* 的 3 个邻接点 *B*、*D*、*E* 都未访问过，假定先检查到 *B*，调用 dfs(*B*)。

执行 dfs(*B*)步骤 3，访问 *B*，标记 *B* 为已访问过。由于 *B* 是第二个访问的，所以 *B* 的先深号为 2。

执行 dfs(*B*)步骤 4，*B* 有邻接点 *A*、*D*、*E*、*H*。其中，*A* 已经访问过，*D*、*H*、*E* 未访问过，假定检查到 *D*，调用 dfs(*D*)。

执行 dfs(*D*)步骤 3，访问 *D*，标记 *D* 为已访问过，*D* 的先深号为 3。

执行 dfs(*D*)步骤 4，*D* 的邻接点 *A* 和 *B* 已访问过，只剩下一个邻接点 *H* 没有访问过，调用 dfs(*H*)。

执行 dfs(*H*)步骤 3，访问 *H*，标记 *H* 为已访问过，*H* 的先深号为 4。

执行 dfs(*H*)步骤 4 时，发现 *H* 的邻接点 *B* 和 *D* 都访问过了，dfs(*H*)终止，返回到上一次调用点 dfs(*D*)的步骤 4，继续检查 *D* 的邻接点。

由于 *D* 的邻接点也都访问过了，对 *D* 的搜索也结束了，dfs(*D*)终止，返回到上一次调用点 dfs(*B*)的步骤 4，继续检查 *B* 的邻接点。

B 尚有一个邻接点 *E* 未访问过，调用 dfs(*E*)。

执行 dfs(*E*)步骤 3，访问 *E*，标记 *E* 为已访问过，*E* 的先深号为 5。

执行 dfs(*E*)步骤 4 时，发现 *E* 的邻接点 *B* 和 *A* 都访问过了，dfs(*E*)终止，返回到上一次调用点 dfs(*B*)的步骤 4，继续检查 *B* 的邻接点。

B 的邻接点均已访问过，dfs(*B*)终止，返回到上一次调用点 dfs(*A*)的步骤 4，继续检查 *A* 的邻接点。

A 的邻接点均已访问过，dfs(*A*)终止，返回到 dfs(*A*)的调用点，即主控函数的步骤 2，继续检查图中顶点的访问标记，寻找下一个搜索起点。检查到 *B* 时，*B* 已经访问过；检查到 *C* 时，*C* 未访问过，于是以 *C* 为搜索起点，调用 dfs(*C*)。

执行 dfs(*C*)步骤 3，访问 *C*，标记 *C* 为已访问过，*C* 的先深号为 6。

执行 dfs(*C*)步骤 4 时，发现 *C* 的邻接点 *F* 未访问过，调用 dfs(*F*)。

执行 dfs(*F*)步骤 3，访问 *F*，标记 *F* 为已访问过，*F* 的先深号为 7。

执行 dfs(*F*)步骤 4 时，发现 *F* 有一个邻接点 *G* 未访问过，调用 dfs(*G*)。

执行 dfs(*G*)步骤 3，访问 *G*，标 *G* 成已访问过，*G* 的先深号为 8。

执行 dfs(*G*)步骤 4 时，发现 *G* 的邻接点都访问过了，dfs(*G*)终止，返回到上一次调用点 dfs(*F*)

的步骤 4，继续检查 F 的邻接点。

F 的邻接点都访问过了，dfs(F)终止，返回到上一次调用点 dfs(C)的步骤 4，继续检查 C 的邻接点。

C 的邻接点都访问过了，dfs(C)终止，返回到 dfs(C)调用点，即主控函数的步骤 2，继续检查图中顶点的访问标记，寻找下一个搜索起点。由于图中的顶点都已经访问过（不再有搜索起点），于是对整个图的先深搜索结束。

最终得到先深访问序列：A，B，D，H，E；C，F，G。

序列中的分号“；”表示主控函数选择一个搜索起点对图的搜索已经终止，下一步将选择另一个搜索起点。

4．对无向图搜索的特点

对无向图先深搜索可得出如下结论：

1）如果图是连通的，任选一个顶点作为搜索起点，都能遍历到所有顶点，搜索路线构成一棵树，称为该图的**先深生成树**。搜索起点就是生成树的根，如果在执行 dfs(v)的过程中调用 dfs(w)，那么，v 就是 w 之父。

2）先深生成树中的**树边**是引起递归的边；不在这条搜索路线上的原来图中之边，称为**回边**，或余边。搜索结果，将边集 E 划分成树边集 T 和回边集 B。

3）在执行步骤 2 和步骤 4 时，如果有多个顶点未访问过，可能会因选择次序不同，搜索结果也不同，即搜索路线不唯一，生成树也不唯一。

4）如果图不连通，每个连通分量产生一棵先深生成树。这些生成树构成原图的**先深生成森林**。据此可以通过对无向图的先深搜索，判断其是否连通，或找出它的各连通分量，和先深生成树（林）。

5）不同的子生成树之间不可能有回边相连。

6）祖先的先深号必小于子孙的先深号。对子孙的搜索先终止，而对祖先的搜索后终止。

为叙述方便，如果对顶点 v 的搜索未终止，称为对 v 的搜索“仍在进行中”。

因为对子孙的搜索是由对祖先的搜索经若干次递归调用引起的。也就是说，在对子孙搜索时，对其祖先的搜索仍在进行中。

这一点，也适于有向图。

5．对有向图搜索的特点

有向图的先深搜索结果与搜索起点的选择关系甚大。不仅产生的遍历序列不同，生成树的结构不同，甚至产生的生成树个数也可能不同。

可以得出如下结论：

1）如果有向图是强连通的，则只要在执行算法 4-1（2）的步骤 2 时任选一点，必然能够遍历图中所有顶点，也必然能够得到一棵生成树。

2）如果有向图不是强连通的，一个强连通分量的顶点必然处在同一棵生成树上，或作为一棵独立的生成树，或作为某棵生成树的一部分。当然，对某些有向图来说，即使不是强连通的，如果搜索起点选择得当，也可能产生一棵生成树。

3）对有向图的先深搜索，可将边集 *E* 划分成 4 个子集：树边集 *T*、回边集 *B*、向前边集 *F* 和交叉边集 *C*。

- 树边是引起递归调用的边。
- 回边是由子孙射向祖先的边。
- 向前边是由祖先射向子孙的边。
- 交叉边是连接不同子树上顶点之间的边。

可以证明，图中有回路，当且仅当对其先深搜索时有回边（不管如何选择搜索起点）。根据这一结论，可以通过对有向图进行先深搜索，判断图中是否存在回路。

图 4-18 给出了搜索示例。其中，实线表示树边，虚线表示回边、向前边和交叉边。其中，<*E*，*A*>是回边，<*A*，*F*>是向前边，<*F*，*E*>、<*G*，*F*>和<*D*，*G*>等是交叉边。

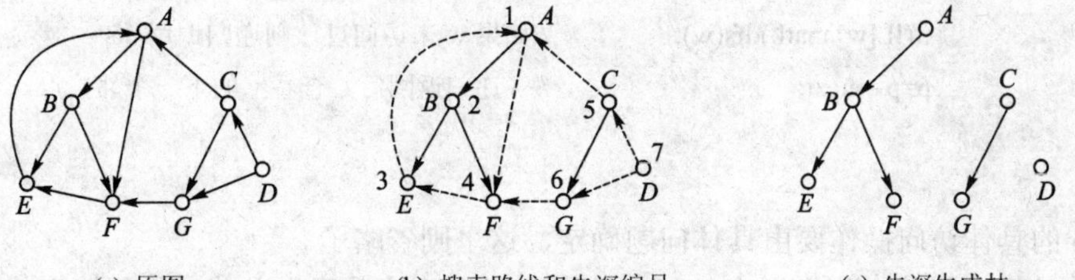

(a) 原图　　(b) 搜索路线和先深编号　　(c) 先深生成林

图 4-18　有向图的先深搜索示例

4）用图形表示搜索过程时，按照通常的习惯，先访问的顶点在上、在左，后访问的顶点在下、在右。那么，所有的交叉边都是由右边的点射向左边的点。

5）树边和向前边都是小号射向大号的；回边和交叉边都是大号射向小号的，这里的“号”指顶点的先深号。

另外，对有向图可以按两个方向进行搜索：其一是“正向搜索”，即沿边的尾到头的方向进行搜索；其二是“反向搜索”，即沿边的头向尾的方向搜索。除非特别声明，对有向图的先深搜索指的是正向搜索。

6. 先深搜索算法的实现

算法 4-1（3）给出了先深搜索算法的实现程序。通过给定的邻接表 $L[n]$（n 是顶点个数）对有向图（或无向图）进行先深搜索。其中，顶点结点的结构中含有“访问否”标志域 mark，未访问过的顶点，其 mark 值为 0；否则，mark 值为 1。

算法 4-1（3）　先深搜索算法（实现程序）。

（1）主控函数

```
void  dfsmain( )
{  int v;
```

```
1.  for(v=0;v<n;v++)L[v].mark=0;                  //对顶点作未访问标记
2.  for(v=0;v<n;v++)if(L[v].mark==0)dfs(v);       //检查顶点标记，选择搜索起点
    …                                             //其他处理操作
}
```

（2）递归的搜索函数

```
   void  dfs(int v)                      //v 是顶点编号
   {    Eptr  p;  int  w;
3.      visit(v);                        //访问 v
4.      L[v].mark=1;                     //置访问标记
5.      p=L[v].firstedge;                //p 指向 v 的邻接表
6.      while(p!= NULL)                  //检查 v 的所有邻接点
7.         { w=p->adjacent;              //w 是 v 的邻接点
8.            if(!L[w].mark)dfs(w);      //如果 w 未访问过，则递归调用 dfs
9.            p=p->next;                 //（递归返回后）查看 v 的下一个邻接点
          }
   }
```

语句 3 的具体访问操作要由具体问题确定，这里则省略了。

语句 5 使搜索指针 p 指向顶点 v 的邻接表，语句 6 的循环将沿着 v 的邻接表找出所有与 v 邻接的顶点 w，一旦发现 w 未被访问过，语句 8 立即对 w 进行递归调用。要特别注意，dfs 是一个递归函数，每递归一次，便产生一对新变量 p 和 w。

7. 时间复杂性

设图中有 n 个顶点，m 条边，用算法 4-1（3）对图进行先深搜索，共需 $O(n+m)$时间。

语句 1 和语句 2 各花费 $O(n)$时间，分别对每个顶点初始化一次，检查一次。

对每个顶点都要调用 dfs 一次，且访问一次，所以语句 2 和语句 8 调用 dfs 的次数之和必定等于 n。每次执行 dfs 所需时间取决于语句 6 的循环执行次数，所以每次调用 dfs 花费的时间正比于顶点 v 的邻接点个数，即 v 的邻接表长度。而图的所有顶点的邻接表长度之和必定是 m（对有向图而言）或 $2m$（对无向图而言），因此语句 6 总共循环 $O(m)$次。

所以，共用 $O(n)+O(m)=O(n+m)$时间。

4.3.2　先深搜索的应用

对无向图的先深搜索可以用来，判断是否连通，找出连通分量，找出关节点和双连通分量，找出生成树或生成林等。

对有向图的先深搜索可以用来，找出强连通分量，或判断图中是否存在回路等。

下面介绍其中几宗简单的应用，其实现程序只要对算法 4-1（3）略加修改即可。

例 4-1 求无向图的连通分量。

只需对算法 4-1（3）进行两处修改：一处在主控函数中，另一处在搜索函数中。

1）每当语句 2 选出一个搜索起点，便是一个连通分量的开始，使用计数器 k，记录连通分量个数。

2）将语句 3 “visit(v);” 改为输出顶点 v。

算法 4-2 求无向图的连通分量的算法。

这里只给出修改后的主控函数。

```
void dfsmain( )
{   int v,k=0;
1.  for(v=0;v<n;v++)L[v].mark=0;              //对顶点作未访问标记
2.  for(v=0;v<n;v++)
        if(L[v].mark==0)
        {       k++;
                printf("第  %d   个连通分量的顶点集为：\n {",k};
                dfs(v);
                printf(" )\n");
        }
}
```

例如，算法 4-2 作用于图 4-17 中的无向图，输出结果为：

第 1 个连通分量的顶点集为：

{ABDHE}

第 2 个连通分量的顶点集为：

{CFG}

算法 4-2 也能用于判断无向图是否连通，显然，如果计算结果 k 的值等于 1，表明该图是连通的，否则（k>1）是不连通的。

例 4-2 求无向图的先深生成树（或先深生成林）。

求解此问题首先需要考虑如何存储生成树（或生成林）。有两种简单的存储方式：一种是用树边集表示，另一种是用 3.1.4 节介绍的“父亲链接法”。

存储树边集只要使用一个数组，数组的每个元素存储一条树边的两个顶点。

用父亲链域法，只要在邻接表的表头结点中增加一个父亲链域 father。

算法 4-3 求无向图的先深生成树（或生成林）的算法。

主控函数基本不变，将搜索函数中的语句 8 改为：

```
if(!L[w].mark)
```

```
    {
        将（v，w）加进树边集;
        dfs(w);
    }
```

如果希望用父亲链域法存储生成树（林），只要将语句："将（v，w）加进树边集;"换成：

```
L[w].father=v;          //置 v 是 w 的父亲
```

对上述算法进一步修改，可以求出回边集。

例 4-3 判断有向图是否存在回路。

如果在先深搜索过程中发现回边，则图中必定存在回路，否则没有回路。

下面分析如何辨别树边、回边、向前边和交叉边。

在执行调用 dfs(v)的过程当中，发现 w 是 v 的一个邻接点，即存在边<v，w>：

- 如果<v，w>是树边，v 是 w 之父，引起递归调用 dfs(w)，w 尚未访问过。
- 如果<v，w>是向前边，v 是 w 的祖先。此时，w 已经访问过，且 dfs(w)已经终止。
- 如果<v，w>是交叉边，v 和 w 没有祖孙关系，v 在 w 之右，w 已经访问过，且 dfs(w)已经终止。
- 如果<v，w>是回边，w 是 v 的祖先，w 已经访问过，但 dfs(w)尚未终止。

可见，只要 w 已经访问过，且 dfs(w)尚未终止，则<v，w>必是回边。

按照这一分析，对访问否标记 mark 作如下规定。

如果 L[v].mark=0，则表示 v 尚未访问过。

如果 L[v].mark=1，则表示 v 已经访问过，但 dfs(v)尚未终止。

如果 L[v].mark=2，则表示 v 已经访问过，并且 dfs(v)已经终止。

- 在调用 dfs(v)之前，置 L[v].mark=0。
- 在进入 dfs(v)之后，置 L[v].mark=1。
- 在将退出 dfs(v)之前，置 L[v].mark=2。

综上所述，可以设计出判断有向图是否存在回路的算法。

算法 4-4 判断有向图是否存在回路的算法。

int cycle; // cycle 是整体量，"有回路否"标记

（1）对主控函数

```
void dfs main( )
{   int v;
    cycle=0;            //清除回路标记
    for(v=0;v<n;v++)L[v].mark=0;
    for(v=0;v<n;v++)
        if(L[v].mark==0)dfs(v);
    if(cycle) printf("图中有回路\n");
    else  printf("图中没有回路\n");
```

```
    }
```

（2）对 dfs 函数语句 8 以下的部分作如下修改

```
8.  if(L[w].mark==0)dfs(w);
    else  if(L[w].mark==1) cycle=1;        //dfs(w)尚未终止，置有回路标记
9.  p=p->next;
    }
10. L[v].mark=2;                            //置 dfs(v)终止标记
    }
```

4.3.3 先广搜索

1．描述形式

图的先广搜索是树按层遍历的推广，算法描述如下：

步骤 1）将图中所有顶点作“未访问过”标记。

步骤 2）任选图中一个尚未访问过的顶点 v 作搜索起点。

步骤 3）访问 v。

步骤 4）相继地访问与 v 相邻而尚未访问的所有顶点 w_1，w_2，…，并依次访问与这些顶点相邻而尚未访问过的所有顶点。反复如此，直到找不到这样的顶点。

步骤 5）若图中尚有未访问过的顶点，则转步骤 2；否则，搜索结束。

2．示例

图 4-19 给出了先广搜索示例。图中符号含义同图 4-17。

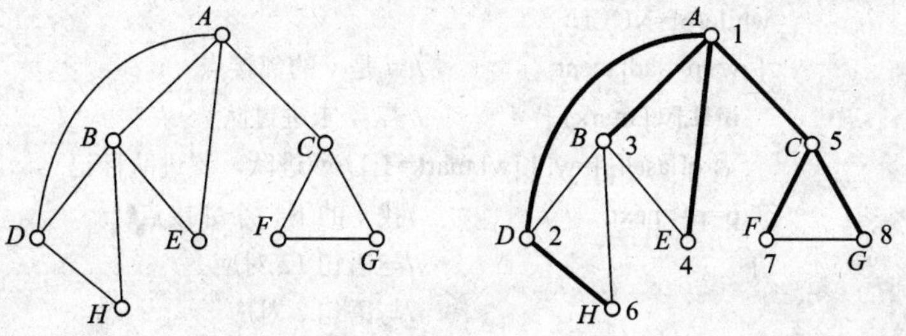

(a) 原图　　(b) 搜索路线

图 4-19　先广搜索示例

在图 4-19 中，以 A 为起点进行先广搜索，首先访问 A，接着访问与 A 相邻的各顶点 D、B、E、C。

接着访问与 D 相邻而未访问过的顶点 H。

因为 B 和 E 的邻接点都已访问过，所以下一步访问 C 的所有邻接点 F 和 G。

至此，图中的顶点已全部访问完，得到的先广遍历序列为：A，D，B，E，C，H，F，G。当然，如果图中还有未访问过的顶点，则要再选一个搜索起点，重复上述过程。

与先深搜索类似，先广搜索可得到先广生成树（林），而且结果不唯一。

通过先广搜索也能求出图的连通分量，寻找某种特定的路径等。

3．先广搜索算法的实现

实现先广搜索运算的算法，需使用一个队记录搜索路线，队中存放着等待访问的顶点。顶点的 mark 域作为是否进过队的标志。

算法 4-5 图的先广搜索算法。

给定图的邻接表，其中，顶点结点中含有“进队否”标志域 mark，未进过队的顶点，其 mark 值为 0；否则，mark 值为 1。

```
    void  bfs( )
    {  Eptr  p;
       int u,v,w,first,last,q[n];              //q 用作队列，first，last 分别是其首尾指针
1.     first=last=0;                           //队列初始化
2.     for(u=0;u<n;u++)L[u].mark=0;            //进队标记初始化
3.     for(u=0;u<n;u++)                        //找搜索起点
4.         if(!L[u].mark)                      //若 u 未进队，则选作搜索起点
5.         {   q[last++]=u;                    //u 进队
6.             L[u].mark=1;                    //置 u 进队标记
7.             while(first!=last               //当队列不空时
8.             { v=q[first++];                 //v 出队
9.               visit(v);                     //访问 v
10.              p=L[v].firstedge;             //搜索 v 的邻接点
11.              while(p!=NULL)
12.              {  w=p->adjacent;             //w 是 v 的邻接点
13.                 if(!L[w].mark)             //若 w 未进过队
14.                  { q[last++]=w; L[w].mark=1;} //w 进队，置进队标记
15.                 p=p->next;                 //找 v 的下一个邻接点
                 }                             //与语句 12 对应
             }                                 //与语句 8 对应
         }                                     //与语句 5 对应
    }
```

4．时间复杂性

同先深搜索一样，先广搜索时间复杂性也是 $O(n+m)$。n 是顶点数，m 是边数。

语句 2 用 $O(n)$时间将各顶点的 mark 域置为 0。

主体部分含有 3 层循环，外循环语句 3 执行 n 次，用于检查当前顶点是否进过队，若 u 已经进过队，则不执行循环体的其他语句。

由语句 4 和语句 13 的条件可知，只有未访问过的顶点才进队，一个顶点 v 从队中退出后就访问它（语句 8 和语句 9），以后它不能再次进队，因而进入队列的顶点总数必定是 n。这样，语句 5、8、9、10、14 执行次数总和为 $O(n)$，与对算法 4-1（3）的分析类似，语句 11 循环的总次数是 $O(m)$。

综上所述，算法 4-7 的总执行时间为 $O(n)+O(m)=O(n+m)$。

5. 两种搜索算法对照

比较两种搜索算法的实现程序，不难发现先深搜索算法结构比先广搜索算法结构好，因为先深搜索可写成递归形式，而先广搜索无法写成递归形式，这也是先深搜索更常用的原因之一。

4.4* 无向图的双连通性

4.4.1 关节点

1. 关节点的概念和示例

在无向连通图中，如果删去顶点 v 以及与 v 关联的边，图的剩余部分就变成不连通，那么，则称 v 是关节点。

如果 v、w 和 x 是互不相同的 3 个顶点，且 v 到 w 必过 x，则 x 必是关节点。

不存在关节点的无向连通图称为双连通图，也称为二连通图。

在双连通图中，任何 3 个不同顶点 v、w 和 x，都有从 v 到 w 不过 x 的路径。

判断一个图是否是双连通图，或者找出图的关节点，在交通运输、通信、军事上是相当重要的。

例如，图 4-20 中有 3 个关节点（带“*”的 A、B、J），5 个双连通分量。双连通分量是图的极大双连通子图，这里的“极大”是指在保持双连通的条件下，尽可能多地选取图中的顶点以及连接这些顶点之间的原图之边，而得到的子图。

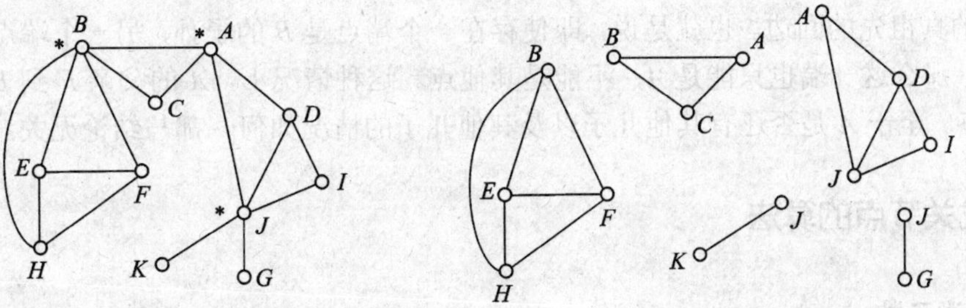

(a) 原图　　(b) 5 个双连通分量

图 4-20　无向图连通图的双连通分量示例

2. 关节点与先深生成树的关系

可以通过对无向连通图先深搜索，在构造先深生成树的同时找出其中的关节点，进而找出各双连通分量。

为简单起见，本书只讨论如何找关节点。

因为图是连通的，从任一个顶点起对图先深搜索，都能产生一棵生成树。

可以证明，顶点 v 是关节点，当且仅当：

1）v 是生成树之根，且 v 的儿子不止一个。

2）v 不是生成树的根，v 有某个儿子 s，s 的子孙中（包括 s 本身）没有关联于 v 的真祖先的回边。

限于篇幅，对上述结论不作严格证明，只是对照图 4-21 作如下说明。

图 4-21(a)说明了情况 1）——根是关节点。这里 A 是根，且 A 有 2 个儿子 B 和 C，A 是关节点。

因为不同的子树之间不可能有回边相连，所以在原图中，B 到 C 必过 A，即 A 是关节点。

另外，还可以看出，如果删除顶点 A，那么顶点 B 所在的子图与顶点 C 所在的子图必然不连通。

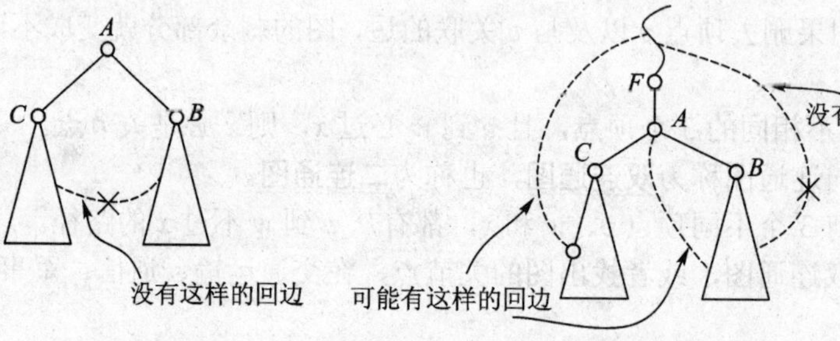

(a) 根是关节点　　(b) 非根关节点

图 4-21　无向图连通图的双先深生成树和关节点

图 4-21(b)说明了情况 2）——非根关节点。这里 A 不是根，B 是 A 的儿子，但 B 的子孙中没有到 A 的真祖先的回边。也就是说，即使存在一个端点是 B 的子孙，另一个端点不是 B 的子孙的回边，那么这一端也只能是 A，不能是其他点。这种情况下，A 的父亲 F 到 B 必过 A，故 A 是关节点。至于 A 是否还有其他儿子以及其他儿子的情况如何，都与结论无关。

4.4.2 找关节点的算法

1. 回溯函数

利用下面定义的回溯函数 low，可以找出非根关节点。

low：$v \to \{1, 2, \cdots, n\}$

顶点 v 的回溯函数值 low(v)等于从 v 或 v 的子孙，能沿着一条回边回溯到最高顶点的先深号。如果没有这样的回边，那么 low(v)等于 v 的先深号。

这里的“高”是对生成树而言的，上层顶点高于下层顶点，根最高。而顶点越高，先深号越小。

对顶点 v 进行先深搜索时，一边计算 v 的先深号，一边“分步”计算 low(v)的值。计算步骤如下：

1）刚进入 dfs(v)开始对 v 访问时，对 v 进行先深编号，并将 v 的先深号作为 low(v)的初值。

2）当发现回边（v，w），且 low(v)的值大于 w 的先深号，w 必是 v 的祖先。这时，就要调整 low(v)之值，使其等于 w 的先深编号。

3）如果 w 是 v 的一个儿子，当递归调用 dfs(w)结束时，必然返回到 v。这时 low(w)已经计算完毕。若 low(w)＜low(v)，就修改 low(v)之值，使 low(v)=low(w)。

这样，当 dfs(v)终止时，就能正确地计算出函数 low(v)之值。

设 w 是 v 的儿子，对 w 的递归调用 dfs(w)结束时，若发现 low(w)的值不小于 v 的先深号，那么，v 必定是关节点（请参见图 4-21(b)）。因为这时对 w 的子孙的搜索都已终止，并且没有发现 w 的子孙到 v 的真祖先的回边，否则 low(w)必小于 v 的先深号。

遗憾的是，low 函数不能用来判断根是否是关节点。因为根的先深编号是 1，根的任何儿子的 low 函数值都不能小于 1。但是可以通过对根的儿子计数来判定它是不是关节点。

为了配合上面的工作，邻接表的表头结点结构如图 4-22 所示。其中，域 name、mark 和 firstedge 的含义同前，域 father 用于存储顶点的父亲，域 dfnumb 用于存储顶点的先深号，域 low 用于存储顶点的回溯函数值。

name	mark	father	dfnumb	low	firstedge

图 4-22 含有 low 值的表头结点结构

2. 求关节点的算法

算法 4-6 求无向连通图关节点的算法。

算法中使用无向连通图的邻接表，以及整体量 count 和 root_sons。count 用于给顶点进行先深编号，root_sons 用于统计根的儿子个数，二者初值都为 0。即有定义：

```
int count=0,root_sons=0;
```

（1）主控函数

```
void dfsmain( )
{     int v;
      for(v=0;v<n;v++)L[v].mark=0;              //对顶点作未访问标记
      v=0;
      L[v].father=0;                            //v 是先深生成树之根
```

```
4.  dfs(v);
5.  if(root_sons>1)printf("%s\n",L[v].name);          //若根是关节点，输出根
}
```

（2）递归的搜索函数

```
void  dfs(int v)
{   Eptr   p;   int w;
6.  L[v].mark=1;
7.  L[v].low=L[v].dfnumb=++count;                   //置 v 的先深编号和 low(v)的初值
8.  p= L[v].firstedge;
9.  while(p)
10. {   w=p->adjacent;
11.  if(L[w].mark==0)
12.  {    dfs(w);                                    //递归调用，w 作 v 的儿子
       //注意，这时对 w 的递归调用 dfs(w)结束，正确地计算出 low(w)的值
13.       if(L[v].dfnumb==1) root_sons ++;           //若 v 是根，根的儿子计数加 1
14.       else                                       //v 不是根
15.         if(L[w].low>=L[v].dfnumb)                //发现 v 是关节点
16.            if(v 没被输出过) printf("%s\n", L[v].name);   //输出关节点名
17.       if(L[v].low> L[w].low)L[v].low=L[w].low;
            //使父亲 v 的 low 值不大于儿子 w 的 low 值
     }                                               //与句 11 的 if 对应
     else                                            //L[w].mark 不等于 0，表示 w 已被访问过
18.     if(L[v].father!=w && L[v].low> L[w].dfnumb)
19.        L[v].low=L[w].dfnumb;
          //若 w 不是 v 的父亲，则（v，w）是回边
20.   p=p->next;
   }                                                 //与句 9 的 while 循环对应
}
```

注意，语句 16 之所以带有条件“if（v 没被输出过）”，是为了避免同一个关节点输出多次。因为，若 v 不是根，且 v 有两个儿子 $w1$ 和 $w2$ 都满足如图 4-21(b)所示的情况，即 $w1$ 和 $w2$ 的子孙中都没有关联于 v 的真祖先的回边，那么，当 dfs($w1$)和 dfs($w2$)结束后，都会在语句 15 处发现 v 是关节点。如果不加限制，同一个关节点会多次输出。

实现这个条件“if(v 没被输出过)”并不困难，只要借用顶点的 mark 域，输出一个关节点后，将其 mark 域的值改为大于 1。这样，将语句 16 改为：

```
16.        if(L[v].mark==1)
```

```
{ L[v].mark++;
  printf("%s\n",L[v].name);
}
```

3. 算法跟踪示例

图 4-23 给出了算法 4-6 的跟踪步骤示例。假定顶点的搜索次序为：

ABEHFCDJKGI

这些顶点的先深号依次为 1，2，3，…。

在图 4-23 中，*A* 是生成树的根，虚线表示回边，标黑色的顶点是关节点。图中的顶点名后面的两个数字依次是它的先深号和 low 函数值。例如“*F*,5,2”表示顶点 *F* 的先深号等于 5，其 low 函数值等于 2。

可以看出，*B* 的儿子 *E* 的 low 函数值等于 2，等于 *B* 的先深号 2，所以 *B* 是关节点。

J 的两个儿子 *K* 和 *G* 的 low 函数值都大于 *J* 的先深号，故 *J* 也是关节点。

由于根 *A* 有 3 个儿子，所以 *A* 也是关节点。

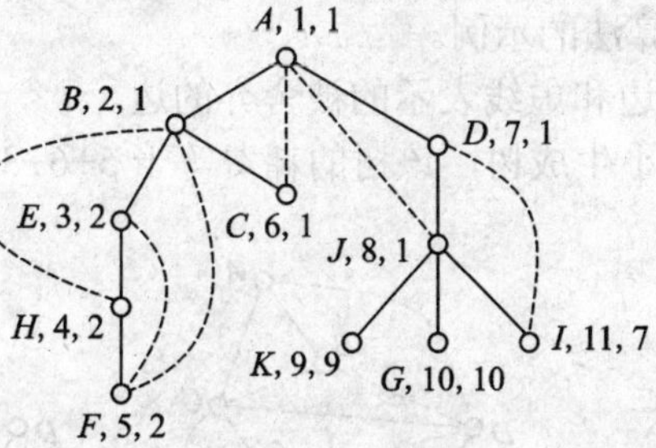

图 4-23 low 函数值的计算

对算法 4-6 略加修改即可求出双连通分量（从略）。

通过类似的方法，可以对有向图作先深搜索，求出有向图的强连通分量，本书不作介绍。

4.5 最小生成树

本节和 4.6 节介绍两个关于图的最优化问题——最小生成树和最短路径。

设 *S*=（*V*，*T*）是无向连通加权图 *G*=（*V*，*E*）的一棵生成树，*S* 的边长之和称为 *S* 的耗费，记作 *C*(*S*)。即

$$C(S)=\sum_{e\in T}C(e) \tag{4-1}$$

式（4-1）中，*e* 表示一条边，*C*(*e*)表示 *e* 的耗费，或称长度。

耗费达到最小值的生成树 *S*，称为 *G* 的**最小耗费生成树**，简称**最小生成树**。

一般情况下，*G* 的生成树不唯一，最小生成树也可能不唯一。

求最小生成树的问题具有很大的实用价值。比如，要在 *n* 个城市之间建造一个通信网、输油管道、供电网、高速公路等，常常需要从多个设计方案中选出一种方案，使工程造价最低，或使线路总长最短。

下面介绍寻找最小生成树的 **Kruskal 算法**和 Prim 算法。

4.5.1　Kruskal 算法

1．基本思想和示例

Kruskal 设计了一种简单直观的算法，其主要思想是“尽可能地选取短边”作为生成树的树边，描述如下：

按长度从小到大地依次把边加进生成树，若添加某边后形成了回路，就舍弃这条边，继续选下一条边。如此反复，直到选出 *n*–1 条边，便得到一棵最小生成树。其中，*n* 是图的顶点数。

图 4-24 给出了 Kruskal 算法的示例。

图 4-24(b)表示选出的树边和虚线表示的被舍弃的边。

图 4-24(c)是所构造的最小生成树，该树的耗费等于 5+6+8+9+10+14=52。

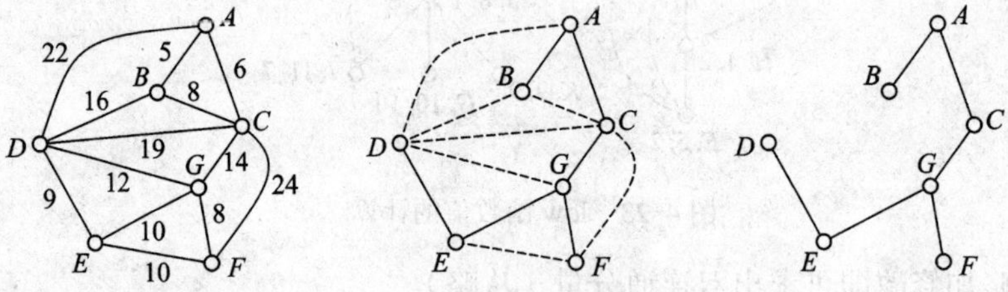

(a) 原图　　(b) 树边和回边　　(c) 生成树

图 4-24　Kruskal 算法示例

为方便起见，先按长度由小到大将边排成有序序列，再从左向右选边：

AB5，AC6，BC8，FG8，DE9，EG10，EF10，DG12，CG14　#　BD16，CD19，AD22，CF24。

序列中“AB5”表示边（*A*，*B*）长度等于 5，其余类似。带下划线的边表示选中的树边，不带下划线的边表示因造成回路而被舍弃的边。“#”号右侧的边表示用不着再考查的边，因为，至此已经构造出生成树。

读者一定能发现，如果用边（*E*，*F*）代替（*E*，*G*）作为树边，得到的生成树也是最小的。可见最小生成树不唯一。

2．原始描述形式

算法 4-7（1）　求最小生成树的 Kruskal 算法（原始描述形式）。

```
void  Kruskal(***)                          //***表示函数要求的参数
{     int et=0;                             //et 用于记录选中的边数
1.    置树边集 T 为空；
2.    while(et<n–1)                         //n 是图中的顶点数
3.    {  从 G 中选出当前最短边（v，w）；
4.       if(添此边于 T 中，不使生成树产生回路)
5.          { 把（v，w）加进 T；et++；}
6.       else   舍弃（v，w）；
      }
}
```

3. 实现方法分析

Kruskal 算法的实现有一定的难度。下面逐一分析算法 4-7（1）的每条语句如何实现，以及生成树的存储方式和图的存储方式。

（1）生成树的存储方式

涉及如何实现语句 1、语句 5 和语句 6。

可以用数组 *T* 存储生成树边，数组的一个元素存储一条树边，边结点结构如图 4-25 所示。其中，vext1 和 vext2 表示该边的两个端点，cost 表示边的长度。

语句 1 和语句 6 不需实现。

对于语句 5，只要将选中的边存储于 *T*[et]，同时将 et 加 1。

vext1	vext2	cost

图 4-25　边结点结构

（2）图的边集存储方式

涉及如何实现语句 3。

一种自然的想法是：用数组 *E*[*m*]存储图的边集（*m* 是边数），结点结构同图 4-25。像前面的示例那样，预先按边长排成有序序列。这种存储方式优点是便于选择当前最短边。缺点是要事先对边集排序。一般说来，将 *m* 条边按长度排序需要 $O(m\log m)$时间。

如果采用这种存储结构，生成树的边集可以不单独存储。只要在语句 6 处将舍弃边作“舍弃标记”，比如可将其长度改为负值。最后输出被选中的 *n*–1 条边就可以了。

由如图 4-24 所示的示例可知，排在“#”后面的那些“长”边用不着考虑，所以它们的确切次序与算法无关。因而可以不对边集进行完全排序，以节省一部分时间。

有一种称作“优先队”的结构可以实现这种用不着完全排序的想法。优先队的特点是可以方便地反复找出并删除当前最小元素。详见5.1节。

（3）如何判断回路

这是实现算法的关键，也是难点之所在。

观察如图4-24所示的示例，可以发现一个规律：将边（v，w）加进生成树之所以会造成回路，是因为顶点v和w已经被前几次选中的树边连接在一起了，也就是已经连通了。

于是，可以断定：如果在加入边（v，w）之前，顶点v和w已经通过选中的树边连通，那么再加入（v，w）必形成回路，否则必不形成回路。

这样，就将“判断回路”转化成“判连通”。

（4）如何判断连通

一种可行的方法是把顶点划分成若干个子集 V_1，V_2，…，V_k（$k \leqslant n$），使得已经相互连通的顶点处在同一集合中。若顶点v和w已在同一子集中，它们必已连通；反之，v和w当前还没连通。

具体的做法：

1）开始时，每个顶点自成一个子集。

2）每当选出一条当前最短边（v，w）时，就考查v和w是否在同一个子集中。

3）如果v和w已经在同一个子集中，就舍弃这条边。

4）若v和w不在同一个子集中，就选中这条边，将该边加入生成树的边集，同时把v所在的顶点子集与w所在的顶点子集合并成一个子集。

经进一步分析可知，上述的顶点子集 V_i 和已选中的、将 V_i 中各顶点连接在一起的边集 T_i 构成一棵“子生成树”（V_i，T_i），这些子生成树组成 G 的一个生成森林。于是，开始“每个顶点自成一个子集”就是“每个顶点自成一棵子树”，合并顶点子集就是合并两棵子树。从n棵子树开始，每选中一条最短边，就将两棵子树合并成一棵子树，森林中的树就减少一个，经 $n-1$ 遍合并，最后得到一棵生成树。

从这一角度看，Kruskal算法属于“子树合并法”。

4．子树合并法描述和示例

按照子树合并法原理，将如图4-24所示的构造最小生成树时的子树合并过程展示于图4-26。

算法4-7（2） 求最小生成树的Kruskal算法（子树合并法描述形式）。

```
void   Kruskal(***)                                   //***表示函数要求的参数
{      int et=0;
1.     每个顶点自成子树，形成 n 棵子树的生成森林；          //初始化
2.     while(et<n–1)                                  //当森林中的子树多于一棵时
3.     {   从 G 中选出当前最短边（v，w）；
4.         if(v 和 w 不在同一子树中)
```

```
5.          { 把（v，w）加进 T;        et++;
6.            将 v 所在的子树与 w 所在的子树合并成一棵子树;
            }
        }
  }
```

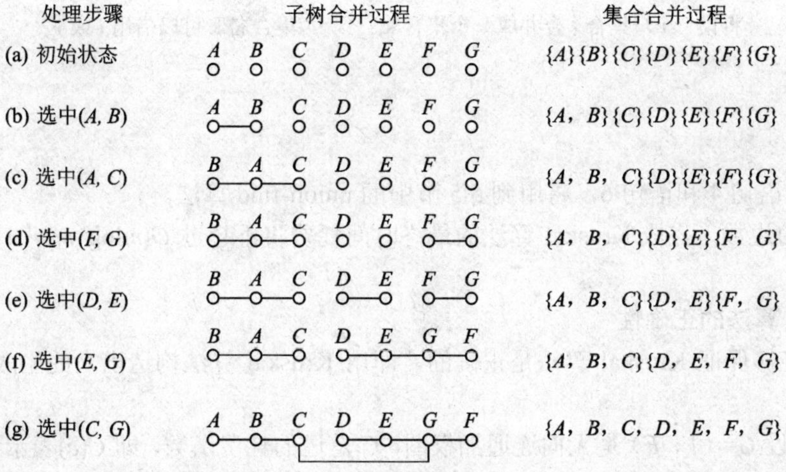

图 4-26 子树合并与集合合并示例

5. 集合合并法描述和示例

算法 4-7（2）的实现难点在于语句 4 和语句 6，即如何表示子树，如何判断顶点 v 所在的子树，以及如何将两棵子树合并成一棵子树。

一种实现方法是，用顶点集合表示子树，同一棵子树上的顶点处在同一集合中。于是：

语句 1 的“每个顶点自成子树”变成：

每个顶点自成一个集合，并给每个集合取一个名字；

语句 4 的“if(v 和 w 不在同一子树中)”变成：

找到 v 所在的集合名 i，和 w 所在的集合名 j；

if(i 不等于 j)

语句 6 的“将 v 所在的子树与 w 所在的子树合并成一棵子树”变成：

将集合 i 与集合 j 合并成一个集合 k；

图 4-26 右侧一列给出了处理过程示例。

算法 4-7（3） 求最小生成树的 Kruskal 算法（集合合并法描述形式）。

```
void   Kruskal(***)             //***表示函数要求的参数
{      int et=0;
```

```
1.    每个顶点自成一个集合，并指定集合名;
2.    while(et<n–1)
3.    {    从 G 中选出当前最短边（v，w）;
4.         找到 v 所在的集合名 i，和 w 所在的集合名 j;
           if(i!=j)
5.         {    把（v，w）加进 T;   et++;
6.              将集合 i 与集合 j 合并成一个集合 k;        //集合名 k 可以借用 i 或 j
           }
      }
}
```

进一步实现语句 4 和语句 6，将用到 5.5 节中的 union-find 算法。

设 m 是图的边数，完成 Kruskal 算法的最终时间耗费将不超过 $O(m\log m)$，具体计算步骤从略。

6. Kruskal 算法的正确性

定理 4-1 能够保证 Kruskal 算法是正确的，即用 Kruskal 算法构造出来的生成树一定是最小的。

定理 4-1 设 $G=(V, E)$ 是无向连通加权图，C 是边的耗费函数，即 $C(e)$表示边 e 的长度。设 (V_1, T_1)，(V_2, T_2)，…，(V_k, T_k) 是 G 的 k 个生成子树，它们构成了 G 的生成森林。设 $T=\bigcup_{i=1}^{k} T_i$，即当前选出的树边集。

设 $e=(v, w)$是 $E-T$ 中 $C(e)$最小的边，而且 $v\in V_i$，$w\in V-V_i$（对某个 $1\leqslant i\leqslant k$）。

那么，存在 G 的一棵包含 $T\cup\{e\}$的生成树，其耗费不大于 G 的任何包含 T 的生成树的耗费。

证明：反证法。

假设有 G 的一棵生成树 $S'=(V, T')$，其中，$T\subseteq T'$，但 $e\notin T'$，而且 S'的耗费 $C(S')$比任何包含 $T\cup\{e\}$的生成树都小。

那么，现把 e 加进 S'，由图论知识可知，形成了回路（参见图 4-27），注意，在回路上，除 e 外，都是 S'中的边。

该回路上至少存在一条边 $e'=(x, y)$，$e'\neq e$，并且，$e'\in T'$，$x\in V_i$，$y\in V-V_i$。

因为 $e=(v, w)$是连接 V_i 中某顶点和 $V-V_i$ 中某顶点的最小边，故必有

$$C(e')\geqslant C(e)$$

现在用 e 代替 S'中的 e'，得到生成树 $S1$，显然 $C(S1)\leqslant C(S')$，与假设矛盾。

该定理的含义是：每次选取连接一棵子树中的一个顶点与另一棵子树上的顶点之间的最短边，所造出的树一定最小。

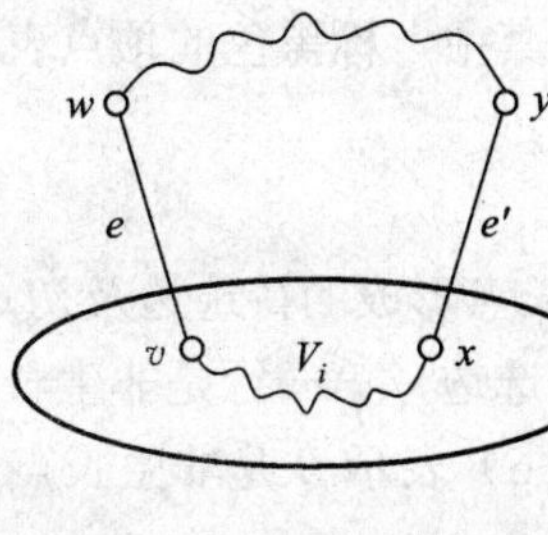

图 4-27 证明定理 4-1 的示意图

只要对生成森林中的子树个数 k，从 $k=n$ 到 $k=1$，反复应用定理 4-1，不难得出“Kruskal 算法的正确性”结论。

可以通过缩小语句 3 选短边的范围，对 Kruskal 算法进行改进，从而提高程序速度。由于涉及的数据结构过于复杂，本书从略。

4.5.2 Prim 算法

1. 基本方法和描述形式

Prim 算法采用“子树延伸”原理。从单结点树开始，沿着“最短边”一个点一个点地逐步向外生长，在构造过程中，不会产生回路，直到长满所有顶点，便得到一棵生成树。

在构造过程中，顶点被分成生长点和非生长点。凡是已经长到生成树上的顶点都是生长点，尚未长到生成树上的顶点都是非生长点。

每个非生长点都保留一条关联于某一个生长点的最短边，称为待选边。所有非生长点对应的待选边组成一个待选边表。每生长一点，就修改待选边。

算法 4-8 求最小生成树的 Prim 算法（文字描述形式）。

步骤 1）构造初始待选边表。任选一个顶点 v 作为初始生长点，对其余每个非生长点 w（共 n–1 个），将边（w，v）加进待选边表，如果边（w，v）不存在，则认为边（w，v）的长度是∞。

步骤 2）循环 n–2 遍，非生长点个数 k 从 n–1 变到 1。

① 选择树边。从待选边表中选出一条最短的待选边（u，v），这里 u 是非生长点，v 是生长点，将（u，v）从待选边表移入生成树的边集，并且将 u 作为新选出的生长点。

② 修改待选边。对剩下的每个非生长点 w，比较待选边是（w，x）与边（w，u）的长度（这里 x 是原有的生长点，u 是新选出的生长点），如果（w，u）短于边（w，x），则用（w，u）代替（w，x），作为 w 的待选边；否则，什么也不做。

2．示例

图 4-28 给出了 Prim 算法示例，其中，标黑色的顶点表示生长点，实线表示选中的树边，虚线表示待选边。

图 4-28(a)是原图。

图 4-28(b)表示选定 *A* 为初始生长点形成的待选边及初始待选边表。

待选边表中，每一列表示一条待选边，第一行是非生长点名，第二行是生长点名，第三行是该边长度。例如，第一列（*B*，*A*，6）表示 *B* 是非生长点、*A* 是生长点、边（*B*，*A*）的长度等于 6。

图 4-28(c)表示选出最短的待选边（*A*，*D*，1）作为树边，*D* 为新的生长点，及修改后的待选边表。因为边（*D*，*B*，3）的长度小于待选边（*A*，*B*，6），故用（*D*，*B*，3）代替（*A*，*B*，6）作为顶点 *B* 的待选边。类似地，用（*D*，*E*，8）代替（*A*，*E*，∞），用（*D*，*F*，2）代替（*A*，*F*，∞）。但是由于（*D*，*C*，6）的长度不小于待选边（*A*，*C*，5），故对应于 *C* 的待选边不变，仍为（*A*，*C*，5）。以后的修改类似，不再赘述。

在修改后的待选边表中，双线的左侧是已经选定的树边，右侧是修改后的待选边表。以后，每选中一条树边就将其移到待选边表的左侧，并将双线右移。

图 4-28(d)表示选出最短的待选边（*D*，*F*，2）作为树边，*F* 为新的生长点。

图 4-28(e)表示选出最短的待选边（*D*，*B*，3）作为树边，*B* 为新的生长点。

图 4-28(f)表示选出最短的待选边（*B*，*E*，2）作为树边，*E* 为新的生长点。

至此，还剩下最后一条待选边（*B*，*C*，3），用不着再选，它自然就是树边。这时候最小生成树已经构造完毕。

3．实现方法分析

实现 Prim 算法并不困难。算法中涉及的主要数据结构有图边集的存储方式、待选边表和树边集的存储方式。

树边和待选边可以共存于同一个数组，左段存储树边，右段存储待选边。如图 4-28 所给出的示例。

因为修改待选边表时，要反复比较两条边的长度，所以图边集最好采用邻接数组存储方式。又因为无向加权图的邻接矩阵是对称的，故只要存储下三角部分。

具体实现程序从略。

4．时间复杂性

步骤 1）构造初始待选边表只需 $O(n)$时间，n 是顶点数。

步骤 2）循环 $n-2$ 遍。其中，从长度为 k 的待选边表中选出一条最短边，需要 $O(k)$时间；修改待选边表，需要 $O(k)$时间。

k 从 $n-1$ 变到 0，共花费 $O(n^2)$时间。

综上所述，完成 Prim 算法共需 $O(n^2)$时间。

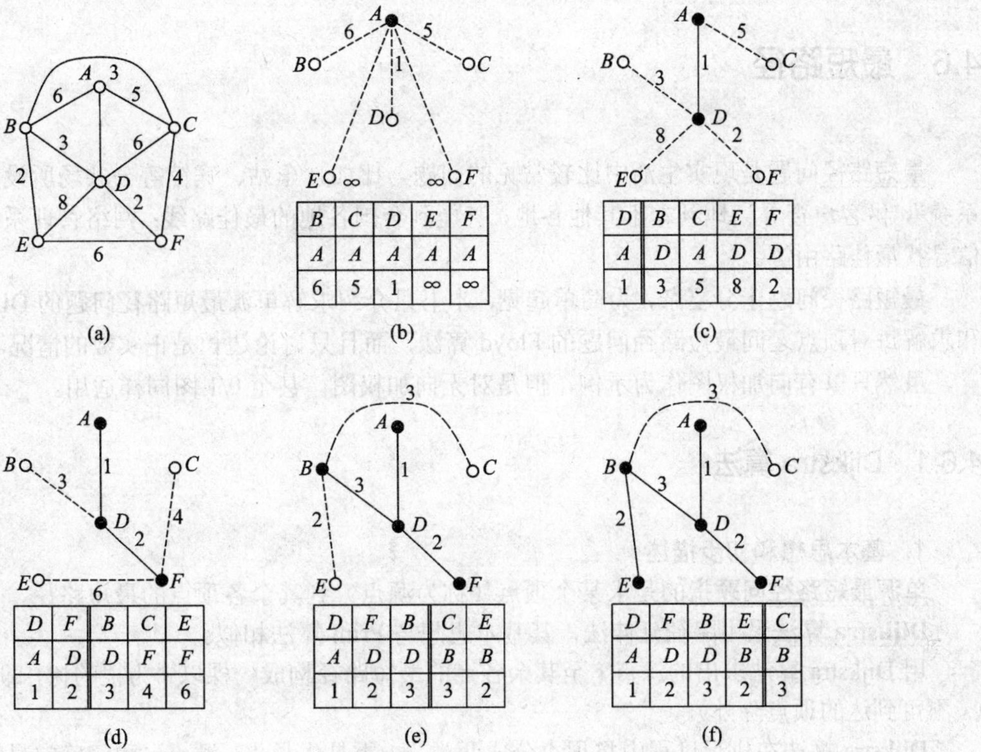

(a) 原图 (b) 初始待选边表 (c)～(f) 选出的树边及待选边表的变化

图 4-28 Prim 算法示例

5. Kruskal 算法与 Prim 算法的性能对比

1）基本思想和方法。二者主导思想都是“选短边”，但是选法不同。Kruskal 算法要在全图中选短边，而 Prim 算法只要在待选边表中选短边。

2）直观性。一个采用子树合并法，另一个采用子延伸法，相对来说，Kruskal 算法更直观些。

3）实现的难易程度。Kruskal 算法需要判断回路，而 Prim 算法不需要判断回路，从这一点来说，Kruskal 算法实现要困难些。

4）时间复杂性。Kruskal 算法的时间复杂性是 $O(m\log m)$，耗时多少主要取决于边数 m。Prim 算法的时间复杂性是 $O(n^2)$，耗时多少主要取决于顶点数 n。

从这一点上说，二者各有千秋。如果图的顶点数 n 较大，而边数 m 却很少（比如稀疏图），则 Kruskal 算法好些。反之，如果顶点数 n 较小，而边数 m 较大（比如稠密图），则 Prim 算法好些。

4.6　最短路径

最短路径问题是现实生活中比较常见的问题，比如，车站、宾馆等公共场所设置的“查询系统”，供客户查寻当地到本市其他各地，甚至到全国各地的最佳路线；网络管理系统为网络通信寻找最佳路由等。

最短路径问题十分复杂，为简单起见，本书只介绍求解单源最短路径问题的 Dijkstra 算法，和求解每对顶点之间最短路径问题的 Floyd 算法，而且只讨论边长是正实数的情况。

虽然只以有向加权图作为示例，但是对无向加权图，甚至 0/1 图同样适用。

4.6.1　Dijkstra 算法

1. 基本思想和初步描述

单源最短路径问题指的是求某个顶点（称为源点）到其余各顶点的最短路径。

Dijkstra 算法采用路径延伸法，其基本思想与 Prim 算法相似。

用 Dijkstra 算法求出的源点 s 至其余各点的最短路径构成一棵以 s 为根的树，即 Dijkstra 树（s 不可到达的顶点除外）。

Dijkstra 算法在执行过程中将顶点分成两类。一类是生长点：源点 s 和已确定最短路径的顶点。另一类是非生长点：尚未确定最短路径的顶点。起初，只有源点是生长点，其余均为非生长点。

使用一个待定路径表，源点 s 到每个非生长点 v 在表中有一条待定路径 $P(v)$，其长度为 $D(v)$。路径 $P(v)$用顶点序列表示。

算法 4-9（1）　求解单源最短路径问题的 Dijkstra 算法（文字描述形式之一）。

步骤 1）构造初始待定路径表。

对每个非生长点 v（共 $n-1$ 个），定初值：

$P(v)=sv$，$D(v)$=边$<s, v>$的长度 $C<s, v>$。s 是源点。

如果边$<s, v>$不存在，则认为其长度为∞。

步骤 2）循环 $n-2$ 遍。

① 选择最短的待定路径。

从待定路径表中选出一条最短的，设其为 s 到 v 的路径 $P(v)$，其长度为 $D(v)$，该路径便是 s 到 v 的最短路径，v 变成为新的生长点。

② 修改待定路径表。

对剩下的每个非生长点 w，设其当前待定路径为 $P(w)$，长度为 $D(w)$。

比较 $D(w)$与 $D(v)+C<v, w>$的大小，这里的 v 是新生长点。如果 $D(w)\leqslant D(v)+C<v, w>$什么也不做；否则，将 $D(w)$改为 $D(v)+C<v, w>$，同时将 $P(w)$改为 $P(v)$接 w，表示从 s

到 v 后再到 w，比原来从 s 到 w（不过 v）更短。

2. 示例

在图 4-29 给出的示例中，F 为源点，粗线条表示已经选出的最短路径；待定路径表中，带下划线的表示当前选出的最短路径。最后一步（请参见图 4-29(f)），剩下的待定路径“$P(A)=FBEA$”实际上也就是 F 到 A 的最短路径。

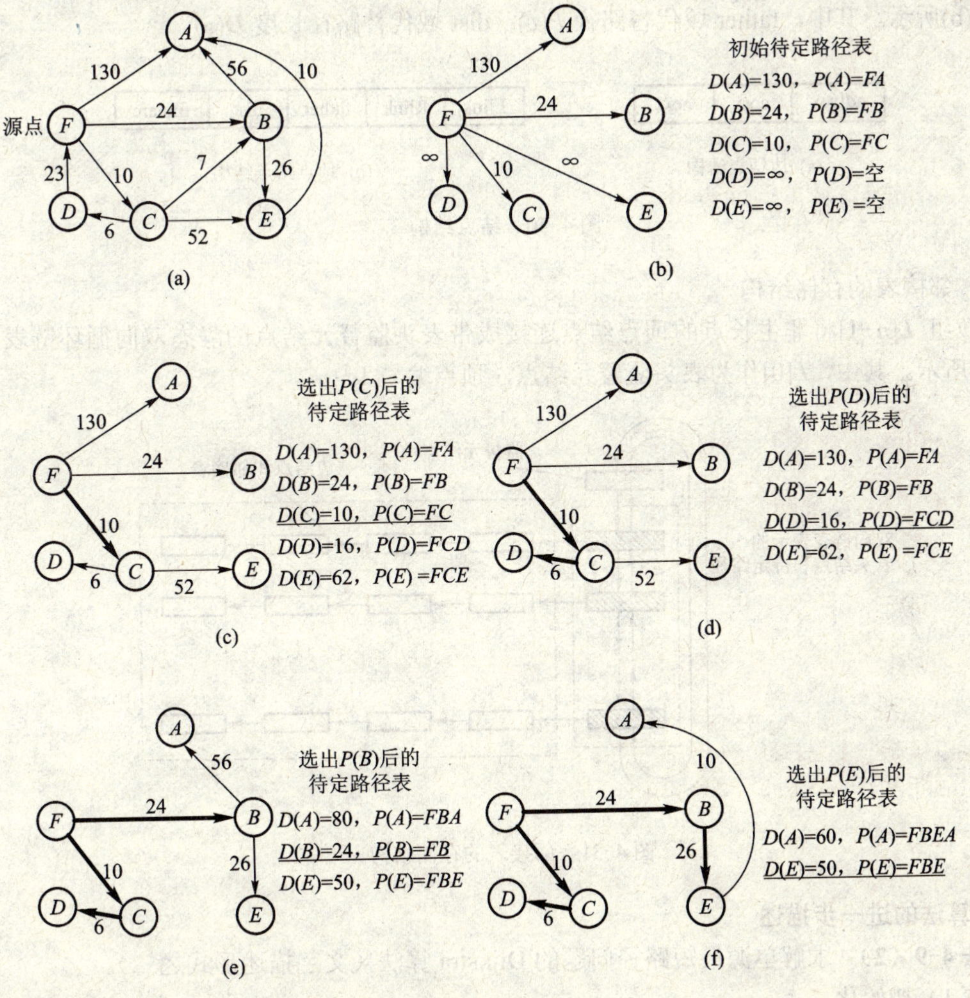

(a) 原图 (b) 初始待定路径 (c)～(f) 待定路径的变化

图 4-29 Dijkstra 算法示例

3. 实现算法的存储结构

图可用邻接表存储，其中：

（1）边结点结构

与一般加权图相同，边结点含有邻接点域 adjvex、边长度域 cost 和指向下一个边结点的指针域 next。边结点结构如图 4-30(a)所示。不过，对于 0/1 图，cost 域可省略。

（2）顶点结点结构

顶点结点含有：记住最短路径树上的父结点的 father 域，最短路径长度 dist 域，指向邻接表的第一个边结点的 firstarc 域，以及顶点结点的双向链域 Llink 和 Rlink。顶点结点结构如图 4-30(b)所示。其中，father 域代替路径 $P(v)$；dist 域代替路径长度 $D(v)$。

(a) 边结点结构　　(b) 顶点结点结构

图 4-30　结点结构

（3）邻接表的存储结构

用数组 $L[n+1]$将非生长点的顶点结点连接成带表头监督元结点的静态双向循环链表，如图 4-31 所示。其中，$L[0]$作为表头监督元结点，顶点编号 $1\sim n$。

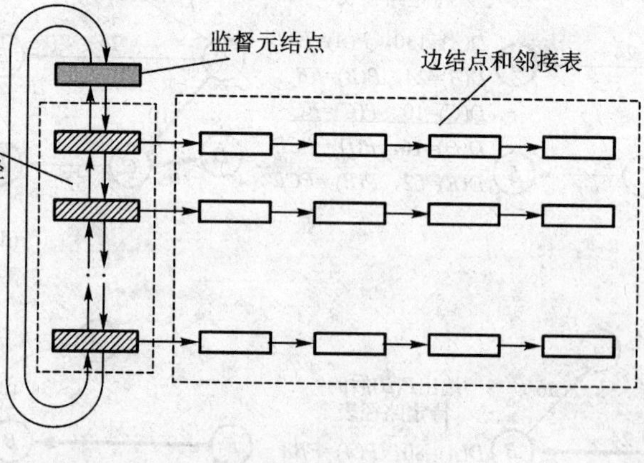

图 4-31　邻接表的存储结构

4．算法的进一步描述

算法 4-9（2） 求解单源最短路径问题的 Dijkstra 算法（文字描述形式之二）。

步骤 1）初始化。

① 将图的 n 个顶点结点连接成初始双向链表，并置其 dist 域值为无穷大，father 域值为源点 s。

② 将源点 s 从双向链表中删除。沿着 s 的邻接表，将 s 各邻接点 v 的 dist 域置为边$<s, v>$的长度。

步骤 2）循环 $n-2$ 遍。

① 沿着双向链表找出 dist 域值最小的顶点 v，设 v 的 dist 域值为 x。将 v 从双向链表中删除。

② 沿着 v 的邻接表，找出 v 的各邻接点 w，如果 w 的 dist 域值不大于 $x+C<v, w>$，则什么也不做；否则，将 w 的 dist 域改为 $x+C<v, w>$，并将 w 的 father 域值改为 v。

步骤 3）输出源点到其余各顶点的最短路径，及其长度。

对各顶点 v，先输出 v；然后从 v 的 father 域找到其父亲（设其为 w_1），输出 w_1，再从 w_1 的 father 域找到其父亲（设其 w_2），输出 w_2……，最后追溯到源点 s，这个追溯序列之逆便是 s 到 v 的最短路径。

5. 初始化程序段

```
for(v=0; v<=n; v++)
{     L[v].dist=MAXNUM;                    //MAXNUM 是一个无穷大数值
      L[v].father=s;
      L[v].Llink=v–1;
      L[v].Rlink=v+1;
}
L[0].Llink=n;
L[n].Rlink=0;                              //以上构造初始双向链表
L[L[s].Llink].Rlink=L[s].Rlink;
L[L[s].Rlink].Llink=L[s].Llink;            //把源点 s 链表中删去
p=L[s].firstarc;
while(p)
  { v=p–>adjvex;                           //v 是 s 的邻接点
    L[v].dist=p–>cost;
    p=p–>next;
  }
```

在执行初始化程序段之后，进行循环：反复从双向链表中找出并删除 dist 最小的顶点 v，沿 v 的邻接表 $L[v]$找到 v 的所有邻接点 w，如有必要，可修改 w 点的 dist 值和 father 值。直到求出最短路径树。

求出最短路径树之后，经过遍历最短路径树便可求出源点 s 到其余各点最短路径。

6. 时间复杂性

Dijkstra 算法的时间复杂性 $T(n)=O(n^2)$。具体计算如下：

步骤 1）初始化阶段，用 $O(n)$时间。

步骤 2）循环 $O(n)$遍，而每遍循环，找出 dist 最小值不超过 $O(n)$时间，修改待定路径也不超过 $O(n)$时间，故完成这一步不超过 $O(n^2)$时间。

步骤3）输出各最短路径，不超过 $O(n^2)$ 时间。

总共不超过 $O(n^2)$ 时间。

只要令每个顶点为源点调用 Dijkstra 算法，就可以求出每对顶点之间的最短路径，而且只要花费 $O(n^3)$ 时间。

4.6.2* Floyd 算法

Floyd 算法采用动态规划原理和逐步优化技术，求出图中每对顶点之间的最短路径。

1. 主要思想和初步描述

算法的主要思想如下：

将 n 个顶点的图 G "分解" 成 $n(n+1)/2$ 个子图，对于任何 i 和 j（i=0，1，…，n–1 和 j=0，1，…，n–1），顶点 v_i 和 v_j 对应一个子图 G_{ij}。

每一对顶点 v_i 和 v_j 都保留一条顶点限于子图 G_{ij} 中的最短路径 P_{ij}（称为待定路径），及其长度 D_{ij}。

开始时，子图 G_{ij} 中只有两个顶点 v_i 和 v_j。当 $i=j$ 时，实际上只有一个顶点。

构造过程中，不断地向子图 G_{ij} 中增加"中间过渡点"，使子图不断扩大，同时将 P_{ij} 不断地优化，始终保持在 G_{ij} 中是最短的。当图中所有 n 个顶点都作为中间过渡点加到子图 G_{ij} 中时，子图 G_{ij} 就变成了原图 G，待定路径 P_{ij} 也就变成了最终所求的 v_i 到 v_j 的最短路径。

算法 4-10（1） 求解每对顶点之间最短路径问题的 Floyd 算法（文字描述形式）。

步骤1）开始时，每个子图 G_{ij} 只含顶点 v_i 和 v_j。v_i 到 v_j 的当前最短路径就是边 $<v_i, v_j>$ 本身。当此边不存在时，可认为有一条长度为无穷大的边。

步骤2）k 从 0～n–1，执行循环体：

① 向子图 G_{ij} 中加一个"中间点" v_k。

② 比较 D_{ij} 与 $D_{ik}+D_{kj}$，如果 $D_{ik}+D_{kj}<D_{ij}$，说明从 v_i 到中间点 v_k，再由中间点 v_k 到 v_j 的路径，比 v_i 到 v_j 不经过中间点 v_k 的路径短，则修改待定路径 P_{ij} 和其长度 D_{ij}，使

$$P_{ij}=P_{ik} \text{ 接 } P_{kj}$$

$$D_{ij}=D_{ik}+D_{kj}$$

2. 进一步描述

算法 4-10（2） 求解每对顶点之间最短路径问题的 Floyd 算法（伪程序）。

```
void Floyd(***)                    //"***"表示必要的参数
{ int i,j,k;
    //初始化阶段
   for(i=0;i<n;i++)
      for(j=0; j<n;j++)
      {  Dij=边<vi，vj>的长度;
```

```
        if(Dij 不是无穷大) Pij=vi 接 vj; else   Pij=空;
    }
  //待定路径逐步优化阶段
    for(k=0; k<n;k++)        //加中间点 vk
      for(i=0;i<n;i++)
        for(j=0;j<n;j++)
          if(Dij>Dik+Dkj)
          {  Dij=Dik+Dkj;
             Pij=Pik 接 Pkj;
          }
}
```

3．示例

图 4-32 给出了 Floyd 算法示例。其中，将待定路径和长度表示成矩阵形式，每个小方格中，上面的数字表示路径长度，下面的顶点序列表示路径，空白表示没有路径，顶点 *A*、*B*、*C* 对应矩阵的行列号依次为 0、1、2。

图 4-32(a)是原图。

图 4-32(b)表示初始状态，没有中间点。

图 4-32(c)～图 4-32(e)分别表示依次添加 *A*、*B*、*C* 为中间点时，所求出的最短路径及其长度。若某路径长度为 0 或∞时，表示没有路径。标有“*”的路径，表示当前的路径比上一轮找出的路径更短了，本轮作了修改。

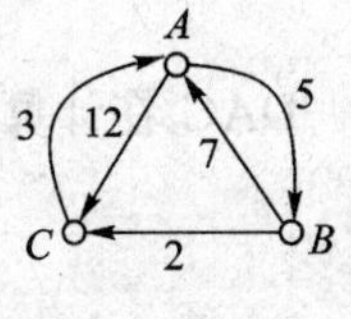

(a) 原图

0	5 *AB*	12 *AC*
7 *BA*	0	2 *BC*
3 *CA*	∞	0

(b) 无中间点（初始状态）

0	5 *AB*	12 *AC*
7 *BA*	0	2 *BC*
3 *CA*	8 *CAB**	0

(c) *A* 为中间点

0	5 *AB*	7 *ABC**
7 *BA*	0	2 *BC*
3 *CA*	8 *CAB**	0

(d) *B* 为中间点

0	5 *AB*	7 *ABC**
5 *BCA**	0	2 *BC*
3 *CA*	8 *CAB**	0

(e) *C* 为中间点

图 4-32 Floyd 算法示例

4．时间复杂性和空间复杂性

（1）时间复杂性

初始阶段，语句 1～4 花费 $O(n^2)$时间。

语句 5、6、7 是三重循环，内循环体语句 8～10 执行总次数为 $O(n^3)$。

只要选择便于首尾相接的结构存储路径 P_{ij}，使语句 9 和语句 10 可以在 $O(1)$时间内完成，那么，算法的时间复杂性为 $T(n)=O(n^3)$。

（2）空间复杂性

算法中共用到 3 个矩阵：图的邻接矩阵、路径长度矩阵、路径矩阵。参见图 4-32，图中将路径长度矩阵和路径矩阵画在一起，以便于阅读。

邻接矩阵是原始数据，占 $O(n^2)$空间。

路径长度矩阵占 $O(n^2)$空间。

路径矩阵的每个单元是一条路径，即顶点序列，每条路径长度可达 $O(n)$，所以 n^2 条路径共占 $O(n^3)$空间。

为了便于路径的首尾相接，路径最好采用带表头指针和表尾指针的链表表示，相接只用 $O(1)$时间。于是，n^2 条路径的首尾指针各占 $O(n^2)$空间。

于是，空间复杂性为 $O(n^3)$。

4.7 有向无回路图

4.7.1 基本概念

顾名思义，不含回路的有向图称有向无回路图，简称 DAG。DAG 在计算机系统及工程管理等领域中有着重要作用。

下面介绍 DAG 的几个简单应用。

1．存储表达式

编译系统常将表达式存储成二叉树或 DAG。例如图 4-33 存储的表达式：

$$(a+b)*b*(c+d)-(a+b)/e+e/(c+d)$$

图中，方框表示出度为 0 的结点，用于存储操作数，圆圈表示的结点用于存储运算符。

从图 4-33 可以看出，表达式的 DAG 存储形式是二叉树的“变种”，只是将公共项合并成一个结点（与广义表有点相似），由于它是从二叉树演变而来的，不妨称其为“二叉 DAG”，即每个顶点的出度或为 0，或为 2。

公共项共享的好处在于，不仅节约存储空间，而且避免了许多重复计算。

读者一定能发现，DAG 中的顶点数比二叉树中的结点数几乎减少一半，边数也减少很多。

完成表达式计算的存储量和运算量都减少了。显然，表达式用 DAG 存储比用二叉树存储在某些方面优越些。

用二叉树存储时，通过后序遍历可以完成表达式的求值计算。同样，也能对二叉 DAG 进行“后序遍历”完成求值计算。

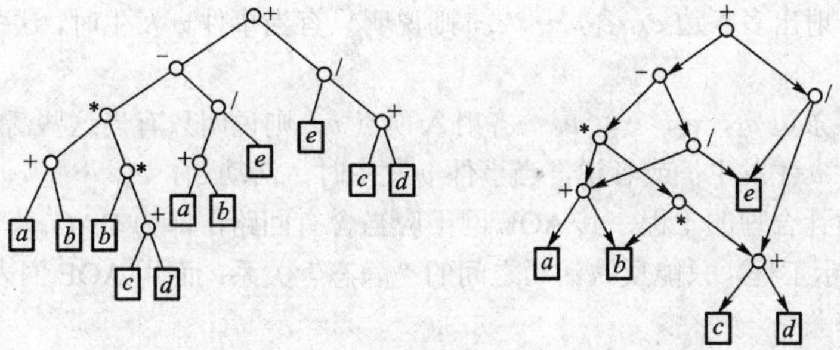

(a) 存储表达式的二叉树　　(b) 存储表达式的 DAG

图 4-33　表达式的存储形式

2. 有根 DAG

如果 DAG 中有一个顶点 r 到其余各顶点都有路径，则称该 DAG 是有根 DAG，r 则是其根。图 4-33(b)就是有根 DAG。

大多数 DAG 都可以转化成有根 DAG，因为 DAG 中至少存在一个顶点其入度为 0。若所有顶点入度都不为 0，则必有回路。

如果一个 DAG 只有一个入度为 0 顶点 r，那么 r 必是其根。

如果一个 DAG 存在多个入度为 0 的顶点，那么，只要增加一个顶点 r，并使 r 到其余各入度为 0 顶点都有一条边。

下面的 AOV 网和 AOE 网都可以视作有根 DAG。

3. AOV 网

一个工程，通常可分成若干工序，每个工序称为一个活动。每个活动都在一定的条件下，比如某些活动结束之后才能开始，并持续一段时间而结束。把影响一个活动开始的那些活动，称为该活动的“前驱活动”，或先决条件。显然，每个活动都不能直接，或间接的以自己为先决条件，否则工程不能进行。

有两种表示工程的 DAG：**AOV 网**和 **AOE 网**。

在 AOV 网中，顶点表示活动，边表示活动之间的相互次序关系。

例如，可以用 AOV 描述某专业教学课程计划安排。一门课程作为一个活动，有些课程要求在其他课程开设之后才能开设。在不考虑几门课程同时开设的前提下，任何两门课程，比如，课程 A 和课程 B 不能直接或间接的互为先修课，否则该计划无法实施。

4. AOE 网

在 AOE 网中，边表示活动，顶点表示活动开始、结束等事件。

如果每条边 e 都带有实数权 $C(e)$表示活动的持续时间，即完成活动 e 所需的时间，比如天数。这样的 AOE 网就是一个加权图。

一个活动 e_i 是另一个活动 e_j 的先决条件，当且仅当，边 e_i 之头是边 e_j 之尾。

如果从顶点 v 射出多条边 e_1，e_2，…，e_k，则说明只有当事件 v 发生时，这些活动 e_1，e_2，…，e_k 才能开始。

反之，如果多条边 e_1，e_2，…，e_k 一齐射入顶点 v，则说明只有当这些活动 e_1，e_2，…，e_k 统统结束时，事件 v 才发生；或者说，当事件 v 发生时，活动 e_1，e_2，…，e_k 都已结束了。

同样，一个设计合理的工程，其 AOE 网不应当含有回路，即为 DAG。

用 AOV 网表示工程，只能反映活动之间的"静态"关系；而用 AOE 网表示工程，能够反映活动之间的动态关系。

5. DAG 的判断方法

判断一个有向图是否是 DAG 有多种方法。除了通过先深搜索寻找回边的方法外，还可以采用拓扑排序法。

4.7.2 拓扑排序

1. 基本概念

将有向图的顶点排成一个序列，使得如果 v 到 w 有路，则 v 排在 w 之前，那么这个序列称为拓扑序列。注意，并非 v 排在 w 之前，v 到 w 就一定有路。

求顶点拓扑序列的过程称为对有向图的顶点进行拓扑排序。

显然，有向图 G 存在拓扑序列，当且仅当 G 是一个 DAG。

例如，图 4-34 是表示集合 {2，4，6，8} 中元素整除关系的有向图。如果 x 可以整除 y，那么就有边$<x, y>$。这里，不考虑 x 能整除本身的情况。显然，这是一个 DAG，其顶点的拓扑序列为：

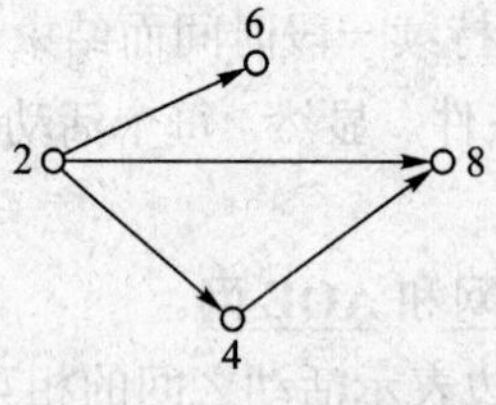

图 4-34 表示整除关系的 DAG

2，4，6，8

或

2，6，4，8

一般情况下，一个 DAG 的拓扑序列不是唯一的。

2. 拓扑排序算法

算法 4-11（1） 拓扑排序算法（文字描述形式）。

步骤 1）当图中存在入度为 0 的顶点时，循环执行：

① 任选一个入度为 0 的顶点 v，输出 v。

② 删去 v，以及 v 射出的边。

步骤 2）循环终止时，如果已输出图的全部顶点，那么就得到一个拓扑序列；否则，表明图中有回路，该图不存在拓扑序列。

实际上，算法 4-11（1）也是对图的一种遍历。

3. 示例

图 4-35 给出了存在拓扑序列的示例。图中，黑色点表示入度为 0 的顶点，最终求出的拓扑序列是：*ACDBEGF*。

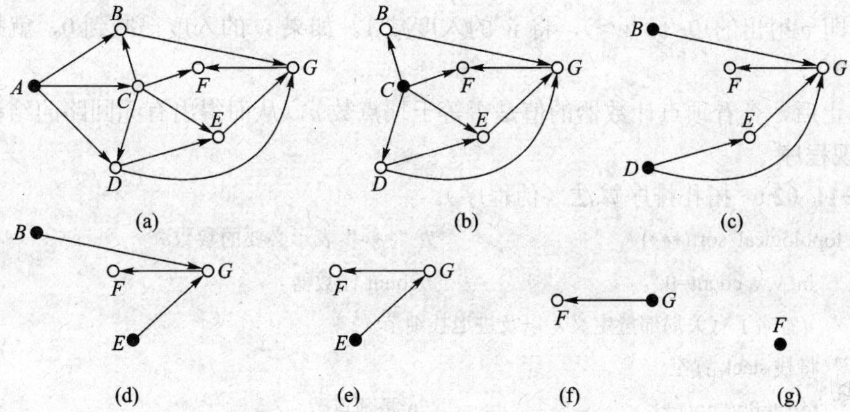

(a) 原图 (b)～(g)依次删除 A、C、D、B、E、G

图 4-35 拓扑排序算法示例之一（存在拓扑序列）

在图 4-35(c)和图 4-35(d)中，均有两个入度为 0 的顶点，无论先输出哪一个都可以得到一个拓扑序列，但是不同的输出次序，产生的拓扑序列不同。这进一步说明了拓扑序列不唯一。

图 4-36 给出了不存在拓扑序列的示例。该图与图 4-35 只有一处不同，即 *DG* 之间的边的方向不同。用算法 4-11（1）对其拓扑排序时，在图 4-36(d)中，因找不到入度为 0 的点而结束，但由于顶点没输出完，故不存在拓扑序列。

4. 实现方法

图用邻接表存储，每个顶点结点含有入度域 indegree。在构造邻接表的同时，可以计算出

各顶点 v 的 indegree 值。

使用一个“零度表”存放入度为 0 的顶点。对邻接表进行一遍扫描，把所有入度为 0 的顶点置入零度表中。零度表最好采用栈结构，或队结构。

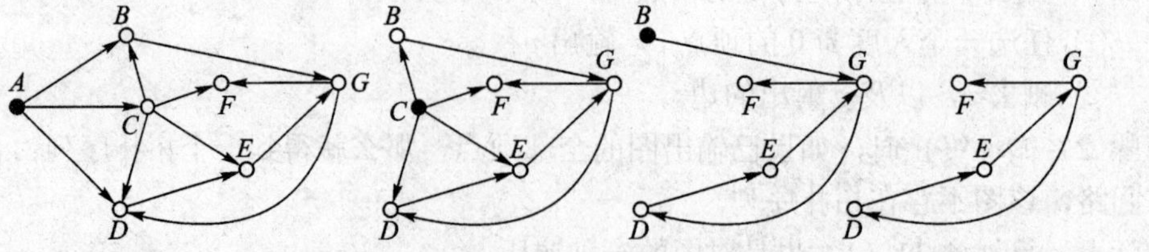

(a) 原图　(b) 删除 A　(c) 删除 C　(d) 删除 B（算法终止）

图 4-36 拓扑排序算法示例之二（不存在拓扑序列）

当零度表不空时，循环处理：

从零度表中删除一个顶点 v，将输出顶点个数的计数器加 1。沿 v 的邻接表，找到 v 的所有邻接点 w（即 v 射出的边 $<v, w>$），将 w 的入度减 1。如果 w 的入度已减到 0，就把 w 置入零度表中。

循环终止后，查看顶点计数器的值是否等于顶点数 n，从而得出有无回路的结论。

5. 实现程序

算法 4-11（2） 拓扑排序算法（伪程序）。

```
int topological_sort(***)                  //“***”表示必要的参数
{      int v,w, count=0;                   //count 计数器
       //省略了有关局部量定义，以及进退栈细节
    将栈 stack 置空;
    for(v=0;v<n;v++)                       //n 是顶点数
       if(L[v].indegree==0)将 v 推入栈 stack 中;
    while(栈 stack 不空)
    {  从栈 stack 中弹出一个顶点 v;
       输出 v;  count++;                    //输出，并计数
       p=L[v].firstarc;
       while(p!=NULL)
       {  w=p->adjvex;                      //<v,w>是一条边
          L[w].indegree--;
          if(L[w].indegree==0)将 w 推入栈 stack 中;
          p=p->next;
```

```
        }
    }
13. if(count<n) return 1;              //图中有回路
14. else   return   0;                 //图中没有回路
}
```

6．时间复杂性

容易看出，算法 4-11（2）的时间复杂性是 $O(n+m)$，其中 n 是顶点数，m 是边数。

具体计算如下：

语句 1～语句 3 用 $O(n)$时间。

语句 4～语句 12 是双重循环。语句 4 最多循环 n 次。

语句 8 的循环对每条边都处理一次，故语句 8 总共循环 $O(m)$次。每循环一次，只花费 $O(1)$ 时间，所以，语句 4～语句 12 共用 $O(n+m)$时间。

语句 13、14 只用 $O(1)$时间。

所以，算法的时间复杂性为 $O(n+m)$。

7．其他拓扑排序方法

通过先深搜索也能完成拓扑排序。

具体做法是：修改算法 4-1（3），使用一个栈记录顶点序列。算法开始时，将栈置空。在 dfs 结束处，将顶点 v 压入栈中。

如果没有发现回路，那么存储在栈中的顶点序列就是原图的一个拓扑序列。

4.7.3* 关键路径

1．源点和汇点

用 AOE 网表示的工程通常有一个入度为 0 的点，称为源点，即开始事件，和一个出度为 0 的点，称为汇点，即结束事件。

如果有多个入度为 0 的点，只要加一个虚拟源点，使这个虚拟源点到原来所有入度为 0 的点都有一条长度为 0 的边，变成只有一个源点。对存在多个出度为 0 的点的情况作类似的处理。所以只需讨论单源点和单汇点的情况。

例如，在如图 4-37 所示的 AOE 网示例中，共有 9 个事件和 11 项活动。其中，A 是源点，K 是汇点，边标注“a_1,6”表示事件名为 a_1，边长为 6，以此类推。

2．活动的前驱和后继

若存在两条首尾相接的边 $a_i=<v, w>$和 $a_j=<w, z>$，则称活动 a_i 是活动 a_j 的前驱活动，a_j 是 a_i 的后继活动。一个活动可能有多个前驱活动和多个后继活动。

显然，只有活动 a_j 的所有前驱活动都完成，事件 w 才发生（这里 w 是边 a_j 的尾），且活动 a_j 才可以开始。

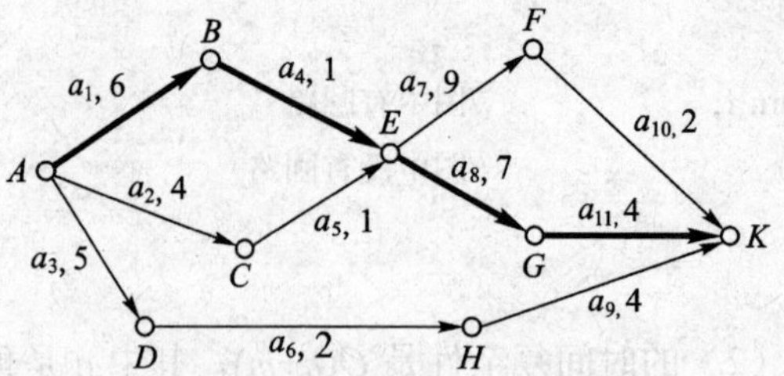

图 4-37 AOE 网的示例（粗线表示关键路径）

例如，在图 4-38 中，当活动 1、活动 2 和活动 3 都完成时，事件 w 就发生了，活动 4 和活动 5 都可以开始了。事件 w 称为活动 4 和活动 5 的触发事件。

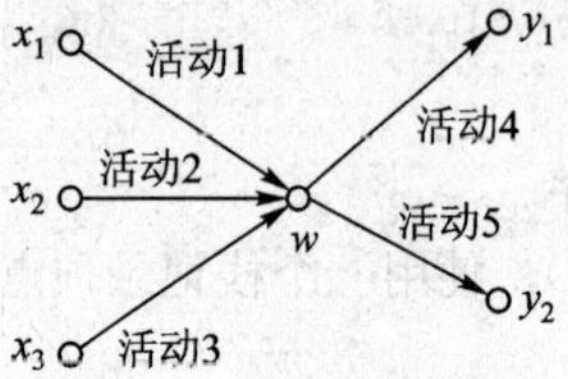

图 4-38 活动的前驱和后继

3．关键路径

设 x 是源点，y 是汇点，且规定事件 x 的发生时间为 0。

任一事件 v 的最早可发生时间等于 x 到 v 所有路径长度的最大值，记作 $e(v)$，即

$$e(v)=\max C(p) \tag{4-2}$$

式（4-2）中的 max 是对 x 到 v 的所有路径 p 取最大值，$C(p)$表示路径 p 上边长之和：

$$C(p)=\sum_{e\in p}C(e) \tag{4-3}$$

于是，完成整个工程所需的最少时间等于事件 y 的最早可发生时间 $e(y)$。

从开始事件 x 到结束事件 y 的最长路径叫做关键路径。完成工程所需最少时间等于关键路径的长度。

例如，在图 4-37 中，A 到 E 的最长路径是“ABE”，其长度等于 6+1=7，所以事件 E 的最早可发生时间等于 7。粗线表示的路径“$ABEGK$”是一条关键路径，其长度等于 6+1+7+4=18，于是，完成整个工程至少需 18 天，这里假定时间单位是天。

4. 关键活动

为使事件 v 尽可能早地发生，处于源点 x 到事件 v 的最长路径上的活动必须“刻不容缓”地进行，一旦触发事件发生便立即开始，而且应当在规定时间内完成，否则事件 v 就不能按时发生，就有可能影响整个工程的进度。

例如图 4-37 中的活动 a_4，一旦事件 B 发生，活动 a_4 必须立即开始。而对那些并不处在最长路径上的活动来说，即使稍稍推迟一些时间完成，也对工程的总进度无碍。

例如图 4-37 中的活动 a_5 和 a_2 不处在事件 E 的最长路径上，只要 a_5 在第 7 天完成，就不至于影响事件 E 的发生，由于路径“ACE”的长度等于 4+1=5，所以活动 a_2 和 a_5 可有 7–5=2 天的富余时间。

在不影响整个工程进度的前提下，事件 v 必须发生的时间称为 v 的**最迟可发生时间**，记作 $l(v)$。那么，$l(v)$应等于 $e(y)$与 v 到汇点 y 的最长路径长度之差，即

$$l(v) = e(y) - \max C(p) \tag{4-4}$$

式（4-4）中的 max 对 v 到汇点 y 所有路径 p 取最大值。

显然，$l(y)=e(y)$，$l(x)=e(x)=0$。

对任何边 $a_i=<v, w>$，有：

$$e(v) + C(a_i) \leqslant l(w) \tag{4-5}$$

若式（4-5）取等号，则活动 a_i 为**关键活动**；反之，若式（4-5）取小于号，则 a_i 为非关键活动。

对关键活动来说，不存在富余时间。显然，关键路径上的活动都是关键活动。

找出关键活动的意义在于，可以适当地增加对关键活动的投资，相应的减少对非关键活动的投资，从而减少关键活动的持续时间，缩短整个工程的工期。

5. 关键活动的求法

只要计算出各顶点 v 的 $e(v)$和 $l(v)$之值，根据式（4-5）就能找出所有的关键活动。

为了便于计算，引入下面两个递推式，其中，x 和 y 分别是源点和汇点。

$$\begin{cases} e(x) = 0 \\ e(v) = \max(e(w) + C < w,v >) \qquad (v \neq x) \end{cases} \tag{4-6}$$

式（4-6）中的 max 对所有射入 v 的边$<w, v>$取最大值。

$$\begin{cases} l(y) = e(y) \\ l(v) = \min(l(w) - C < v,w >) \qquad (v \neq y) \end{cases} \tag{4-7}$$

式（4-7）中的 min 对 v 射出的所有边$<v, w>$取最小值。

图 4-39 给出了对式（4-6）和式（4-7）的解释。

对于图 4-39(a)，事件 a、b、c 是事件 v 的前驱事件。设它们的最早可发生时间 $e(a)$、$e(b)$ 和 $e(c)$都已求出，那么 v 的最早可发生时间 $e(v)$必定为：

$e(a)+C<a, v>$

$e(b)+C<b, v>$

$e(c)+C<c, v>$

三者中的最大值。如果 v 有更多个前驱事件，求法类似。

只要从源点 x 起，按照顶点的拓扑次序，反复运用递推式（4-6），即可求出各顶点 v 的 $e(v)$ 之值。

(a) 事件 a、b、c 是事件 v 的前驱事件　　(b) 事件 a、b、c 是事件 v 的后继事件

图 4-39　计算 $e(w)$和 $l(v)$的递推式含义示意图

对于图 4-39(b)，事件 a、b、c 是事件 v 的后继事件。设它们的最迟可发生时间 $l(a)$、$l(b)$ 和 $l(c)$都已求出，那么 v 的最迟可发生时间 $l(v)$必定为：

$l(a)-C<v, a>$

$l(b)-C<v, b>$

$l(c)-C<v, c>$

三者中的最小值。

只要从汇点 y 起，按照顶点的拓扑序列的逆序，反复运用递推式（4-7），即可求出各个顶点 v 的最迟可发生时间 $l(v)$之值；然后根据式（4-5），判定各有关活动是否是关键活动。

6. 求关键活动的算法

算法 4-12　求 AOE 网的关键活动的算法（文字描述形式）。

设 x 和 y 分别为源点和汇点。

步骤 1）置 $e(x)=0$;

步骤 2）进行拓扑排序。如发现回路，出错，工程无法进行；否则继续下一步。

步骤 3）按顶点的拓扑次序，反复用式（4-6），计算各 $e(v)$之值。

步骤 4）置 $l(y)=e(y)$;

步骤 5）按顶点拓扑次序之逆，对每个顶点 v:

① 用式（4-7）计算各 $l(v)$之值。

② 对 v 射出的每一条边 $<v, w>$，检查式（4-5）是否取等于号，若是，则表明该边所

对应的活动是关键活动（输出该边的有关信息）。

实际上，步骤 2 和步骤 3 可以合在一起完成，即一边对顶点进行拓扑排序，一边求出各 $e(v)$ 之值。

7．示例

在如图 4-40 所示的示例中，边上的数字表示边长度（对应活动的持续时间）。各 $e(v)$ 值和 $l(v)$ 值标在顶点附近，前者为 $e(v)$ 值，后者为 $l(v)$ 值。粗线标出了关键活动和关键路径。

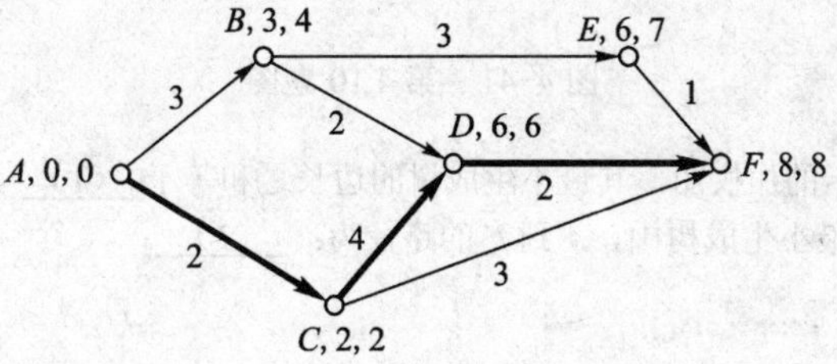

图 4-40　求关键活动的算法的示例

习题

[填空题]

4.1　对于有向边<v，w>，__（1）__是头，__（2）__是尾，__（3）__是__（4）__的邻接点。

4.2　有向边用来表示__（1）__关系，无向边用来表示__（2）__。加权边的权通常不满足__（3）__，这样的图属于__（4）__结构图。边的权__（5）__为负值（回答：可以/不可以）。

4.3　n 个顶点的有向图中，顶点的最大度数等于__（1）__，最大入度等于__（2）__。

4.4　如果顶点 v 到顶点 w 之间存在一条路径，则称__（1）__。对于无向图，如果__（2）__，则是连通图。对于有向图，若 v 到 w 和 w 到 v 均有路，则称__（3）__，若__（4）__，则是强连通图。

4.5　无向图 G 的连通分量是__________。

4.6　对于 0/1 图，路径的长度等于__（1）__；对于加权图路径的长度等于__（2）__。

4.7　__（1）__的生成树称为最小生成树，最小生成树通常__（2）__唯一的（回答：是/不是）。

4.8　通过对无向图进行先深搜索，可以判断该图是否是__（1）__图，__（2）__图，或找出图的__（3）__，__（4）__。

4.9　通过对有向图进行先深搜索，可以判断该图是否是__（1）__图，__（2）__图，或找出图的__（3）__。

4.10　对于如图 4-41 所示的有向图：

从 A 起对图进行先深搜索时，访问的顶点序列为：__（1）__（可任选其一）。

从 A 起对图进行先广搜索时，访问的顶点序列为：__（2）__（可任选其一）。

A 到 H 的最短路径为：__（3）__。

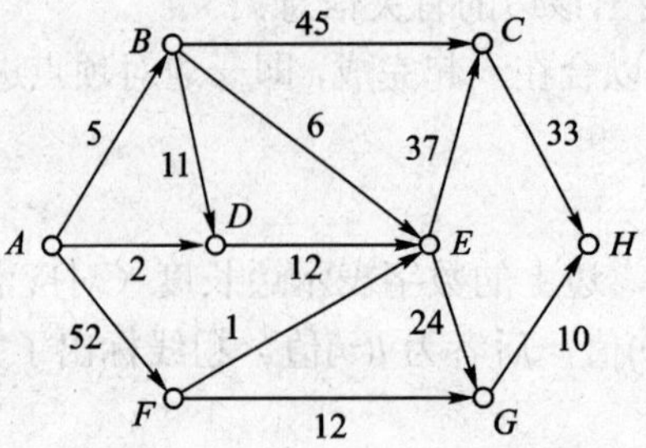

图 4-41 第 4.10 题图

4.11 对于如图 4-42 所示的加权图，其最小生成树的边长之和等于__（1）__。最小生成树中的边序列（要标出边长）为：__（2）__。在最小生成树中，*A* 到 *F* 的路径为：__（3）__。

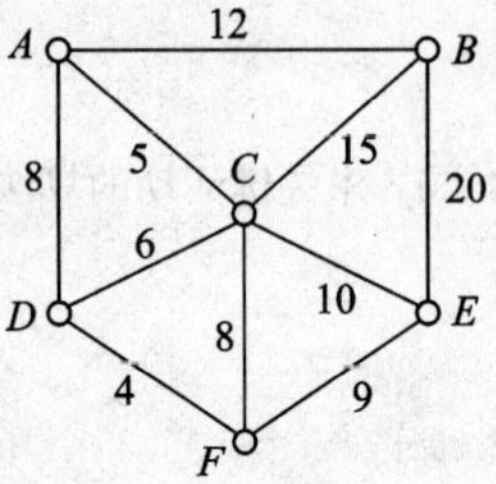

图 4-42 第 4.11 题图

4.12 对于如图 4-43 所示的加权图，用 Kruskal 算法求其最小生成树时，依次得到的树边（要标出边长）为：__（1）__。用 Prim 算法（*A* 作为初始生长点）求其最小生成树时，依次得到的树边（标出边长）为：__（2）__。最小生成树的权等于__（3）__。

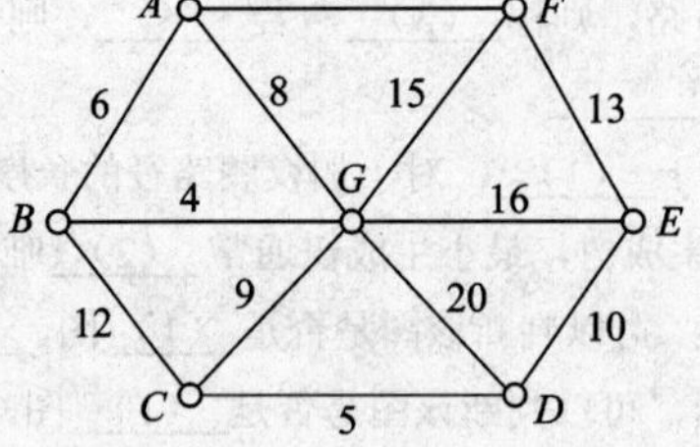

图 4-43 第 4.12 题图

[选择题]

4.13 在有向图中，所有顶点的入度之和等于所有顶点的出度之和的__（1）__倍；而无向图中，所有顶点的度数之和等于边数的 (2) 倍。

A. 1/2　　B. 1　　C. 2　　D. 4

4.14 n 个顶点的无向图至多有 (1) 条边，有向图至多有 (2) 条边。

（1）A. n^2　　B. $n^2/2$　　C. $n(n+1)/2$　　D. $n(n-1)/2$

（2）A. n^2　　B. $n(n+1)$　　C. $n(n-1)$　　D. $n^2/2$

4.15 无向图中一条回路至少含有 (1) 条边；有向图中一条回路至少含有 (2) 条边。

A. 1　　B. 2　　C. 3　　D. 4

4.16 n 个顶点的无向连通图中至少有 (1) 条边；n 个顶点的强连通图至少有 (2) 条边。

（1）A. n　　B. $n+1$　　C. $n-1$　　D. $n/2$

（2）A. n　　B. $n-1$　　C. $n+1$　　D. $n(n-1)$

4.17 对于 n 个顶点，m 条边的无向图 G，说法正确的是____。

A. 若 $m>n$，则 G 必连通

B. 若 $m<n$，则 G 必不连通

C. 若 $m \geqslant n$，则 G 中必含回路

D. 若 $m<n$，则 G 中必不含回路

4.18 具有 n 个顶点、m 条边的无向图，其邻接矩阵共有 (1) 个元素；其邻接表中，共有 (2) 个顶点结点和 (3) 个边结点。

（1）A. n　　B. $(n-1)*(n-1)$　　C. $n-1$　　D. n^2

（2）A. n　　B. $n+1$　　C. $n-1$　　D. $n+m$

（3）A. $m/2$　　B. m　　C. $2m$　　D. $n+m$

4.19 对于无向图的邻接矩阵，说法正确的是_____。

A. 第 i 行上的非零元素个数和第 i 列的非零元素个数一定相等

B. 矩阵中的非零元素个数等于图中的边数

C. 第 i 行和第 i 列上非零元素总数等于顶点 i 的度数

D. 矩阵中的非全零行的行数等于图中的顶点数

4.20 对于如图 4-44 所示的无向图，若从顶点 A 开始进行先深搜索，可得到的顶点序列之一为 (1) ；若从顶点 A 开始进行先广搜索，可得到的顶点序列之一为 (2) 。

（1）A. ABECDF　　B. ACFEBD　　C. AEBCFD　　D. AEDFCB

（2）A. ABCEDF　　B. ABCEFD　　C. AEBCFD　　D. ACFDEB

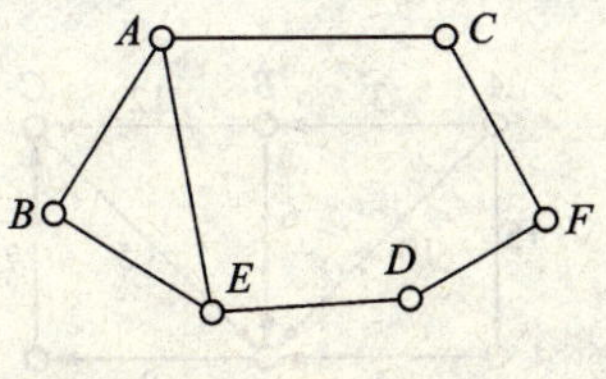

图 4-44　第 4.20 题图

4.21 对于图 4-45 所存储的有向图，从顶点 A 开始进行先深搜索，不能得到的顶点序列是 (1) ；从顶点 A 开始进行先广搜索，不能得到的顶点序列是 (2) 。

（1）A. ABCED　　B. ABCDE　　C. ACDEB　　D. ADCEB

（2）A．ABCDE　　B．ACBDE　　C．ABCED　　D．ADCEB

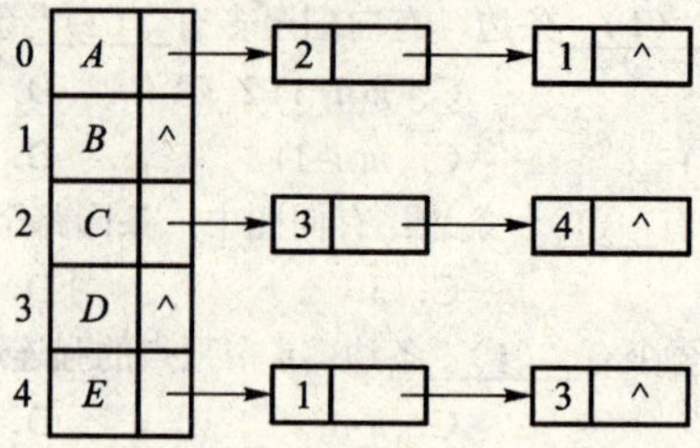

图 4-45　第 4.21 题图

4.22　图的先深搜索是二叉树＿（1）＿的推广；先广搜索是二叉树＿（2）＿的推广。

A．先序遍历　　B．中序遍历　　C．后序遍历　　D．按层遍历

4.23　对含有 k 个连通分量的无向图进行先深搜索时，主控函数中需要调用递归的搜索函数 dfs＿＿次。

A．k　　B．1　　C．k–1　　D．k+1

4.24　以下说法不正确的是＿＿。

A．对非连通的无向图不能进行先广搜索

B．实现先广搜索通常要用到队

C．实现先深搜索通常要用到栈

D．对有向图也能进行先广搜索

4.25　下面不正确的说法是＿＿。

（1）边的权不能为负的主要原因是无实际意义。

（2）Dijkstra 算法经修改后可以用于含负长度的边（但不含负回路）的加权图。

（3）用 Dijkstra 算法求每一对顶点之间最短路径的时间复杂性为 $O(n^3)$。

（4）用 Kruskal 算法与用 Prim 算法求同一个无向连通加权图的最小生成树，所得结果必然是一样的。

A．（1）（2）（3）　　B．（1）（3）

C．（1）（4）　　D．（2）（4）

4.26　用 Dijkstra 算法求图 4-46 中顶点 A 到其余各顶点的最短路径时，将按照＿＿＿的次序，依次求出 A 到它们的最短路径。

A．*BEDFC*　　B．*BEDCF*　　C．*BCEDF*　　D．*EDFCB*

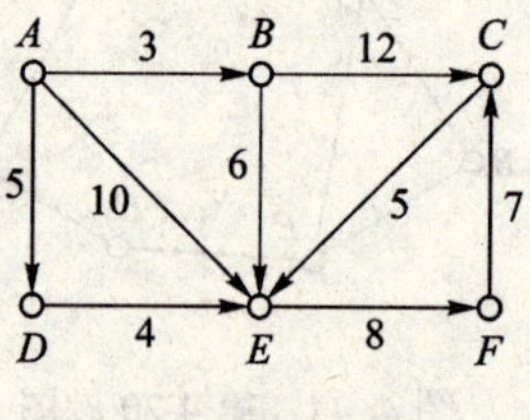

图 4-46　第 4.26 题图

4.27　用 Prim 算法，以 G 为初始生长点，求图 4-47 的最小生成树时，依次得到的树边为：＿＿。

A．*GB*4、*BC*2、*AB*3、*CD*5、*ED*10、*EF*9

B．*BC*2、*AB*3、*GB*4、*CD*5、*EF*9、*ED*10

C．*GB*4、*BC*2、*CD*5、*ED*10、*EF*9、*AB*3

D．*AB*3、*BC*2、*GB*4、*CD*5、*ED*10、*EF*9

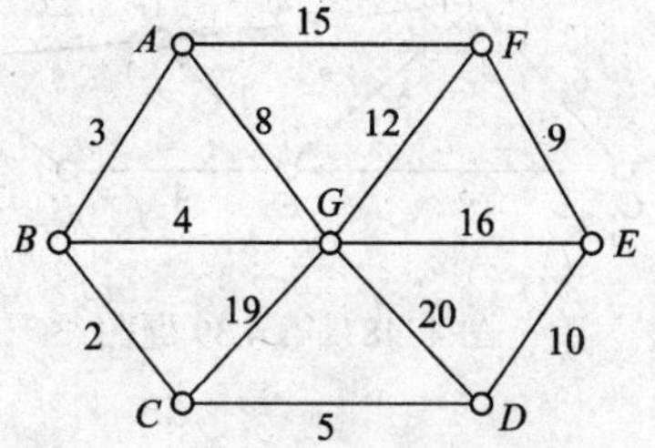

图 4-47　第 4.27 题图

4.28　下面不正确的说法是____。

（1）不存在回路的有向图是 DAG

（2）算法 4-11（2）只能作用于 DAG

（3）AOV 属于 DAG，而 AOE 不属于 DAG

（4）可以通过先深搜索求出有向图的拓扑序列

A．（1）（2）　　B．（1）（3）

C．（1）（4）　　D．（2）（4）

[基本概念题]

4.29　参照图 2-43，画出图 4-2 中有向图 *G*2 的正交邻接表，并写出正交邻接表存储结构的类型定义，其中表头结点应含有出度域和入度域。

4.30　画出图 4-1 中的无向图 *G*1 的邻接多重表，并写出邻接多重表存储结构的类型定义。

4.31　证明：可对有向图的顶点重新编号，使其邻接矩阵呈下三角形，当且仅当图中不含回路。

4.32　证明：对无向图先深搜索时，不同子树之间不可能有回边相连。

4.33　证明：对有向图先深搜索时，图中有回路，当且仅当存在回边（与搜索起点的选择无关）。

4.34　证明 Prim 算法的正确性。

4.35　如果无向图 *G* 是不连通的，能否用 Kruscal 算法和 Prim 算法求出 *G* 的最小生成森林？若能，则声明理由；若不能，请对算法作简单修改，使之“能”。

4.36*　如果图中有长度为负数的边，但没有长度为负值的回路。

（1）能否用 Dijkstra 算法求源点 *s* 到其余各顶点的最短路径？若能，请给出具体做法；若不能，请简述理由。

（2）能否对 Dijkstra 算法作简单修改，求源点 *s* 到其余各顶点的最短路径？若能，请给出具体修改方法；若不能，请简述理由。

4.37*　能否对 Dijkstra 算法作简单修改，求源点 *s* 到其余各顶点的最长路径（不含∞长度）？若能，请给出具体算法；若不能，请简述理由。

4.38　证明式（4-5）、式（4-6）、式（4-7）是成立的。

4.39　仿图 4-40，对如图 4-48 所示的 AOE 网（边上的数字代表活动持续的天数），求出各顶点 *v* 的 *e*(*v*)，*l*(*v*)之值，并找出所有的关键活动、关键路径和工程完工的最短时间。

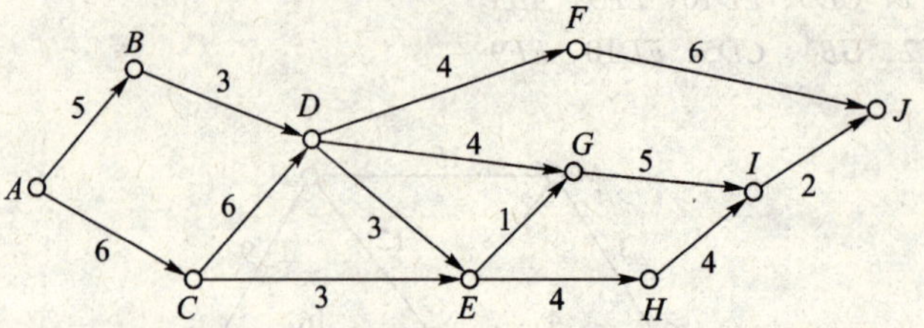

图 4-48 第 4.39 题图

[算法填空题]

4.40 函数 inputedge 输入无向加权图的边序列，构造图的二维邻接数组 $c[n][n]$，即非压缩存储结构。其中，MAX 代表无穷大元素值，n 是顶点数（均为常数）

每条边的输入数据形如：

$v \quad w \quad e$

代表边（v，w）的长度为 e。当输入的顶点编号 v 为负值时，表示输入结束。

```
void inputedge(int c[n][n])
{  int v,w, x;
   for(v=0;v<n;v++)
   { for(w=0;w<n;w++)  ____（1）_______ =MAX;
     ____（2）________ =0;
   }
   printf("请输入边及长度序列。若顶点编号小于 0，则表示输入结束\n ");
   scanf("%d%d%d",&v,&w,&x);
   while(v>=0)
   { ____（3）________ c[w][v]=x;
     ____（4）________________________;
   }
}
```

4.41 函数 inputedge2 输入无向加权图（n 个顶点）的边序列，构造图的一维邻接数组 $c[n]$，即压缩存储结构。其中，MAX 代表无穷大元素值，n 是顶点数（均为常数）。

每条边的输入数据形如：

$v \quad w \quad e$

代表边（v，w）的长度为 e。当输入的顶点编号 v 为负值时，表示输入结束。

```
void inputedge2(int c[ ])
{  int v,w,x,i,k;
   k=n*(n–1)/2;
   for(i=0;i<k;i++) ____（1）______ =MAX;
   printf("请输入边及长度序列。若顶点编号小于 0，则表示输入结束\n ");
   scanf("%d%d%d",&v,&w,&x);
   while(v>=0)
```

```
    { k=___（2）_______________;
      c[k]=___（3）_____;
      ___（4）_____________;
    }
}
```

4.42 函数 adjlists 由输入的边序列，构造具有 *n* 个顶点有向图的邻接表。

一条边由其两个端点的编号组成，当输入的编号小于 0 时，表示输入结束。

例如，输入序列：

0 1　1 2　2 0　0 3　3 2　–1　–1

表示图中含有边(0,1)，(1,2)，(2,0)，(0,3)，(3,2)，而(–1,–1)是输入结束标记。

设程序前面已有定义：

```
#define   M    50                    //定义最大顶点数
typedef   struct   edge_node
{   int   adjacent;
    struct edge_node   *next;
}   edge, *Eptr;
typedef   struct
{      …                          //其他域
    Eptr   firstarc;
}hnode;
hnode     L[M];         //邻接表（整体量）
void   adjlists( )
{   int v,w;
    Eptr   p;
    ____（1）_______ L[v].firstarc=NULL;        //初始化
     printf("请输入边序列。若顶点 1 的编号小于 0，则表示输入结束\n ");
    ____（2）_______;
    while(v>=0)
    { ____（3）_______;
        p–>adjacent=w;
        p–>next=____（4）_______;
        ____（5）_______;
        scanf("%d%d",&v,&w);
    }
}
```

4.43 下面的函数用于判断有向图中是否存在回路。

其中，类型定义同上题（但表头结点含有访问否标记域 mark），即形如：

```
typedef   struct
{   int   mark;
    Eptr   firstarc;
```

```
} hnode;
void  dfs_main( )
{  int v,k=0;
   cycle=0;           //整体量
   ____（1）_______L[v].mark=0;
   for(v=0;v<n;v++)
     if (L[v].mark==0)dfs(v);
   if(____（2）_______) printf("\n*** ***  图中有回路  ***  ***\n");
   else  printf("\n......  图中没有回路  ......\n");
}
void  dfs(int v)
{  Eptr  p;  int w;
   L[v].mark=1;
   ____（3）_______;
   while(p)
   {  w=p->adjacent;
      if (____（4）_______)
        dfs(w);
      else  if(____（5）_______) cycle=1;
        ____（6）_______;
   }
   L[v].mark=2;
}
```

4.44 下面的函数实现 Prim 算法，其中，图用非压缩法（即二维数组）存储。

其中，待选边的结点的类型定义为：

```
typedef  struct  edge_node
{ int  incr_vert ,vertex;
  int  cost;
}edge;
//假定顶点 0 作为初始生长点
void  Prim2(int c[M][M],int n)
{  int v,i,j,k;
   edge  t,wait[M-1];
   for (v=0;v<n-1;v++)          //顶点 0 作为初始生长点
   { ____（1）____=0;
     wait[v].vertex=v+1;
     ____（2）_______=c[0][v+1];
   }
   for(i=0;i<n-2;i++)
   { k=i;                       //找最短的待选边
```

```
        for(j=i+1;j<n-1;j++) if(____（3）________ wait[k].cost)k=j;
        t=wait[k];   wait[k]=wait[i];   wait[i]=t;
        v=____（4）________;          //v 作为新的生长点
        for(j=i+1;j<n-1;j++)
            if(____（5）________)
            {  wait[j].cost=c[v][wait[j].vertex];
                ____（6）________ =v;
            }
    }
    printf("   最小生成树的边集为：\n ");
    for(i=0;i<n-1;i++)
      printf("(%d, %d, %d)    ",wait[i].incr_vert,wait[i].vertex,wait[i].cost);
    printf("\n");
}
```

[算法设计题]

4.45 设计一个由图的顶点名到顶点编号的“名-号对照表”，其中，顶点名是字符串，顶点编号为 $0\sim n-1$，以便给定顶点名时，能够快速地查到它的编号。

包括构造“名-号对照表”的函数、由顶点名查找其编号的函数，以及相应的主调函数。

4.46 编写函数，读入无向图的边序列（每条边只能读一次），构造图的：

（1）二维邻接数组，即非压缩存储结构。

（2）一维邻接数组，即压缩存储结构。

（3）邻接表。

（4）邻接多重表。

4.47 编写函数，读入有向图的边序列，构造图的：

（1）二维邻接数组，即非压缩存储结构。

（2）邻接表。

（3）逆邻接表。

（4）*正交邻接表。

4.48 编写函数，将无向图的一维邻接数组（即压缩存储）输出成二维的邻接矩阵形式。

4.49 分别改写先深搜索和先广搜索算法：

（1）对有向图，用二维邻接数组存储。

（2）对无向图，用压缩的一维邻接数组存储。

4.50 写出算法，通过对无向图的先广搜索，求出各连通分量。

4.51 完成算法 4-3，求出无向图的先深生成树（林）。

4.52 写出算法，通过对无向连通图先深搜索构造一条回路，使图中每条边都沿正反方向各走一次。回路用顶点序列表示。

4.53 写出算法，通过对有向图先深搜索，分别输出树边集、回边集、向前边集和交叉边集。

4.54* 写出算法，通过对无向图 G 先深搜索，给边确定方向，把无向图变成有向图，并判定能否把 G 变成一个强连通的有向图。

提示：先证明能这样做，当且仅当去掉 G 中任一条边，G 仍连通。

4.55 编写函数，通过对无向图进行先深搜索，找出含有顶点 v 的回路。图用邻接表存储。

4.56 编写函数，分别用先深搜索和先广搜索，判断无向图中，顶点 v 到顶点 w 是否可达。图用邻接表存储。

4.57 写出算法，分别通过对无向图先深搜索和先广搜索，输出树边集和回边集。每条边只能输出一次。

4.58* 写出实现 Kruskal 算法的函数。图用一维数组压缩存储。

4.59 分别写出通过对存储表达式的二叉树后序遍历，和存储表达式的 DAG“后序遍历”，计算出表达式值的算法。

分含一目运算和不含一目运算两种情况。

4.60 写出算法，通过对 DAG 的顶点重新编号，使得如果顶点 v 到 w 有一条路径，那么，$v<w$（v 和 w 是顶点的新编号）。

4.61 写出算法，找出 DAG 中一条最长的路径。

4.62 写出算法，通过对有向图先深搜索，对图的顶点作拓扑排序。要声明图中是否存在回路。

4.63* 写出用 $O(m)$（m 是边数）时间，找出欧拉图的一条欧拉回路的算法。

欧拉图是每个顶点度数均为偶数的无向连通图。欧拉回路是每条边都出现一次且仅一次的回路。

[基础实验题]

4.64 全面实现先深搜索算法，包括图的输入和存储，构造名-号对照表，先深搜索的主控函数和搜索函数。其中：

（1）图用邻接表存储。

（2）输入和输出的顶点名是“外部名”（即字符串），而顶点的编号作为内部名，可根据需要指定对顶点的编号办法。

（3）图的输入是边序列，一条边对应一对顶点名（外部名字）。用边序列构造图的邻接表时，需要将外名翻译成编号。

（4）任意给定一对顶点 v 和 w（均是外部名字），通过调用先深搜索函数，作出 v 是否可达到 w 的判断，并给出 v 到 w 的一条路径（如果 v 可达到 w），或 v 不可达到 w 的信息（如果 v 不可达到 w）。

（5）分别对无向图和有序图完成上述问题。

4.65 实现 Prim 算法（图用一维数组压缩存储）。

4.66 实现 Dijkstra 算法。

4.67* 完善算法 4-6，不仅求出关节点，而且求出无向通连图的双连通分量。

提示：双连通分量用边集表示。

4.68 判定一个有向图是否是 DAG；（如果是）是否有根；（如果有根）找出它的根，并从根开始对其进行先深搜索，得到先深生成树，并指出其中的树边、向前边、交叉边。

[综合实验题]

4.69 通过对有向图的先深搜索，求出其强连通分量。

提示：仿照求无向连通图关节点和双连通分量的算法。

4.70 实现求 AOE 网关键活动的算法。

4.71 某城市在远郊区新建由若干个（比如 n 个）小区组成的居民区群，各小区之间均有道路互通。现规划在这个居民区群的某个小区中建造一所幼儿园（为这 n 个小区共用）。请为这所幼儿园设计一个选址方案（建在哪个小区），使得离幼儿园最远的小区（到幼儿园）的路程最短。

要求：用 Folyed 算法求解。

第 5 章
集合运算的数据结构

5.1 集合的基本运算

求解问题时，往往会涉及一个或多个数据集合，以及对数据集合的运算，所以，研究集合的存储表示以及实现集合运算的算法，是非常重要的。

1．基本运算

从算法设计角度看，常见的集合运算有下列 7 种。

1）查找，search(a，S)。确定元素 a 在集合 S 中的存储地址。若 $a \notin S$，则返回一个无效地址。

2）插入，insert(a，S)。将元素 a 添加到集合 S 中，即等价于 $S=S \cup \{a\}$。

在某些应用中，集合 S 不允许有重复的元素。只有当 $a \notin S$ 时，才进行 insert(a，S)运算。

3）删除，delete(a，S)。将 a 从 S 中去掉，即 $S=S-\{a\}$。

4）求最小元素，a=min(S)。找出集合 S 中的最小元素 a。某些应用中可能要求找最大元素。

5）合并，union($S1$，$S2$，$S3$)。将集合 $S1$ 与 $S2$ 合并成 $S3$，即 $S3=S1 \cup S2$。

在研究集合合并时，通常只研究不相交集合的合并方法。

合并，分为无序合并和有序合并两种。

无序合并时，元素在集合中的位置是无关紧要的。而有序合并要求合并后仍保持原来的有序性，比如，有序表的合并。

6）查找元素 a 所在的集合名，S=find(a)。问题通常涉及一个集合族，而任一个元素 a 恰属于族中的一个集合。

7）分裂（或划分），split(a，S，$S1$，$S2$)。把 S 划分成两个子集合 $S1$ 和 $S2$，使得 $S1=\{b \mid b<a$ 且 $b \in S\}$，$S2=\{b \mid b \geq a$ 且 $b \in S\}$。例如，快速排序中的划分。

2．考虑的因素

在选择表示集合的数据结构时，需要考虑下面 3 个方面的因素。

（1）数据基的大小

即元素的取值范围。分为两种情况：

1）元素取值范围不大，或者说，数据基的大小与集合元素个数差不多相等，或略大一些。

在这种情况下，可将元素看成或可以编号为 0～n–1 的整数，比如图的顶点集。

用数组 $a[n]$表示集合 S，数组元素的下标既作为元素值，又代表元素的地址。如果元素 $i\notin S$，则 $a[i]$等于 1，否则 $a[i]$=0。这种表示方法称为直接地址法。

数组 $a[n]$称为 S 的“特征向量”。用特征向量表示集合，完成查找、插入、删除、合并等运算极其容易，一次运算只需 $O(1)$时间。

2）数据基的大小远大于集合体积。比如用汉语拼音表示人名或地名，假定一个人的名字的拼音由 15 个字母组成。如果用人名作为集合的元素值，则元素取值范围大约为 $26^{15}\approx1.68\times10^{21}$。

在这种情况下，不可能用特征向量表示集合。需要根据集合所涉及的运算选用适当的数据结构。

（2）集合所涉及的运算

尽管顺序表、链表、检索树、平衡树、散列表都可以用来表示集合，但是一种结构往往只对其中一种或几种运算的效率较高，对其他运算的效率却不高。比如，用有序数组表示集合，用二分查找速度很快，但是插入、删除的速度却很慢。

（3）平衡原则

平衡原则用得好，往往可以获得较高的处理效率。在选用表示集合的数据结构时，要考虑数据结构本身的平衡（比如，平衡树要比普通的检索树好）。同时还要考虑集合所涉及的各运算效率之间的平衡，有时为了兼顾一种运算的效率，可能会稍稍牺牲另一种运算的效率，以获得较高的整体效率。

3．基本运算集

对同一个集合进行处理时，前述 7 种运算不会同时出现，往往只出现其中的一种或几种，即运算集。

前述 7 种运算可构成的运算集共有 2^7–1=127 个，从算法设计角度看，下面几种是比较常见的。

（1）单纯查找

一个集合一旦构造好后就不再改变，不对其进行插入和删除，只是反复在其中进行查找，在软件设计中这种“查表”操作是非常普遍的。例如，汉字的输入码与内码对照表、编译系统的查找保留字表等。

只含查找运算的集合属于静态集合。表示静态集合的数据结构有下列几种。

1）特征向量。当数据基较小时，这种表示法有效。可在 $O(1)$时间完成一次查找。

2）有序数组。采用二分法查找，可在 $O(\log n)$时间内完成一次查找。

3）散列表。平均情况下，可在 $O(1)$时间内完成一次查找；但在最坏情况下，一次查找可能需要 $O(n)$时间。

4）最优检索树（请参见 5.3 节）。当已知各结点的查找概率时，这种表示方法非常有效。

（2）插入、删除

对集合只进行插入和删除，也不关心元素插入位置，只要能够插入即可。当要求删除时，也不关心被删除的是哪个元素，只要删除任意一个元素即可。比如，拓扑排序算法中用来存储入度为 0 的顶点集，管理静态链表空间的自由队列。

栈和队是表示这类集合的最佳数据结构。

（3）查找、插入、删除

能适应这 3 种运算的数据结构叫字典。含有这 3 种运算的集合属于“动态”集合。

一个较为理想的字典通常应当能够在 $O(n\log n)$时间内完成 $O(n)$条查找、插入、删除运算。

比较理想的字典结构有：

1）如果数据基较小，那么特征向量是最好的字典结构。

2）散列表。只要散列函数设计得好，在平均情况下，可在 $O(n)$时间内完成 $O(n)$条运算。也就是说，完成一条运算只要花费 $O(1)$时间，是较为理想的字典结构。但是在最坏情况下，完成 $O(n)$条运算需要 $O(n^2)$时间。

3）检索树。完成 $O(n)$条运算，在平均情况下只需 $O(n\log n)$时间，但在最坏情况下却需要 $O(n^2)$时间。

4）平衡树（包括 AVL 树、红黑树、2-3 树和 B+树等）。这是很理想的字典结构，在最坏情况下，完成 $O(n)$条运算只用 $O(n\log n)$时间。

另外，对于元素较少的小集合，数组和链表也可作为字典；但对大集合则不行，因为执行 $O(n)$条运算通常需用 $O(n^2)$时间。

（4）查找、插入、删除、求最小元素

能适应这 4 种运算的数据结构叫做优先队。

可用的优先队结构有：检索树、平衡树、堆。

要完成 $O(n)$条运算，对于检索树来说，在最坏情况下需要 $O(n^2)$时间，在平均情况下需要 $O(n\log n)$时间；而对于平衡树来说，无论最坏情况还是平均情况，只要 $O(n\log n)$时间。

一种特殊情况是，只要求删除当前最小的元素，比如求最小生成树的 Kruskal 算法中的图的边集，在这种情况下，堆是一种很好的优先队结构，可以在 $O(n\log n)$时间内完成 $O(n)$条运算。

另外，5.5 节将介绍由 union 和 find 运算组成的运算集的特点和算法设计方法。

5.2 散列表

5.2.1 散列函数

散列表是集合的一种特殊存储形式。在散列表中，体现不出元素和元素之间的任何逻辑次序关系，元素完全是“孤立地、松散地”存储在散列表中，因而，散列表被认为是“散结构”

的存储形式。

散列存储以极高的查找（连同插入和删除）效率，被广泛地应用在程序设计中。

1. 查找和地址变换

（1）直接地址存储法

实现查找运算的任何算法（如顺序查找、二分查找、检索树查找、平衡树查找等）都是通过执行一段查找程序，得出要查元素的存储地址。因此查找的实质可以看作元素值到其存储地址的一种变换。表示成数学函数：

$$d=f(x) \tag{5-1}$$

其中，x 代表要查找的元素值，d 是 x 的存储地址，f 是变换函数。

显然变换越简单，牵涉到的其他元素越少，查找效率越高。如果查找变换只与要查元素 x 有关，与其他元素无关，那么可以在 $O(1)$时间内完成一次查找。

如果元素取值范围与集合大小 n 差不多，则可采用直接地址存储法，将集合存储在数组 $a[n]$ 中。最简单的地址变换公式为：

$$f(x)=x+c \tag{5-2}$$

其中，c 是一个常数。该地址公式的含义是，将元素 x 存储在数组的第 $f(x)$个单元，即 $a[f(x)]$中。

例如，用数组 $a[128]$存储学号从 2010412001 到 2010412128（共 128 名）的学生的学习成绩单，可将学号变换成存储地址，只要取 $c= -2010412001$，由式（5-2），学号为 2010412001 的学生的信息及其成绩存储在 $a[0]$中，以此类推。

直接地址法的查找速度和存储效率是任何其他方法所不能比拟的，所以，要尽可能地使用直接地址法。即使元素值不连续（如上例，中间有少部分空学号），只要最大元素值 MAX 与最小元素值 MIN 之差 m=MAX–MIN 与集合的元素个数 n 相差不多（m 略大于 n），而存储空间又较为富裕，那么宁可牺牲一些存储单元，也要采用直接地址法，将集合存储在数组 $a[m]$中。

但是，如果元素取值范围远远大于元素个数，采用上述方法会牺牲太多的存储空间，甚至无法满足要求。在这种情况下，可以考虑采用散列存储法。

（2）散列存储法

散列存储的前提是元素取值范围 MAX 远远大于元素个数 n。它依赖一种特殊的地址变换公式——**散列函数**，将集合的 n 个元素“散列地”存储在数组 $a[m]$中，这里，数组长度 m 略大于 n。数组 a 就是一个**散列表**，m 是散列表长度。

散列的原意是“弄乱、弄碎”，这里的含义是“杂凑”。因为，散列函数无一例外的都是“拼凑”出来的。基本思路是：将元素 x 的值，或其关键字域的值，“打乱、弄碎”从中提取一部分信息作为 x 的散列值。

基本做法是：根据集合元素值的分布情况，杂凑一个散列函数 hash(x)。存储元素 x 时，计算 x 的散列函数值 h=hash(x)，将元素 x 存储在 $a[h]$中。如果“幸运”，则 x 不与其他任何元素发生冲突，即对于任何 $y\neq x$，都有 hash(y)≠hash(x)，那么在查找 x 时，再计算 x 的散列函数值 h，

就能在 $a[h]$ 中找到元素 x。

冲突也称为碰撞。由于元素值分布规律的不确定性，很难做到完全不冲突，即存在元素 $x \neq y$，而 hash(x)=hash(y)。

研究散列存储技术有两个重要课题：一是如何巧妙地拼凑出散列函数，使之尽可能减少冲突；二是当发生冲突时如何解决冲突。

2. 散列函数的设计方法

设计散列函数没有固定模式，只要凑得巧、凑得均匀就好。下面介绍几种简单而常用的方法，其中，元素值视为十进制正整数，散列表为 $a[m]$。

（1）取余法

取余法也称为除留余数法，是最简单最常用的一种方法。通用的散列公式为：

$$\text{hash}(x)=x \quad \text{mod} \quad p$$

这里，“mod”表示取余数，相当于%运算符。取 x 除以 p 所得的余数作为 x 的散列函数值。模数 p 是不大于 m 的一个常数。显然对于任何 x，有 $0 \leqslant \text{hash}(x) \leqslant p-1 \leqslant m-1$，满足存储条件（即地址不越界）。

一般情况下，选择小于等于 m 的最大素数 p 作为模数，可望得到较均匀的散列效果。

例如，元素个数 $n \leqslant 1\,000$，散列表长度 m=1 024，取模数 p=1 019。hash(74 295 904)=614，而 hash(56 091 710)=855。

（2）提取数位法

从元素 x 中取出若干位拼成一个整数，作为 x 的散列函数值。为减少冲突，应尽量提取数字分布均匀的数位。

例如，在图 5-1 中，元素值是 9 位数，若散列地址是 3 位数，可以提取箭头所指的 3 位，作为散列函数值。

			⇩			⇩		⇩	hash(x)
9	9	0	1	2	9	1	0	9	119
9	9	4	0	2	8	3	6	8	038
9	9	0	3	1	9	2	1	5	325
9	9	0	2	2	8	4	3	0	240
9	8	4	6	1	9	9	7	4	694
9	8	0	7	2	6	1	7	7	717
9	8	4	4	2	0	4	2	1	441

图 5-1 提取数位示例

（3）平方取中法

简单的提取数位只用到元素 x 的少部分信息，难以做得均匀。由于 x^2 的中间几位数与 x 的各位数字都有关，取 x^2 的中间几位数作为 x 的散列函数值其随机性要好些，冲突的可能性比较小。

（4）折叠法

按散列地址位数，把元素 x 分成若干段。比如，取 3 位地址，则每 3 位作为一段。将元素按段折叠后相加作为 x 的散列函数值，往往散列得较为均匀。

折叠方向随意，可以是顺向、反向，或者顺反向交替。相加可以是算术相加，也可以按位相加。这里，算术相加指的是带进位的加法，但通常会舍去最高位的进位。按位相加法指的是不要进位的加法。

例如，x=64 912 387，取 3 位地址，几种不同的分段、折叠、相加所得到的散列函数值如图 5-2 所示。

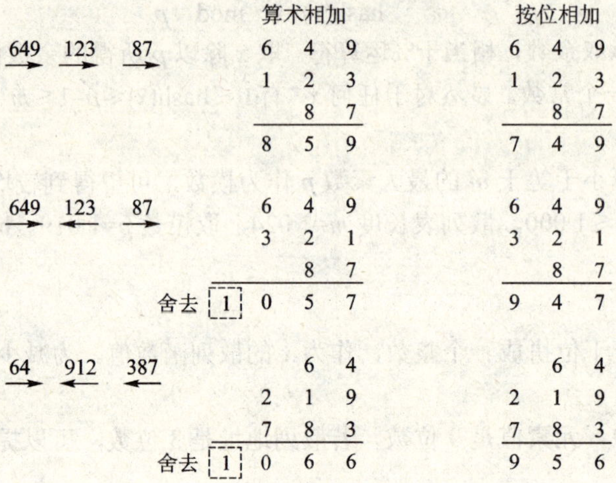

图 5-2 折叠相加示例

（5）变换基数法

将十进制数 x 看作其他进制，比如十三进制，再按照十三进制数转换成十进制数，提取其中若干位作为 x 的散列函数值。

例如：

$$\begin{aligned}\text{hash}(80\ 127\ 429)&=(80\ 127\ 429)_{13}\\&=8\times13^7+0\times13^6+1\times13^5+2\times13^4+7\times13^3+4\times13^2+2\times13+9\\&=(502\ 432\ 641)_{10}\end{aligned}$$

如果取中间 3 位作为散列值，得：

$$\text{hash}(80\ 127\ 429)=432$$

为了获得良好的散列函数，可以将几种方法联合使用，比如先变基，再折叠，或再平方取中等，只要散列得均匀，可以随意拼凑。

5.2.2 散列表的处理算法

1. 插入和构造

开始时散列表 $a[m]$为空。将元素逐一插入 $a[m]$就构造出散列表。下面给出文字描述形式的插入算法。再次假定元素值都是正整数，而 0 表示空元素值。$a[h]=0$，表示 $a[h]$是尚未占用的空白结点。同时假定元素值不重复。

算法 5-1 散列表的插入算法（文字描述形式）。

假定不发生溢出。开始时，$a[m]$的各结点均被置为空白结点。

插入元素 x 的步骤如下：

步骤 1）计算散列函数值 h=hash(x)。

步骤 2）if(a[h]==0) {a[h]=x; return 插入成功信息；}

步骤 3）if(a[h]==x) return 出错信息； //x 已在表中，重复

//否则（a[h]!=x），a[h]已被其他元素占用，即 x 与其他元素发生冲突

步骤 4）按预定的解决冲突方法，将 x 插在表中。

2. 查找

由于元素的查找路径就是插入路径，所以查找和插入的步骤大体相同。

算法 5-2 散列表的查找算法（文字描述形式）。

步骤 1）计算散列函数值 h=hash(x)。

步骤 2）if(a[h]==x)return h; //查找成功，返回 x 的存储地址 h

步骤 3）if(a[h]==0)return //返回查找失败信息；

//若 a[h]既不空，存放的又不是 x，则发生冲突

步骤 4）按插入时采用的冲突处理方法进行查找。

3. 冲突处理

冲突处理方法主要有两种：开放地址法和链接法。

链接法的原理比较简单，只要把互相冲突的元素构成一个链表。插入时发生冲突，就在链表上添加一个结点；查找时沿链表搜索。处理方法同普通链表操作，这里不再重复。

下面重点研究开放地址法。

开放地址法使用一个增量序列{d_1，d_2，d_3，…}。插入 x 时，如果发生冲突，就在 x 的散列函数值 h=hash(x)的基础上，加一个增量 d_i（i=1，2，3，…）得到一个新地址。再“试探”新地址是否为空。如果仍冲突，就再换一个增量……这样，不断地试探，直至遇到空白结点，完成插入。

增量序列也称为探测增量序列或探测序列。由于增量序列也可以是“拼凑”的，所以这种做法又称为第二次散列或再散列。

按这一思想，写出元素 x 的散列地址 h_i 计算公式：

$$\begin{cases} h_0 = \text{hash}(x) \\ h_i = (h_0 + d_i) \mod m \quad (i = 1,2,\cdots) \end{cases} \tag{5-3}$$

或

$$\begin{cases} h_0 = \text{hash}(x) \\ h_i = (h_{i-1} + d_i) \mod m \quad (i = 1,2,\cdots) \end{cases} \tag{5-4}$$

在式（5-3）和式（5-4）中，i 表示插入 x 时发生的冲突次数。i=0 时表示不冲突，i=1 表示冲突一次，i=2 表示冲突二次，以此类推。

以式（5-3）为例，插入 x 时，散列地址 h_i 的计算过程为：

1）计算 x 的散列函数值 h_0=hash(x)。

2）如果 $a[h_0]$为空，即不发生冲突，h_0 就作为 x 的散列地址。

3）如果发生冲突（第一次冲突），按式（5-3）计算出 $h_1=(h_0+d_1)\text{mod } m$。如果不再冲突，则 x 的散列地址就是 h_1。

4）若还冲突（第二次冲突），则计算 $h_2=(h_0+d_2)\text{mod } m$，并考查是否冲突，以此类推。

5）直至找到空单元 $a[h_i]$，h_i 就作为 x 的散列地址。

4．探测增量序列

二次散列的性能依赖于增量序列。通常的增量序列有线性探测序列、平方探测序列和随机探测序列等，其性能各有千秋。

下面以式（5-3）为例，介绍探测增量序列的用法和性能。

（1）线性探测

增量序列 d_i 是冲突次数 i 的线性函数，即 $d_i=t\times i$，其中 t=1，或是某个与 m 互质的常数（请思考为什么要求互质）。

图 5-3 给出了线性探测示例。其中，散列表长度 m=14，"*"表示已有元素占用。现在依次插入 3 个元素 A、B、C，且已知，hash(A)=5，hash(B)=8，hash(C)=5。

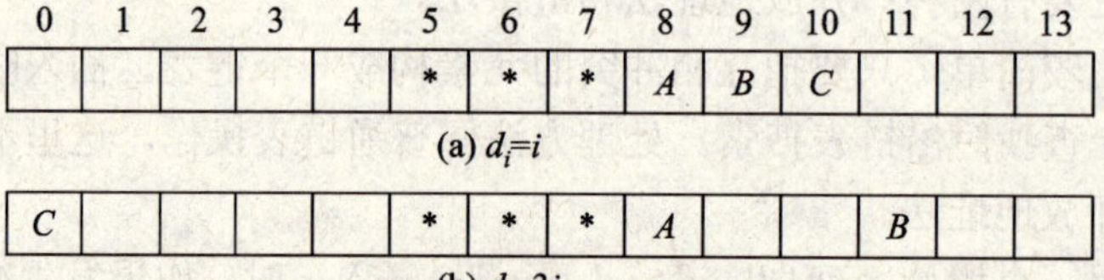

图 5-3 线性探测示例

图 5-3(a)表示 d_i=i（即 t=1）的情况，增量序列为{1，2，3，…}。插入 A 时，冲突 3 次，A 存储于 a[8]；插入 B 时，冲突 1 次，B 存储于 a[9]；插入 C 时，冲突 5 次，C 存储于 a[10]。

从图 5-3(a)可以看出，开放地址法采取"先来先占"原则。比如，虽然元素 B 的散列函数值 hash(B)=8，但是由于 a[8]已经被先来者 A 所占（尽管 hash(A)$\neq$8），B 只好"另找地盘"。如

果先插 B 再插 A，结果就不是这样了。

从图 5-3(a)还可以看出，采用增量 $d_i=i$ 操作简单，每冲突一次，向前迈一步试探。可以从任一位置起“环视”散列表一周，只要散列表尚未被占满，总能为新元素找到空位置。

线性探测的缺点是容易发生元素“聚集”现象，聚集会增加冲突的可能性。当连续的单元 i，$i+1$，$i+2$，…，$i+s$ 均不空时，只要新插入元素 x 的散列函数值满足 $i \leqslant \text{hash}(x) \leqslant i+s$，都将发生冲突，并且使“聚集串”长度增加（如图 5-3(a)所示），使查找效率降低。

图 5-3(b)表示 $d_i=3i$ 的情况，增量序列为{3，6，9，…}。插入 A 时，冲突 1 次，A 存储于 $a[8]$；插入 B 时，冲突 1 次，B 存储于 $a[11]$；插入 C 时，冲突 3 次，C 存储于 $a[0]$。表面上看不聚集，但实际上会产生“间隔为 t 的聚集串”。

聚集串的产生原于“等步长”探测法。若采用“变步长”探测法可望减少乃至消除聚集现象。

（2）平方探测

增量序列 d_i 是 i 的二次函数 $d_i=i^2$，即增量序列为{1，4，9，16，…}。

平方探测减少了聚集现象，但是不易逐一探测到每个结点。某些结点会被多次探测，而某些结点却会探测不到，出现死角，以至于虽然散列表未满，但是找来找去就是找不到空白结点，无法插入新元素。若增量序列选用正负相间的平方数{1^2，-1^2，2^2，-2^2，…}，即向左右两个方向探测，有望减少死角。

（3）随机探测

增量序列 d_i 是伪随机序列。

伪随机序列是由伪随机函数产生的，只要用一个初值 d_0 代入伪随机函数便产生 d_1，再用 d_1 代入产生 d_2，反复如此，可产生一个伪随机序列 d_0，d_1，d_2，…

设计伪随机函数的方法很多，一种最简单的伪随机函数具有下列形式：

$$d_{i+1}=(bd_i+p) \quad \text{mod} \quad r \tag{5-5}$$

其中，b、p、r 都是常数，而且满足 $p<r$，$b<r$；d_i 是“自变量”，d_{i+1} 是函数值（对于 i=0，1，2，…）。通常 p 选用一个较大的素数，b 选用一个奇数，而 r 选用 2 的某个 k 次幂的形式，可以产生随机性比较好的伪随机序列。

例如，伪随机函数公式：

$$d_{i+1}=(5d_i+11) \quad \text{mod} \quad 16 \tag{5-6}$$

当初值 $d_0=0$ 时产生的伪随机序列为：

0 11 2 5 4 15 6 9 8 3 10 13 12 7 14 1 0 （循环）

用于散列存储时，要使 $r \leqslant m$，初值选用 $d_0=\text{hash}(x)$ mod r。注意，不同的元素用不同初值。

图 5-4 给出了随机探测示例。其中，散列表长度 m=18，伪随机公式选用式（5-6），用元素的散列函数值 h_0 作为初值。“*”表示已有元素占用，现在依次插入 3 个元素 A、B、C。设 hash(A)=9，hash(B)=12，hash(C)=4。

0	1	2	3	4	5	6	7	8	9	10	11	12	13	14	15	16	17
	B			*					*	*C*		*					*A*

图 5-4　随机探测示例

插入 A 时，h_0=hash(A)=9，冲突，用 $d_0=h_0=9$ 代入式（5-6），得 $d_1=8$，再用 $d_1=8$ 代入式（5-3）算出 $h_1=17$。由于 $a[17]$为空，于是 A 存储于 $a[17]$。

插入 B，h_0=hash(B)=12，冲突，用 $d_0=h_0=12$ 代入式（5-6），得 $d_1=7$，再用 $d_1=7$ 代入式（5-3）算出 $h_1=1$，于是 B 存储于 $a[1]$。

再插入 C，h_0=hash(C)=4，冲突，用 $d_0=h_0=4$ 代入式（5-6），得 $d_1=15$，再用 $d_1=15$ 代入式（5-3）算出 $h_1=1$，又冲突；再用 $d_1=15$ 代入式（5-6）算出 $d_2=6$，用 $d_2=6$ 代入式（5-3）算出 $h_2=10$。这一次不冲突，于是 C 存储于 $a[10]$。

除此之外，还可以设计其他形式的增量序列和探测方法。比如，对于式（5-4），增量序列选为{1，2，3，…}，采用“等差步长”的探测方法，或许是不错的选择。

5．删除

除了插入和查找之外，散列表也能删除，删除算法的处理步骤与解决冲突的方式有关。

使用链接法解决冲突时，删除算法与一般链表的删除差不多。

若用开放地址法解决冲突，需要仔细斟酌。如果简单地置删除结点为空，会切断某条比较隐蔽的冲突链，使得查找时“忘记”那些处于冲突链后半段的元素。

一种办法是：为被删除结点设置“已删除标记”，使其成为无效结点。比如若有效元素都是正整数时，0 作为空结点值，–1 表示已删除结点值。查找时跳过这些结点。在插入时，这些结点可被重新使用。经多次删除之后，表中将会存在大量无效结点，致使查找长度增大，查找效率降低。在这种情况下，有必要定期对整个表重新散列。此处不再详述。

5.2.3* 散列表的性能分析

理想情况下，一个均匀的散列函数可以无冲突地把元素散布在散列表中。但实际上，冲突总是难免的。当发生冲突时，需要沿着“冲突链”进行探测，增加查找长度。如果散列函数构造得不那么均匀，就会造成严重的冲突。极端情况下冲突链长度将达 $O(n)$，查找速度与顺序查找一样慢，是 $O(n)$的。一般情况下，使用一个比较均匀的散列函数构造出的散列表冲突链不会太长，平均查找长度可以降低到与 n 无关，差不多是 $O(1)$的。

下面以开放地址法解决冲突和随机探测序列为例，分析散列表的平均查找长度。

1．插入一个元素的平均查找长度

设 m 和 j 分别表示散列表长度和表中当前含有的元素个数（$0\leqslant j\leqslant m$）。

$\alpha=j/m$ 称为散列表的存储负载因子，也称为装填因子，表示当前装满程度。

直观地看，α越小，冲突的可能性越小；α越大，冲突的可能性越大。

为简单起见，假定每次探测时，都等可能地找到“下一个”尚未探测过的结点。

设 p_i 是在构造散列表过程中，插入第 $j+1$ 个元素 x_{j+1} 时需要进行 i 次探测的概率，即插入 x_{j+1} 时，冲突了 $i-1$ 次。第 i 次探测时，为它找到一个空位置。那么有：

$$
\begin{aligned}
p_1 &= \frac{m-j}{m} \\
p_2 &= \frac{j}{m}\cdot\frac{m-j}{m-1} \\
p_3 &= \frac{j}{m}\cdot\frac{j-1}{m-1}\cdot\frac{m-j}{m-2} \\
&\vdots \\
p_i &= \frac{j}{m}\cdot\frac{j-1}{m-1}\cdot\frac{j-2}{m-2}\cdots\frac{j-i+2}{m-i+2}\cdot\frac{m-j}{m-i+1} \quad (1\leqslant i\leqslant j+1)
\end{aligned}
\tag{5-7}
$$

于是，插入 x_{j+1} 时的平均探测长度，即查找不成功的平均查找长度为：

$$
\begin{aligned}
c_{j+1} &= \sum_{i=1}^{j+1} i\cdot p_i \\
&= 1\cdot\frac{m-j}{m} + 2\cdot\frac{j}{m}\cdot\frac{m-j}{m-1} + 3\cdot\frac{j(j-1)}{m(m-1)}\cdot\frac{m-j}{m-2} \\
&\quad + \cdots + (j+1)\cdot\frac{j(j-1)\cdots 1}{m(m-1)\cdots(m-j+1)}\cdot\frac{m-j}{m-j}
\end{aligned}
\tag{5-8}
$$

经复杂的推导，得：

$$
c_{j+1} = \frac{m+1}{m-j+1} \tag{5-9}
$$

将式（5-9）的分子分母同除（$m+1$），得：

$$
\begin{aligned}
c_{j+1} &= \frac{1}{1-\dfrac{j}{m+1}} \\
&\approx \frac{1}{1-\dfrac{j}{m}} \\
&= \frac{1}{1-a}
\end{aligned}
\tag{5-10}
$$

式（5-10）表示插入第 $j+1$ 个元素 x_{j+1} 时的平均查找长度。

2. 插入 n 个元素的平均查找长度

注意到插入元素 x 时的查找长度（查找不成功），等于插过 x 以后，再查找 x 的查找长度（查找成功）。设当前散列表中共有 n 个元素，其后，对每个元素的查找概率都相等，那么，一次成功查找的平均查找长度为：

$$\begin{aligned} S_n &= \frac{1}{n}\sum_{j=1}^{n} c_j = \frac{1}{n}\sum_{j=0}^{n-1} c_{j+1} \\ &\approx \frac{1}{n}\sum_{j=0}^{n-1}\frac{1}{1-\frac{j}{m}} \\ &\approx \frac{m}{n}\int_0^{\alpha}\frac{1}{1-x}\mathrm{d}x \qquad (\text{其中}, \alpha = n/m) \\ &\approx -\frac{1}{\alpha}\ln(1-\alpha) \end{aligned} \tag{5-11}$$

3. 负载因子的影响

图 5-5 中列出了按照式（5-11）计算的平均查找长度。可以看出，一次查找的平均查找长度只与α有关，而与散列表中当前元素个数 n 无关。只要适当地选择 m，限制负载因子α在某个数值范围内（比如，0.8～0.98），可望得到平均情况为 $O(1)$的查找效率。

α	0.8	0.9	0.95	0.98	0.99
平均查找长度	2	2.5	3	4	8.6

图 5-5 随机探测的平均查找长度

4. 解决冲突方法和探测序列的影响

图 5-5 中的数据只是针对“开放地址法解决冲突，并且使用随机探测序列”的情况。如果使用链接法解决冲突，或者开放地址法解决冲突所用的探测序列不同，平均查找长度也有所不同。图 5-6 给出了几种不同情况下的平均查找长度，其推导过程从略。

解决冲突的方法和探测序列	平均查找长度	
	查找成功	查找不成功
链接法	$1+\dfrac{\alpha}{2}$	$\alpha+\mathrm{e}^{-\alpha}$
开放地址法 线性探测	$\dfrac{1}{2}(1+\dfrac{1}{1-\alpha})$	$\dfrac{1}{2}\left(1+\dfrac{1}{(1-\alpha)^2}\right)$
开放地址法 二次探测，或随机探测	$-\dfrac{1}{\alpha}\ln(1-\alpha)$	$\dfrac{1}{1-\alpha}$

图 5-6 几种不同解决冲突方法的平均查找长度

5.3* 最优检索树

1. 基本概念

设检索树 T 的 n 个结点值 $a_1 \sim a_n$ 均不相等，且满足：$a_1 < a_2 < \cdots < a_n$。

已知各查找概率如下，其中，x 表示要查找的元素值：

1）n 种查找成功的概率。查找结果 $x=a_i$ 的概率为 p_i（对 $i=1, 2, \cdots, n$）。

2）$n+1$ 种查找不成功的概率。查找结果：

① $x < a_1$ 的概率为 q_0。

② $x > a_n$ 的概率为 q_n。

③ $a_i < x < a_{i+1}$ 的概率为 q_i（对 $i=1, 2, \cdots, n-1$）。

而且概率之和等于 1，即

$$\sum_{i=1}^{n} p_i + \sum_{i=0}^{n} q_i = 1 \tag{5-12}$$

T 具有 n 个内部结点，对应成功的查找；其 $n+1$ 个外部结点对应不成功的查找。那么，T 的平均查找长度 $f(T)$ 等于根至树中各结点加权路径长度之和，即

$$f(T) = \sum_{i=1}^{n} p_i D(a_i) + \sum_{i=0}^{n} q_i (D(i) - 1) \tag{5-13}$$

其中，$D(a_i)$ 表示结点 a_i 在树中的层数，$D(i)$ 表示外部结点 i 在树中的层数，如图 5-7 所示。

那么，使 $f(T)$ 达最小值的检索树称为最优检索树。

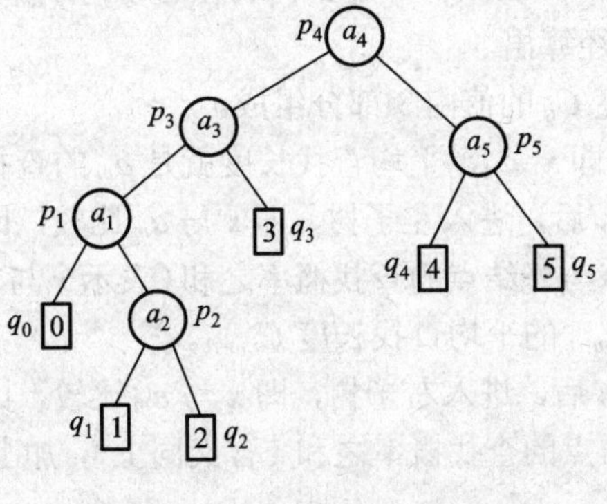

图 5-7 检索树查找概率示例

2. 构造方法分析

下面探求如何用给定的结点值 $a_1 < a_2 < \cdots < a_n$ 和各查找概率 p_i（$i=1, 2, \cdots, n$）及 q_i（对

i=0，1，2，…，n)，构造一棵最优检索树。

设最优检索树 T 以 a_m 为根，那么，由 a_1～a_{m-1} 构成的左子树以及由 a_{m+1}～a_n 构成的右子树也都必然是最优的。也就是说，只要能够确定树的根和各子树的根，就能构造出最优检索树。

用 T_{ij}（$0\leqslant i\leqslant j\leqslant n$）表示由 a_{i+1}～a_j（共 j–i 个结点）构成的子最优检索树（如图 5-8 所示）。

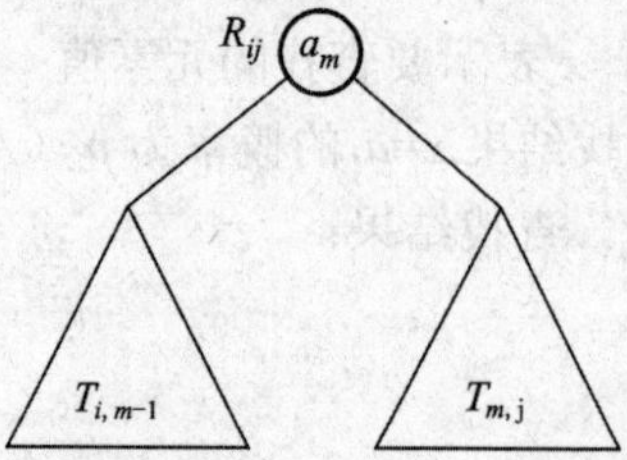

图 5-8 T_{ij} 结构示意图

用 C_{ij} 表示 T_{ij} 的平均查找长度。

用 W_{ij} 表示 T_{ij} 的权，W_{ij} 的值等于树 T_{ij} 中各结点查找概率之和，即

$$W_{ij}=\sum_{m=i+1}^{j}p_m+\sum_{m=i}^{j}q_m \tag{5-14}$$

用 R_{ij} 表示 T_{ij} 根结点的下标（即 $R_{ij}=m$）。

采用动态规划原理，自底向上构造越来越大的树。

假设在前几步已经确定了任何连续 t 个结点（$t<j$–i=构成的子最优检索树之根。现在着手构造 T_{ij}。

如果使 a_m 作为 T_{ij} 之根（$i+1\leqslant m\leqslant j$），那么，其左右子树 $T_{i,m-1}$ 和 $T_{m,j}$ 均是最优的，且其平均查找长度 $C_{i,m-1}$ 和 $C_{m,j}$ 都已经算出。

那么，T_{ij} 的平均查找长度 C_{ij} 的值由 3 部分组成。

1）查找路径终止于 a_m，即 $x=a_m$，平均查找长度就是 a_m 的查找概率 p_m。

2）查找路径经 T_{ij} 之根 a_m 后，进入左子树，即 x 与 a_m 比较，比较结果为 $x<a_m$，平均查找长度等于左子树上所有内结点与外结点的查找概率之和（表示 x 与 a_m 的那一次比较所产生的平均查找长度），加上左子树 $T_{i,m-1}$ 的平均查找长度 $C_{i,m-1}$。

3）查找路径经 T_{ij} 之根 a_m 后，进入右子树，即 x 与 a_m 比较，比较结果为 $x>a_m$，平均查找长度等于右子树上所有内外结点的查找概率之和（含义同上），加上右子树 $T_{m,j}$ 的平均查找长度 $C_{m,j}$。即

$$\begin{aligned}C_{ij}&=\mathrm{C}_{i,m-1}+(p_{i+1}+p_{i+2}+\cdots+p_{m-1}+q_i+\cdots+q_{m-1})+p_m+\mathrm{C}_{m,j}\\&\quad+(p_{m+1}+p_{m+2}+\cdots+p_j+q_m+\cdots+q_j)\\&=C_{i,m-1}+W_{i,m-1}+p_m+C_{m,j}+W_{m,j}\end{aligned} \tag{5-15}$$

由式（5-14），可将式（5-15）化为：

$$C_{ij}=C_{i,m-1}+C_{m,j}+W_{ij} \qquad (5-16)$$

只要依次用 $m=i+1$，$i+2$，…，j 代入式（5-16），可求出 C_{ij} 的最小值，同时将使 C_{ij} 达最小值的 m（即 T_{ij} 的根）记入 R_{ij}。

当所有含 $t=j-i$ 个结点的最优树 T_{ij} 都已确定之后，再向上层构造更大的 T_{ij}。

如此反复迭代，直到构造出 $T_{0,n}$，它便是由全部 n 个结点组成的最优检索树。

为算法描述方便，构造过程由空树开始，即认为 T_{ii}（对于 $i=0$，1，…，n）是空树，且 $C_{ii}=0$ 和 $W_{ii}=q_i$。

3. 构造算法

算法 5-3 最优检索树构造算法。

算法由下面两部分组成。

（1）计算各 T_{ij} 之根 $r[i][j]$，以及 $w[i][j]$ 和 $c[i][j]$ 之值

```
void Tij(float p[],float q[],int n,int r[][n+1])
{   int i,j,k,t,m;
    float c[n+1][n+1],w[n+1][n+1],x;
    for(i=0;i<=n;i++) w[i][i]=q[i], c[i][i]=0;          //初始化
    for(t=1;t<=n;t++)                                     //t 是 Tij 的结点数
        for(i=0;i<=n–t;i++)                               //i+1 是 Tij 的起始结点
        {   j=i+t;                                        //j 是 Tij 的末结点
            w[i][j]=w[i][j–1]+p[j]+q[j];                  //计算 Tij 的权
            c[i][j]=MAX;                                  //MAX 是“无穷大值”
            for(k=i+1;k<=j;k++)                           //选择 Tij 之根
            {   x=c[i][k–1]+c[k][j];
                if(x<c[i][j]) c[i][j]=x, m=k;
            }
            c[i][j]=c[i][j]+w[i][j];                      //计算 c[i][j]之值
            r[i][j]=m;
        }
}
```

（2）递归的造树函数

```
ptr Build(int i,int j,int r[][n+1],int a[])              //i,j 为起止下标
{
    if(i==j)return   NULL;
    p=new node;                                           //产生新结点
```

```
    m=r[i][j];                          //取 Tij 之根
    p->data=a[m];                       //置根的元素值
    p->Lson=Build(i,m-1,r,a);           //递归地构造 Tij 的左子树
    p->Rson=Build(m,j,r,a);             //递归地构造 Tij 的右子树
    return  p;                          //返回根指针
}
```

主调语句为：

```
T_root=Build(0,n,r,a);
```

4．示例

图 5-9 给出了一个示例。已知 n=4，p_1=1/4，p_2=1/8，p_3=p_4=1/16，q_0=1/8，q_1=3/16，q_2=q_3=q_4=1/16。为阅读方便，图 5-9 中各 W_{ij} 和 C_{ij} 的值都扩大了 16 倍。

图 5-9(a)是用算法 5-3 计算出各 W_{ij}、C_{ij} 和 R_{ij} 之值，标“*”者表示选出的根。

图 5-9(b)是构造出的最优检索树。

$t=j-i$	i=0	1	2	3	4
0	W_{00}=2 C_{00}=0	W_{11}=3 C_{11}=0	W_{22}=1 C_{22}=0	W_{33}=1 C_{33}=0	W_{44}=1 C_{44}=0
1	W_{01}=9 C_{01}=9 R_{01}=1*	W_{12}=6 C_{12}=6 R_{12}=2	W_{23}=3 C_{23}=3 R_{23}=3	W_{34}=3 C_{34}=3 R_{34}=4*	
2	W_{02}=12 C_{02}=18 R_{02}=1	W_{13}=8 C_{13}=11 R_{13}=2	W_{24}=5 C_{24}=8 R_{24}=3*		
3	W_{03}=14 C_{03}=25 R_{03}=1	W_{14}=10 C_{14}=18 R_{14}=2			
4	W_{04}=16 C_{04}=33 R_{04}=2*				

(a) 计算出的 W_{ij}、C_{ij} 和 R_{ij} 之值

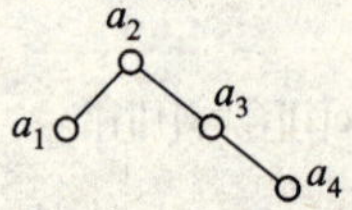

(b) 所构造的结果树

图 5-9 构造最优检索树示例

5．时间复杂性和空间复杂性

（1）空间复杂性

算法所用的存储空间包括：

1）用于存储输入数据的 3 个数组：数组 a、数组 p 和数组 q。

2）用于存储所构造的最优检索树的存储机构。

3）算法中使用的 3 个辅助数组：数组 c、数组 w 和数组 r。这 3 个辅助数组共占 $O(n^2)$空间，所以算法的空间复杂性是 $O(n^2)$的。

（2）时间复杂性

语句 1 用 $O(n)$时间。

语句 2 的外循环共执行 $O(n)$次，对于每个确定的 t，语句 3 循环 $n-t+1$ 次。语句 3 的每次循环又使语句 7 执行 t 次循环。因此语句 2 每执行一次，语句 7 将循环$(n-t+1)t$ 次。于是，语句 7 的总循环次数为：

$$\begin{aligned}&\sum_{t=1}^{n}(n-t+1)t\\&=\sum_{t=1}^{n}(n+1)t-\sum_{t=1}^{n}t^2\\&=\frac{n^3}{6}+\frac{n^2}{2}+\frac{n}{3}\end{aligned} \tag{5-17}$$

这样，第一部分用 $O(n^3)$时间，第二部分只用 $O(n)$时间。

故算法 5-3 的时间复杂性为：$T(n)=O(n^3)+O(n)=O(n^3)$。

此外，可以证明，语句 7 的循环不必从 $i+1$ 到 j，只需从 $T_{i,j-1}$ 之根 $r[i][j-1]$ 到 $T_{i+1,j}$ 之根 $r[i+1][j]$，即把语句 7 改成：

```
for(k=r[i][j-1];k<=r[i+1][j];k++)
```

修改之后，所造树的最优性不变，算法运行时间可降至 $O(n^2)$。

5.4 平衡树

高度 h 控制在结点数 n 的对数范围之内：

$$h \leqslant O(\log n)$$

的树都属于平衡树。平衡树的种类很多，下面介绍几种常见的平衡树结构。

5.4.1 AVL 树

1．概念和结点结构

（1）AVL 树的定义和性质

AVL 树是以其首创者——前苏联学者 Adelson-Velskii 和 Landis 命名的树结构。

二叉树中，结点 v 的右子树的高 h_R 与 v 的左子树高 h_L 之差（h_R-h_L），称为 v 的平衡因子。

所有结点的平衡因子绝对值≤1 的二叉树即为 AVL 树。在 AVL 树中，结点的平衡因子只能是0、1和–1。其中，“0”表示该结点的左右子树高相等，“1”表示右子树的高度比左了树高度多1，“–1”表示左子树的高度比右子树高度多1。

定理5-1 任何具有 n 个结点的AVL树，其高度 $h \leqslant 1.45\log_2 n$。

证明从略。

根据定理5-1可知，AVL树是一种平衡二叉树。

（2）示例

如图5-10所示的树中标出了各非叶结点的平衡因子。当然，叶结点的平衡因子为0。可见其中之一是AVL树，而另一个不是AVL树。

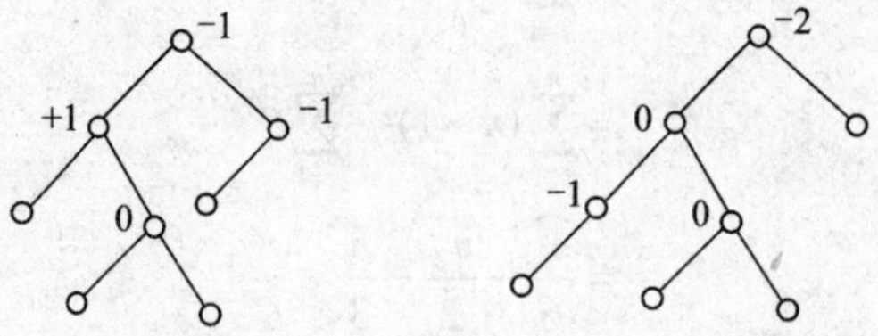

(a) AVL 树　　(b) 非AVL树

图5-10 平衡因子示例

AVL检索树是既满足AVL树的条件，又满足检索树条件的树结构。由于设计AVL树目的就是用作平衡检索树，而且出现得又早，所以早期文献上的平衡树往往指的就是AVL检索树。

为方便起见，本书将AVL检索树简称为AVL树。

由于 AVL 树本身也是检索树，所以检索树的查找、插入、构造、删除等算法同样适用于AVL树，而且查找、插入、删除一个结点所需时间不超过 $O(\log n)$。

为了便于判断和控制平衡，给结点增加平衡因子域bal。于是，在平衡状态下，若 p 指向某结点，则必有 p->bal=1，或0，或–1。

如果因插入或删除，使 p 的平衡因子超过这个范围，变为 p->bal=2，或 p->bal=–2，则称以 p 为根的子树失衡。失衡时，通过旋转以 p 为根的子树，恢复平衡，同时要保持检索树中序有序的性质。

2. 插入引起旋转

（1）插入操作的大体步骤

插入 x 的大体步骤如下：

步骤1）像一般检索树那样插入 x，作为新叶。

步骤2）沿插入 x 的搜索路线返回，即沿着从根到 x 的路线之逆，向上逐层检查该路线上各结点的平衡因子是否变化，如果变化，则及时修改。

步骤3）若发现 x 某个祖先 p 的平衡因子由 p->bal=1变成 p->bal=2，或由 p->bal=–1变成 p->bal=–2，说明在 p 点失去平衡，那么，就要旋转以 p 为根的子树，恢复平衡。

（2）平衡因子变化情况分析

为叙述方便，分别用 h_L 和 h_R 表示 p 的左右子树高度。

下面只讨论 x 插在 p 的左子树，并且使 p 的左子树高度由 h_L 变为 h_L+1 的情况。插在右子树的情况与之完全对称。

当返回路线沿左路到达 p 时，根据插入前 p 的平衡因子不同取值，分为 3 种情况，如图 5-11 所示。

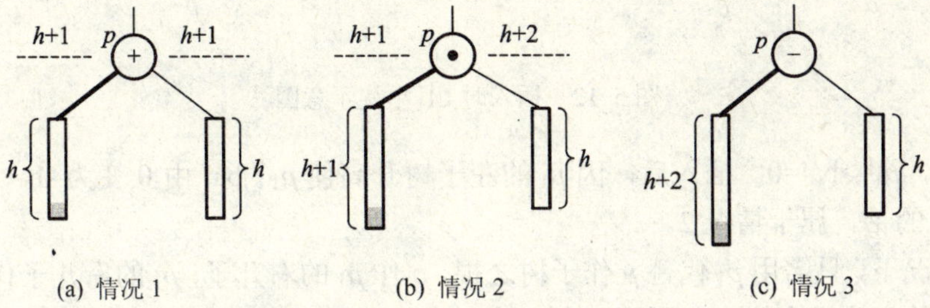

图 5-11 插入引起左子树升高的情况

图 5-11 中，直方条表示子树，粗线表示插入路线，阴影表示插入后子树的高度增加 1，圆圈内的符号“+”、“•”和“–”分别表示插入前的平衡因子等于+1、0、–1。左右两侧的虚线上方分别标出了插入前和插入后子树的高度。

情况 1 如图 5-11(a)所示。插入前 $h_R=h$，$h_L=h-1$，p->bal=1。

插入后，使 $h_L=h$，p->bal 由 1 变为 0。p 点更加平衡，而且 p 的高度不增加，仍然等于 $h+1$。在这种情况下，不会影响 p 的祖先的平衡因子，全树已经平衡，回溯检查就此停止。

情况 2 如图 5-11(b)所示。插入前 $h_R=h_L=h$，p->bal=0。

插入后，使 p 的左子树升高 1，p->bal 由 0 变为–1。这时 p 点仍平衡，但 p 点的高度由 $h+1$ 变成 $h+2$，会影响 p 祖先的平衡因子，需要继续向上层回溯检查。

情况 3 如图 5-11(c)所示。插入前 $h_R=h$，$h_L=h+1$，p->bal=–1。

插入后，使 $h_L=h+2$，p->bal 由–1 变成–2，造成 p 点失衡。

在这种情况下，需要旋转以 p 为根的子树结构，恢复平衡。

（3）旋转方法

根据下述两种不同情况，分别进行**单旋**或**双旋**。

单旋时，让 p 的儿子代替 p 作为子树的根；双旋时，让 p 的儿子的儿子代替 p 作为子树的根。

1）LL 单旋，如图 5-12 所示。

返回路线沿左路到达 p 的左儿子 p_1，又从 p_1 沿左路到达 p。因插入 x 使 p_1 的左子树升高，继而引起 p_1 点升高。

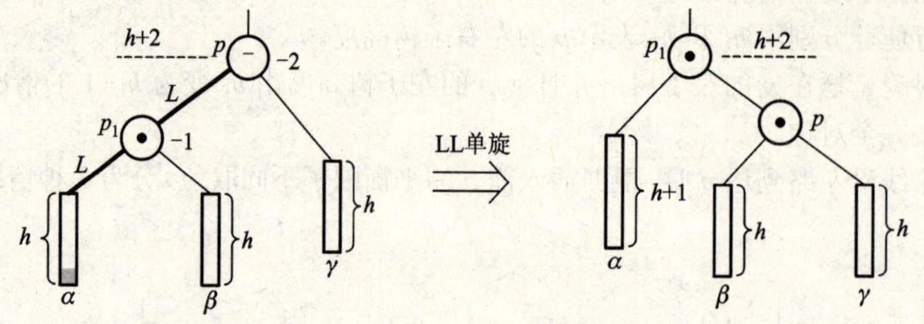

图 5-12 插入时 LL 单旋示意图

插入 x 前，p_1->bal=0。插入后，因 p_1 的左子树升高使 p_1↑.bal 由 0 变为−1，也就是说，如果把 p_1 看成 p 的话，属于情况 2。

在这种情况下，只需用 p_1 代替 p 作子树之根，p 作 p_1 的右儿子，p_1 的右儿子作 p 的左儿子。旋转后，子树的高度没有增加，因而不会影响祖先的平衡因子，回溯检查至此停止。

因为插入路径在 p 处的走向呈 LL 形，而且旋转涉及 p 的下一层，所以称为 LL 单旋。

在图 5-12 中，希腊字母 α、β、γ 分别代表一棵子树。左边图形中圆圈内的符号表示插入前结点的平衡因子，结点右侧的数字“−1”、“−2”表示插入后结点的平衡因子；右边图形中圆圈内的符号表示旋转后结点的平衡因子。水平虚线指示子树的高度。

可以看出，旋转前和旋转后，该子树的中序序列都是“α，p_1，β，p，γ”，即子树的中序序列不变，所以旋转是“保中序”的。

2）LR 双旋，如图 5-13 所示。

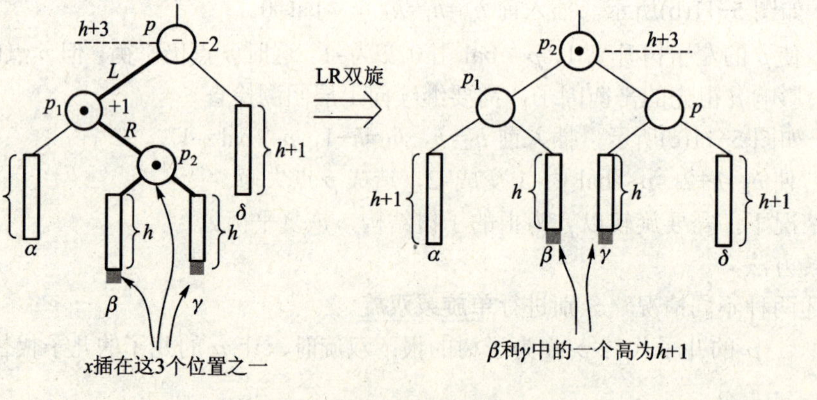

图 5-13 插入时 LR 旋转示意图

返回路线沿右路到达 p_1，再由 p_1 沿左路到达 p。

旋转时，让 p_2 作为子树之根，p_1 和 p 分别作 p_2 的左、右儿子。p_2 原来的左儿子作 p_1 的右儿子，p_2 原来的右儿子作 p 的左儿子。

旋转后，整个子树的高度没有改变，因而不影响祖先的平衡因子，回溯检查至此停止。

旋转后，p 和 p_1 的平衡因子分别由下列 3 种情况确定：

- x 就插在 p_2 处，即 p_2 是新叶，p_2->data=x。旋转后，p_2 的左右儿子 p_1 和 p 都是叶，它们的平衡因子都等于 0。
- x 插于 p_2 的左子树上。子树 β 的高为 h+1，γ 的高为 h。旋转后 p_1 的平衡因子等于 0，而 p 的平衡因子等于+1。
- x 插于 p_2 的右子树上。子树 β 的高为 h，γ 的高为 h+1，旋转后 p_1 的平衡因子等于–1，而 p 的平衡因子等于 0。

不管如何，旋转后，p_2 的平衡因子都为 0，而且 p_2 的高等于 h+3。

因为插入路径在 p 处的走向呈 LR 形，而且旋转涉及 p 的下两层，所以称为 LR 双旋。

至于从右路返回到 p 时，有完全对称的处理，并且可能有 RR 单旋和 RL 双旋。只要将上述情况中的“左”与“右”互换，表示平衡因子的正号与负号互换即可。请读者自己画出图示，并分情况讨论。

从上述可以看出，不管哪种情况，插入一个结点，至多旋转一次，全树都已平衡。

3. 插入示例

图 5-14 给出了插入示例。

在如图 5-14(a)所示的子树上插入 43，虚线指示新插入结点，造成结点 19 处失衡（带“*”标记的为失衡点），作 RR 单旋，变成图 5-14(b)。

接着再插入结点 16，不旋转，变成图 5-14(c)。

再插入 13，使结点 19 处失平衡，作 LL 单旋变成图 5-14(d)。

再插入 18，造成结点 30 处失衡，作 LR 双旋变成图 5-14(e)。

再插入 37，使结点 30 失衡，作 RL 双旋变成图 5-14(f)。

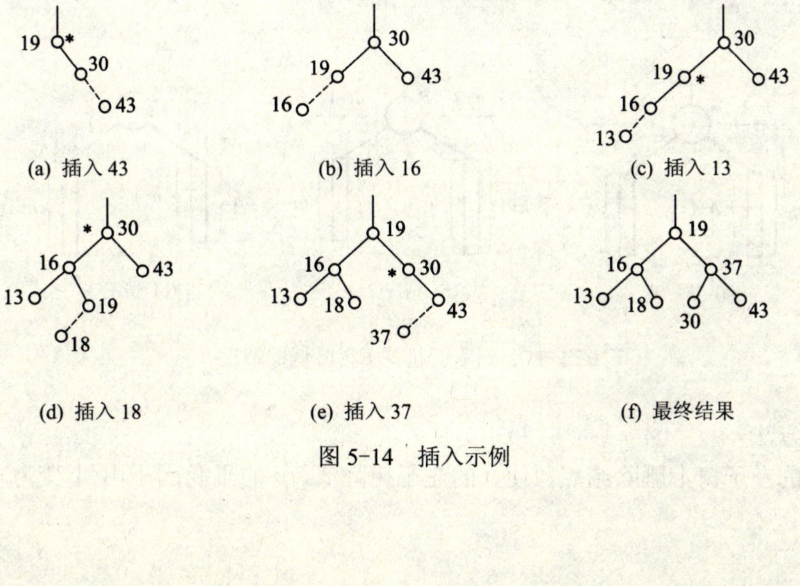

图 5-14 插入示例

4．删除引起旋转

删除操作与插入操作有许多相似之处。

（1）删除结点 x 的大体步骤

步骤 1）像一般检索树那样找到并删除结点 x。当然，如果 x 有两个儿子，真正被删除的是 x 的中序前驱。

步骤 2）沿根到被删除结点的路线之逆逐层向上回溯，检查该路线上各结点的平衡因子是否变化，如果变化，则及时修改。

步骤 3）若发现某结点 p 的平衡因子由 p–>bal=1 变成 p–>bal=2，或由 p–>bal=–1 变成 p–>bal=–2，则旋转以 p 为根的子树结构，恢复平衡。

旋转之后，如果子树的高度比旋转前不降低，则停止回溯；反之，若子树的高度降低了，继续向上层回溯。

就是说，删除一个结点有可能引起多次旋转，而不像插入那样至多旋转一次。

（2）平衡因子变化情况分析

下面讨论在 p 的左子树上删除一个结点，使 p 的左子树高度降 1，所要进行的处理步骤。至于在 p 的右子树上删除，使 p 的右子树降低的情况与之完全对称。

当返回路线沿左路到达 p 时，根据删除前 p 的平衡因子不同取值，分为 3 种情况，如图 5–15 所示。图 5–15 中，阴影部分表示因删除而使子树的高度降 1。

情况 1　如图 5–15(a)所示。删除前 p–>bal=0。

删除后，p–>bal 变为+1。p 点仍平衡，且 p 的高度不降，回溯至此停止。

情况 2　如图 5–15(b)所示。删除前 p–>bal=–1。

删除后，p–>bal 变为 0。p 点仍平衡，但 p 的高度降低，需要继续向上回溯。

情况 3　如图 5–15(c)所示。删除前 p–>bal=+1。

删除后，p–>bal 变为+2。p 点失衡，需要通过旋转恢复平衡。

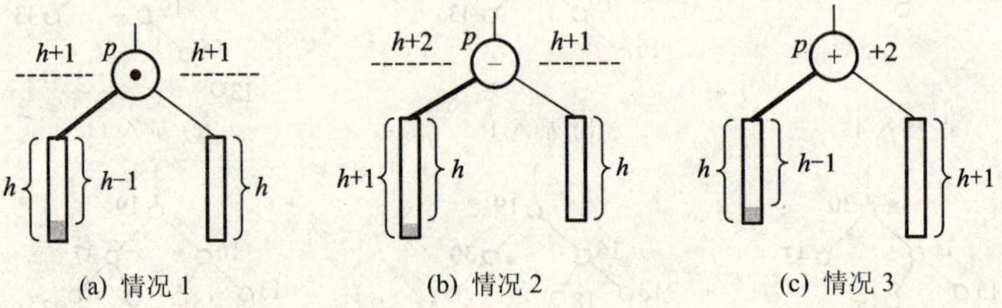

图 5–15　删除引起左子树降低的情况

（3）旋转方法

由于在 p 的左子树上删除结点，使 p 的左子树降低，p 的平衡因子由+1 变为+2。考虑到删除前，p 的右子树就比 p 的左子树高，现在 p 的左子树降低了。旋转时，要使 p 的右子树上某结点代替 p 作子树的根，才有可能使树恢复平衡。

设 p_1 是 p 的右儿子，根据 p_1 的平衡因子不同的取值分成 3 种情况。

1）p_1->bal=0，RR 单旋，如图 5-16 所示。

让 p_1 作根，p 作 p_1 的左儿子，p_1 的左儿子作 p 的右儿子。

可以看出，旋转后子树的高度没降，回溯至此停止。

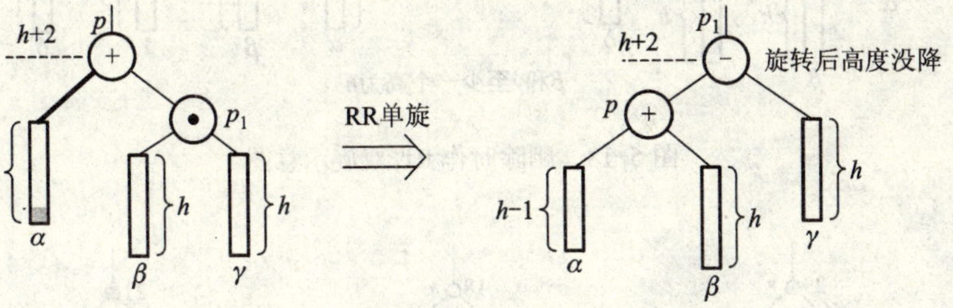

图 5-16　删除时作 RR 单旋示意图之一

2）p_1->bal=+1，RR 单旋，如图 5-17 所示。

旋转方法同上，但是，旋转后子树的高度降 1，需要继续向上回溯。

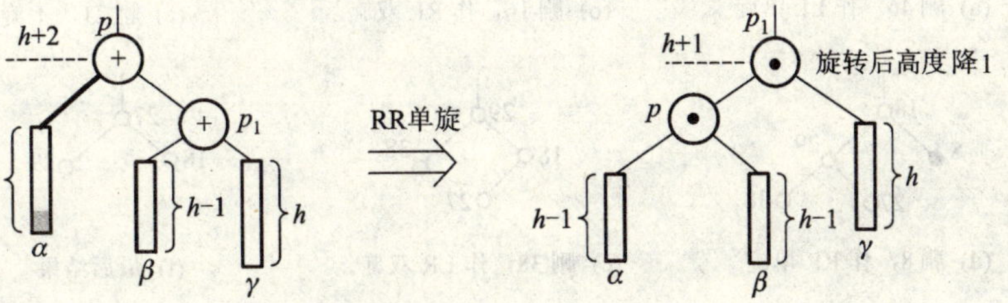

图 5-17　删除时作 RR 单旋示意图之二

3）p_1->bal=–1，RL 双旋，如图 5-18 所示。

这种情况用 p_1 的左儿子 p_2 作根。其中，子树 β 和 γ 至少有一个高度等于 h。

旋转后，p_2 的平衡因子等于 0。子树的高度降 1，需要继续向上回溯。

旋转后，p 和 p_1 的平衡因子取决于 p_2 原来的平衡因子，分下述 3 种情况。

- 若原来 p_2->bal=0，β 和 γ 的高度都等于 h。旋转后，p 和 p_1 的平衡因子都等于 0。
- 若原来 p_2->bal=+1，β 的高度等于 h–1，γ 的高度等于 h。旋转后，p 的平衡因子等于–1，而 p_1 的平衡因子等于 0。
- 若原来 p_2->bal=–1，β 的高度等于 h，γ 的高度等于 h–1。旋转后，p 的平衡因子等于 0，而 p_1 的平衡因子等于+1。

5．删除示例

图 5-19 和图 5-20 给出了删除示例。在图 5-19 和图 5-20 中，标黑色的结点表示被删除结

点，标“*”的是失衡点。

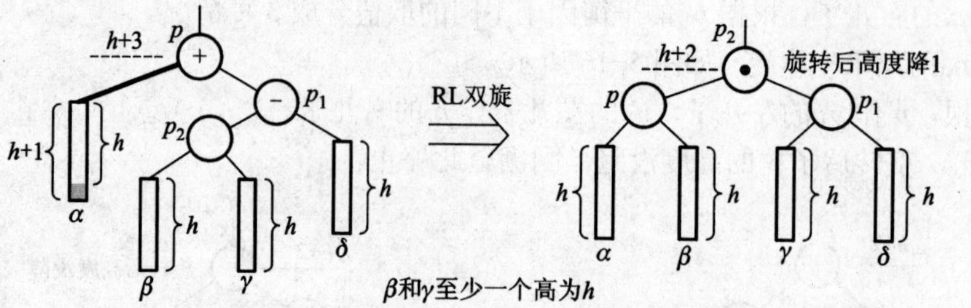

图 5-18 删除时作 RL 双旋示意图

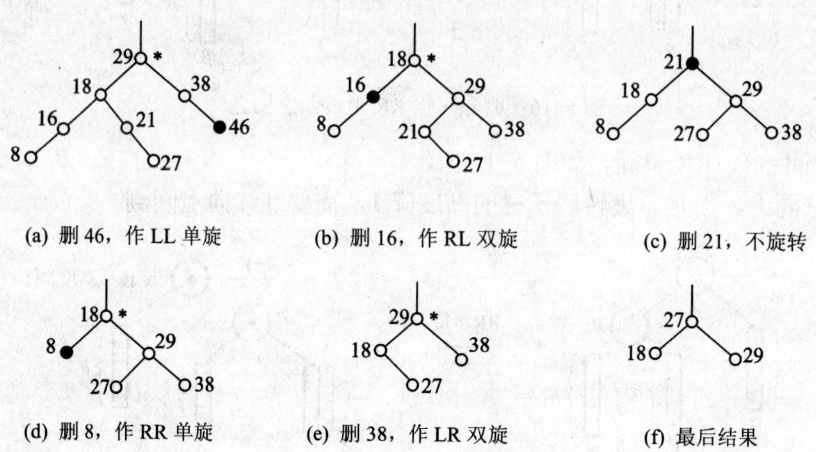

图 5-19 删除示例

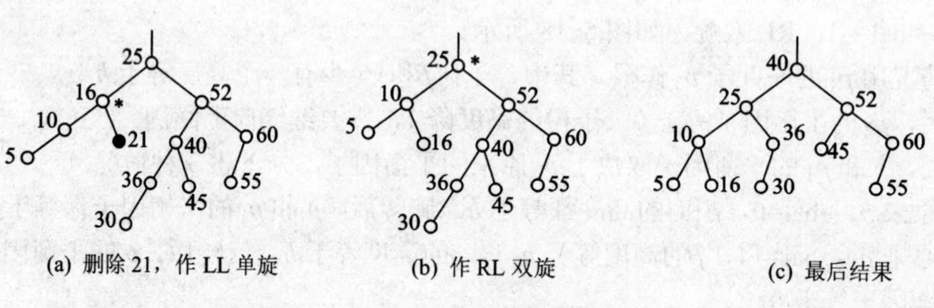

图 5-20 删除一个结点作多次旋转的示例

在如图 5-20 所示的示例中，删除结点 21 作两次旋转。先在结点 16 处失衡，作 LL 单旋，又在结点 25 处失衡，作 RL 双旋。

5.4.2 红黑树

1. 概念和性质

红黑树，简称 RB 树，也是一种二叉平衡树，因结点分别被标记成红色或黑色而得名。

（1）外部结点

为便于描述，红黑树中引入了“外部结点”的概念。

在非空二叉树中，如果一个结点缺少某个儿子，那么就认为有一个空结点作为它的儿子，这个空结点称为外部结点。相应地，原来的结点称为内部结点。空结点只是一种“记号”，它本身不是“实实在在的”结点。

在引入外部结点之后，外部结点就成为叶结点，原来的叶结点称为“真叶”。

为了便于区分内外结点，在画树结构图形时，习惯上，外部结点用矩形表示，而内部结点用圆圈表示。

例如，如图 5-21(a)所示的二叉树加上外部结点就变成如图 5-21(b)所示的结构。

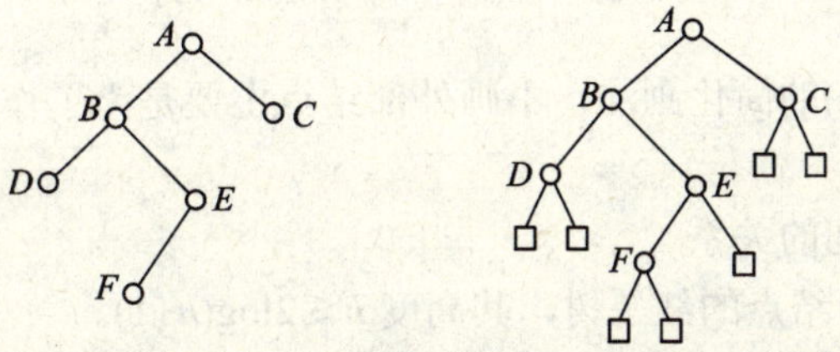

(a) 原结构　　　(b) 加外部结点的结构

图 5-21　加外部结点的二叉树示例

（2）红黑树的定义

红黑树是带有外部结点，且满足下列条件的二叉树：

1）每个结点都带有颜色标记，或为红色，或为黑色。

2）根结点为黑色。

3）外结点为黑色。

4）[红不相邻]每个红结点的儿子必为黑结点；但是黑结点的儿子既可以是红的，也可以是黑的。

这样，根到叶的任一路径上，红结点必不相邻。对黑结点没有限制。

5）根（包括子树的根）到外结点的每条路径上，标记为黑色的结点数相同。

为便于叙述，上述定义中的 4、5 两条统称为“黑平衡”。

插入或删除时，如果破坏了黑平衡，则需要旋转子树，并修改某些结点的颜色使之恢复黑平衡。

同 AVL 树一样，红黑树通常用作检索树。下面的红黑树指的就是红黑检索树。

（3）示例

在如图 5-22 所示的示例中，黑色小圆点表示黑色结点，空心小圆圈表示红色结点，黑色小矩形表示外部结点。其中，图 5-22(a)满足红黑树的所有条件，因而是红黑树。图 5-22(b)不是红黑树，虽然它与图 5-22(a)是同一棵检索树，但是，结点 10 和结点 8 同为红色（不满足条件 4)，而且根到叶的路径上黑色结点数也不相等（不满足条件 5)。

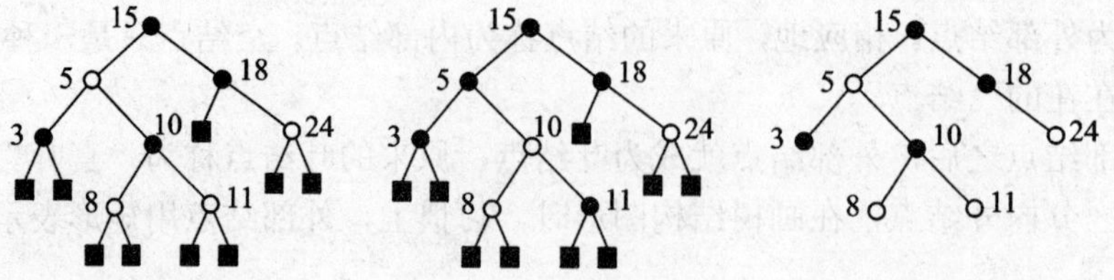

(a) 红黑树 (b) 非红黑树 (c) 红黑树的简化画法

图 5-22 红黑树和非红黑树示例

图 5-22(c)是图 5-22(a)的简化画法，不画外部结点主要是为了作图方便。后文中都采用简化画法。

（4）结点数与高度之间的关系

定理 5-2 具有 n 个内结点的红黑树，其高度 $h\leqslant 2\log(n+1)$。

按照这一结论，红黑树也是一种二叉平衡检索树。

在证明这个定理之前，先引入黑高的概念和一个引理。

结点 x 的黑高 $\mathrm{bh}(x)$等于结点 x 到达其子孙叶子的任意路径上遇到的黑色结点的数目。不包括 x 本身。

引理：结点 x 的非空子孙数$\geqslant 2^{\mathrm{bh}(x)}-1$。

通过对 x 的高度进行归纳，证明这个引理。

归纳基础：x 的高度 $h=0$ 时，x 必是空结点，其黑高等于 0，x 的非空子孙数$\geqslant 2^0-1=0$，成立。

归纳：x 的高度 $h>0$，x 必有两个儿子，包括空儿子。显然 x 两个儿子的黑高，或等于 $\mathrm{bh}(x)$，或等于 $\mathrm{bh}(x)-1$。取决于 x 及其儿子的颜色。

由于 x 儿子的高度必小于 x 的高度。根据归纳假设，x 儿子的非空子孙数$\geqslant 2^{\mathrm{bh}(x)-1}-1$，所以，$x$ 的非空子孙数$\geqslant 2^{\mathrm{bh}(x)-1}-1+2^{\mathrm{bh}(x)-1}-1+1=2^{\mathrm{bh}(x)}-1$。

引理得证。

最后，根据红黑树定义中的条件 4，根到叶的路径上，红色结点数至多占一半（因为红色结点必不相邻），所以除根结点外，黑色结点数至少占一半。如果树高等于 h，那么，根的黑高

至少等于 $h/2$，于是得

$$n \geqslant 2^{h/2}-1$$

移项后，两边取对数，得

$$h \leqslant 2\log(n+1)$$

完成定理 5-2 的证明。

2. 旋转方法

旋转的原则既要“保中序”，又要“保黑平衡”。

有两种旋转：逆时针的左旋和顺时针的右旋。左旋和右旋是“对称的”，也是互逆的。

图 5-23(a)右旋以 q 为根的子树就变成了图 5-23(b)，而图 5-23(b)左旋以 p 为根的子树就变成了图 5-23(a)。

左旋的大体步骤如下：

如图 5-23(b)所示，p 指向旋转点，q 指向 p 的右儿子。

左旋时，用 q 代替 p，即用 q 作 p 之父 f 的儿子。让 q 的左儿子作 p 的右儿子，而 p 作 q 的左儿子。

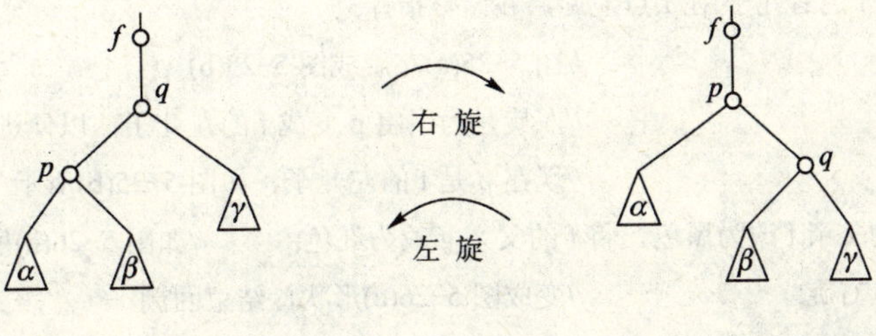

(a) 以 q 为根的子树　　(b) 以 p 为根的子树

图 5-23　旋转操作示意图

根据对称性，将左旋操作中的“左”与“右”互换，p 与 q 互换就是右旋操作。

3. 插入算法

算法 5-4　红黑树插入算法（伪程序）。

```
void   rb_insert(elem_type x)
{    //插入阶段
1.   按一般检索树的插入方法插入 x，用新结点 x 代替某个外结点。
2.   将 x 标记为红色。为保黑平衡，新结点总是先标为红色。
     //回溯阶段
3.   设 p 是指向新结点 x 的指针。
4.   while(1)
5.   { if(p 是根) {将结点 p 标成黑色;   return;}
```

```
6.  if(p 之父是黑色) return;
    //至此，p 不是根，并且 p 之父为红色，而且 p 之父也不是根
7.   用 f 指向 p 之父，g 指向 f 之父;              //对照图 5-24(a)
8.  if(f 是 g 的左儿子)
    //若 f 是 g 的右儿子处理步骤与之对称，转到语句 17 下方的 else 部分
9.  { 用 q 指向 g 的右儿子;                        //即 q 是 p 的“叔叔”
10.     if(q 为红色)                               //对照图 5-24(a)
11.     {将 f 和 q 改为黑色，将 g 改为红色;         //g 原为黑色，对照图 5-24(b)
12.        令 p 指向 g;                             //如图 5-24(c)
13.        coninue;                                 //进入语句 4 的下一轮循环
    }                               //因 g 改为红色后，可能会造成“红相邻”，故要向上层回溯
                                    //以下的处理步骤与语句 10 的 if 相呼应（即 q 为黑色）
                                    //要进行旋转，但 p 是 f 的右儿子与 p 是 f 的左儿子的处理方法不同
                                    //不管如何，旋转后，因 p 之父呈黑色，无须再向上层回溯
14. if(p 是 f 的右儿子)在 f 点左旋，并调整指针;
                                    //图 5-25(a)左旋成图 5-25(b)
                                    //左旋是为了将 p 变成 f 的左儿子，以便进入下一步统一处理
                                    //现在 p 是 f 的左儿子，如图 5-25(b)所示
15. 将 p 的父亲 f 改为黑色，将 f 的父亲 g 改为红色;     //如图 5-26(b)所示
16. 在 g 点右旋;                    //变成图 5-26(c)形状，结束回溯
17. return;
    }                               //与语句 9 的左括号对应
    else {与语句 9~17 对应，处理 f 是 g 的右儿子的情况}
  }                                 //与语句 5 的左括号对应
}                                   //与最外层左括号对应
```

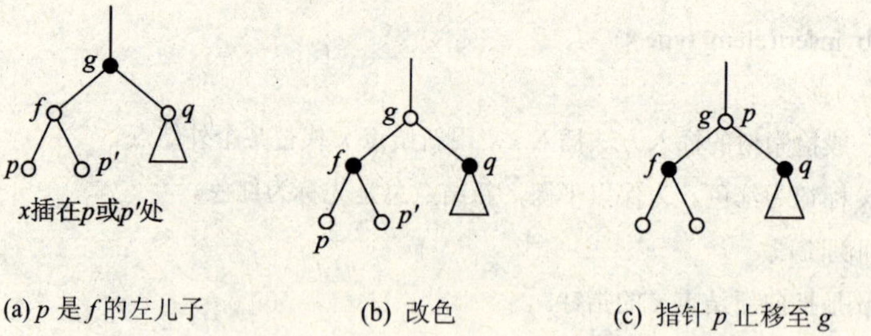

(a) p 是 f 的左儿子　　(b) 改色　　(c) 指针 p 上移至 g

图 5-24 插入示意图之一

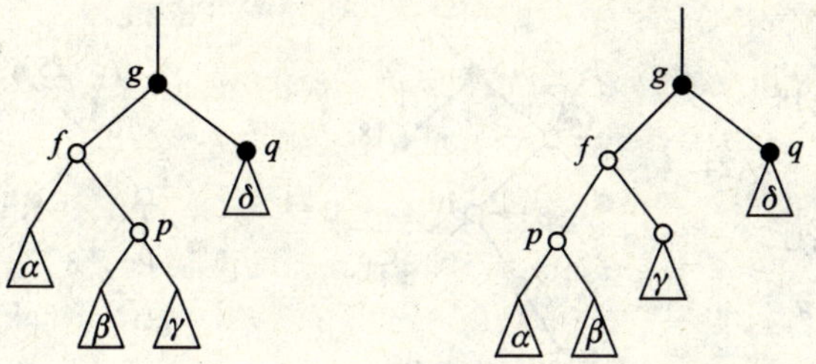

(a) p 是 f 的右儿子　　(b) 在 f 点左旋并调整指针的结果

图 5-25　插入示意图之二

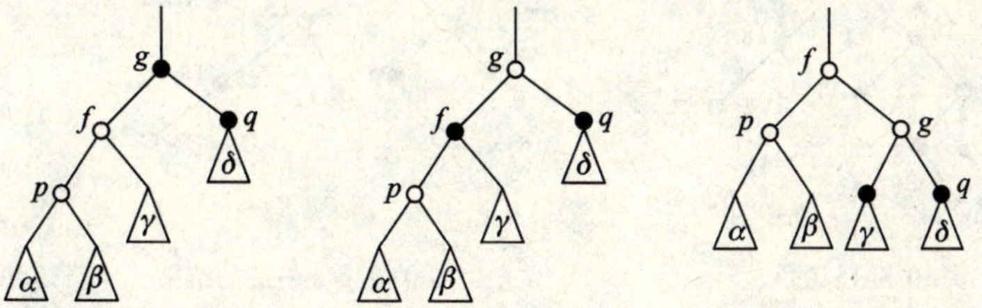

(a) p 是 f 的左儿子，g 和 q 同为黑色　　(b) 改色　　(c) 在 g 点右旋的结果

图 5-26　插入示意图之三

4．插入示例

例如，在如图 5-27(a)所示的红黑树上插入元素 x=6，标 6 为红色。

因为 6 的父亲 8 是红色，将 6 之父 8 和叔 11 改为黑色，将 6 的祖父 10 改为红色，再向上层回溯。p 指向 10，f 指向 p 之父，q 指向 p 之叔，g 指向 p 之祖父，如图 5-27(b)所示。

因为 10 与其父 5 同为红色，而 10 的叔 18 为黑色，p 是 f 的右儿子，而 f 又是 g 的左儿子。以 f 点作左旋，变为图 5-27(c)。

现在，5 与其父 10 仍同为红色，而 p 是 f 的左儿子，将 p 的父 10 改为黑色，将 p 的祖父 15 改为红色，变为图 5-27(d)，再以 g 点 15 作右旋，变为图 5-27(e)。

观察图 5-27(e)，因为子树的根 10 是黑色，所以不会与其父（如果它有父亲的话）发生“红冲突”，结点 10 到每片叶的路径上黑色结点数都等于 2，故已满足红黑树性质，回溯至此结束。

可见插入时，至多经一次左旋和一次右旋，或一次右旋和一次左旋，便可终止回溯。

5．删除操作的基本原理

在红黑树上删除结点要比插入结点复杂些，不过也可以在 $O(\log n)$时间内完成。

也分为删除阶段和回溯阶段。

像检索树那样，找到要删除的结点 x。若 x 有两个儿子，那么真正删除的是 x 的中序前驱。于是，被删除结点或是叶，或只有一个儿子。删除后，接好断枝。

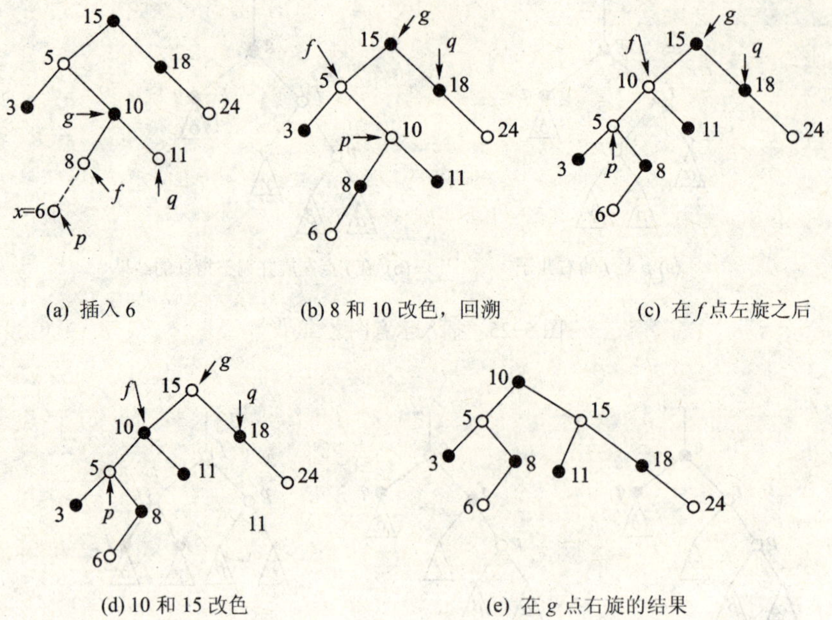

(a) 插入 6　(b) 8 和 10 改色，回溯　(c) 在 f 点左旋之后

(d) 10 和 15 改色　(e) 在 g 点右旋的结果

图 5-27　插入示例

如果被删除结点 f 是红的，则不要回溯，算法终止。

如果被删除结点 f 是黑的，破坏了红黑树条件。分下列 3 种情况：

1）f 是根结点，而且恰好代替 f 的红儿子 p 作新根，破坏了红黑树定义中的条件 2，只要将新根 p 改为黑的就行了。

2）f 的儿子 p 是红的，而 f 的父亲 g 也是红色的，那么用 p 代替 f 作 g 的儿子时，发生红冲突，破坏了红黑树定义中的条件 4。只要将 p 改为黑的就行了。

3）f 的儿子 p 是黑的，用 p 代替 f，将导致 p 所在的那条路径上黑色结点减少，破坏了红黑树定义中的条件 5。

下面讨论第三种情况发生时，如何恢复黑平衡。

为了维持黑平衡，引入“双色结点”的概念。

当删除黑色结点 f，让其黑儿子 p 代替它时，就给 p“附加”第二个颜色——黑色，使 p 成为既有原来的颜色，又有附加黑色的一个“双色结点”。

如果 p 原来是黑的，现在是“黑-黑”的；原来是红的，现在是“红-黑”。

因为 p 多含了附加黑色，使含 p 的路径上的黑点数加 1，弥补了因删除黑色结点 f 而造成的黑色点数的减少，所以“保持了”黑平衡。

这个双色结点只是“临时的”，而所谓的“维持黑平衡”也只是一种想象，仅仅是为便于解释如何回溯而作的假设。实际上，也用不着专门的机构去存储这个附加色。

在回溯过程中，通过将双色结点上移，“恢复”原双色结点的本色。

在上移过程中，可能出现下列情况之一：

1）如果 p 是“红-黑”的，即 p 本来是红的。在这种情况下，只要将 p 改为黑色，恢复其单色性，回溯终止。

2）如果 p 指向根结点，在这种情况下，这个附加的黑色自动消失了，回溯终止。

3）对于其他情况，则需要适当地旋转和改色。

6．删除算法

算法 5-5 红黑树删除算法（伪程序）。

```
void  rb_delete(elem_type x)
{
1.    在树中找到要删除的结点 x，并用 f 指向 x；
2.    if(x 有两个儿子)                                    //被删除的将是 x 的中序前驱 y
3.    { 找到 x 的中序前驱 y; 用 y 的结点值代替 x 的结点值；并用 f 指向 y；}
      //至此，f 指向被删除结点，且 f 至多只有一个儿子
4.    if(f 的左儿子不空) p 指向 f 的左儿子；
5.    else   p 指向 f 的右儿子；                            //p 有可能指向外结点
6.    if(f 是根){使 p 作根，并将 p 标为黑色; return;}        //算法终止
7.    else   让 p 代替 f 作为其父 g 的儿子；                 //删除了 f
8.    if(f 是红的) return;                                 //算法终止
9.    if(f 是黑的，而 p 是红的){ 将 p 标为黑色; return;}      //算法终止
      //至此，f 和 p 都是黑的
10.   while(p 不是根，且 p 是黑的)
      {
11.       if(p 是左儿子)                  //是右儿子的情况与之对称（转到语句 28 处）
12.       { 用 q 指向 p 的兄弟；
13.         if(q 是红的)                  //情况一，参见图 5-28(a)
14.         {  将 q 改为黑色，将 p 之父（图 5-28 中的 25）改为红色；
15.            在 p 之父处左旋；           //参见图 5-28(b)
16.            将 q 重新指向 p 的新右兄弟；
            }
17.         if(q 的左右儿子都是黑的)       //情况二，参见图 5-29，双色结点上升
18.         {  将 q 改为红的；将 p 指向其父；
19.            cotinue;                   //进入下一轮循环（转到语句 10 处）
            }
            else                          //与语句 17 的 if 配对，q 的左右儿子不全是黑的
```

```
            {
20.             if(q 的右儿子是黑的，而左儿子是红的)              //情况三，参见图 5-30
21.             {    将 q 的左儿子改黑，将 q 改红；
22.                  在 q 点右旋；
23.                  将 q 重新指向 p 的新右兄弟；
                }                                              //至此 q 的右儿子是红的
24.             将 p 之父的颜色赋给 q；                          //情况四，参见图 5-31
25.             将 p 之父改为黑色，将 q 的右儿子改黑；
26.             在 p 之父点处作左旋；
27.             p 指向根；                  //转到语句 10，使循环终止，再转到语句 29 处
            }
        }
28.     else {与语句 12~27 对称，处理 p 是 f 右儿子的情况}
    }
29. 将 p 改为黑色；return;
}
```

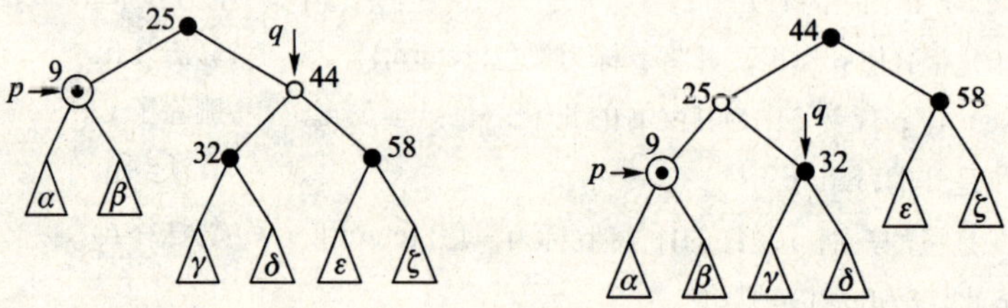

(a) 9 和 25 为黑色，44 为红色　　(b) 25 和 44 改色，在 25 点左旋并调整指针的结果

图 5-28　删除回溯（情况一）

7．删除算法的图形解释

情况 1　语句 13～16 对应图 5-28。

q（44）是红的，经语句 14 改色，语句 15 左旋转，p 仍是非根的双黑结点；然后按照 q 左右儿子的颜色，分别进行处理（见语句 17 和语句 20）。

情况 2　语句 17~19 对应图 5-29。

q（44）是黑的，而且其两个儿子也都是黑的。

将 44 改红，本次删除相当于从 p（9）和 q（44）各取走一个黑色，而把这个黑色附加到其父 25（不管其父原来是什么颜色），将 9 恢复为单一黑色，而使其父 25 作为新的双色结点，相当于双色结点上升。进入下一轮循环，继续向上层回溯。

注意：如果是经图 5-28 处理过，再进入图 5-29 的，那么，双黑结点上升至 p 之父 25 时，由于 25 原是红的，现在是“红-黑”的，又因 p 是红的而退出语句 10 的循环，在语句 29 处，将 p 改为黑色，结束回溯。

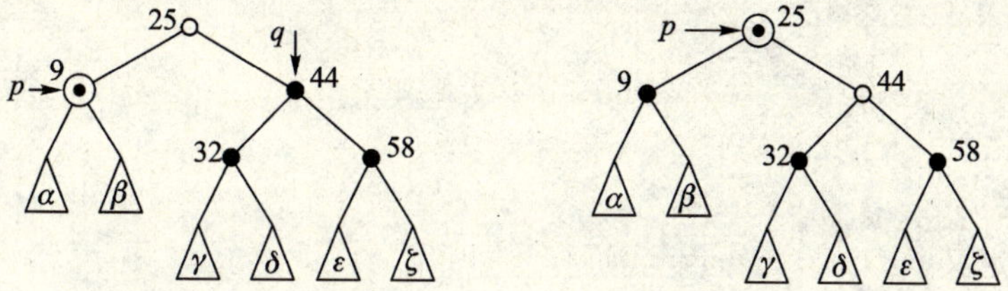

(a) 44 和 32、58 均为黑色　　(b)25 和 44 改色，25 变为双色

图 5-29　删除回溯（情况二）

情况 3　语句 20～23 对应图 5-30。

q（44）是黑色，q 的右儿子（58）为黑的，左儿子（32）是红的。

将 44 改红，左儿子 32 改黑，相当于交换 44 与 32 的颜色。并右旋，可以保持 25 的右子树的黑平衡，然后再交给语句 24～27 处理。

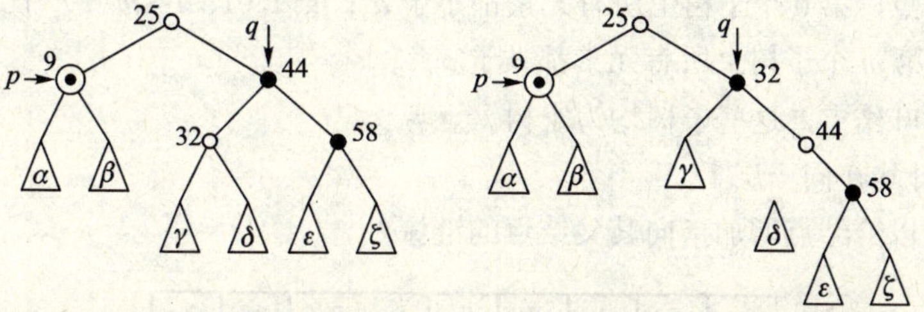

（a）44 和 58 为黑色，32 为红色　　（b）44 和 32 改色，在 32 点右旋的结果

图 5-30　删除回溯（情况三）

情况 4　语句 24～27 对应图 5-31。

q（44）是黑的，q 的右儿子（58）是红的，而 q 的左儿子或红或黑。

有两种情况可进入图 5-31，其一是经图 5-28 处理后进入的；其二是经图 5-30 处理后进入的。

将 p 之父（25）、q（44）和 q 的右儿子（58）3 个点改色，双色点 p 的“双色性”因其父 25 由红变黑而消失。再左旋，无论子树新根 44 是红是黑，都不影响整个子树红黑树条件，故语句 27 使 p 指向根，从而终止语句 10 的循环，不再回溯。

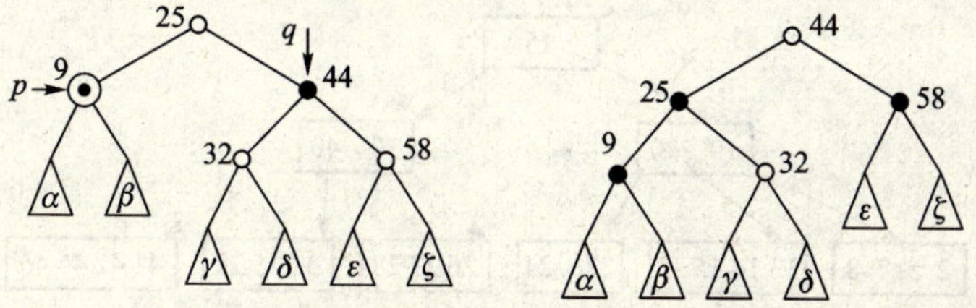

（a）原状态　　（b）25、44 和 58 改色，在 25 点左旋的结果

图 5-31　删除回溯（情况四）

5.4.3* B 树

1. 基本概念

（1）B 树的定义

一个非空 M 元（也称为 M 阶）**B 树**（R. Bayer，1970 年）满足下列条件：

1）每个结点含有 m 个元素 $a_1 < a_2 < \cdots < a_m$。含有 m 个元素的结点有 $m+1$ 个子树。m 称为结点长度。

2）结点长度 m 满足：对于根结点，$1 \leqslant m \leqslant M-1$；对于非根结点，$\lceil M/2 \rceil - 1 \leqslant m \leqslant M-1$。

于是，非根结点可以有 $\lceil M/2 \rceil \sim M$ 个子树；而根可以有 $2 \sim M$ 个子树。

3）结点结构如图 5-32 所示，其中，p_i（i=0，1，…，m）是指向第 i 个子树的指针。

对于非叶结点，第 0 个子树上所有元素都小于 a_1；第 i（$1 \leqslant i \leqslant m-1$）个子树上的元素 x 满足 $a_i < x < a_{i+1}$；第 m 个子树上所有元素都大于 a_m。

当然，对于叶结点，这些子树均为空树。

4）所有的叶均在同一层上。

必要的话可以给结点增加指向其父结点的链域。

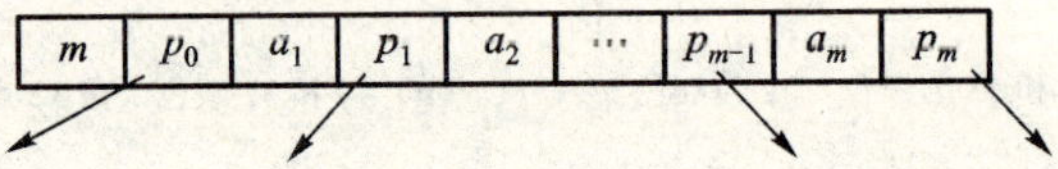

图 5-32 B 树的结点结构

（2）示例

例如，对于 5 元 B 树（M=5），每个非根结点，可含有 2~4 个元素、3~5 个子树。

图 5-33 给出了一个 3 层 5 元 B 树示例。

观察图 5-33 可知，若把子孙结点压缩到其祖先结点中，把树挤成一层（可认为是结点的中序序列），那么，元素从左到右是递增的。

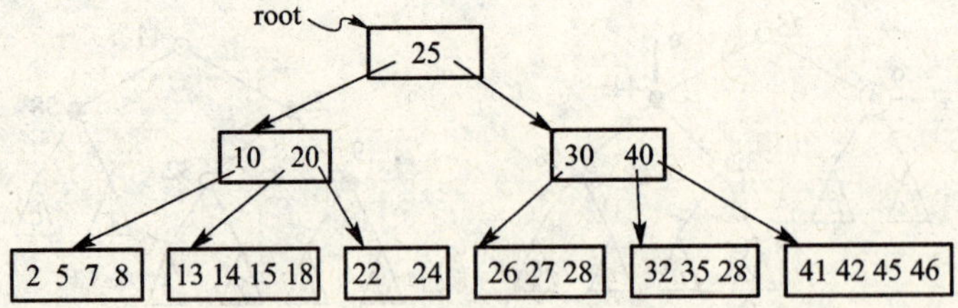

图 5-33 5 元 B 树示例

2. 查找

查找元素 x 的步骤大致如下：

从根结点起向下层搜索。

步骤 1）如果当前结点为空，则查找失败。

步骤 2）在当前结点中查找 x，如果找到 x，查找成功；否则

- 若 $x<a_1$，则沿 p_0 递归向下查找。
- 若 $a_i<x<a_{i+1}$（$1\leqslant i<m$），则沿 p_i 递归向下查找。
- 若 $x>a_m$，则沿 p_m 递归向下查找。

3. 插入

（1）插入 x 的大体步骤

步骤 1）用查找的方法为 x 找到所在位置，查找路径终止于某个空树。把 x 插在其父结点（必定是叶）的有序位置上。

步骤 2）如果插入 x 后，结点不超长，则插入完毕；否则，进入下一步，进行超长处理。

步骤 3）将超长结点一分为二，将“中间元素”递归地插入上层结点中。

步骤 4）若插入波及根，当根上溢时，把根一分为二，并将中间元素上移，而产生含单元素的新根，使 B 树升高。

将超长结点一分为二的操作方法如下：

设结点 d 超长，即 d 的元素达 M 个。令 $k=\lceil M/2\rceil$，元素 a_k 作为中间元素。排在 a_k 左侧的元素和相应的指针被保留在结点 d 中；将排在 a_k 右侧的元素和相应的指针移入新结点 e 中；将 a_k 连同指向结点 e 的指针一起插在 d 的父结点 f 中，排在指向结点 d 的指针右侧。

（2）插入示例

例如，在如图 5-34(a)所示的 5 元 B 树中插入元素 22。查找路线终止于结点 d 的左子树（空树）。插入 22 后，结点 d 含有元素“22，26，30，35，40”，超过最大长度 4。将 d 分裂成 d 和 e。将中间元素 30 连同指向 e 的指针一起插到结点 f 中。插入结果如图 5-34(b)所示。

和一般检索树一样，把 n 个元素逐一插入开始为空的 B 树，从而构造出 B 树。

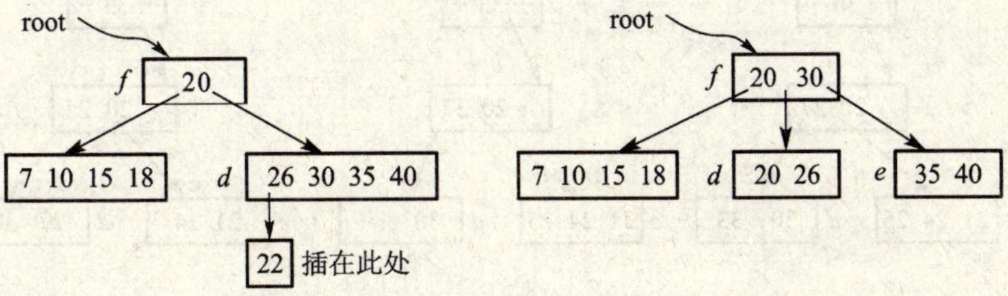

（a）插入 22 前　　（b）插入 22 后

图 5-34　5 元 B 树插入示例

4．删除

B树的删除也与一般检索树相差不多。

删除元素 x 的大体步骤如下：

步骤1）经查找，在某一结点 c 中找到 x。

步骤2）根据 x 所在位置的不同，进行不同的处理。

① 如果 c 是叶，则直接从叶中删除 x。

② 如果 c 是非叶，则需要用 x 的中序前驱代替 x。

这里所谓中序前驱是指若把树中元素排成递增序列时，处于 x 左侧的那个元素。如果 x 没有中序前驱，就用其中序后继代替它。

寻找 x 的中序前驱，需要沿着 x 左侧的那个子树的最右分支一直下降到某个叶结点 s，结点 s 中最右元素 y 便是 x 的前驱。用 y 代替 x 后，在结点 s 中删除 y。

将最终删除元素所在的叶结点（或是 c，或是 s）记为 d，沿着根到删除点 d 的路线之逆逐层向上进行如下处理步骤。

步骤3）如果删除后 d 不下溢，则删除结束；否则，进入下一步，进行下溢处理。

步骤4）如果 d 是根，转步骤9；否则，进入下一步。

步骤5）（d 下溢，d 不是根，d 的长度小于 $\lceil M/2\rceil-1$）找 d 的邻近兄弟 e。

步骤6）如果 e 长度未达到下限，即多于半满（否则，进入步骤7），则从 e 中借一个元素（连同相应的指针）给 d，并应适当地调整 d 和 e 之间的那个元素（在 d 和 e 的父结点中），删除结束。请参见图5-35。

步骤7）（因 e 的长度恰好达到下限，不能借给 d）将 e 合并到 d，也就是把 e 中的元素，以及 d 和 e 之父 f 的那个“中间元素”都加到结点 d 中。结点 e 变空，删除空结点 e。

合并时，也可以将 d 合并到 e，效果是一样的。请参见图5-36。

步骤8）（因 f 的元素下移，使 f 的长度减小）如果引起 f 下溢，则重复步骤4；否则删除结束。

步骤9）（根下溢，即根的长度变为0）删除根，整个B树高度下降，删除结束。

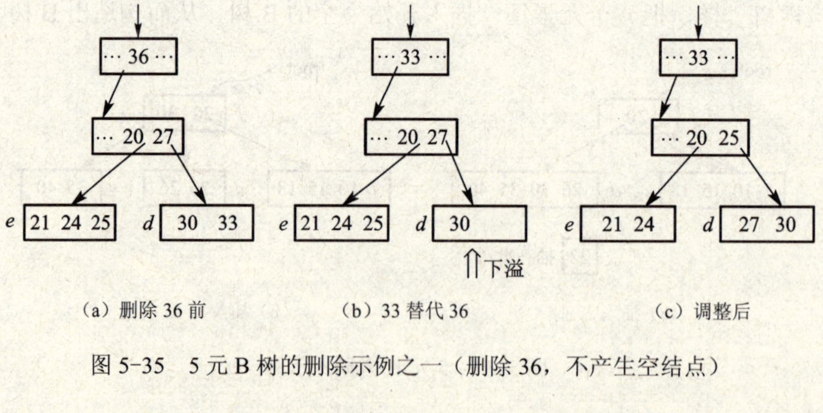

图5-35　5元B树的删除示例之一（删除36，不产生空结点）

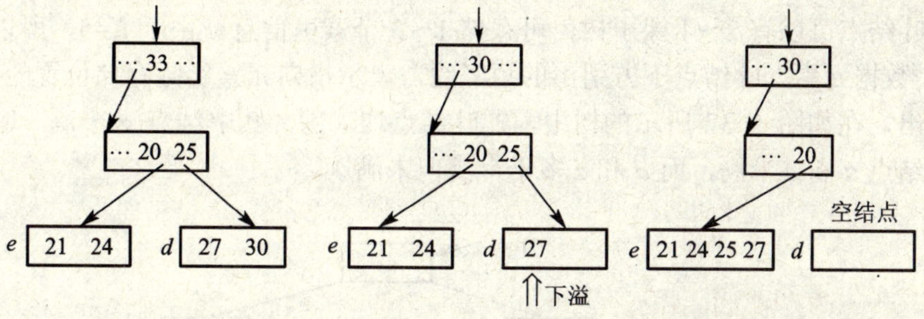

（a）删除 33 前　　（b）30 替代 33　　（c）合并产生的空结点

图 5-36　5 元 B 树的删除示例之二（删除 33，产生空结点）

需要说明的是，在步骤 6 中，“从 e 中借一个元素给 d”操作较为简单，但是从有利于“平衡”角度，最好一次向 e 借一批元素，使 d 与 e 的元素大致相等，最多差 1。

5.4.4* B+树

1. 基本概念

（1）B+树与 B 树主要区别

B+树是 B 树的变种，一棵 M 元 B+树和一棵 M 元 B 树具有相同的树形，定义 B 树的 4 个条件也基本适用于 B+树，结点结构同图 5-32。主要区别在于：在 B+树中，所有的数据元素都存储在叶结点中（实际上，叶中通常只存储元素的关键字值和指向元素实际存储地址的指针，类似于线性表的索引目录存储)，而非叶结点仅存储便于查找的索引信息，故非叶结点也称为索引结点。具体地说：

1）长度为 m 的非叶结点中，第 0 个子树上所有元素都小于 a_1；第 i（$1 \leqslant i \leqslant m-1$）个子树上的元素 x 满足 $a_i < x \leqslant a_{i+1}$（这一点与 B 树定义的条件 3 略有不同)；第 m 个子树上所有元素都大于 a_m。这里的各 a_i（i 为 0～m）都是索引信息。

2）叶结点与非叶结点具有不同的结点结构（这一点与 B 树不同)。每个叶结点中至多存储 K 个元素（上限，满)，至少存储 $\lceil K/2 \rceil$ 个元素（下限，半满)，除非树中只有一个叶结点（当然，它既是根，也是叶)。这里，K 的值可以与树的元数 M 相等也可以不等。

将所有的叶结点“串成”一个有序链表。最好采用双向链表，以便于删除。

于是，B+树具有“两套”查找机构。纵向：通过根指针，沿树的分支进行查找。横向：通过链表首指针，沿链表顺序查找。

B 树和 B+树都属于“大型的外部树结构”，M 的实用值通常在 500 以上。B 树可以用来存储大型数据库文件，而 B+树通常作为文件的索引（请参见 6.7.1 节)。

（2）示例

图 5-37 给出了一棵 M=4、K=5 的 B+树示例。其中，叶结点带阴影，以示区别。由于 M=4，

所以每个非叶结点可以有 2～4 棵子树，可存储 1～3 个索引信息。由于 $K=5$，所以叶结点可以存储 3～5 个数据元素。叶结点下方引出的短竖线，表示指向元素实际存储位置的指针。

可以看出，在如图 5-37 所示的树中，非叶结点均未满，其中结点 g 半满。叶结点中，结点 b 已满，结点 a 和 c 半满，而 d 和 e 多于半满但未满。

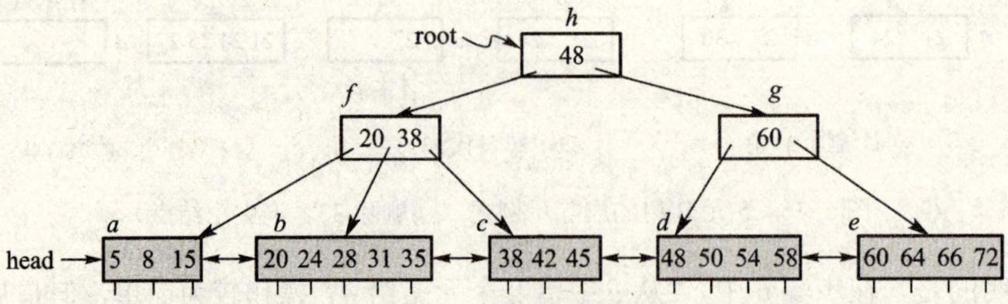

图 5-37 4 元 B+树示例

为作图方便，下面关于 B+树插入和删除操作的图示中，不再画叶结点引出的短竖线和横向的链。

B+树的纵向查找方法与 B 树相似，但必须搜索到叶。横向查找方法同有序链表。这里不再介绍。

2. 插入

B+树的插入与 B 树大体相同。

（1）插入 x 的大体步骤

步骤 1）从根结点起，沿纵向搜索路径为 x 找到所在的叶结点 d。如果叶 d 未满，则把 x 插在叶 d 的有序位置上，插入完毕。否则，进入下一步。

步骤 2）叶 d 已满，叶长达到 K，将 d 一分为二。具体做法是：

① 产生新叶 e，将 d 的下部 $K/2$ 个元素从 d 移入 e，另一半留在 d 中。

② 设 d 的父亲是 f，给 f 加一个儿子 e，e 排在 d 之右侧，将 e 的最小元素的值加到 f 中作为新索引项。如果 f 不超长，则插入结束；否则，进入下一步。

步骤 3）将 f 分裂成 f 和 g，并递归地将 g 插到上一层中。

步骤 4）若插入波及根，当根上溢时，把根一分为二，并产生新根。

（2）插入示例

例如，在如图 5-37 所示的树中，依次插入元素 10、80 和 33。

10 将被插在叶 a 中，排在 8 和 15 之间。80 将被插在叶 e 中，排在 72 的右边。这两次插入均未造成上溢。

插入 33 时，本应插在叶 b 中，由于叶 b 已满，于是将叶 b 分裂成 b 和 b'。b 保留 3 个元素“20，24，28”，而 b' 也含 3 个元素“31，33，35”。将 b' 加进树中，作为结点 f 的儿子，排在 b 右侧。将 31 插在结点 f 中。插入结果如图 5-38 所示。

如果继续插入 3 和 6，不但会引起叶 a 的分裂，同时还会引起结点 f 的分裂。

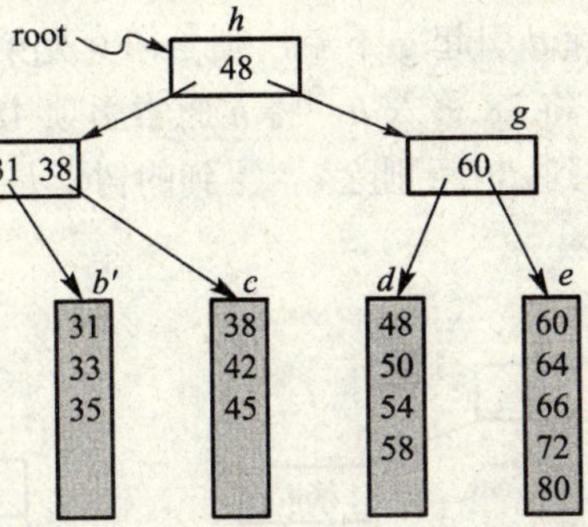

图 5-38 4 元 B+树插入示例

3. 删除

（1）删除 x 的大体步骤

步骤 1）沿根到某叶的一条路径查找 x，如果 x 不存在，则删除失败，结束；否则，进入下一步。

步骤 2）在 x 所在叶 d 中删除 x。如果删除 x 后，叶 d 不下溢，则删除结束；否则，进入下一步。

步骤 3）找叶 d 的一个邻近兄弟 e。

如果 e 处于半满状态，进入步骤 4；否则，进行下面的处理：

从 e 中移一个元素给叶 d。如果 e 在 d 的左侧，则移的是 e 中最大元素；如果 e 在 d 的右侧，则移的是 e 中最小元素。移走元素的同时，要相应地修改上层结点中的索引信息。删除结束。

步骤 4）将 d 合并到 e，也就是将 d 的所有元素都给 e（e 恰好能接收这么多元素），删除 d，并相应地修改上层结点中的索引信息。当然，也可将 e 合并到 d。

步骤 5）如果删除 d 不引起其父 f 的下溢，则删除结束；否则，将递归地波及更上层结点，或者可以向其兄弟“借”一个索引项和一个子树，或者与其兄弟合并。如果波及根，并使根长度为 0，则删除根，整个树的高度下降。

删除非叶结点的大体步骤与 B 树相同。

（2）删除示例

例如，在如图 5-38 所示的树中，依次删除元素 50、60、66、24 和 58。

删除 50 时，直接在 d 中删除。

需要说明的是，即使这一步删除的不是 50，而是 d 中的最小元素 48。删除后，d 中剩余元素“50，54，58”，h 中的索引信息 48 仍然有效，不需要修改。

删除 60 和 66 时，可直接在 e 中删除，不需要修改 g 中的索引信息。

删除 24 时，在 b 中删除，造成 b 下溢，可将 a 中的 15 移入 b，需要将 f 中的 20 改为 15。

删除这 3 个元素后，结果如图 5-39 所示。

在图 5-39 的基础上再删除 58，造成 *d* 下溢。由于 *d* 的兄弟 *e* 处于半满状态，所以将 *d* 合并到 *e*，删除 *d*。由于删除 *d* 引起 *g* 下溢，则 *g* 向其兄弟 *f*“借”一个索引项 38 和一个儿子 *c*，并调整 *h* 和 *g* 的索引项：将 38 移入 *h*，将 *h* 原索引项 48 移入 *g*。形成如图 5-40 所示的状态。

当然，也可将 *e* 合并到 *d*，而删除 *e*，得到的树形是一样的。操作步骤的细节可能不同，具体实现时可灵活掌握。

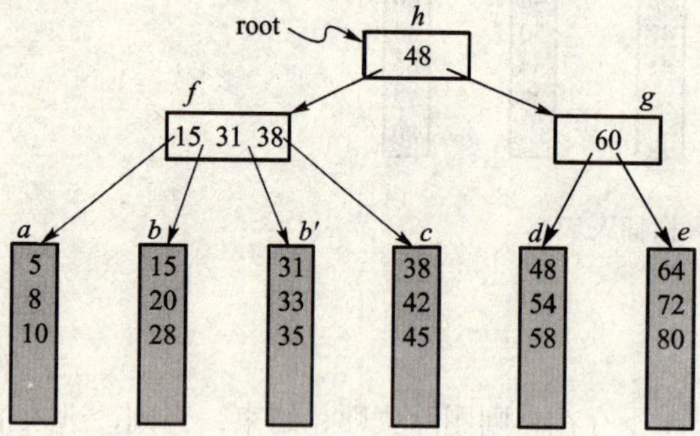

图 5-39　4 元 B+树删除示例之一

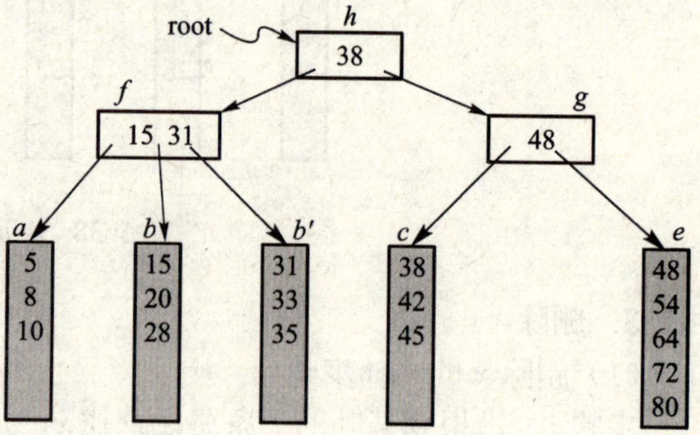

图 5-40　4 元 B+树删除示例之二

4．2-3 树

2-3 树是小型 B+树。其中，M=3，K=1，即每个非叶结点有 2~3 个子树，叶结点只含 1 个元素。通常不需要将叶串成链表，只作内部树使用。

分为叶有序 2-3 树和叶无序 2-3 树两种结构。

（1）叶有序 2-3 树

在叶有序 2-3 树中，每个叶只含 1 个元素，非叶结点含有 2~3 个子树、1~2 个索引项。

图 5-41 给出了叶有序 2-3 树的示例。

由于叶有序 2-3 树也是 B+树，因而，其插入或删除方法与 B+树相同。

例如，在如图 5-41 所示的叶有序 2-3 树中插入 15，只要给 *f* 加一个儿子 15，然后在 *f* 中加一个索引项 15，排在 20 之前。若插入 45，则会引起 *g* 的分裂。插入后的图形变化从略。

叶有序 2-3 树最适用于查找、插入、删除和求最小元素的运算，而且执行 $O(n)$条这样的运算只用 $O(n\log n)$时间。

（2）叶无序 2-3 树

叶无序 2-3 树是叶有序 2-3 树的变种，除了非叶结点的索引信息不同外，二者结构基本相同，即叶结点只有 1 个元素，非叶结点有 2~3 个子树。不同点在于：

1）每个非叶结点 v 只存储以 v 为根的子树上最小元素值作为索引信息，记作 Small[v]，而不管 v 有 3 个子树还是 2 个子树。

这样，沿着根到叶之父的 Small[v]信息，很容易查找最小元素。当然，如果需要，索引信息也可改为最大元素值，以便于查找最大元素。

2）叶元素值没有次序。

严格地说，叶无序 2-3 树不是 B+树，因为索引信息不同。

图 5-42 给出了叶无序 2-3 树的示例。

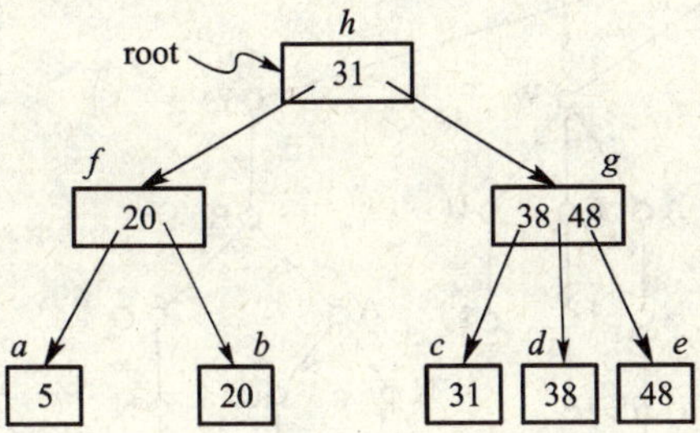

图 5-41 叶有序 2-3 树示例

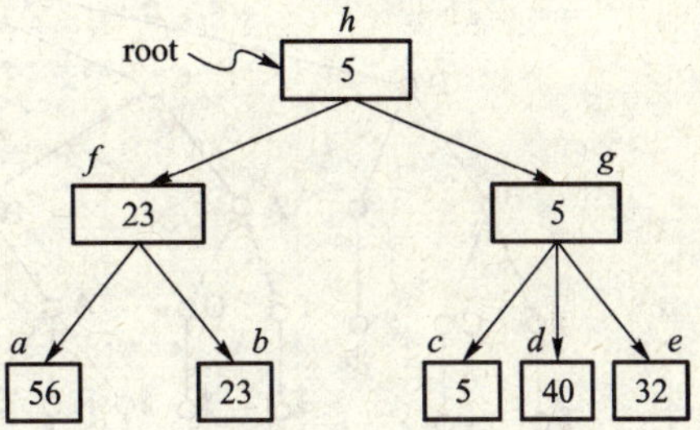

图 5-42 叶无序 2-3 树示例

叶无序 2-3 树最适用于插入运算、将两棵叶无序 2-3 树合并成一棵叶无序 2-3 树以及删除最小元素，而且执行 $O(n)$条这样的运算只用 $O(n\log n)$时间；但不适用于查找运算和删除一般元素的运算。

5.4.5* Trie 树

1. 组织结构和示例

Trie 树的结构就像一本大型字典的“书边标目”。在使用一本非常厚的字典时，为了查字方便，常常在字典的侧面标出首字母是 A，B，C，…，Z 的单词所在页的范围。在首字母是 A 的范围内，再标出第二字母为 A，B，…，Z 的单词所在的页，以此类推。

如果集合的元素是字符串，将这些元素存储在 Trie 树的叶结点中。非叶结点只存储一个字符作为索引。从根到某个叶的路径上所有字符组合成一个字符串，这个字符串恰是存储于该叶中的元素值——通常指元素的关键字值。

为便于查找，通常采用有序树形式，子树的顺序就是其根结点存储的字符在字符集中的次序。

图 5-43 给出了 Trie 树示例。所存储的元素值是姓氏（白、包、步等）的汉语拼音，标“＄”的是叶结点，表示从根到此的路径终止。比如，“白”的汉语拼音是“BAI”，其索引路径是“BAI＄”。

根结点作为“拼词”起点，通常不存储任何字符。

2. 操作方法

（1）查找

比如在如图 5-43 所示的树中查找元素 CHEN（陈）。从根找到 C，再从 C 找到 H，从 H 找到 E，从 E 找到 N，由 N 找到 $，从而找到关键字是 CHEN 的元素。

再如，查找 WAN（万），从根找到 W，继而找到 A 和 N，但是由于没有终止符 $，说明树中没有元素值为 WAN。

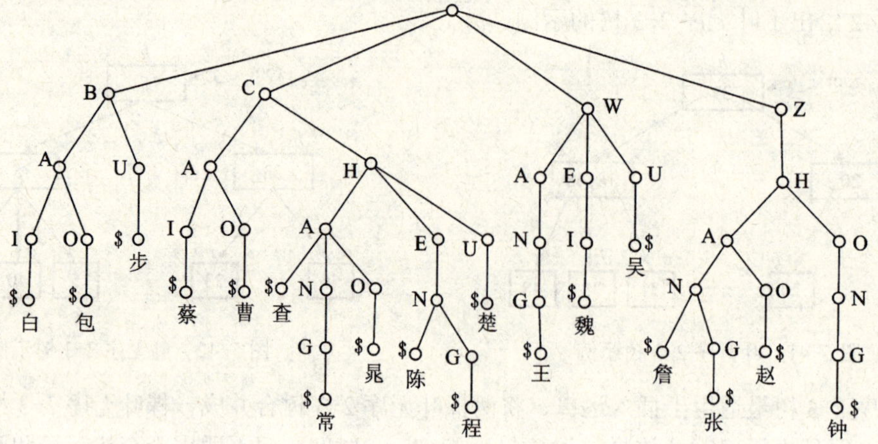

图 5-43　Trie 树示例

（2）插入

例如，在如图 5-43 所示的树中插入 WAN，通过查找，从根相继地找到 W、A、N，只要给 N 增加一个儿子 $ 即可。

（3）删除

从树中查到并删除一个元素时，如果被删除结点之父没有另外的儿子，则要递归地删除这个父结点。例如，在如图 5-43 所示的树中删除 ZHONG（钟），则 H 的右路上的结点全要删除。

3．压缩结构

如图 5-43 所示的 Trie 树只是一种简单形式，树中可能存在一些“单枝”结构。为了缩短查找路线，可把单枝子树压缩成一个结点。例如，叶“王”和“魏”都处于单枝结构上，于是可以将结点 W 为根的子树压缩成如图 5-44 所示。

当然，若如图 5-43 所示的树采用压缩结构，其他单枝结构也要作相应的压缩。完整的压缩图示从略。

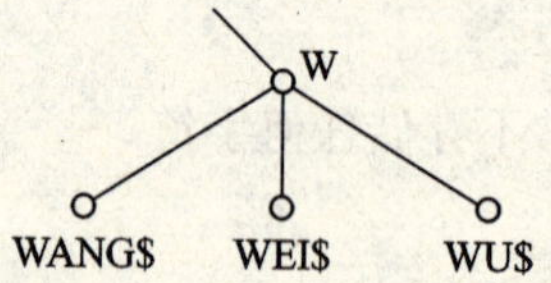

图 5-44　Trie 树单枝结构压缩示例

5.5*　union-find 运算

5.5.1 树结构的 union-find 算法

1．问题的特点

union-find 运算所涉及的处理对象具有下述特点：

1）n 个元素分别是（或者可以编号为）0～n−1 的整数。

2）开始时，每个元素自成一个集合，而形成一个集合族。集合名也用 0～n−1 的整数表示。

3）对集合族中的集合反复地进行 union 和 find 运算，其中：

- union(a，b，c)，把集合 a 和集合 b 合并成集合 c。
- s=find(i)，求元素 i（0≤i≤n−1）所在集合名 s。

由特点 2 和 union 运算可知：

4）在任何时刻，每个元素 i（0≤i≤n−1）都在而且只在某一集合中。于是族中的集合在任何时候都是两两不相交的。

union-find 运算通常作为求解某问题的算法的辅助运算。在执行算法的过程中，可能不时地查询某元素当前属于哪个集合，然后根据 find 运算结果，进行相应的处理。

例如，4.5.1 节中算法 4-7（3）将 Kruskal 算法中的判回路问题转化为 union-find 运算。使用 union-find 运算的算法，可最终实现求最小生成树的 Kruskal 算法。

2．union-find 树

可用树表示集合，每个集合对应一棵树，每个元素对应树中一个结点，指定一个元素作为树的根，这个根也称为集合的根，其余元素作为根的子孙。于是，集合族构成了一个森林。如用父亲链域法表示树结构，用数组 father[n]存储整个森林，数组元素下标作为元素值。如果结点 j 是结点 i 的父亲，那么 father[i]=j。若 i 是根，则使 father[i]=i。

例如，n=10，当前集合族中共有 3 个集合，$s1$={0，1，3，8，9}，$s4$={2，4，5，7}，$s6$={6}。图 5-45 分别给出了森林的存储结构和逻辑结构图示。

	0	1	2	3	4	5	6	7	8	9
father	3	3	5	3	5	5	6	2	0	3

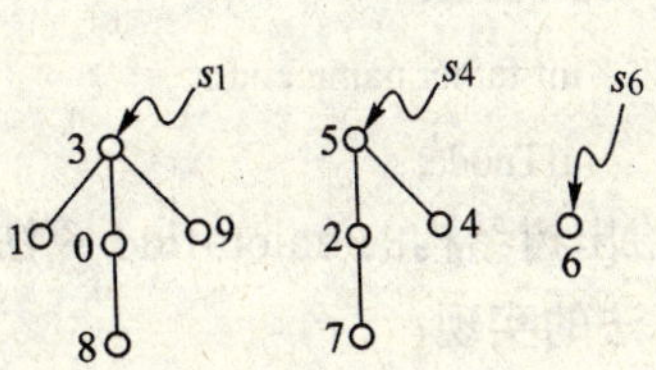

图 5-45　表示集合的树结构示例

这种表示集合的树结构称为 union-find 树。用 union-find 树完成 union-find 运算的算法称为树结构的 union-find 算法。

树结构的 union-find 算法十分简单。

3．算法的基本思想

作 union(*a*,*b*,*c*)运算时，在森林中找到集合 *a* 和 *b* 的根，比如 *x* 和 *y*。使 *x* 作为 *y* 的儿子，即 father[*x*]=*y*，将两棵树合并成一棵树，也就是将集合 *a* 与集合 *b* 合并成一个集合。

作 find(*i*)运算时，只要沿着父链找到集合的根，通过根找到集合名。

为了能够从根快速的找到集合名，同时也能够由集合名找到根，需要建立“根-名对照表”。

不过，若用来实现 Kruskal 算法，则不需要根-名对照表，可使集合与根同名。

另外，为加快运算速度，使用两个特殊的技术：小并到大和路径压缩。

小并到大的含义是，进行 union 运算时，总是让小集合的根作为大集合的根的儿子。这样做可降低树的高度，减少 find 运算花费的时间。

路径压缩的含义是，进行 find(*i*)运算时，一方面从 *i* 起，通过 father 指针，沿着到根的路径搜索；另一方面顺便地把这条路径经过的所有结点都作根的儿子。路径压缩可以进一步地降低树的高度。

4．采用的数据结构

1）用数组 root[*n*]记录集合的根。

2）用结构类型数组 Tset[*n*]存储森林。每个结点含有 3 个域：父亲链域 father、集合大小域 count 和集合名域 name。

例如：

root[*a*]=*j* 表示元素 *j* 是集合 *a* 的根。

Tset[*i*].father=*j* 表示元素 *j* 是元素 *i* 的父亲。

如果 *i* 是根，那么 Tset[*i*].count 表示集合中元素个数。对于非根结点，此域无意义。

如果 *i* 是根，那么 Tset[*i*].name=*a* 表示 *a* 是这个集合的名字。对于非根结点，此域无意义。

开始时，对于各 *i*，Tset[*i*].father=*i*，Tset[*i*].count=1，Tset[*i*].name=*i*。*i* 既是元素名，又是集合名。

结点的类型定义为：

```
typedef struct
{    int father,name,count;
}    ufTnode;
```

下面给出树结构的 union-find 算法。

5．算法的实现

算法 5-6 树结构的 union-find 算法。

由 3 部分组成：初始化函数、find 函数和 union 函数。

（1）初始化函数

```
void inition(ufTnode Tset[],int root[])
//每个元素自成一个集合
{     int i;
1.  for(i=0;i<n;i++)Tset[i].name=Tset[i].father= root[i]=i, Tset[i].count=1;
}
```

（2）find 函数

```
int find(int i,ufTnode Tset[])                    //寻找元素 i 所在的集合名
{     int j,x,y,a;
2.  j=i;
3.  while(Tset[j].father!=j)j=Tset[j].father;     //找集合的根 j
4.  a=Tset[j].name;                               //a 是集合名
5.  x=i;
6.  while(Tset[x].father!=x)                      //路径压缩
7.  {   y=Tset[x].father;                         //y 是 x 的“原父”
8.      Tset[x].father=j;                         //将 x 作为根 j 的儿子
9.      x=y;                                      //向上一层
    }
10.   return a;                                   //返回集合名
}
```

（3）union 函数

```
void union1(int a,int b,int c,ufTnode Tset[],int root[])
//将集合 a 与 b 合并成集合 c
{    int x,i,j;
11.  i=root[a], j=root[b];                        //取两集合之根
12.  if(Tset[i].count>Tset[j].count) x=i,i=j,j=x; //使 i 是小集合的根，j 是大集合的根
13.  Tset[i].father=j;                            //小集合的根作大集合根的儿子
14.  Tset[j].count+=Tset[i].count;                //元素个数相加
15.  Tset[j].name=c;                              //并集名是 c
16.  root[c]=j;                                   //并集根是 j
}
```

6．运算示例

例如，对于如图 5-45 所示的当前状态，执行语句：

```
union(1,4,2);                                     //将集合 1 与集合 4 合并成集合 2
```

之后，森林结构如图 5-46(a)所示。在图 5-46 中，*s*2 表示集合名是 2。*s*6 类似。左侧的表格是存储结构，表格中没标出无意义的 name 域值和 count 域值。

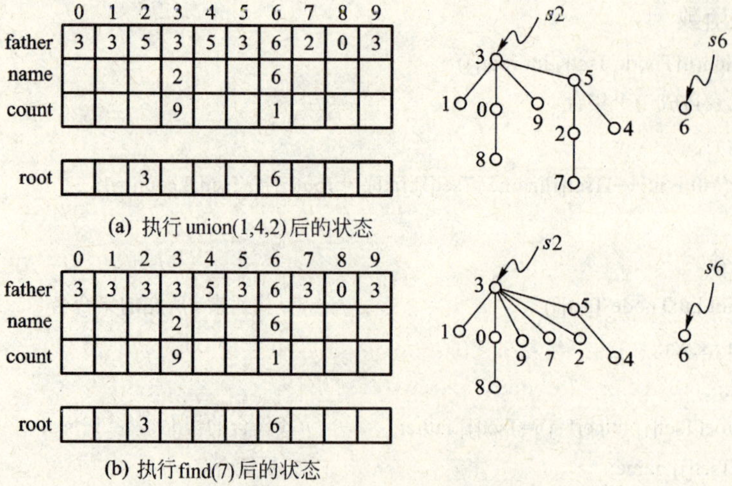

图 5-46　union-find 运算示例

再执行语句：

```
k=find(7);          //返回值 k=2
```

森林结构如图 5-46(b)所示。

7．时间复杂性

经计算，用算法 5-6 在由 n 个元素组成的集合族上，执行 $O(n)$条 union-find 运算，所花费时间几乎是 $O(n)$的。由于计算过程太烦琐，这里从略。

值得说明的是，union-find 算法通常不能单独用来求解某问题，而是协助问题的求解算法完成其中的某些处理步骤，使问题求解算法得以实现。求最小生成树的 Kruskal 算法就是很好的例证。所以，union 运算和 find 运算将穿插地出现在问题的求解算法中。

5.5.2　表结构的 union-find 算法

1．采用的数据结构

用静态链表表示集合。每个集合有两个名字：外部名和内部名。调用者只知外部名，而不知内部名。调用者用外部名调用 union 运算，并接收 find 运算返回的外部名。内部名纯粹是为了配合 union 函数实现小并大而设立的。

涉及下面 3 个数组。

1）数组 Elemt[n]存储集合元素，每个结点含 2 个域，定义如下：

```
typedef   struct          //元素结点类型
{   int   in_set;         //元素所在集合的内部名字
    int   next;           //指向下一结点的指针域
```

```
} Elem_type;
Elem_type    Elemt[n];
```

集合族中每个集合对应一个链表，它们的元素共同存储在数组 Elemt[*n*]中，元素 Elemt[*i*]的下标 *i* 用来表示元素 *i*。

2）数组 Lset[*n*]存储链表组的表头指针，每个结点含 3 个域，定义如下：

```
typedef  struct                     //表头结点类型
{   int  count;                     //元素个数
    int  first_element;             //链表的首指针
    int  External_name;             //集合的外名字
} Lset_type;
Lset_type   Lset[n];                //表头数组
```

3）数组 Internal_name[*n*]存储集合内部名，用于由外名查内名。

```
int Internal_name[n];              //外名到内名的对照表
```

如果外部名为 *i* 的集合内部名为 *j*，那么有：Internal_name[*i*]=*j*，而 Lset[*j*].External_name=*i*。于是，将同一集合的内外名联系起来。

2．算法的实现方法

表结构的 union-find 算法也由 3 个函数组成：初始化函数、union 函数和 find 函数。

1）初始化函数，按照“每个元素自成集合”对上述 3 个数组各域赋初值。

2）实现 find 运算的函数，很简单，只含两条语句：

```
int   find(i)
{   int   j=Elemt[i].in_set;
    return    Lset[j].External_name;
}
```

比如，调用：

```
k= find(i);        //返回值 k 是元素 i 所在的集合外部名
```

3）实现 union 运算的函数，稍复杂些。

比如，运算：

```
union(a,b,c);
```

的含义是，将外名是 *a* 和 *b* 的集合，合并成外名是 *c* 的集合。

完成这一运算，需要由外名 *a* 和 *b* 找到对应的内名 *i* 和 *j*，然后由内名找到集合的大小 count，如果 *i* 集合比 *j* 集合小，沿着 *i* 集合的链表，将 *i* 集合元素的内名都改为 *j*，并把集合 *i* 的链表接在集合 *j* 的链表上。最后，修改集合 *j* 的大小，以及内外名对照表，从而完成合并。

具体实现函数从略。

3．示例

例如，如图 5-45 所示的集合族用表结构表示时，存储结构如图 5-47 所示的 3 个数组，“-1”

表示空链值。这里，假定集合外名 3、5、6 的内名分别是 1、4、6。

图 5-48(a)是集合族对应的逻辑状态。其中，链表结点左上角的数字表示元素名，结点中的数字表示元素所在的集合内名 in_set。

执行运算：

union(3,5,2);　　　　//3，5，2 是集合外名

之后，逻辑状态变为如图 5-48(b)所示。因为内名为 1（称为集合 1）的集合有 5 个元素，而内名为 4（称为集合 4）的集合有 4 个元素。集合 1 大于集合 4，所以将集合 4 连接到集合 1，并把集合 4 中元素内名统统改为 1。

读者应能根据图 5-48(b)画出相应的存储结构；并根据图形变化，最终完成表结构的 union-find 算法。

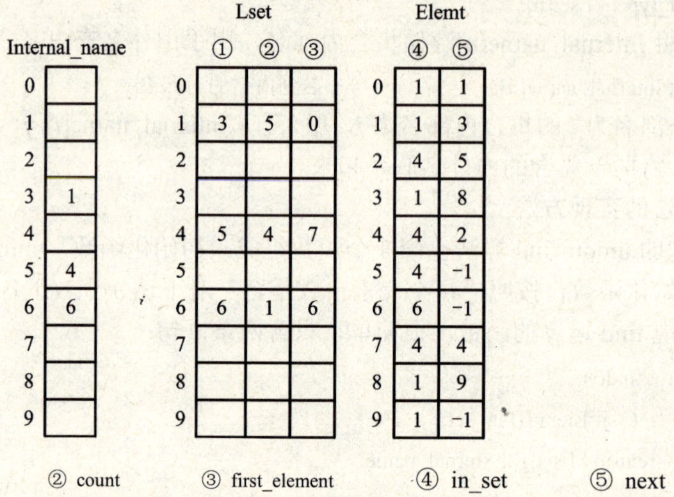

图 5-47　集合族的存储结构

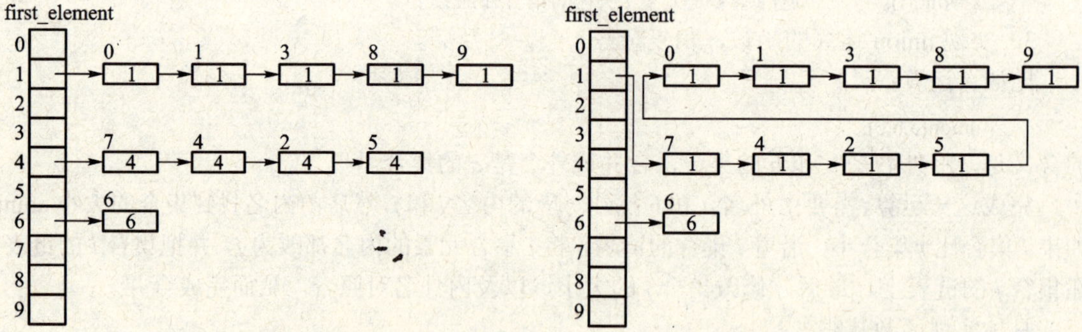

（a）执行 union(3,5,2)前的状态　　　　（b）执行 union(3,5,2)后的状态

图 5-48　集合族的逻辑状态

习题

[填空题]

5.1 从算法设计角度，常见的集合运算有：__(1)__，以及合并、查找元素所在的集合名、分裂等 7 种。用于集合__(2)__运算的数据结构称为字典，而用于集合__(3)__运算的数据结构称为优先队。

5.2 选择表示集合的数据结构，需要考虑__(1)__和平衡原则 3 方面的因素，其中，在考虑平衡原则时，除了数据结构本身的平衡因素外，还要考虑__(2)__。

5.3 当__(1)__情况下，可以使用直接地址法（特征向量）表示集合，完成__(2)__及合并运算只需 $O(1)$ 时间。

5.4 构造散列函数的简单常用方法有__(1)__；解决冲突的主要方法有开放地址法和__(2)__。

5.5 设散列表 $a[18]$，散列函数：$H(k)=k \bmod 17$，用开放地址法解决冲突。冲突时，使用增量序列 $d_i=5i$。若输入序列为：141，73，95，112，56，那么，它们的散列地址依次为______。

5.6 已知散列表 $a[14]$中，$a[4]$～$a[7]$已有元素占用，其余为空。散列函数为 $h(k)=k\%11$，用开放地址法和平方探测法解决冲突，当插入元素 49 时，得到的散列地址为____。

5.7 已知散列表 $a[17]$中，$a[3]$，$a[5]$，$a[9]$，$a[11]$和 $a[15]$已有元素占用，其余为空。用开放地址法解决冲突，增量序列为 $d_i=6i$。现在表中依次插入 5 个元素：a，b，c，d，e；已知它们的散列函数值依次等于：5，3，8，11，9。那么，a，b，c，d，e 的散列地址依次为______。

5.8 已知散列表 $a[17]$中，$a[2]$，$a[6]$，$a[10]$，$a[11]$和 $a[14]$已有元素占用，其余为空。用开放地址法解决冲突，增量序列为 $d_i=7i$。现在表中依次插入 5 个元素：a，b，c，d，e；已知它们的散列函数值依次等于：14，3，10，11，6。那么，a，b，c，d，e 的散列地址依次为______。

[选择题]

5.9 顺序查找法最适合用于____的线性表。

A．散列存储　　B．顺序存储或链式存储

C．压缩存储　　D．分段存储

5.10 能够满足快速完成插入和删除运算的线性表存储结构是____。

A．顺序存储　　B．链式存储　　C．散列存储　　D．以上均可

5.11 在平均情况下，查找速度最快，而且又能适应插入、删除的数据结构是_____。

A．顺序存储的有序表　　B．链式存储的有序表

C．散列表　　D．链式存储的无序表

5.12 以下说法错误的是____。

A．采用散列存储的前提是元素取值范围远大于元素个数

B．散列表可以体现结点之间原有的先后次序

C．散列表不仅适应查找和插入运算，而且也能适应删除运算

D．散列查找效率主要取决于散列函数和处理冲突方法

5.13 假定有 k 个元素的散列函数值相等，若用线性探测法把这 k 个元素逐一插入散列表，至少要进行____次探测。

A．$k-1$　　B．k　　C．$k+1$　　D．$k(k+1)/2$

5.14 散列表的平均查找长度除了与散列函数的性能有关外，还____。

A．与处理冲突方法有关而与表长无关

B．与处理冲突方法无关而与表长有关

C．与处理冲突方法和表长都有关

D．与处理冲突方法和表长都无关

5.15　用数组 $a[m]$存储的散列表，散列函数为：hash(x)=x%p，一般情况下，p 取____时，散列结果可能比较均匀。

A．小于 m 的最大奇数　　　　B．小于 m 的最大素数

C．小于 m 的最大偶数　　　　D．小于 m 的最大合数

5.16　设散列表长 m=14，表中已有 4 个结点，其地址分别是 4，5，6，7，其余结点为空。若用平方探测法处理冲突，插入散列函数值等于 5 的元素 a 时，a 的散列地址是_____。

A．8　　B．3　　C．5　　D．9

[基本概念题]

5.17　简述如何选用字典。其效率如何？

5.18　简述开放地址法解决冲突可使用的增量序列及其特点。

5.19　完成式（5-9）最后一步的推导。

5.20　构造散列表时，用开放地址法解决冲突，线性探测的增量序列使用 $d_i=c\times i$ 时，若 c 为固定常数，则易产生聚集现象。但是若系数 c 与元素 x 的值有关，即设立第二散列函数 hash2(x)，使 c=hash2(x)，并且使 $1\leqslant c\leqslant m-1$，$c$ 与 m 互质，可望减少聚集现象。

试设计出这样的 hash2(x)。

提示：将所有可以使用的 c 排成一个序列。

5.21　说说最优检索树的含义和大体构造方法。

5.22　已知 n=4，元素 a_1～a_4 依次递增，各查找概率如下：

p_1～p_4 依次为 0.05，0.02，0.2，0.3，0.15，0.03。

q_0～q_4 依次为 0.05，0.005，0.015，0.15，0.01，0.005，0.005。

用算法 5-3 求出由 a_1～a_4 构成的最优检索树。像图 5-9 那样表示造树过程，并画出所得到的最优检索树。

5.23*　试证明，按 5.3 节末所述对算法 5-3 进行修改，所造树的最优性不变，而算法时间复杂性降至 $O(n^2)$。

5.24*　（1）试说明，用哈夫曼算法构造的“哈夫曼最优树”和用算法 5-3 所构造最优检索树的不同之处。

（2）说明为什么构造最优检索树不能像构造哈夫曼树那样采用贪心法，而要采用动态规划法。

5.25*　如果查找各内部结点（即成功地查找）的概率均为 0，而查找外部结点（不成功的查找）不为 0，那么构造最优检索树的算法 5-3 可以改进吗？若能，试写出改进的算法。

5.26　按照 5.25 的结论，求解下面的问题：

设计一个比较次数最少的算法，将学生考试成绩（百分制）换算成优、良、中、下、不及格 5 级制。已知各分数段人数比例和换算规定如下：

90 至 100（优）占 10%　　　　80 至 89（良）占 30%　　　　70 至 79（中）　占 40%

60 至 69（下）占 15%　　　　60 分以下（不及格）占 5%

（1）画出所有含 5 个结点的 AVL 树的树形。

（2）画出一棵高度为 5 的结点数目最少的 AVL 树的树形。

5.27　（1）证明高为 h（$h\geqslant 1$）的 AVL 树最大结点数 $M(h)$和最小结点数 $N(h)$分别满足下面两个递推式。

$$\begin{cases} M(1)=1 \\ M(h)=2M(h-1)+1 \end{cases} \quad (h>1)$$

$$\begin{cases} N(1)=1 \\ N(2)=2 \\ N(h)=N(h-1)+N(h-2)+1 \end{cases} \quad (h>2)$$

（2）通过解上述递推式，证明（用归纳法）高为 h 的任何 AVL 树的结点数 n 满足：

$$\frac{5+2\sqrt{5}}{5}\left(\frac{1+\sqrt{5}}{2}\right)^{h-1}+\frac{5-2\sqrt{5}}{5}\left(\frac{1-\sqrt{5}}{2}\right)^{h-1}-1\leqslant n\leqslant 2^h-1$$

（3）证明任何具有 n 个结点的 AVL 树，其高度 $h\leqslant 1.45\log_2 n$。

5.28 分情况说明并画图表示：在 AVL 树上插入结点时，若插入引起 p 的右子树升高，所应作出的处理步骤。

5.29 分情况说明并画图表示：在 AVL 树上删除结点时，若删除引起 p 的右子树降低，所应作出的处理步骤。

5.30 画出由输入序列 5，4，2，7，9，6，3 所构造的 AVL 树。

5.31 像图 5-11～图 5-13 那样，画图表示插入点的父亲是右儿子的情况。

5.32 像图 5-15～图 5-18 那样，画图表示被删除结点 x 是右儿子的情况。

5.33 说明对红黑树删除结点时，为什么删除红色结点不需要回溯。

5.34 利用红黑树中双色结点的概念，说明在删除的回溯过程中，是如何“保持”黑平衡的。

5.35 试证明任何高度为 h 的 2-3 树，其结点数 m_h 和叶子数 n_h 满足

$$2^k-1\leqslant m_h\leqslant (3^h-1)/2$$

$$2^{h-1}\leqslant n_h\leqslant 3^{h-1}$$

5.36 画图表示将序列 1 中的元素逐一插入开始为空的 5 元 B 树；然后逐一删除序列 2 中的元素。要求：每插删一个元素画一个图形。

序列 1：20，40，10，30，15，35，7，26，18，22，5，42，13，46，27，8，32，38，24，45，25。

序列 2：25，45，24，38，32，8，27，46，13，42，5，22，18，26，7，35，15。

[算法设计题]

5.37 叶无序 2-3 树中每个非叶结点存储其子孙中的最小元素值，试写出删除树中最小元素的算法。

5.38 试写出 Trie 树的查找和插入算法。设 Trie 树的结点用 M 重链表存储。

5.39 写出表结构的 union-find 算法，并估算在 n 个元素构成的集合族上，执行 $O(n)$条 union 和 find 运算的时间复杂性 $T(n)$。

[基础实验题]

5.40 （1）全面实现散列存储，包括散列函数的设计，散列表的构造、插入、查找、删除，用开放地址法解决冲突，以及探测增量序列的选用。

（2）重做第 4 章习题 4.45，其中，“名-号对照表”用散列存储。

5.41 实现 AVL 树的构造、插入、查找、删除，以及用于模拟调用环境的主控函数等一套算法。

5.42 实现红黑树的构造、插入、查找、删除，以及用于模拟调用环境的主控函数等一套算法。

[综合实验题]

5.43 分别按下述要求，用树结构的 union-find 算法，实现 Kruskal 算法。

（1）采用先将边按长度排序，再从中选取最短边的方法。

（2）采用小根堆结构表示图中的边集，每次从堆中选取最短边。要包括初始化堆函数。

（3）采用叶无序 2-3 树结构表示图中的边集，每次从中选取最短边。要包括构造叶无序 2-3 树的函数。

5.44 实现 B+树的构造、插入、查找、删除，以及用于模拟调用环境的主控函数等一套算法。

5.45 在 Internet 中，每个网站都有一个域名，每个域对应一个 IP 地址。比如，“新浪”的域名为“www.sina.com.cn”，其 IP 地址为“202.102.75.165”。当用户要访问某个网站时，输入该网站的域名，然后由“域名服务器”将域名转换为 IP 地址，用户便能够顺利地进入该网站。将域名转换为 IP 地址的过程，实际上就是查找“域名-IP 地址对照表”。

试设计一个“模拟系统”，实现域名服务器对域名的管理工作。具体要求如下：

（1）选用一个性能良好的结构，存储“域名-IP 地址对照表”。

（2）建立一个“IP 地址资源库”。

（3）为申请注册网站的用户，分配一个 IP 地址。也就是说，系统按照用户提供的域名请求，查找域名-IP 地址对照表，如果域名重复，则申请失败，向用户返回“域名重复”字样的信息，以便其重新提供域名请求；否则，如果 IP 地址库已空，向用户返回“没有 IP 资源，注册失败”字样的信息；否则，就从 IP 地址资源库取一个 IP 地址分配给该域名，并将该域名和其对应的 IP 地址加到域名-IP 地址对照表。

（4）当用户输入某网站的域名要求访问该网站时，系统能够快速查到并返回其 IP 地址；但是，若查找不成功，应返回一个无效地址。

（5）当注销某用户网站时，收回其 IP 地址。

（6）用下面给出的一组模拟数据，建立初始“域名-IP 地址对照表”。

（7）设计一个带“监听”功能的主控程序，无限循环地监听用户提出的申请，根据申请事宜，完成查找 IP 地址、分配 IP 地址、撤销 IP 等操作。

www.s1.nju.cn	192.168.0.3
www.263.net	211.150.100.100
www.7788.com	76.73.91.156
www.5i5j.com.cn	210.51.8.220
www.daodao.com	59.151.97.213
www.facebook.com	243.185.187.39
mashable.com	98.129.174.16
a1325.b.akamai.net	198.87.176.122
topics.nytimes.com	199.239.137.224

……

第6章 排 序

6.1 基本概念

1. 排序的含义

排序，又称分类，是将无序序列变换成有序序列的一种运算。如果参加排序的数据结点含多个域，那么排序往往是针对其中某个域而言的。

2. 排序方法的分类

排序方法多种多样，可以从不同角度将排序方法分成若干类，以便于从某个侧面对算法的性能进行评价和对比。

（1）内部排序和外部排序

根据参加排序数据的存储介质，可分成内部排序和外部排序两大类。

内部排序：参加排序的数据量不大，可将其一次全部读入内存，然后再对其排序。因为通常将数据存放在一个数组中进行排序，故内部排序又称数组排序。

外部排序：参加排序的数据量较大，内存一次容纳不下这些数据，每次只能读取一部分数据到内存参加排序，其余数据将存储在外存（比如磁盘）上。因为数据在外存上总是以文件方式存储的，故外部排序又称文件排序。

（2）比较排序和基数排序

凡通过比较数据元素的大小，决定其先后次序的排序方法统称为比较排序方法。

比较排序又分为插入排序、交换排序、选择排序、合并排序4大类。

基数排序方法不比较元素的大小，仅仅根据元素本身的取值确定其有序位置。

（3）串行排序和并行排序

只使用一个比较器，同一时刻只能比较一对元素的大小的排序方法称为串行排序方法。

使用多个比较器，同一时刻可以比较多对元素的大小的排序方法称为并行排序方法。

（4）原地排序

辅助空间用量为$O(1)$的排序方法，称为原地排序。也就是说，除原始数据所占的存储空间外，排序过程中不使用附加场地，数据仅在原数组中调整次序。或者说，原地排序所占的辅助存储空间与参加排序的数据量大小无关。

辅助空间用量超过 $O(1)$的排序方法不属于原地排序方法。

（5）稳定排序

如果某种排序方法能够使任何数值相等的元素，排序以后相对次序不变，那么这种排序方法就是**稳定的**，否则是不稳定的。排序的稳定性只对结构类型数据排序有意义。

（6）自然排序

输入数据越有序，排序的速度越快的排序方法称为自然排序方法。

有些排序方法的输入数据越有序，排序速度可能越慢。

有些排序方法的时间耗用量与原始数据的有序程度无关，或几乎无关。

本书只介绍串行排序算法。其中，6.2～6.6 节的内容均属内部排序，6.2～6.5 节的内容属比较排序，6.7 节介绍外排序。所用示例数据均为整数，而且总是将数组 $a[n]$排成由小到大的升序。

6.2 插入排序

6.2.1 直接插入排序

1. 一般原理

插入排序的基本操作是"有序插入"，也就是将元素逐一插到有序序列中，保持序列有序，从而使有序序列的长度不断增加。

对数组 $a[n]$排序时，起初 $a[0]$被认为是长度为 1 的有序子序列。然后，按照有序插入法，i 从 1 变到 n–1 循环地将 $a[i]$插到有序序列中。

在插入 $a[i]$前，数组 a 的前半段（$a[0]$～$a[i-1]$）是有序段，后半段（$a[i]$～$a[n-1]$）是停留于输入次序的"无序段"。

插入 $a[i]$使 $a[0]$～$a[i]$有序，也就要为 $a[i]$找到有序位置 j（$0 \leqslant j \leqslant i$），将 $a[i]$插在 $a[j]$的位置上。

确定位置 j 可以采用顺序法和二分法，分别对应直接插入排序和二分插入排序。

2. 简单的直接插入排序算法

算法 6-1 直接插入排序算法之一。

```
//将数组 a[n]排序的函数
void Sinsert_sort(int a[],int n)
{   int i,j,x;
1.    for(i=1;i<n; i++)              //准备插入 a[i]
2.    { x=a[i];                      //空出 a[i]的位置
```

```
3.      for(j=i–1;j>=0&&x<a[j]; j=j–1)a[j+1]=a[j]; //自右向左顺序查找有序位置 j
4.      a[j+1]=x;                                   //将 x 插在位置 j
        }
    }
```

语句 2 将 $a[i]$移入变量 x 的作用是空出元素 $a[i]$所占单元，以便语句 3 将元素右移。语句 3 的内循环体采用“边比较边移动”的方法。

语句 3 的循环终止时，条件“j>=0&&x<a[j]”不成立，或者“x<a[j]”不成立，或者“j>=0”不成立。

如果“x<a[j]”不成立，那么必有 $x \geqslant a[j]$，而 $x<a[j+1]$，所以 x 的有序位置是 $a[j+1]$，而 $a[j+1]$原来所存放的元素已被移走，现在 $a[j+1]$是“空的”，于是，语句 4 正确地将 x 插在其有序位置上。

如果“j>=0”不成立，那么必有 $j=-1$，而 $x<a[0]$，$a[0]$原来所存放的元素已被移走，现在 $a[0]$是“空的”，于是，语句 4 也是正确的。

注意：对于不遵循“短路规则”的系统，为了避免因下标 j 变成–1 时，执行“x<a[j]”而引起的“地址越界”错误，可以将语句 3 改为：

```
for(j=i–1;j>=0;j– –)if(x<a[j])a[j+1]=a[j]; else   break;
```

3．性能分析

（1）空间复杂性

算法 6-1 只用到几个简单变量，其辅助空间用量与数组长度 n 的大小无关，故空间复杂性为 $S(n)=O(1)$，属于原地排序算法。

（2）时间复杂性

通过下面一系列计算，可以得出算法的时间复杂性结论。

语句 1 循环一次对一个元素 $a[i]$进行有序插入。

插入 $a[i]$的工作量主要取决于语句 3 的循环中元素的比较次数和移动次数。所以，整个算法的时间耗用量将正比于元素比较的总次数 C 和移动总次数 M。

用 C_i 和 M_i 表示插入 $a[i]$所做的比较次数和移动次数。

因为语句 3 每循环一次，比较一对元素，移动一个元素，最后一次比较不发生元素移动，故比较次数等于移动次数加 1。但是语句 1 和语句 4 实际上也是元素移动。故 $M_i=C_i+1$。

C_i 的最大值为 i，最小值为 1，平均值为$(i+1)/2$。

需要说明的是，为便于计算，在计算排序算法的比较次数时，通常只计算元素之间的比较，而不计下标之间的比较。对于算法 6-1，只计语句 3 中“x<a[j]”，不计“j>=0”。

M_i 的最大值为 $i+1$；最小值为 2，平均值为 $1+(i+1)/2$。

用 $i=1 \sim n-1$ 代入并累加，计算出比较总次数 C 和移动总次数 M 的最小值（带脚标 min），最大值（带脚标 max）和平均值（带脚标 avg）：

$$C_{\min} = \sum_{i=1}^{n-1} 1 = n - 1 \tag{6-1}$$

$$M_{\min} = \sum_{i=1}^{n-1} 2 = 2(n-1) \tag{6-2}$$

$$C_{\max} = \sum_{i=1}^{n-1} i = \frac{1}{2}(n^2 - n) \tag{6-3}$$

$$M_{\max} = \sum_{i=1}^{n-1} (i+1) = \frac{1}{2}(n^2 + n - 2) \tag{6-4}$$

$$C_{\text{avg}} = \sum_{i=1}^{n-1} \frac{i+1}{2} = \frac{1}{4}(n+2)(n-1) \tag{6-5}$$

$$M_{\text{avg}} = \sum_{i=1}^{n-1} (\frac{i+1}{2} + 1) = \frac{1}{4}(n+6)(n-1) \tag{6-6}$$

4．时间复杂性结论

从上述计算结果可以得出下面的结论。

1）原始数据越接近有序，C 和 M 的值就越小，排序速度越快。所以插入排序算法特别适合于输入数据基本有序的情况。也就是说，插入排序属于自然排序。

2）如果原始数据恰好是逆有序的，C 和 M 就达到最大值，排序时间也最长。也就是说，在最坏情况下，算法的时间复杂性：

$$T_{\mathrm{W}}(n)=O(n^2)$$

3）在平均情况下，时间耗用量差不多是最坏情况的一半，即

$$T_{\mathrm{E}}(n)=O(n^2)$$

平均情况时间复杂性和最坏情况时间复杂性是同阶的。

4）要设计速度快的排序算法，需要从两方面入手：

① 设法减少元素的比较次数。

② 设法减少元素的移动次数。

5．改进的直接插入排序算法

用顺序法查找 x 的有序位置时，使用监督元技术，可以消除算法 6-1 的语句 3 中对下标的比较，从而减小时间复杂性的常系数，提高排序速度。

具体做法是用数组 $a[n+1]$ 存储参加排序的 n 个元素，数据从 $a[1]$ 开始存放，在 $a[0]$ 处存储一个“无穷小”监督元，改进的程序如下。

算法 6-2 直接插入排序算法之二（使用监督元）。

```
void Sinsert_sort2(int a[],int n)
{ int i,j,x;
1.  a[0]=MIN;           //MIN 是已定义的无穷小常数
2.  for(i=2;i<=n; i++)
```

```
3. {  x=a[i];
4.      j=I-1;
5.      while(x<a[j])a[j+1]=a[j--];
6.      a[j+1]=x;
   }
}
```

因为使用了无穷小监督元，所以语句 5 总能正常终止。

不过，这种改进只是“细微的改进”，不能降低时间复杂性的阶。

6.2.2 二分插入排序

1. 算法的实现

用二分查找方法为 $a[i]$查找有序位置时，不能像直接插入那样，边比较边移动元素，只能在找到“有序位置”之后将那些大于 $a[i]$的元素一起右移。

具体程序如下。

算法 6-3　二分插入排序算法。

```
void  Binsert_sort(int a[],int n)
{     int i,j,left,right,mid,x;
1.    for(i=1;i<n;i++)                              //准备插入 a[i]
2.    {   x=a[i];
3.        left=0,right=i-1;
4.        while(left<=right)
5.        {   mid=(left+right)/2;
6.            if(x<a[mid])right=mid-1;
7.            else   left=mid+1;
          }
8.        for(j=i-1;j>=left;j--)a[j+1]=a[j];      //元素右移
9.        a[left]=x;                               //元素 a[i]就位
      }
}
```

不难看出，语句 3～7 的程序段用了二分法。不过，由于只查找有序位置，不需要判断是否相等，故这段程序中不含“x==a[mid]”的判断条件。

2. 时间复杂性和空间复杂性

算法 6-3 的空间复杂性为 $S(n)=O(1)$，属于原地排序。

时间复杂性的计算步骤如下：

因为插入 $a[i]$时，要在长度为 i 的有序段中查找有序位置。根据 3.1.2 节的式（3-3），算法所作的比较次数（语句 4 循环总数）为

$$
\begin{aligned}
C_n &= \sum_{i=1}^{n-1}(1+\lfloor \log_2 i \rfloor) \\
&= n-1+\sum_{i=1}^{n-1} \lfloor \log_2 i \rfloor \\
&\approx n-1+\int_1^n \log_2 x\mathrm{d}x \\
&= n-1+n(\log_2 n-\frac{1}{\ln 2})+\frac{1}{\ln 2} \\
&\approx n\log_2 n-0.44n+0.44 \left(因为\frac{1}{\ln 2}\approx 1.442695\right) \\
&\approx n\log_2 n
\end{aligned}
\tag{6-7}
$$

所以算法 6-3 总的比较次数是 $O(n\log n)$的。

虽然比较次数比算法 6-1 和算法 6-2 减少了，但是元素移动次数却不变。所以说，算法 6-3 没作出实质性的改进，在最坏情况下，时间复杂性仍是 $O(n^2)$。

6.2.3 希尔排序

1. 基本原理

直接插入排序的效率不高，主要原因在于：一次比较只能使一个元素移动一步。

唐纳德 L. 希尔（Donald L. Shell）1959 年设计一个缩小增量的插入排序方法，称为希尔排序算法，一次比较可使元素移动较大步伐，跳跃式地接近它的有序位置，从而提高了排序速度。

选用一个由多个增量组成的由大到小排列的增量序列，分别用每个增量对数组进行插入排序。

比如，选用含 4 个增量的增量序列“9，5，3，1”，对数组进行 4 遍排序。注意，最后一个增量必须是 1。

第一遍排序时，增量 h=9，每个元素 x 与它前面下标相差为 9 的元素（称为 9-前驱）比较。如果 x 的 9-前驱大于 x，那么 9-前驱就向后移动 9 步，相当于将算法 6-1 的语句 3 的循环体“a[j+1]=a[j];”改为“a[j+9]=a[j];”。然后 x 再与下一个 9-前驱比较……

第二遍排序时，增量 h=5，每个元素 x 都与它的 5-前驱比较。如果 5-前驱较大，就向后移动 5 步……

增量越来越小。经过多遍排序之后，数组已经基本有序，只有少量元素不在它的有序位置上，而且与它的有序位置相差不远。

最后一遍排序时，增量为 1，根据直接插入排序的“自然性”，只作少量的元素移动就能完成排序工作，排序速度也就大大地提高了。

称增量为 h 的那一遍排序为 **h-排序**，下标间隔为 h 的元素组成的子序列称为 h-子序列，那么共有 h 个 **h-子序列**。同一个 h-子序列中的元素之间有 h-前驱后继关系。在排序过程中，元素的移动都是间隔为 h 的跳跃式移动，移动范围必然局限于同一个 h-子序列之内。

对数组 a 进行 h-排序之后，每个 h-子序列分别有序，称 a 是 **h-有序的**。也就是说，任何两个下标之差等于 h 的元素，前者小于或等于后者，即对于所有可能的 i，满足：

$$a[i] \leqslant a[i+h]$$

2．示例

下面以增量序列“9，5，3，1”为例，说明希尔排序方法。

注意，在进行第一遍 9-排序时，9 个 9-子序列的下标分别是：

第一个 9-子序列的下标：0，9，18，…

第二个 9-子序列的下标：1，10，19，…

⋮

第九个 9-子序列的下标：8，17，26，…

类似地，在进行第二遍 5-排序时，5 个 5-子序列的下标分别是：

第一个 5-子序列的下标：0，5，10，…

⋮

第五个 5-子序列的下标：4，9，14，…

以此类推。

用希尔排序算法对具有 28 个元素的数组排序过程如下。

下标：00 01 02 03 04 05 06 07 08 09 10 11 12 13 14 15 16 17 18 19 20 21 22 23 24 25 26 27

元素：84 92 78 67 21 79 23 57 86 32 46 19 22 90 15 69 42 13 47 38 55 34 18 43 26 94 72 62

第一遍排序，增量为 9，9 个 9-子序列为：

	9-排序前				9-排序后			
（1）	84	32	47	62	32	47	62	84
（2）	92	46	38		38	46	92	
（3）	78	19	55		19	55	78	
（4）	67	22	34		22	34	67	
（5）	21	90	18		18	21	90	
（6）	79	15	43		15	43	79	
（7）	23	69	26		23	26	69	
（8）	57	42	94		42	57	94	
（9）	86	13	72		13	72	86	

9-排序后，数组呈 9-有序的，如下：

下标：00 01 02 03 04 05 06 07 08 09 10 11 12 13 14 15 16 17 18 19 20 21 22 23 24 25 26 27

元素：32 38 19 22 18 15 23 42 13 47 46 55 34 21 43 26 57 72 62 92 78 67 90 79 69 94 86 84

可以看出，经过这遍排序，元素 18 仅仅与它的 9-前驱 90 和 21 各比较一次，就从 *a*[22]处移到了 *a*[4]处，已接近它的有序位置了。其他元素类似。

第二遍排序，增量为 5，5 个 5-子序列为：

	5-排序前	5-排序后
（1）	32 15 46 26 78 94	15 26 32 46 78 94
（2）	38 23 55 57 67 86	23 38 55 57 67 86
（3）	19 42 34 72 90 84	19 34 42 72 84 90
（4）	22 13 21 62 79	13 21 22 62 79
（5）	18 47 43 92 69	18 43 47 69 92

5-排序后，数组呈 5-有序的，如下：

下标：00 01 02 03 04 05 06 07 08 09 10 11 12 13 14 15 16 17 18 19 20 21 22 23 24 25 26 27

元素：15 23 19 13 18 26 38 34 21 43 32 55 42 22 47 46 57 72 62 69 78 67 84 79 92 94 86 90

第三遍排序，增量为 3，3 个 3-子序列为：

3-排序前

（1） 15 13 38 43 42 46 62 67 92 90

（2） 23 18 34 32 22 57 69 84 94

（3） 19 26 21 55 47 72 78 79 86

3-排序后

（1） 13 15 38 42 43 46 62 67 90 92

（2） 18 22 23 32 34 57 69 84 94

（3） 19 21 26 47 55 72 78 79 86

3-排序后，数组呈 3-有序的，如下。

下标：00 01 02 03 04 05 06 07 08 09 10 11 12 13 14 15 16 17 18 19 20 21 22 23 24 25 26 27

元素：13 18 19 15 22 21 38 23 26 42 32 47 43 34 55 46 57 72 62 69 78 67 84 79 90 94 86 92

可以看出，3-排序后，数组基本上有序了。

最后一遍，1-排序，只有 1 个 1-子序列，也就是整个数组，排序结果必产生一个有序数组。

增量序列的选择没有严格的规定。不过要求所选增量序列（$d[0]$，$d[1]$，…，$d[t-1]$）必须是递减的，而且最后一个增量 $d[t-1]$必须等于 1，也就是要满足：

$$d[0]>d[1]>\cdots>d[t-1]=1$$

经专家分析，各增量 $d[i]$通常要在 $1\sim\sqrt{n}$ 之间，即：$1\leqslant d[i]\leqslant\sqrt{n}$。

3. 算法的实现

算法 6-4 希尔排序算法

```
void Shell_sort(int a[],int d[],int n,int t)
//a 存储待排序元素，n 是元素个数；d 存储增量序列，t 是增量个数
```

```
{   int   i,j,h,k,x;
1.  for(h=0;h<t;h++)                        //进行 t 遍排序
2.  {     k=d[h];                           //当前增量是 k，下面要进行 k-排序
3.        for(i=k;i<n;i++)                  //准备插入 a[i]
4.        { for(x=a[i],j=i-k;j>=0&&x<a[j]; j=j-k)a[j+k]=a[j];
                                            //元素右移 k 位，指针 j 左移 k 位
5.          a[j+k]=x;                       //x 就位
          }
    }
}
```

读者应能发现，算法 6-4 的语句 4～语句 5 与算法 6-1 的语句 3～语句 4 几乎是一样的，只是那里的“j=j–1”，在这里换成了“j=j–k”。所以 *k*–排序属于插入排序。

4．时间复杂性

分析希尔排序算法的时间复杂性是很困难的，因为排序耗时的多少在很大程度上依赖于增量序列的选取和待排序数据的杂乱程度。

增量序列最好采用下列几种形式之一。

① …9，5，3，1　　所有形如 2^k+1 的数

② …12，6，3，2，1　　所有形如 $2^p\times 3^q$ 的数

③ …15，7，3，1　　所有形如 2^k-1 的数

④ …11，5，3，1　　所有形如 $\dfrac{2^k-(-1)^k}{3}$ 的数

⑤ …40，13，4，1　　所有形如 $\dfrac{3^k-1}{2}$ 的数

并且有下列结论：

如果采用增量序列①，则时间复杂性为：$T(n)=O(n^{3/2})$。

如果采用增量序列②，则时间复杂性为：$T(n)=O(n(\log n)^2)$。

6.3 交换排序

如果 $i<j$ 而 $a[i]>a[j]$，即大数排在小数的前面，则称 $a[i]$和 $a[j]$构成“逆序”。

在排序过程中，通过比较元素的大小发现逆序元素就交换它们的位置，这样的排序方法称为交换排序。交换可以消除逆序。当所有的逆序都消除后，排序就完成了。或者说，没有逆序的序列就是有序序列。

冒泡排序和快速排序是典型的交换排序方法。

6.3.1 冒泡排序

1. 原理和图示

冒泡排序也称为气泡排序。其基本原理是反复扫描数组 *a*，比较两个相邻元素 *a*[*i*]与 *a*[*i*+1]的大小，若 *a*[*i*]>*a*[*i*+1]，就交换。

为了生动形象，用图解方式介绍冒泡排序算法基本原理时，将数组 *a* 竖着画，小下标在上，大下标在下。参见图 6-1。

对数组 *a* 扫描时，有两种方法：一种是自上而下地扫描，称为“下降法”，一遍扫描可使最大元素下降到数组底部；另一种是“上升法”，自下而上地扫描，可使最小元素上升到数组顶部。

因为在扫描过程中，总是使大元素下降，小元素上升，酷似水中冒出的气泡，冒泡排序因此得名。

图 6-1 给出了上升法的第一遍扫描示例。

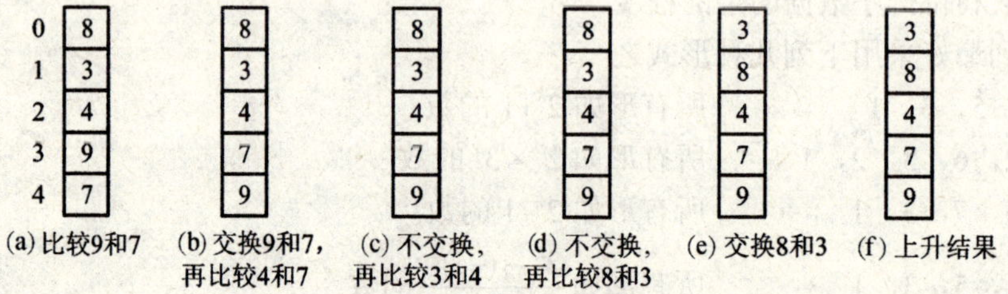

图 6-1 上升法扫描示例

第一遍扫描共比较 *n*–1 对元素，最小元素（如图 6-1 中的元素值 3）便上升到数组最顶部 *a*[0]处。第二遍扫描时，*a*[0]就不必参加比较了，故第二遍扫描只要比较 *n*–2 对元素。余类推，经 *n*–1 遍扫描，排序完毕。

下降法也类似。

2. 算法的实现

算法 6–5 简单的冒泡排序算法（上升法）。

```
void bubble_sort(int a[],int n)
{    int i,j,x;
1.   for(j=0;j<n–1; j++)                                  //j 是本遍扫描终点下标
2.       for(i=n–2;i>=j;i– –)
3.           if(a[i]>a[i+1])x=a[i],a[i]=a[i+1],a[i+1]=x;   //发现逆序就交换
}
```

很容易将算法 6-5 改写成下降法。

不管输入数据原始排列如何，算法 6-5 的外循环都执行 $n-1$ 次，这种扫描方式是一种“全程扫描”方式。

3. 初步改进

实际上，如果在某遍扫描过程中，没有发现逆序，一对元素也不交换，那就说明前次扫描后，数组 a 已经排好序了。一种最典型的现象是，如果数组 a 的元素在排序之前已经有序，但程序却不知道它是否已经有序，外循环只要执行一次就可以发现它已经有序了，排序工作完全可以到此为止。

根据这一想法，可以对算法 6-5 进行改进。

使用一个“交换否”标记 flag 记录本遍扫描中是否发生过元素交换。根据 flag 的值是 0 还是 1，决定是否还要进行下一遍扫描。

例如图 6-2，前两遍扫描都发生过元素交换，第三遍扫描没发生元素交换，数组已有序，排序工作可到此为止。

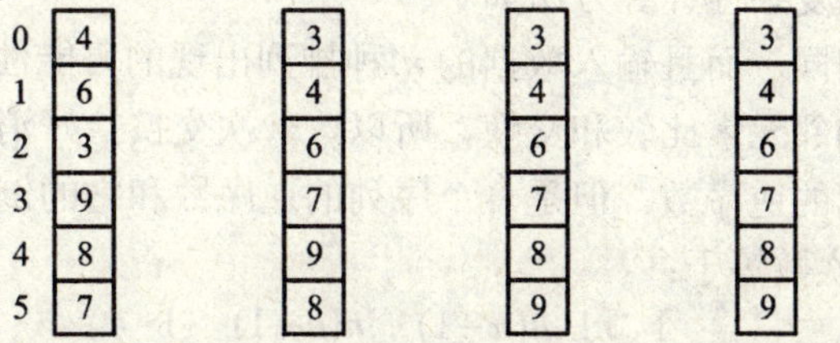

(a) 第一遍扫描前 flag=1　(b) 第一遍扫描后 flag=1　(c) 第二遍扫描后 flag=1　(d) 第三遍扫描后 flag=0

图 6-2　带 flag 标记的冒泡排序（上升法）

4. 改进的实现

算法 6-6　带交换否标记的冒泡排序算法（下降法）。

```
void bubble_sort_2(int a[],int n)
{   int  i,j,x,flag=1;
1.   j=n-2;                                  //j 是本遍扫描终点下标，初值为 n-2
2.   while(flag)                             //当上一遍扫描发生过元素交换时，进行下一遍扫描
3.   {  flag=0;                              //进入本遍扫描时，首先清除上一遍扫描时的 flag 标记
4.      for(i=0;i<=j;i++)                    //开始扫描
5.          if(a[i]>a[i+1])                  //发现逆序
6.          { x=a[i], a[i]=a[i+1], a[i+1]=x;  //交换 a[i]与 a[i+1]的值
7.              flag=1;                      //置本遍扫描过程发生过元素交换标记
            }
8.      j--;                                 //定下一遍扫描终点
```

```
    }
}
```

5．时间复杂性和空间复杂性

下面以算法 6-6 为例，分析冒泡排序算法的时间和空间性能。

（1）空间性能　算法 6-6 不需附加空间，因此它属于原地排序。

（2）时间性能

在最坏情况下，比如输入数据呈倒序形式，语句 2 的外循环将执行 $n-1$ 次。外循环每执行一次，将使语句 4 的内循环执行 j 次。于是，内循环总执行次数为：

$$\sum_{k=1}^{n-1} k = \frac{n(n-1)}{2} \approx \frac{1}{2}n^2 \tag{6-8}$$

也就是说，在最坏情况下，算法 6-6 的比较次数和交换次数都是 $O(n^2)$的，即最坏情况下时间复杂性是：

$$T_W(n)=O(n^2)$$

在平均情况下的时间复杂性计算方法如下：

设输入的数据全不相同，而且输入数据的 $n!$种排列出现的可能性相等。

因为冒泡排序总是相邻元素比较和交换，所以，一次交换恰好消除一对逆序。因而，总的交换次数恰好等于原序列的逆序数。但是一个序列的逆序数和它的倒序序列的逆序数之和恰为 $n(n-1)/2$，所以平均交换次数等于：

$$\frac{1}{n!}\cdot\frac{n!}{2}\cdot\frac{n(n-1)}{2} = \frac{n(n-1)}{4} \approx \frac{1}{4}n^2 \tag{6-9}$$

由于比较次数不少于交换次数，所以平均情况下算法 6-6 的时间复杂性为：

$$T_E(n)=O(n^2)$$

也就是说，无论最坏情况，还是平均情况，冒泡排序算法的时间复杂性都是 $O(n^2)$的。这一结论说明，冒泡排序不是好的排序方法。造成这一结果的主要原因是，冒泡排序采用的是“相邻元素比较和交换”方法，一次交换只能消除一对逆序。

6．进一步改进

flag 不仅用来记录内循环是否发生交换，而且还能记录发生交换的元素下标，那么，根据本轮循环最后一次的交换点，可以减小下一遍扫描的范围（见习题 6.39），从而进一步改进平均情况下的时间性能，但不能改变最坏情况下的时间性能。

6.3.2 快速排序

1．基本原理

快速排序又叫划分交换排序。由于实测结果这种排序方法速度非常快，故名快速排序。

快速排序的基本原理是划分，具体说明如下：

在数组 a 中任选一个元素 x 作为**划分元素**。划分元素也称为中轴值或**轴值**。把数组 a 划分成左、中、右 3 段。其中，划分元素 x 自成中段；其他小于 x 的元素都排在 x 之前，是左段；大于或等于 x 的元素都排在 x 之后，是右段。左段和右段中可能有一段为空。并递归地将左、右段各划分成 3 段，直到每段元素个数都不超过 1，从而达到排序目的。

不妨将准备划分的一段数据称为一个划分段。

例如，对下面的划分段进行划分。

64 32 78 23 54 87 72 89 19 68 81 59 28

假定选 x=64 作为划分元素，划分结果为：

28 32 59 23 54 19 64 89 72 68 81 87 78

带下划线的元素表示中段，是划分元素的最终位置。两侧分别是左段和右段。

2. 划分操作示例

为便于编程，通常选取划分段的首元素作为划分元素，采用从两端向中间扫描的方法进行划分。

在下面的示例中，$a[s]$～$a[t]$是划分段，i 和 j 是左右扫描指针，用加框表示空出的单元。开始时，i 和 j 分别指向划分段的左右两端，取出划分元素 $x=a[s]$，即 x=43，$a[s]$是空单元。

s								t
43	33	21	78	19	56	23	67	58
i								j

第一步，空单元在左端，指针 j 从右向左扫描，凡是遇到大于等于 x 的元素都跳过，当遇到小于 x 的元素时（这时 j 指向 23），把 23 移到 $a[i]$处，并空出 23 原来所占单元，把指针 i 向右移一位，结果如下：

23	33	21	78	19	56	23	67	58
	i					j		

第二步，空单元在右端，指针 i 从左向右扫描，凡是遇到小于 x 的元素都跳过，当遇到大于等于 x 的元素时（这时 i 指向 78），把 78 移到 $a[j]$处，而空出 78 原来所占的单元，并把指针 j 向左移一位，结果如下：

23	33	21	78	19	56	78	67	58
			i		j			

第三步，空单元在左端，指针 j 再向左扫描，凡是遇到大于等于 x 的元素都跳过，当遇到小于 x 的元素时（这时 j 指向 19），把 19 移到 $a[i]$处，空出 19 原占单元，指针 i 向右移一位，

如下：

```
23  33  21  19  19  56  78  67  58
                ij
```

现在 i 和 j 重合，说明本段已经划分完毕。把划分元素 x 放在 $a[i]$位置上，结束对本段的划分。结果如下：

```
s           i-1      i+1         t
23  33  21  19  43  56  78  67  58
                ij
```

这次划分之后，产生了两个划分段，左段的下标从 s～i–1，其元素都小于划分元素 43；右段的下标从 i+1～t，其元素都大于或等于划分元素 43。

3．递归的快速排序算法

算法 6–7　快速排序算法（由两个函数组成）。

（1）划分函数

```
void   partition(int a[],int s,int t,int &k)
//s 和 t 是划分段的起止下标，k 是划分元素最终位置
{     int i,j,x;
      x=a[s];                                      //取划分元素
      i=s; j=t;                                    //扫描指针初值
      do                                           //循环地进行划分
      {   while((a[j]>=x)&&(i<j))j--;              //从右向左扫描
          if(i<j)a[i++]=a[j];                      //小元素向左移
          while((a[i]<x)&&(i<j))i++;               //从左向右扫描
          if(i<j)a[j--]=a[i];                      //大元素向右移
      }
      while(i<j);                                  //直到指针 i 和 j 相等
      a[i]=x;                                      //划分元素就位
      k=i;
}
```

（2）递归的处理函数

```
void   qksort(int a[],int i,int j)
//i 和 j 是划分段的起止下标
```

```
{   int k;
    if(i<j)                      //若划分段长度大于1
    {  partition(a,i,j,k);       //调用划分函数对其划分
       qksort(a,i,k–1);          //递归地处理左段
       qksort(a,k+1,j);          //递归地处理右段
    }
}
```

开始排序时，用主调语句：

```
qksort(a,0,n–1);
```

调用函数 qksort 对数组 $a[n]$进行排序。

4．划分元素的选择方法

划分元素通常选择划分段中的某元素，确保至少将划分段“切下”一个元素，使新产生的划分段长度至少比原划分段的长度少 1，以免造成“死循环”。

对于划分段 $a[s]\sim a[t]$，划分元素可选：

1）首元素 $a[s]$或尾元素 $a[t]$。

2）中值元素。这里，中值的意思是取首元素 $a[s]$、尾元素 $a[t]$和中间位置的元素 $a[(s+t)/2]$三者中“中间大小”的那个元素。

3）随机元素 $a[i]$。i 是 $s\sim t$ 之间的一个随机整数。

为了便于编程，如果选择的划分元素不是首元素，则可以先将其与首元素交换，再进行划分。所以，除增加选择划分元素的操作和交换操作外，partition 函数基本不变。

5．空间复杂性

快速排序不属于原地排序。

乍看起来，快速排序不使用“排序场地”，数据只在原数组内交换。但是，由于程序中使用了递归，需要递归调用栈的支持，而栈的长度取决于递归调用的深度。在平均情况下，需要 $O(\log n)$的栈空间；在最坏情况下，栈空间可达 $O(n)$。

即使改成非递归程序，也需要用户栈。

6．时间复杂性

（1）时间复杂性的递推式

可以看出，时间耗费主要是划分。

设一次划分，将一个长度为 n 的段分成长为 n_1 和 n_2 的左右两段，连同划分元素在内，必有 $n_1+n_2+1=n$。

注意：划分时，每个元素都与划分元素比较一次，所以划分工作量正比于划分段长度 n，即为 cn（对于某正的常数 c）。

用 $T(n)$表示对长度为 n 的数组排序所需时间，可以写出关于快速排序函数时间复杂性的递推方程：

$$\begin{cases} T(n) = cn & (n=1) \\ T(n) = T(n_1) + T(n_2) + cn & (n>1) \end{cases} \quad (6\text{-}10)$$

（2）理想（最好）情况

如果划分元素选得好，每次都能将长度为 n 的段划分为长度接近 $\frac{n}{2}$ 的两段，使两段长度平衡，即 $n_1 \approx n_2 \approx \frac{n}{2}$，那么，式（6-10）变成：

$$T(n) \leqslant 2T(\frac{n}{2}) + cn \quad (6\text{-}11)$$

用迭代法，容易求出式（6-11）的解。为简单起见，设 n 是 2 的幂，即 $n=2^k$（对某个 k），反复迭代后，得：

$$T(n) \leqslant cn\log n + nT(1)$$

但 $T(1) \leqslant b$（b 是另一个常数），故：

$$T(n) \leqslant cn\log n + bn = O(n\log n) \quad (6\text{-}12)$$

可见，理想情况下，快速排序的时间复杂性是：

$$T(n)=O(n\log n)$$

（3）最坏情况

如果划分元素选得不好，比如恰好选划分段的最大（或最小）元，就会将一个长度为 n 的划分段，划分成一个长度等于 0，另一个长度等于 $n-1$ 的划分段，这种情况下，式（6-10）变成：

$$\begin{cases} T(n) = cn & (n=1) \\ T(n) = T(n-1) + cn & (n>1) \end{cases} \quad (6\text{-}13)$$

显然，最坏情况下的时间复杂性为：

$$T_W(n)=O(n^2)$$

（4）平均情况

在平均情况下，假设划分元素的大小是随机的，对式（6-10）来说，n_1 同等可能地取值为 0，1，…，$n-1$，那么，式（6-10）变成：

$$\begin{aligned} T(n) &\leqslant \frac{1}{n}\sum_{n_1=0}^{n-1}(T(n_1) + T(n-1-n_1)) + cn \quad (n \geqslant 2) \\ &= \frac{2}{n}\sum_{n_1=0}^{n-1} T(n_1) + cn \quad (6\text{-}14) \end{aligned}$$

由于 $T(0) \leqslant T(1) \leqslant b$，可用归纳法证明式（6-14）的解是：

$$T(n) \leqslant kn\ln n \quad (k = 2b + 2c) \quad (6\text{-}15)$$

证明如下。

基础，$n=2$ 时，有：

$$
\begin{aligned}
T(2) &\leqslant 2c + \frac{2}{2}(T(0) + T(1)) \\
&\leqslant 2c + 2b \\
&= k \\
&\leqslant k \cdot 2\ln 2
\end{aligned}
$$

最后一步，是因为 $2\ln 2 \approx 2 \times 0.7 = 1.4 > 1$。

归纳：

设对于小于 n 的一切 j，式（6-15）是式（6-14）的解，即有 $T(j) \leqslant kj\ln j$。

将 $T(j) \leqslant kj\ln j$ 代入式（6-14），得：

$$
\begin{aligned}
T(n) &\leqslant cn + \frac{2}{n}[T(0) + T(1) + \sum_{j=2}^{n-1} T(j)] \\
&\leqslant cn + \frac{4b}{n} + \frac{2}{n}\sum_{j=2}^{n-1} kj\ln j \quad \text{（由归纳假设）} \\
&\leqslant cn + \frac{4b}{n} + \frac{2k}{n}\int_2^n x\ln x \mathrm{d}x \quad \text{（因为 } x\ln x \text{ 是正的递增函数）} \\
&= cn + \frac{4b}{n} + \frac{2k}{n}[\frac{x^2\ln x}{2} - \frac{x^2}{4}]\Big|_2^n \\
&= cn + \frac{4b}{n} + kn\ln n - \frac{kn}{2} - \frac{4k\ln 2}{n} + \frac{2k}{n} \\
&\leqslant kn\ln n + cn + \frac{4b}{n} - \frac{kn}{2} \quad \text{（因为 } -\frac{4k\ln 2}{n} + \frac{2k}{n} < 0\text{）} \\
&\leqslant kn\ln n
\end{aligned}
$$

最后一步是因为

$$
cn + \frac{4b}{n} - \frac{kn}{2} = cn + \frac{4b}{n} - \frac{2b+2c}{2}n = \frac{4b}{n} - bn \leqslant 0 \qquad \text{（因为 } n \geqslant 2\text{）}
$$

完成证明。

所以，在平均情况下，快速排序的时间复杂性为：

$$T_E(n) = O(n\log n)$$

7. 结论

从上述分析结果，可以得出如下结论。

1）划分元素的选取是影响时间性能的关键。

2）输入数据次序越乱，所选划分元素值的随机性越好，排序速度越快。相反，输入数据越有序，所选的划分元素等于（或接近于）划分段的最小（或最大）值的可能性越大，排序速度越慢。可见快速排序不是一种自然排序方法。

3）即使采用前面介绍的选取中值元素，或随机元素作为划分元素，也无法保证划分所产生的子问题大小完全平衡。也就是说，改变划分元素的选取方法，至多只能改变算法平均情况下的时间性能，无法改变最坏情况下的时间性能。即在最坏情况下，快速排序的时间复杂性总是 $O(n^2)$的。

6.4 选择排序

6.4.1 一般原理和效率分析

1. 一般原理

选择排序的原理十分简单，从 n 个元素中选出一个最大元素，把它调到序列末端，再从剩下的 $n-1$ 个元素中选出最大元素……如此反复，可完成排序。

然而，用简单的直接选择方法，排序效率不高，例如下面的排序程序段：

```
for(k=n–1;k>0;k– –)
{    i=0;
     for(j=1;j<=k;j++)if(a[j]>a[i])i=j;          //选择最大元素 a[i]
     交换 a[k]与 a[i];
}
```

2. 效率分析

现在分析上述直接选择排序的时间性能。

因为要从 n 个元素中选出一个最大元素需要进行 $n-1$ 次比较，用 $T(n)$表示把 n 个元素排序所需的比较次数，于是得出递推式：

$$T(n) = n - 1 + T(n-1) \tag{6-16}$$

式（6-16）的解为：

$$T(n) = \sum_{i=1}^{n-1} i = \frac{n(n-1)}{2} \approx \frac{n^2}{2} \tag{6-17}$$

也就是说，直接选择排序方法，时间复杂性是：

$$T(n)=O(n^2)$$

效率不高的主要原因是直接选择方法存在大量的冗余比较，比如：

1）元素 x 与 y 比较一次之后，就不必再比较它们。

2）假如 x 与 y、y 与 z 都进行过比较，而且比较结果有：$x>y$ 而且 $y>z$，那么 x 与 z 也用不着比较了，因为根据比较结果的“传递性”，必有 $x>z$。

不幸的是，直接选择法不能记住每次比较的结果，并在以后的步骤中使用它。

下面介绍的两种排序算法能够有效地消除冗余比较。

6.4.2 树选排序

1．基本原理

树选排序采用比赛树结构记住比较结果。

树选排序的基本原理是体育锦标赛模型。假定体育比赛成绩也像实数比较那样具有传递性，忽略体育比赛的偶然性。

设有 n 位选手参加乒乓球个人赛，“赛制”规定决出所有参赛选手的名次，对阵方式安排如下。

首轮两两对阵比赛，胜者进入下一轮比赛，败者暂时等待。

第二轮依旧如此对阵。若某轮只有奇数个选手参赛，让某一位选手直接进入下一轮比赛。

经若干轮之后，决出第一名（冠军）。

以后轮次，由最先败于冠军的选手代替冠军的位置，比赛继续进行，并决出第二名（亚军）。反复如此，最终排定全部参赛选手的名次。

2．示例

图 6-3 给出了 8 位选手 *ABCDEFGH* 比赛的树结构示例。各选手标记于叶，非叶结点表示一次对阵（比赛）。树中的记号 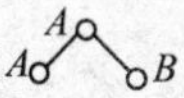

表示选手 *A* 与 *B* 进行一次比赛，结果为 *A* 胜 *B* 败，*A* 将参加下轮比赛，*B* 等待。

标“*”的结点表示当前进行的比赛。已决出名次的选手退出比赛，他所在的结点为空，不再标出结点名。

图 6-3 中的“胜败”只是某种假设结果，并无实际含义。

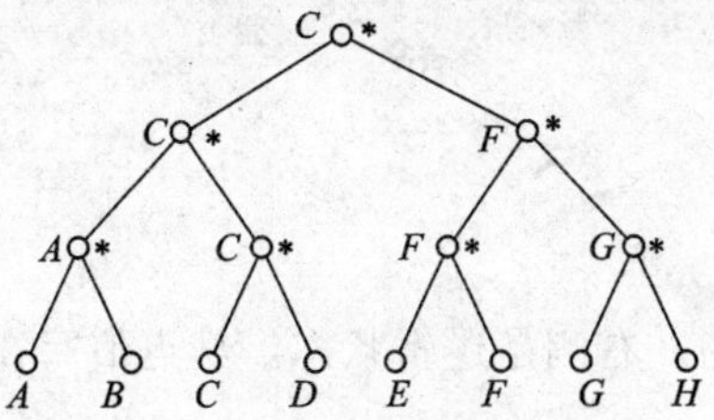

(a) 第一名C

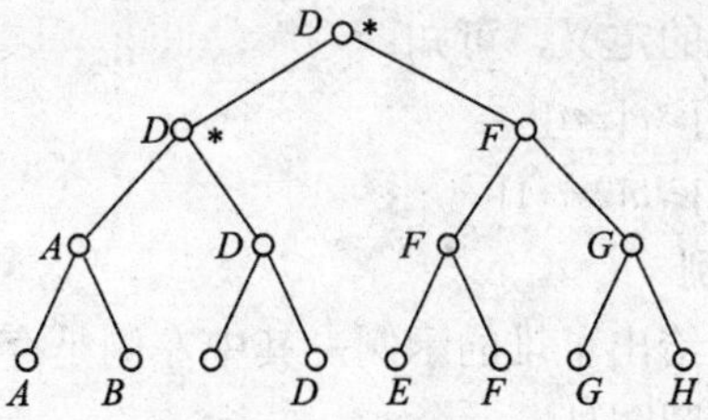

(b) 第二名D

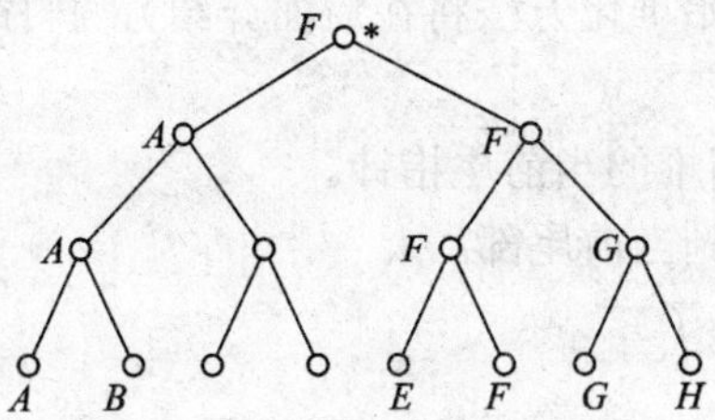

(c) 第三名F

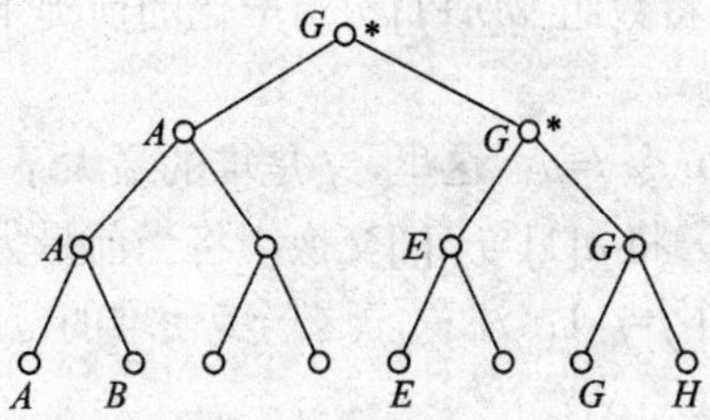

(d) 第四名G

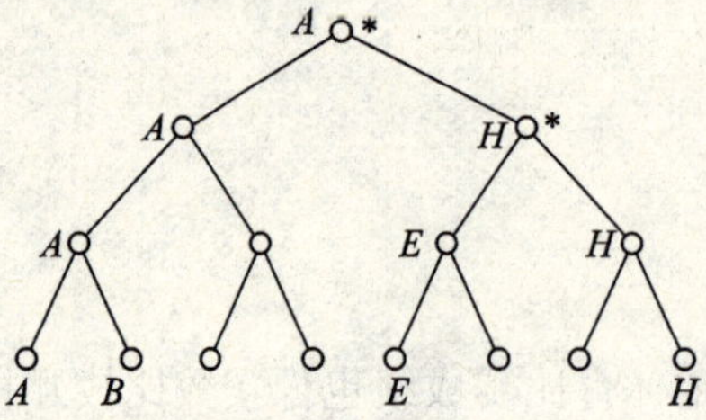

(e) 第五名A

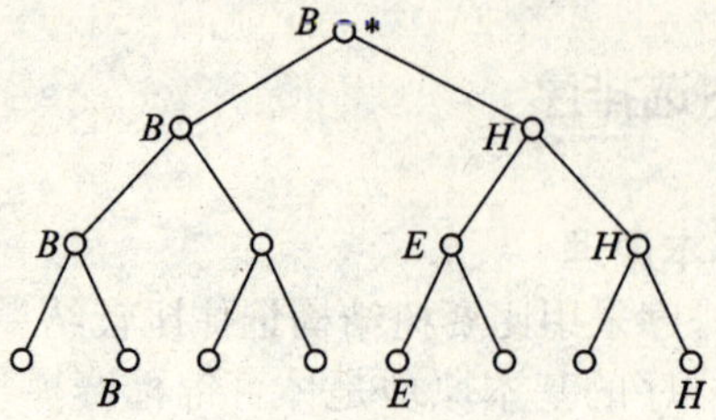

(f) 六至八名B, H, E

图 6-3 比赛树结构示例

如何选择适合于实现树选排序的存储结构稍稍有点困难。可借鉴 6.7.2 节介绍的胜者树或败者树结构，这里暂不介绍。

6.4.3 堆排序

J. Willioms 于 1964 年设计的堆排序算法，用数组存储的完全二叉树表示堆，代替难以实现的比赛树。

1．堆的定义

堆是每个非叶结点值都大于或等于其儿子值（简称“父大于子”）的完全二叉树。于是，根结点存储的就是树中的最大值。这样定义的堆称为**大根堆**①。大根堆便于找最大元。

用数组 $a[n+1]$存储长度为 n 的堆。为计算下标方便，$a[0]$不用。

于是，如果结点 $a[i]$有两个儿子，则其左右儿子分别是 $a[2*i]$和 $a[2*i+1]$。

根据堆的定义，可知：

$$a[i]\geqslant a[2*i]$$

$$a[i]\geqslant a[2*i+1]$$

2．示例

图 6-4 给出了堆的示例，其中左侧是存储结构，右侧是逻辑状态。结点值写在圆圈内，结点下标写在圆圈外。

3．排序阶段的操作方法

在已经将数组 $a[n+1]$初始堆化的前提下（初始堆化方法将在后面介绍），排序操作的大体步骤如下：

步骤 1）令 $j=n$；这里，j 是堆的最大下标，即堆的当前尾指针。

步骤 2）将 $a[1]$与 $a[j]$交换，将当前最大元换到当前尾部。

步骤 3）$j=j-1$；注意，这一步使堆的范围缩小了。

---

① 如果需要找最小元素，也可定义小根堆，即每个非叶结点值都小于或等于其儿子值的完全二叉树。

步骤 4）重新堆化。即调整 $a[1]$～$a[j]$，使之成为一个新堆。

步骤 5）若 $j>1$，则转步骤 2；否则排序结束。

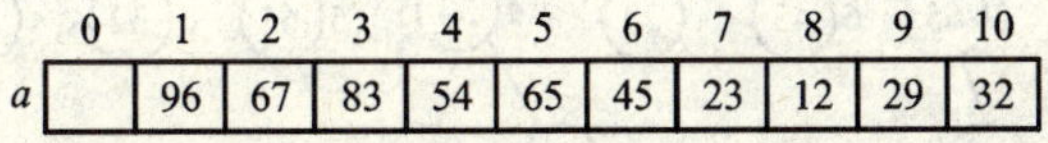

(a) 存储结构

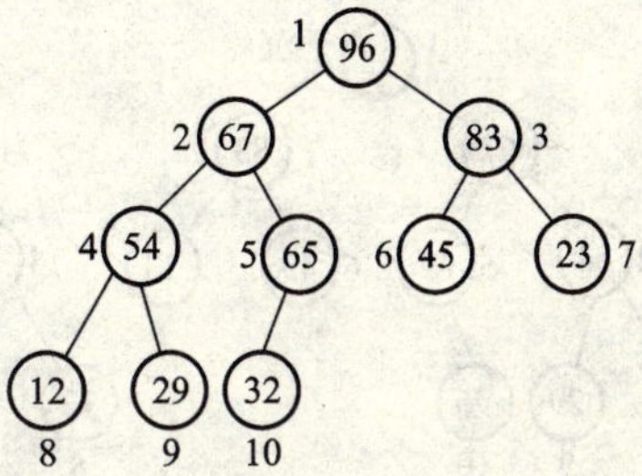

(b) 逻辑状态

图 6-4 堆的示例

4．重新堆化步骤和示例

重新堆化的实质就是"子堆合并"。

将最大元 $a[1]$与 $a[j]$交换后，新换上来的 $a[1]$不再满足"父大于子"的性质，但是，根 $a[1]$的左右子树仍满足"父大于子"，它们分别是根的左右子堆。

只要使"大儿子上升作父"、"小根元素"逐步下降，至多降至叶，便可完成重新堆化。

具体步骤如下：

i 和 j 分别表示当前堆（或子堆）的根和堆的尾下标。

步骤 1）$i=1$。

步骤 2）若 i 是叶，或 $a[i]$已满足父大于子的性质，则重新堆化结束；否则继续下一步。

步骤 3）找 i 的"大儿子"k。

步骤 4）交换 $a[i]$与 $a[k]$的值，使根元素下沉。

步骤 5）$i=k$，转步骤 2。

例如，如图 6-4 所示的堆，将根与最后一片叶子交换元素值后，变成图 6-5(a)。带阴影的结点表示已经脱离堆的结点。

$a[1]$的值为 32，其大儿子 $a[3]$的值为 83，32<83，将 $a[1]$与 $a[3]$的值交换。这次交换相当于将 32 下沉到 $a[3]$，变成图 6-5(b)。下沉一步后，使 $a[1]$满足父大于子性质。

下一步，$i=3$，$a[3]$的值为 32，仍不大于其大儿子 $a[6]$，交换后 32 下沉到 $a[6]$处，使 $a[3]$满足父大于子的性质，变成图 6-5(c)。

下一步，$i=6$，因 i 是叶，所以重新堆化结束。

由于一次重新堆化过程中，根元素至多下沉到叶，所以，一次重新堆化所需时间不超过堆的高度。

又因为堆是完全二叉树，堆的高度 $h=\lfloor \log_2 n \rfloor+1$。所以重新堆化的工作量，也就是每选一个最大元素的工作量，不超过 $O(\log n)$。

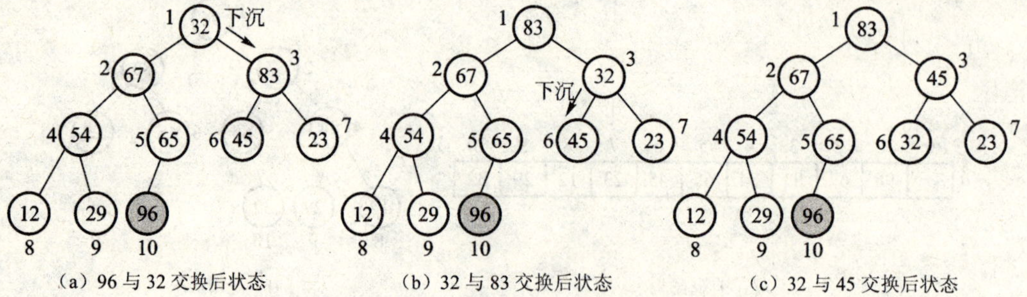

图 6-5 重新堆化过程示例

5．初始堆化步骤和示例

初始堆化借鉴了重新堆化原理，自底向上反复进行子堆合并，构造初始堆。

开始时，每个叶被认为是“单结点堆”。然后，i 从 $n/2$ 递减到 1，运用子堆合并法，构造以 $a[i]$为根的堆。

图 6-6 给出了初始堆化操作步骤示例。

其中，图 6-6(a)表示开始状态，即原始输入数据。

第一次，i=5，a[5]只有一个儿子 a[10]，因为 a[5]的值 32 小于其儿子 a[10]的值 96，交换后，使 a[5]和 a[10]构成一个子堆。由图 6-6(a)变成图 6-6(b)。图 6-6 中，虚线表示尚未合并的部分，实线表示已构成子堆的部分。

第二次，i=4，因 a[4]比它的两个儿子 a[8]和 a[9]都大，所以不发生交换，a[4]、a[8]、a[9]构成 3 个结点的堆，如图 6-6(c)所示。

第三次，i=3，将 45 与 83 交换，将 a[3]、a[6]和 a[7]构成子堆，如图 6-6(d)所示。

第四次，i=2，a[2]的左子堆有 3 个结点（a[4]、a[8]、a[9]），右子堆有两个结点（a[5]和 a[10]），合并时，先将 65 和 96 交换。交换后，a[5]=65，而 a[5]只有一个的儿子 a[10]，且其值等于 32，不大于 a[5]，已满足父大于子的性质，由图 6-6(d)变成图 6-6(e)。

最后一次，i=1，将 a[1]的左子堆和右子堆合并，这一步的合并与前述重新堆化过程完全一样，合并结果，由图 6-6(e)变成图 6-6(f),初始堆化完成。该图就是如图 6-4(b)所示的堆。

6．算法的实现

堆排序算法由两个函数组成，heapify 是重新堆化函数，heap_sort 是排序的主控函数。其中，参数 i 指向下沉点，也就是要合并的子堆之根；参数 j 用于界定子堆范围。

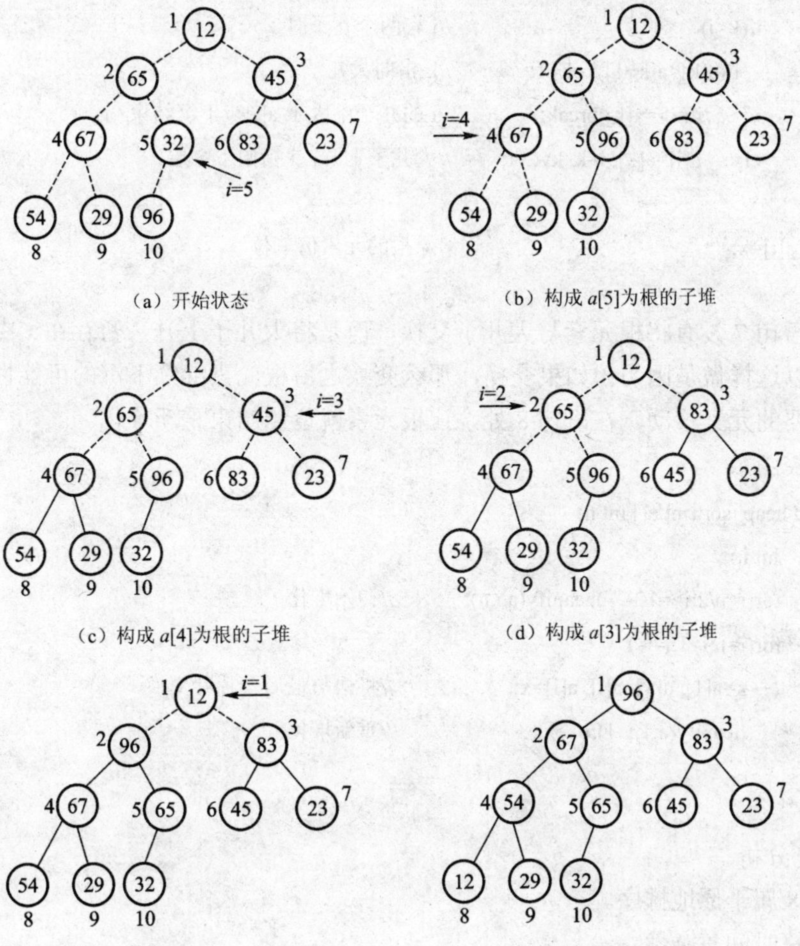

(a) 开始状态　(b) 构成 *a*[5]为根的子堆

(c) 构成 *a*[4]为根的子堆　(d) 构成 *a*[3]为根的子堆

(e) 构成 *a*[2]为根的子堆　(f) 堆化结果

图 6-6 初始堆化示例

算法 6-8 堆排序算法。

(1) 重新堆化函数

```
void heapify(int a[],int i, int j)
//i 是待合并的子堆之根，j 是堆元素下标上界
//当 2*i 超过 j 时，说明 i 是叶
{   int k,x;
    k=2*i;                      //k 是 i 的左儿子
    x=a[i];                     //取出根元素，空出位置，以便大儿子上升
    while(k<=j)                 //当 i 不是叶
```

```
4.  {  if(k<j)                         //i 有两个儿子时
5.       if(a[k]<a[k+1])k=k+1;         //k 指向大儿子
6.          if(x>=a[k])break;          //i 的儿子不大于 a[i]，下沉结束
7.     else   a[i]=a[k], i=k, k=2*i;   //大儿子上升，i 指向下一层
    }
8.  a[i]=x;                            //原根的元素值就位
}
```

注意：语句 7 没有将根元素与大儿子交换，而是将大儿子上升，暂存在 x 中的根元素放置不动。之所以这样做是因为：如果交换，那么交换之后根元素继续下沉的可能性极大，交换只能增加不必要的元素移动。在语句 8 处，让根元素就位，结束重新堆化。

（2）主控函数

```
void heap_sort(int a[],int n)
{       int i,x;
9.   for(i=n/2;i>=1;i--)heapify(a,i,n);       //初始堆化
10.  for(i=n;i>1;i--)
11.  {    x=a[1]; a[1]=a[i]; a[i]=x;          //将根与最后一片叶交换
12.       heapify(a,1,i-1);                    //重新堆化
     }
}
```

7．性能分析

算法 6-8 属于原地排序。

分段计算时间复杂性。

（1）语句 10~12 的排序阶段所需时间

语句 10 循环 $n-1$ 次，每次循环的时间耗费主要是调用函数 heapify 进行重新堆化所用时间。根据前文，一次重新堆化所需时间不超过 $O(\log n)$。所以排序阶段所需时间不超过 $O(n\log n)$。

（2）语句 9 的初始堆化所需时间

经计算，初始堆化所用时间不超过 $O(n)$，计算步骤如下。

语句 9 对 i 从 $n/2$～1 调用“heapify(a,i,n);”，每调用一次所需时间正比于 i 的高度减 1。

设树的高度为 h，则

$$h = \lfloor \log_2 n \rfloor + 1$$

因为第 i 层上结点数至多 2^{i-1}，层数为 i 的结点高度为 $h-i+1$，用 $f(n)$表示初始堆化所需时间，得：

$$f(n) \leqslant \sum_{i=1}^{h-1} 2^{i-1}(h-i) \tag{6-18}$$

令 $h-i=j$，则 $i-1=h-j-1$，且 $i=1$ 时 $j=h-1$，$i=h-1$ 时 $j=1$。代入式（6-18），并重新用 i 代替 j，得：

$$\begin{aligned} f(n) &\leqslant \sum_{i=1}^{h-1} i \cdot 2^{h-1-i} \\ &= \sum_{i=1}^{h-1} 2^{h-1} \frac{i}{2^i} \\ &= 2^{h-1} \cdot \sum_{i=1}^{h-1} \frac{i}{2^i} \\ &\leqslant n \cdot \sum_{i=1}^{h-1} \frac{i}{2^i} \text{（因为 } h=\lfloor \log_2 n \rfloor+1\text{，所以 } n \geqslant 2^{h-1}\text{）} \\ &\leqslant n \cdot \sum_{i=1}^{\infty} \frac{i}{2^i} = 2n \end{aligned}$$

最后一步是因为，令

$$y = \sum_{i=1}^{\infty} \frac{i}{2^i} = \frac{1}{2} + \frac{2}{4} + \frac{3}{8} + \frac{4}{16} + \cdots$$

则

$$\frac{y}{2} = \frac{1}{4} + \frac{2}{8} + \frac{3}{16} + \cdots$$

两式相减，得：

$$y - \frac{y}{2} = \frac{y}{2} = \frac{1}{2} + \frac{1}{4} + \frac{1}{8} + \frac{1}{16} + \cdots$$

根据等比级数求和公式，得：

$$1 + \frac{1}{2} + \frac{1}{4} + \frac{1}{8} + \frac{1}{16} + \cdots = 2$$

所以，$\frac{y}{2}=1$，故 $y=2$。

这就是说，初始堆化共用 $O(n)$时间。

综上所述，在最坏情况下，算法 6-8 的时间复杂性为：

$$T_W(n)=O(n)+O(n\log n)=O(n\log n)$$

可见，就最坏情况而言，堆排序算法优于前述几种排序算法。

在平均情况下，堆排序算法与最坏情况相差不多，也是 $O(n\log n)$的。

6.5 合并排序

6.5.1 递归的合并排序

1. 基本思想

合并排序又称归并排序，其要点是反复将两个长度较短的有序段合并成一个有序段，直到数组中只含一个有序段。

算法 6-9 递归的合并排序算法（伪程序）。

```
void  merge_sort(s)
//参数 s 表示数组 a[n]中的一段。实现时，可用一对下标 i 和 j 表示
{
1.  if(s 的长度不大于 1) return;
2.  把 s 分成长度相等的两段 s1 和 s2;          //长度至多差 1
3.  merge_sort(s1);                            //将两段分别排成有序段
4.  merge_sort(s2);
5.  merge(s1,s2);                              //将两个有序段合并成一个有序段
}
```

2. 有序段的合并示例

采用通用的“三指针法”进行合并，并且要使用“合并场地”，作为合并的目标数组。目标数组 b 与源数组 a 同类型、同大小，如图 6-7 所示。

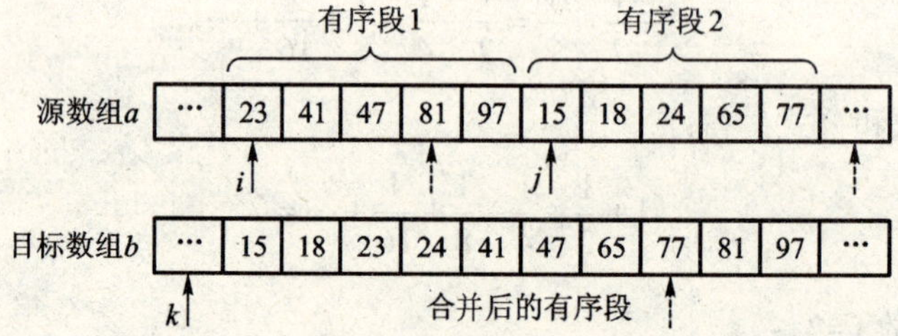

图 6-7 有序段的合并过程

开始时，指针 i 和 j 分别指向数组 a 的两个有序段首元素，指针 k 指向数组 b 中用于存储合并后有序段的左侧。

反复比较 $a[i]$和 $a[j]$。

如果 $a[i]<=a[j]$，则指针 k 加 1，将元素 $a[i]$移入 $b[k]$，再将指针 i 加 1；反之，如果 $a[j]<a[i]$，则将指针 k 加 1，将元素 $a[j]$移入 $b[k]$，再将指针 j 加 1。

直到源数组 a 的两个有序段中的一段元素已经移完，而另一段尚有几个剩余元素，就把这些剩余元素一起移入数组 b，从而完成合并操作。

在图 6-7 中，当指针 i 移到 81 处，指针 j 移过了 77，有序段 2 变空，指针 k 移到 b 的 77 处，即虚线箭头。这时，有序段 1 还剩下两个数（81 和 97），把这两个数一起移到数组 b，完成合并。

3．时间复杂性估算

设 $T(n)$表示算法 6-9 对长度为 n 的数组排序所需时间，可以写出关于 $T(n)$的递推式：

$$\begin{cases} T(n) = cn & (n=1) \\ T(n) = 2T(\dfrac{n}{2}) + cn & (n>1) \end{cases} \tag{6-19}$$

式（6-19）中 c 是一个常数。

当 $n=1$ 时，不产生递归调用，所用时间不超过 cn。

当 $n>1$ 时，两处递归调用，对长度为 $n/2$ 的数组段排序，所用时间为 $2T(n/2)$。

将两个有序段的合并所需时间正比于两段长度之和（$n/2+n/2=n$），不超过 cn。

很容易用迭代法求出递推方程式（6-19）的解为：

$$T(n)=cn\log n$$

即合并排序的时间复杂性为：

$$T(n)=O(n\log n)$$

4．算法的实现

使用两个函数：主控函数 merge_sort 将数组分段配对，实现算法 6-9 的语句 2。函数 merge 完成有序段的合并。

（1）有序段合并函数

```
void merge(int a[],int p,int q,int s,int t)
//将有序段 a[p]至 a[q]和有序段 a[s]至 a[t]合并到 b[p]至 b[t]
{     int i,j,k,b[n];                          //n 是已定义的常量
      i=p, j=s, k=p-1;                         //定三个指针的初值
      while((i<=q)&&(j<=t))                    //当两个有序段都不空时
          if(a[i]<=a[j])b[++k]=a[i++];         //合并
          else   b[++k]=a[j++];
      while(i<=q)b[++k]=a[i++];                //处理有序段 1 的剩下元素
      while(j<=t)b[++k]=a[j++];                //处理有序段 2 的剩下元素
      for(i=p;i<=t;i++)a[i]=b[i];              //将合并后的有序段移回源数组 a
}
```

语句 5 和语句 6 两个 while 不会都执行，仅执行其中的一个。这是因为语句 2 循环结束时，或者 i>q（前段空），或者 j>t（后段空），二者必居其一。

（2）主控函数

```
void    merge_sort(int a[],int i,int j)
{   int k;
8.      if(i<j)
9.      {   k=(i+j)/2;                  //k 分段中点
10.         merge_sort(a,i,k);          //对左段排序
11.         merge_sort(a,k+1,j);        //对右段排序
12.         merge(a,i,k,k+1,j);         //合并左右段
        }
}
```

主调语句为：

```
merge_sort(a,0,n–1);
```

6.5.2* 非递归的合并排序

1．基本思想

同样使用两个数组：数组 a 和数组 b。经多遍合并完成排序工作。

第一遍合并，数组 a 的 n 个元素，各自看成一个长度为 1 的有序段，将这 n 个有序段两两配对合并到目标数组 b。

第二遍合并，交换数组 a 和 b 的角色，将数组 b 中长度为 2 的有序段两两配对合并到数组 a。

第三遍合并，再将数组 a 中长度为 4 的有序段两两配对合并到数组 b。

这样，每合并一遍，有序段长度便增长一倍。经 $\log n$ 遍合并，便可得到长度为 n 的有序段，排序完毕。

数据交替地由 a 合并到 b，再由 b 合并到 a，从而省略了 merge 函数中语句 7 的“无功”移动，提高了排序速度。

2．示例

图 6-8 给出了一个示例，用下画线标出各有序段，箭头表示合并方向。

3．有序段的配对

根据 n 的不同，将有序段两两配对时，将会出现下列几种不同情况。

1）如果 n 是 2 的幂，即 $n=2^k$，那么每遍合并时，有序段个数都是偶数，各有序段长度都等于“标准长度”，恰好能将这些有序段两两配对合并。

2）如果 $n\neq 2^k$，那么在某遍合并时，有序段个数可能不是偶数，两两配对合并时，最后会

余下一个无法配对的“孤立段”，这个孤立段就不参加本遍的合并，直接由源数组移到目标数组，使其参加下一遍的合并。在如图 6-8 所示的示例中，第一遍合并和第三遍合并各产生一个孤立段。

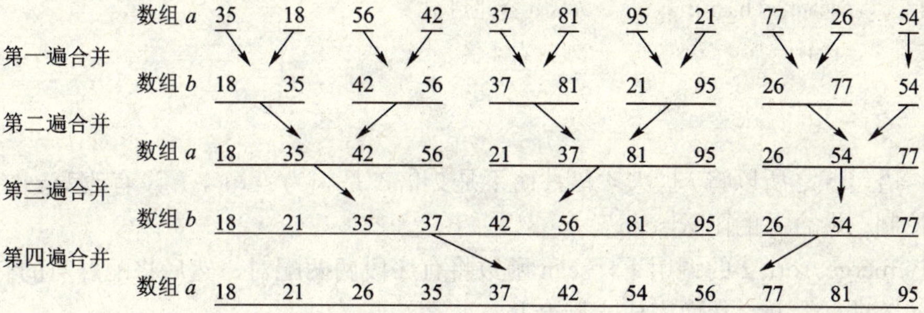

图 6-8　合并排序示例

3）如果在某遍合并时产生过孤立段，那么在以后的合并中，最后将会合并一对长度不相等的有序段，如图 6-8 的示例中的第二遍和第四遍合并。

4）把上述 3 点结合起来，归纳如下：

将一遍合并的标准长度和最后两段长度分别记为 t、$t1$ 和 $t2$。最后两段会出现下述 4 种情况。

① $t1=t2=t$，即两个有序段都等于标准长度。

② $t1=t$，$t2<t$，即前段等于标准长度，后段短于标准长度。

③ $t1=t$，$t2=0$，即后段为空，前段是长度等于标准长度的独立段。

④ $t1<t$，$t2=0$，即后段为空，前段是长度小于标准长度的独立段。

编写将两个有序段合并的程序时，必须考虑对这 4 种情况都正确。

5）因为算法目的是对数据 a 排序，数组 b 仅作为合并场地，所以最终的排序结果数据应当存放在数组 a 中，而不应“既可能在 a 中，又可能在 b 中”，使调用者无所适从。

要做到这一点，合并遍数必须是偶数。奇数遍合并时，由 a 到 b，偶数遍合并时，由 b 到 a。如果经奇数遍合并在 b 中得到有序数组，那么，下一遍合并，就认为是长度为 n 的有序段与一个长度为 0 的空段由 b 合并到 a，最终完成排序工作。

4．算法的实现

算法 6-10　非递归的合并排序算法。

算法包括 3 个函数：

（1）主控函数

负责控制合并方向是 a 到 b，还是 b 到 a，以及确定有序段标准长度 t 的值。

```
void merge_sort_2(int a[],int n)
{    int b[n], t ;
```

```
1.    t=1;                          //t 的初值为 1
2.    while(t<n)
3.    {   scan(t,a,b,n);            //从 a 合并到 b
4.        scan(2*t,b,a,n);          //从 b 合并到 a
5.        t=4*t;                    //t 扩大 4 倍
      }
}
```

注意：语句 5 之所以将 t 扩大 4 倍，而不是 2 倍，是因为语句 4 并没有改变 t 的值。

（2）控制一遍合并的函数 scan

在主控 merge_sort_2 的调用下，scan 函数将有序段两两配对，然后将配好对的有序段交给函数 merge_2 进行合并，从而完成一遍合并。

```
void scan(int t,int a[],int b[],int n)
// t 是有序段的标准长度，a 是源数组，b 是目的数组
{     int   p,q,r;
//p 和 q 是“左”有序段的首尾下标，q+1 和 r 是“右”有序段的首尾下标
6.    p=0;                          //给 p 赋初值
7.    while(p<n)
8.    {   q=p+t-1, r=q+t;           //给指针 q，r 赋值
9.        if(q>n-1)q=n-1;           //限制语句
10.       if(r>n-1)r=n-1;
11.       merge_2(a,b,p,q,r);       //合并两段
12.       p=r+1;                    //修改 p，准备合并下两段
      }
}
```

语句 9 和句 10 的作用是：限制最后一对有序段的下标不要超出数组的下标范围。

（3）有序段合并函数 merge_2。

该函数的细节与算法 6-9 中的 merge 几乎一样，不同点在于：

1）那里的数组 b 作为局部量，而这里作为参数。

2）那里用 4 个指针 p、q、s、t 界定两个有序段下标，这里只用 3 个指针 p、q、r。与此有关语句也要适当的加以修改。

函数 merge_2 的具体描述从略。

5．几种不同合并排序方法的设想

1）合并场地可以改小些，比如定义数组 $a[n+n/2]$用来对 n 个数据排序。这样可以交替地将数据从数组的左端合并到右端，再从右端合并到左端。

2）链式合并排序。如果将数据存储在链表中，可采用有序链表合并法进行排序。

3）自然合并排序。利用输入数据的自然有序段，可以减少合并遍数。

4）二分合并排序。在合并过程中，采用二分法可望减少比较次数。

5）合并插入排序。将合并方法与插入方法结合，完成排序工作。

6）多路合并。每次将 k（k=2，3，4，…）个有序段合并成一个有序段。

6.6 基数排序

6.6.1 基本原理和示例

1. 基本原理

基数排序，又称桶排序、串排序、字典排序等，是一种古老的排序方法。

（1）整理扑克牌

先用整理扑克牌的例子说明基数排序的基本原理。

一副扑克牌，除两张王牌之外，余下的 52 张牌都有花色和面值之别。

整理次序时，要求按照♣♦♥♠的次序，同种花色牌按照面值 2，3，…，10，J，Q，K，A 的次序排列。

于是，要求将整副牌排成“有序”形式：

♣2♣3…♣A ♦2♦3…♦A ♥2♥3…♥A ♠2♠3…♠A

按照下面的方法，可以快速地将一副次序零乱的牌整理成上述次序。

步骤 1）先按面值分成 13 堆，同面值牌放在一起，分别是：

2，3，4，…，10，J，Q，K，A

步骤 2）收叠这些牌。

步骤 3）再按花色把它们分成 4 堆，分别是：

♣ ♦ ♥ ♠

步骤 4）依次收叠在一起，即可。

（2）一般性原理

基数排序主要用于对多元组数据排序。比如，上例扑克牌的花色和面值构成二元组。又如，对字符串排序时，若每个字符串长度都为 5，那么，每个字符串便是一个五元组。而多元组的每个分量各有 m 种不同的取值。比如字母 A，B，C，D，…，有 26 种不同取值；数字 0，1，2，3，…，有 10 种不同取值。把这些不同的分量值统一编号为 0，1，2，…，m–1。元素的有序次序指的就是多元组的“字典次序”。

基数排序的基本方法是：按照数据元素的各个分量值，反复将这些元素分组和收集，最后达到排序目的。

2. 示例

（1）整数排序

将下面12个整数排序，每个整数是一个“3位数”，不足3位的前面补0。于是，每个整数都是一个“三元组”，每个三元组的每个分量都是0～9这10个数字之一。

先按个位数分组收集，再按十位数分组收集，最后按百位数分组收集，共进行3遍分组和收集。具体步骤演示如下。

原始数据排列如下：

671，203，450，219，522，478，315，007，139，101，902，767

第一遍，按个位数分组，分组情况如下：

0组： 450

1组： 671，101

2组： 522，902

3组： 203

4组：

5组： 315

6组：

7组： 007，767

8组： 478

9组： 219，139

因为这几个整数的个位数没有是4和6的，所以第4组和第6组为空。下几遍分组也有空组现象。

按个位数分组后，按组号依次把这些整数收集在一起，结果是：

450，671，101，522，902，203，315，007，767，478，219，139

请注意，本次收集后，如果不看前两位，只看个位数，它们是有序的。

第二遍，按十位数分组：

0组： 101，902，203，007

1组： 315，219

2组： 522

3组： 139

4组：

5组： 450

6组： 767

7组： 671，478

8组：

9组：

收集后的排列：

101，902，203，007，315，219，522，139，450，767，671，478

如果不看百位数，只看十位和个位，它们是有序的。

第三遍，再按百位数分组：

0 组：　007
1 组：　101，139
2 组：　203，219
3 组：　315
4 组：　450，478
5 组：　522
6 组：　671
7 组：　767
8 组：
9 组：　902

再收集在一起：

007，101，139，203，219，315，450，478，522，671，767，902

至此，排序工作结束。

如果参加排序的整数是 6 位数，就要进行 6 遍分组和收集。

（2）字符串排序

基数排序更适合于对字符串排序。

例如，将下面几个英文单词排成字典次序。

for　end　else　goto　file　int　new　case　char　and

单词的分量都是英文字母，因为参加排序的这些单词最多含有 4 个字母，所以共要进行 4 遍分组和收集。长度不足 4 个字母的单词，在其尾部加空格符凑成 4 个“字母”。“□”代表空格符。

将空格符和 26 个字母依次编号为 0，1，2，…，26，作为组号的大小。

第一遍，按第 4 个字母分组（没列出空组）为：

□组：　for□　end□　int□　new□　and□
e 组：　else　file　case
o 组：　goto
r 组：　char

按组号由小到大依次把这些单词收集在一起，排列为：

for□　end□　int□　new□　and□　else　file　case　goto　char

以后的分组和收集类似，此处不赘述。

6.6.2 算法的实现和分析

1. 实现方法

（1）选用的数据结构

1）待排序数据用链式存储，以便于分组和收集。

2）链表结点的值域是一个数组 *a*[*k*]，也就是用数组 *a* 存储一个 *k* 元组，数组 *a* 的每个元素 *a*[*j*]（*j*=0，2，…，*k*–1）对应 *k* 元组的一个分量。

3）用 *m* 个分队列 *q*[0]，*q*[1]，*q*[2]，…，*q*[*m*–1]表示 *m* 个组。

（2）算法的描述

进行 *k* 遍分组和收集完成排序。

算法 6-11（1） 基数排序算法（文字叙述形式）。

步骤 1）置分量下标 *j* 等于 *k*–1。

步骤 2）[分组]。

① 将各分队列 *q*[0]，*q*[1]，*q*[2]，…，*q*[*m*–1]置空。

② 依次从总队列中取下一个元素 *a*，设其第 *j* 个分量 *a*[*j*]的序号值为 *t*，将该元素放在分队列 *q*[*t*]的尾部。反复如此，直到把总队列中元素取完。

步骤 3）[收集]。

按分队列的序号由小到大的次序，依次将分队列 *q*[0]，*q*[1]，*q*[2]，…，*q*[*m*–1]首尾相接地连在一起，组成一个新的总队列。要注意滤去空的分队列。

步骤 4）*j*=*j*–1，若 *j*<0，排序结束；否则，转步骤 2。

2. 算法的实现

算法 6-11（2） 基数排序算法。

（1）有关定义

```
typedef    struct    node              //定义结点类型
{     char    a[k];                    //结点的值域，分量类型假定为字符型
      struct    node *next;            //结点的链域
}     *ptr;                            //指针类型名
```

（2）程序

```
void radix_sort(ptr &h,int k,int m)
//h 是总队列首指针
//k 是分量个数，m 是分量的取值范围
{     int i,j,y;   char x;   ptr p;
      struct   {ptr head,tail;}q[m];        //分队列及其首尾指针
1.    for(j=k–1;j>=0;j– –)                  //按第 j 个分量进行分组和收集
```

```
2.     { for(i=0;i<m;i++)q[i].head=NULL;          //各分队列 q[i]置空
                                                  //分组程序段
3.       while(h)                                 //当总队列不空时循环
4.       { x=h->a[j];                             //取总队列首元素的第 j 个分量
5.         y=value(x);                            //将 x 换算成序号值
6.         if(q[y].head==NULL)q[y].head=h;        //加在分队列首部
7.           else   q[y].tail->next=h;            //加在分队列尾部
8.         q[y].tail=h;                           //修改分队列尾指针
9.         h=h->next;                             //取总队列下一个元素
         }                                        //分组完毕，下面是收集程序段
10.      i=0;
11.      while(q[i].head==NULL)i++;  //寻找第一个非空的分队列
12.      h=q[i].head;                //置总队列的首指针等于第一个非空分队列的首指针
13.      p=q[i].tail;                //p 指向总队列当前尾
14.      for(i++;i<m;i++)            //将各非空分队列连接到总队列尾部
15.        if(q[i].head)p->next=q[i].head, p=q[i].tail;
16.      p->next=NULL;               //将总队列的尾结点链域置空
       }
}
```

（3）对程序中几条语句的解释

1）语句 5“y=value(x);”表示将分量 $a[j]$换算成序号值，换算办法需要根据具体情况另行设计，所换算的序号值必须在 0～m–1 之间。

比如，参加排序的数据是由小写字母组成的字符串，那么，可规定：

空格符的序号值为 0，字母 a 的序号值等于 1，…，字母 z 的序号值等于 26。

2）语句 6~8 实际上是链式队的插入。插入时要区分当前队列是否为空。若为空，现在插入第一个结点，由语句 6 插在表头处；否则，由语句 7 插在表尾。但是，不管怎样，都要使新插入的结点作为尾结点，于是执行语句 8，修改分队列的尾指针，使其指向新插入的结点。

3）收集时，先执行语句 11，找到第一个非空分队列 i。而分队列 0～i–1 均为空，都被语句 11 过滤掉。

找到第一个非空分队列后，由语句 12 将总队列的首指针指向第一个非空分队列的首结点，由语句 13 将总队列的尾指针指向第一个非空分队列的尾结点。总队列使用尾指针的目的是为了便于将其余的非空分队列都接在总队列上，并且在语句 16 处，将总队列的尾结点链域置空。

4）语句 14、15 完成将后续的非空分队列接到总队列的尾部。

（4）几点注意事项

1）分组时，必须从最后一个分量开始，而不能从第一个分量开始，否则排序结果将不是字典序。因为第一个分量“权”最大，最后的分组和收集将最终决定元素在序列中的有序位置。

2）总队列和各分队列必须使用先进先出的“队”结构。否则排好的次序也将被打乱。

3）参加排序的多元组不等长时，总是以最长的为准，较短的要“补”齐。

对于整数来说，补齐时，总是在前面加 0；而对于字符串来说，补齐时，总是在串尾加空格。否则排序结果将不符合要求。

4）如果要排序的数据长短相差悬殊，只有少数元素特别长，上述的补齐会多做很多“无用功”，因此，算法 6-11（2）还有改进的余地，即存在不等长串的排序算法。本书不再介绍这种排序算法。

3. 时间复杂性和空间复杂性

（1）空间复杂性

算法 6-11（2）不属于原地排序，因为采用链表结构存储要排序的数据，其链域将占用 $O(n)$ 的空间（n 是元素个数）。另外分队列的首尾指针也将占用 $O(m)$空间。所以空间复杂性为：

$$S(n)=O(n+m)$$

（2）时间复杂性

因为一遍分组要将每个元素从总队列移入分队列，所以一遍分组需要 $O(n)$时间。

收集时，只要把每个分队列首尾相接，故一遍收集用 $O(m)$时间。

总共要进行 k 遍分组和收集，所以时间复杂性为：

$$T(n)=O(k(n+m))$$

6.7 外部排序

6.7.1 文件的组织结构

1. 文件的存取特点和存储分配

本节研究的“文件”是那些存放在可进行读写操作的外存上的数据文件，是表树图等内部数据结构的外部存储形式，而且重点研究那些数据量很大的、无法一次将全部数据读入内存的文件。

文件的共同特点是“分块存储、以块为单位进行读写”，而且读写时，需要经过输入输出缓冲区。

对于磁带来说，一个存储块就是磁带中的一段；而对于磁盘来说，一个存储块就是磁盘中的一簇，或几簇。存储块的大小由操作系统确定。存有文件数据的存储块称为文件的物理块，简称块。

通常一个文件占用很多存储块，存储块的分配方式主要有：

1）顺序分配，也称连续分配，按存储块的地址依次分配。

2）链式分配，这种分配方式像链表那样，将物理块连接起来。

3）随机分配，每个文件带有一个“分配表”，列出所有物理块的地址。

分配方式主要由外设的特点而定，比如，对于磁带只能是顺序分配，而磁盘则不受此限制。

用前两种分配方式产生的文件都属于顺序文件。不同的是，前者称连续文件，后者称串联文件。第三种分配方式可以产生顺序文件，也可以产生散列文件。

由于对外存的读写操作耗用时间通常远大于内存处理时间，因此，凡涉及对外存读写的程序，往往使用对外存读写次数度量时间复杂性，而忽略内部处理时间，除非内部处理时间非常非常大。

除上述存储形式外，数据文件还具有自身的逻辑结构。它的最小逻辑单位是“数据记录”，也称为数据结点或结点。一个数据文件含有众多数据结点，每个数据结点含有多个数据项，包括一个关键字数据项和若干个属性数据项。

如果数据结点在文件中按关键字数据项的值由小到大或由大到小排列的，则称此文件是有序文件，否则是无序文件。

2．顺序文件

在顺序文件中，记录是按照自然次序依次存储的，其特点是：

1）存取第 i 个记录之前，必须先存取第 i–1 个记录。

2）新记录只能插在文件尾部。

3）更新文件中的数据必须将整个文件复制一遍。

顺序文件的存储结构简单，适用于连续存取、成批修改的情况。

3．索引文件

索引文件是带有按关键字数据项进行索引的文件，以便于按关键字对数据结点进行查找。索引文件属于一种直接存取文件。

对于无序文件，每个数据结点在索引表中都必须有对应的索引项，索引项中含有该数据结点的关键字值及其地址。这样的索引表称为“稠密”索引表。

对于有序文件，通常不使用稠密索引表，关键字值在一定范围内的一组数据结点共用一个索引项，索引项中列出本组中关键字的最大值或最小值，地址是本组第一个结点的地址。当然，如有必要，也可使用稠密索引表。

这里的地址指外存地址，即存储块编号。

可以在建立文件的同时建立索引表。每向外存写一个数据结点，或一组结点时，就建立一个索引项，全部结点存储完毕，索引表也就形成了。

如果文件是无序的，那么初始建立的索引表也是无序的。这时，需要对索引表进行排序，因为索引表总是有序的。最后把有序的索引表，作为文件的附属部分存储在外存上。最终得到索引文件。

查找时，首先读入并查找索引表。如果索引表是稠密的，对索引表的查找结果可以确定要查数据结点是否存在，如果存在便可以从索引项中找到它的存储地址，下一步可直接读取它。如果索引表不是稠密的，那么对索引表的查找结果，仅能确定数据结点所在的大致位置，而后转入结点组进行查找。

索引表的长度总比文件本身短得多。如果索引表较短，那么在查找时，可以把整个索引表读入内存；反复查找时，可使索引表常驻内存。这样，一次查找至多访问外存两次，一次读索引表，一次读数据结点或结点组。

对于大型文件，其索引表可能很长，不能一次装入内存。它在外存上也占据不止一个存储块。那么，可以建立二级索引表，即索引表的索引表。二级索引表中的每一索引项都指出一级索引表中一组连续索引项的首地址和最大关键字值或最小关键字值。

查找二级索引文件时，要先查找二级索引表，以确定数据结点的索引项所在的物理块号。而后读入一级索引表中的相应部分，再查找一级索引表，最终可得到结点实际存储地址或确定它不存在。

对于特大型文件，还可以建立多级索引，构成索引树。但是索引级数越多，查找时对外存的访问次数越多，查找时间也就越长。

4. VSAM 文件

VSAM 文件是一种索引顺序文件，用 B+树作为动态索引树。

数据区被划分成若干个被称为控制区间的物理块，每块可存储多个数据记录，记录的索引项存储于 B+树的叶。既可以采用稠密索引：每个记录在 B+树中都有一个索引项；也可以采用稀疏索引：每个物理块在 B+树中有一个索引项。

B+树的非叶结点构成“多级索引”。参见 5.4.4 节中的图 5-37。于是，沿着 B+树根到叶的路径可以进行“纵向搜索”，通过存储于叶结点中的指针，转到物理块进行查找。也可以沿着叶结点链表进行“横向搜索”。横向的链表便于顺序存取，尤其便于整体存取，而纵向的 B+树索引便于按关键字进行随机查找。

为了便于插入，物理块并不存满，会预留一部分空间，通常还要预留若干个空白物理块。插入时，通过 B+树搜索到要插入的物理块，如果该块未存满，就插在该块；如果已满，则插在某空白块中。插入新记录的同时，要及时地在 B+树中增加相应的索引项。如果采用稠密索引，则每个插一个记录加一个索引项；如果采用稀疏索引，每增加一块加一个索引项。

在文件中删除数据结点时，通过 B+树的索引，找到要删除者，收回该结点所占的存储空间，同时修改 B+树中相应的索引项信息。如果采用稠密索引，每删除一个记录，则删除一个索引项；如果采用稀疏索引，每回收一个物理块，则删除一个索引项。

5. 散列文件

可以像普通散列表那样，通过散列函数和冲突处理，构造出散列文件。不同的是，由于文件是分块存储和分块读写的，所以不必把数据结点散列得很开，而是将存储空间划分成 b 个存储单位（称之为桶），每个存储单位可容纳 m 个数据结点。散列地址对应桶号。

例如，选用的散列函数为：

$$H(k)=k \bmod b$$

那么，关键字值为 k 的数据结点将顺序地存储在第 $H(k)$ 个桶中。

如果幸运，使每个桶中数据结点数都不超过 m，就认为没有发生冲突。查找时，只要利用原散列函数，可立即找到存储桶，然后把桶中数据结点全部读入内存，在内存中顺序地查找。

一旦有多于 m 个数据结点得到同一个散列函数，就意味着发生了冲突，冲突将造成“桶溢出”。

桶溢出的处理方法可采用：

1）开放地址法。当桶 i 溢出时，通过探测，找“下一个”桶，直至找到一个不溢出桶，将造成冲突的数据结点试存储在此桶中。这种做法会增加外存的操作次数，故很少使用。

2）基本桶加溢出桶法。除 b 个基本桶外，另开辟若干溢出桶。

如果能够估计冲突不会很严重，可以做一个“大溢出桶”，将产生冲突的数据结点全部存储在这个溢出桶中。也可以设置多个溢出桶，将造成冲突的数据结点，通过“二次散列”，存储在某个溢出桶中。

6. 倒排文件和多表文件

倒排文件和多表文件都带有对属性项的索引，以便于按属性项对数据结点进行查询。

例如，一个存有全校教师数据信息的文件，每个教师对应一个数据结点，登录着教师的编号（关键字）、姓名、性别、年龄、专业、职称等数据项。如果对每个属性项都含有索引信息，那么，完成诸如“所有具有高级职称的教师”，或“计算机专业年龄在 30 岁以下的女教师和年龄在 35 岁以下的男教师”的查询就方便多了。

有两种方法可进行索引。一种是链表方式，每个属性项的每个属性值构成一个链表，同一属性值的数据结点处于同一个链表中；并把每个属性项的每个链表的首指针组成一个索引表（如图 6-9 所示）。这样的文件称多表文件。

地址（物理块号）	编号	姓名	性别		年龄		职称		专业	
				指针		指针		指针		指针
1	5701	张林	男	2	61	^	教授	12	计算机	9
2	5705	宋田	男	5	53	^	教授	^	自动化	8
3	5709	郑彦文	女	4	48	11	副教授	9	化工	^
4	5713	李玉英	女	6	33	6	讲师	5	计算机	^
5	5724	李万才	男	7	35	^	讲师	6	英语	6
6	5904	杨小红	女	8	34	5	讲师	^	英语	^
7	5931	王运河	男	9	27	8	助教	8	化工	3
8	5945	陈春荣	女	^	23	10	助教	10	自动化	11
9	6734	万国平	男	10	38	4	副教授	11	计算机	4
10	6772	吴海涛	男	11	24	^	助教	^	化工	7
11	6789	胡进杭	男	12	45	12	副教授	^	自动化	^
12	6802	张友良	男	^	44	^	教授	2	计算机	1

性别索引表

	首指针
男	1
女	3

年龄索引表

	首指针
60以上	1
50~59	2
40~49	3
30~49	9
20~29	7

职称索引表

	首指针
教授	1
副教授	3
讲师	4
助教	7

专业索引表

	首指针
计算机	12
化工	10
自动化	2
英语	5

图 6-9 多表文件

另一种方法是为每个属性项分别建立倒排表。倒排表中含有属性项值和具有该值的所有数据结点的地址。每个倒排表都是一个辅助索引表。这样的文件叫倒排文件。

例如，若要将图 6-9 中的多表文件改成倒排文件，只需去掉各指针项，并用如图 6-10 所示的倒排表代替相应的属性项的索引表。

	长度	地址
男	8	1, 2, 5, 7, 9, 10, 11, 12
女	4	3, 4, 6, 8

性别倒排表

	长度	地址
60以上	1	1
50~59	1	2
40~49	3	3, 11, 12
30~49	4	4, 5, 6, 9
20~29	3	7, 8, 10

年龄倒排表

	长度	地址
教授	3	1, 2, 12
副教授	3	3, 9, 11
讲师	3	4, 5, 6
助教	3	7, 8, 10

职称倒排表

	长度	地址
计算机	4	1, 4, 9, 12
化工	3	3, 7, 10
自动化	3	2, 8, 11
英语	2	5, 6

专业倒排表

图 6-10 倒排表示例

6.7.2 顺串的合并

1. 外排序的一般方法

如果参加排序的数据量特别大，一次不能全部读入内存，采用内排序方法不能完成对数据的整体排序，那么只能将数据存储在文件中，采用外排序的方法进行排序。

通用的外排序方法分为两个独立的阶段。

第一阶段，初始顺串生成阶段。

每次把文件中一部分数据读入内存，用性能良好的内部排序方法，如快速排序、堆排序等，将其排成有序段，称为顺串。每产生一个顺串，就把它写回外存。

第二阶段，顺串合并。

反复将顺串读入内存，在内存中用合并的方法，将其合并成更长的顺串，并再次写回外存。经多遍合并后，最终将得到一个有序文件。

在顺串合并阶段，需要频繁地对外存进行读写操作，因为对外存的读写操作所用时间通常远远超过在内存中产生顺串、合并顺串所需的“内部处理”时间，所以，在分析外排序算法的时间复杂性时，往往用外存的读写次数进行度量，而忽略内部处理的时间。

下面先介绍如何将顺串合并，而后再介绍初始顺串的产生方法。

2. 二路合并

二路合并每次将两个顺串合并成一个顺串，操作方法与 6.5 节介绍的合并排序差不多，这里重点研究如何控制内外存的数据读写次数，加快排序速度。

文件的逻辑存取单位是“记录”，物理存储单位是“块”，块也同时是最小读写单位。假如对含有 5 400 条记录的文件 fin 排序，而一块能够容纳 300 条记录，于是这个文件共占 18 块。若系统能够提供可容纳 900 条记录的内存缓冲区，那么，可按如下方法进行排序。

第一阶段，每次读入 3 块共 900 条记录于内存，把这 3 块用内部排序方法排成一个初始顺串，并写回外存，初始顺串的长度等于内存缓冲区长度。这样，共产生 6 个初始顺串，记作 R_1~R_6。

第二阶段，采用二路合并法进行合并。

把可容纳 900 条记录的内存等分成 3 个缓冲区 B_1、B_2、B_3，每个缓冲区可容纳一块。其中 B_1 和 B_2 用作输入缓冲区，B_3 用作输出缓冲区。

合并过程可表示成如图 6-11 所示的合并树，图 6-11 中，每个小方格表示一个数据块。

将顺串 R_1 和 R_2 合并操作步骤大体如下：

先从 R_1 和 R_2 中各读入一块存放于 B_1 和 B_2 中，把 B_1 和 B_2 中的数据合并到输出缓冲区 B_3。当 B_3 放满时，就把 B_3 中的数据写回外存，产生新顺串中的一块。当 B_1 或 B_2 中的数据已合并完时，就从相应的顺串中读取后续块填满。反复如此，直到两个顺串 R_1 和 R_2 都空，合并完毕。这样，就把 R_1 和 R_2 合并成一个长度为 1 800 的“大”顺串。

类似地，将 R_3 与 R_4 合并，将 R_5 与 R_6 合并，从而完成一遍合并工作。一遍合并后，顺串长度增加一倍，顺串个数减少一半，由 6 个合并成 3 个。

类似地，再进行第二遍、第三遍合并……直到合并成一个有序文件。

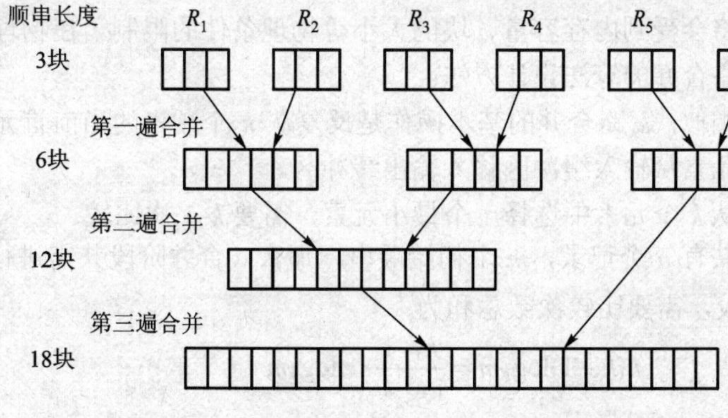

图 6-11 二路合并树

以块读写次数度量对上述文件 fin 排序所需时间。

第一阶段，产生 6 个顺串，每产生一个顺串需读入 3 块、写出 3 块，所以共进行 36 次块读写。

第二阶段，从图 6-11 可以看出，第一遍合并需要 36 次块读写，第二遍合并进行 24 次块读写，第三遍合并进行 36 次块读写。所以三遍合并需用 96 次块读写。

两个阶段共进行 132 次块读写。

3. 多路合并

二路合并虽然简单，但是合并遍数太多，对外存读写次数多，花费时间太长。在条件许可的情况下，采用**多路合并**方法，可望加快排序速度。

比如，若系统可提供 4 个长度为 300 条记录的内存缓冲区 B_1～B_4。那么，可采用三路合并法，每次把 3 个顺串合并成一个顺串。B_1、B_2、B_3 用作输入缓冲区，B_4 用作输出缓冲区，块读写次数会显著地减少。

用三路合并法，将 6 个顺串 R_1～R_6 进行合并时，产生如图 6-12 所示的三路合并树。

经过简单的计算可知，合并阶段仅需 72 次块读写。

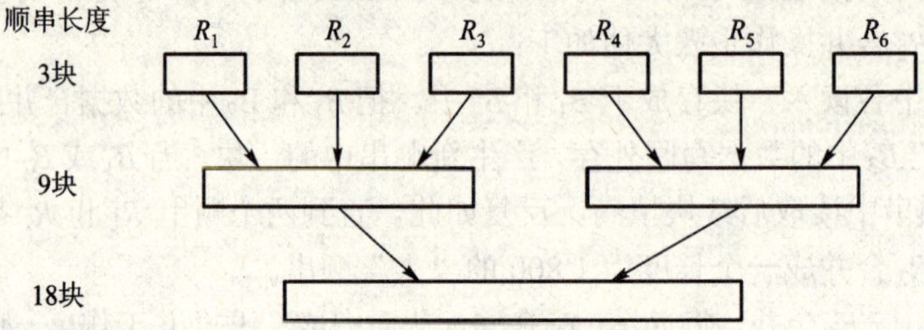

图 6-12 三路合并树

显然，路数越多，合并遍数越少，块读写次数越少，排序速度越快。

但是，增加路数将会受到内存容量、块的大小等物理条件的限制。在物理条件满足的前提下，还要考虑实现多路合并的算法设计方法。

与二路合并方法类似，k 路合并的基本操作是反复从 k 个顺串的当前首元素中选出一个最小元素，将这个最小元素从输入缓冲区移入输出缓冲区。

如果用简单方法从 k 个元素中选择一个最小元素，需要 k–1 次比较。

设要排序的文件共有 n 个记录，m 个初始顺串。那么，合并阶段共需进行 $\log_k m$ 遍合并。每遍约需 $n(k-1)$次比较，需要比较次数总和为：

$$n(k-1)\log_k m = \frac{k-1}{\log_2 k} \cdot n\log_2 m \tag{6-20}$$

因为 k 的增长率远大于 $\log_2 k$ 的增长率，可见，式（6-20）中的系数 $\dfrac{k-1}{\log_2 k}$ 将随 k 的增大而迅速增大。

虽然内部操作速度快，但 k 增大到一定程度时，会因内部合并时间的增长，抵消了因增大 k 而减少块读写所节省的外部操作时间，最终因 k 的增大，反而使排序速度下降。

如果能够设法从 k 个元素中选出一个最小元素只需要 $O(\log k)$次比较，那么，总比较次数将变成：

$$n\log_2 m \tag{6-21}$$

即与 k 的大小无关，下面介绍的合并选择树能够满足这一要求。

4．胜者树

合并选择树属于比赛树模式，有两种组织结构——胜者树和败者树。

图 6-13 给出了 8 路合并选择树示例，这里采用的是胜者树。

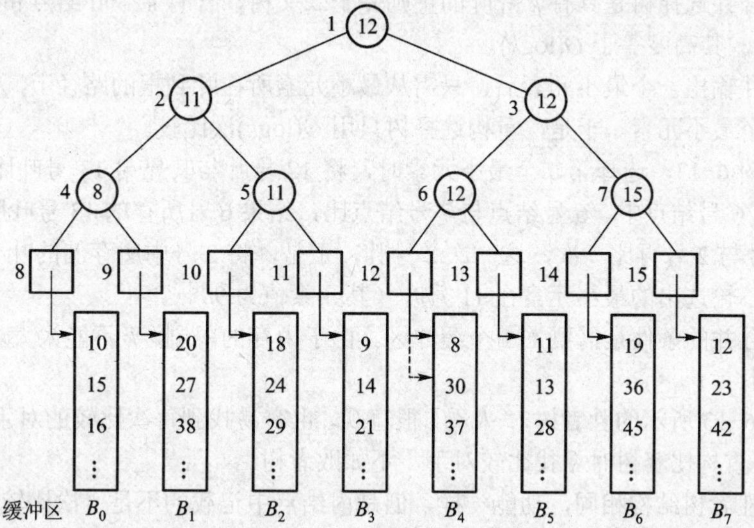

图 6-13　8 路合并选择树示例（胜者树）

8 路合并选择树是具有 8 片叶子的正则完全二叉树，结点编号为 1~15，其中，1 号是根，8~15 号是叶。输入缓冲区 B_0~B_7 各自对应一个叶。待合并的顺串就存储在这些缓冲区中，由叶结点伸出的指针指向输入缓冲区中的当前元素。

每个非叶结点对应一次由其左右儿子参与的比较，并将本次比较的"胜利者"对应叶结点的编号记在本结点中，胜者参加上一层的比较。这里所谓的胜者，是指参加比较的两个元素中的较小者。

这样，根结点便记下全胜者，即本次选出的最小元素。把选出的最小元素送入输出缓冲区，并由它的后继代替它，只需使最小元素所在叶结点的指针下推一步。

例如，4 号结点记录的是 8，表示其左儿子（8 号叶）所指向的元素与其右儿子（9 号叶）所指向的元素进行了一次比较，因 8 号叶所指向的元素值 10 小于 9 号叶所指向的元素值 20，故 8 号叶为胜者，8 号叶所指向的元素值将参加上一层的比较选拔。

类似地，7 号结点记载的 15，表示 15 号叶与 14 号叶比较，而 15 号叶胜出，15 号叶将参加上一层比较选拔。

上一层的 2 号结点记载的 11，表示 11 号叶与 8 号叶比较，而 11 号叶打败了 8 号叶。

其他非叶结点对应的比较和比较结果情况类似。

最后，根结点 1 号记载的 12，表示 12 号指向的是最小元素（元素值等于 8）。输出这个元素后，12 号叶的指针进 1，指向下一个元素（值等于 30），完成一次选择最小元素的工作。

因为每选出一个最小元素之后，将由其后继元素替代它，所以这种选择方法又称替代选择方法。

又由于非叶结点记载的是一次比较中的胜利者，如图 6-13 所示的比赛树称为“胜者树”。

因为 k 路合并选择树是具有 k 片叶的正则完全二叉树，含有 k 个叶结点和 $k-1$ 个内结点，共 $2k-1$ 个结点，其高度等于 $O(\log k)$。

每当选择并输出一个最小元素后，只需从最小元素所在叶到根的路径上，重构选择树，就可以选出下一个最小元素。于是，重构选择树只用 $O(\log k)$次比较。

例如对于图 6-13，选择第二个最小元素时，将 12 号叶与其兄弟 13 号叶比较，结果 13 号胜，将 13 写在 6 号结点中。6 号结点与 7 号结点比，结果 6 号所存的 13 号叶胜，将 13 写在 3 号结点中。3 号与 2 号再比一次，这一次 2 号胜，于是，将 2 号中所存储的叶 11 写在根结点 1 号中，表示这一轮选出的最小元素在 11 号叶（其元素值为 9）。

实现 k 路合并的条件是需要 $k+1$ 个缓冲区。由于内存的限制，k 不能太大。

5．败者树

对于如图 6-13 所示的胜者树，“人看”很直观，也容易找到每次比较的对手；但是要让“程序看”，尤其是重构比赛树时寻找比较对手，不如败者树。

败者树与胜者树结构相同，功能一样，但是内结点中记载的不是一次比较中的胜者，而是败者。当然只有胜者才有资格参加上一层比较。

由于全胜者（最小元素）所在的叶到根的路径上的内结点，都记载着全胜者所击败的对手，所以输出最小元素并由其后继者代替之后，重构选择树时，就很容易找到比较的对手，实现替代选择合并的算法也就简单了。

为形象起见，为败者树增加一个新的根，编为 0 号，用于记载全胜者。

如图 6-14 所示的是与图 6-13 对应的败者树。为了阅读方便，图 6-14 中仍将胜者标在内结点的右侧，但无须存储。

6．替代选择算法

算法 6-12 使用败者树结构实现 k 路选择合并。算法中忽略了一些必要的参数及某些操作细节，尤其是忽略了对文件的读写操作细节，所以只是“示意性”算法。

算法 6-12 使用败者树结构的替代选择合并算法。

输入缓冲区：用二维数组 Buff[k][$n1$]表示，其中的一行对应一个输入缓冲区。k 是合并的路数，$n1$ 是各缓冲区的长度。

输出缓冲区：用数组 Fout[$n1$]表示。

败者树：用整型数组 loserT[2*k]表示，内结点 loserT[0]~loserT[$k-1$]指向某片叶，叶结点

loserT[k]～loserT[$2*k-1$]指向对应缓冲区中的一个元素。

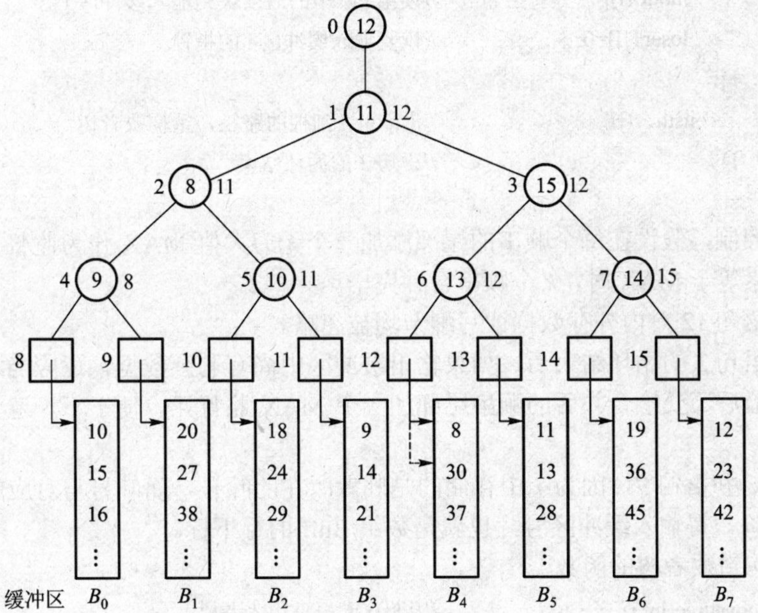

图 6-14 8 路合并选择树示例（败者树）

算法由 3 个函数组成。

（1）顺串合并函数

```
void substitute_select( )
//将 k 个顺串合并成一个顺串
{     int i,j,p;
      constree(**);                        //输入各顺串的第一块，构造初始选择树
      p=0;                                 //p 输出缓冲区首指针
      while(1)
      {   i=loserT[0];                     //i 是最小元素所在的输入缓冲区的行号
          j=loserT[i];                     //j 是最小元素所在的列号
          if(Buff[i–k][j]==MAX)break;      //MAX 代表一个无穷大值
          //若选出的最小元素等于无穷大，合并结束
          Fout[p++]=Buff[i–k][j];          //将选出的最小元素送输出缓冲区
          if(p==n1)                        //若输出缓冲区已满
          {   outbuff();                   //将输出缓冲区内容写到外存
              p=0;                         //恢复输出缓冲区指针
          }
```

```
11.        if(++loserT[i]==n1)            //若输入缓冲区 i 已空
12.        {    inbuff(i);                //读第 i 顺串的后续块到输入缓冲区 i
13.             loserT[i]=0;              //恢复输入缓冲区 i 的指针
           }
14.        reconsttree(i);                //沿着叶 i 到根的路径，重构败者树
          }                               //语句 3 的循环结束
     }
```

为了便于控制，假设在每个顺串的尾部添加一个无穷大值 MAX 作为监督元素，所以，当选出的最小元素等于 MAX 时，k 个顺串合并完毕。

语句 9 和语句 12 对内外存数据读写细节均被忽略。

另外，在语句 3 的循环结束后，如果输出缓冲区中尚有剩余数据，还应当将其作为最后一块写到外存。最后还要给合并后的顺串尾部加一个 MAX 监督元，便于下一遍合并，这里也都忽略了。

注意语句 6 和语句 7，因为 i 中存储的是胜者所在的叶号，而叶号与对应的输入缓冲区号之差为 k。故 $i–k$，得输入缓冲区号，也就是数组 Buff 的行下标。

（2）重新构造败者树的函数

```
void reconsttree(int i)                   //从叶 i 到根重构败者树
{    int   winner, loser,j1,j2;
15.  winner=i;                            //winner 胜利者所在的叶号
16.  while(i>1)                           //从上一轮的全胜者的替代者一直比较到根
17.  {    i/=2;                           //取父结点号
18.       j1=loserT[winner];              //j1 是胜利者所在的缓冲区列号
19.       loser=loserT[i];                //loser 是上一轮失败者所在的叶号
20.       j2=loserT[loser];               //j2 是失败者所在的缓冲区列号
21.       if(Buff[winner–k][j1]>Buff[loser–k][j2])        //与原先的败者比较
          //如果胜利者败于原来的失败者，则修改胜败者；否则不变
22.       {   loserT[i]=winner;                           //原胜者 winner 变成失败者
23.           winner=loser;                               //原失败者 loser 变成胜利者 winner
          }
     }
24.   loserT[0]=winner;                                   //根部记下新的全胜者
}
```

（3）构造初始败者树的函数

通过调用重构败者树的函数 reconsttree 构造初始败者树。

具体做法是，先在缓冲区 Buff[0][0]处放一个无穷小值 MIN，将树中所有内结点的初始值定为 k，而后在各叶上调用 reconsttree，便可以构造初始败者树。

这里，叶号 k 与 Buff[0]对应。

```
void consttree( )
{       int i;
25.  Buff[0][0]=MIN;                    //MIN 是无穷小值
26.  loserT[k]=0;
27.  for(i=k+1;i<=2*k–1;i++)
28.  {   inbuff(i);                     //将各顺串（第一个顺串除外）第一块读入相应的缓冲区
29.      loserT[i]=0;                   //各缓冲区指针初值
     }
30.  for(i=0;i<k;i++)loserT[i]=k;       //内结点初值
31.  for(i=2*k–1;i>k;i– –) reconsttree(i);        //构造败者的初始指针
32.  inbuff(k);                         //输入第一个顺串的第一块
33.  reconsttree(k);                    //最后构造成初始败者树
}
```

语句 25 在缓冲区 Buff[0]中放无穷小元素 MIN 作为监督元，使它可以“打败”所有的元素。

语句 27 用于输入各缓冲区内容，但第一个缓冲区内容先不输入。

语句 30 预置各内结点值为 k 的作用是：使无穷小元素作为“假定败者”，这样在语句 31 处调用重构函数时，必然修改内结点的初值，因为任何真实元素必定败于 MIN。

语句 31 执行后，已经构造出一棵败者树，但是由于第一个输入缓冲区内容尚未读入，语句 30 所置的 loserT[0]=k 只是假的全胜者 MIN。

语句 32 读入第一个输入缓冲区内容，语句 33 再次调用重构函数，舍弃那个假的全胜者 MIN，从而得到初始败者树。

因为要在每片叶上调用重构函数，每调用一次，需用 $O(\log k)$时间，所以构造初始败者树共用 $O(k\log k)$时间。

7．示例

图 6-15 给出了构造初始败者树示例。其中，k=5，5 个顺串的首元素分别是 16、14、13、19 和 17，MIN=0。

执行语句 30 后，如图 6-15(a)所示。

执行语句 31 的第一次循环（i=9），调用 reconsttree(9)后，如图 6-15(b)所示。因为 9 号与 5 号比，9 号败。

第二次循环，调用 reconsttree(8)后，如图 6-15(c)所示。因为 8 号与 9 号比，8 号败，但 9 号与 5 号比，9 号败。

第三次循环，调用 reconsttree(7)后，如图 6-15(d)所示。因为 7 号败于 5 号。

第四次循环，调用 reconsttree(6)后，如图 6-15(e)所示。因为 6 号败于 7 号，但 7 号仍败于 5 号。

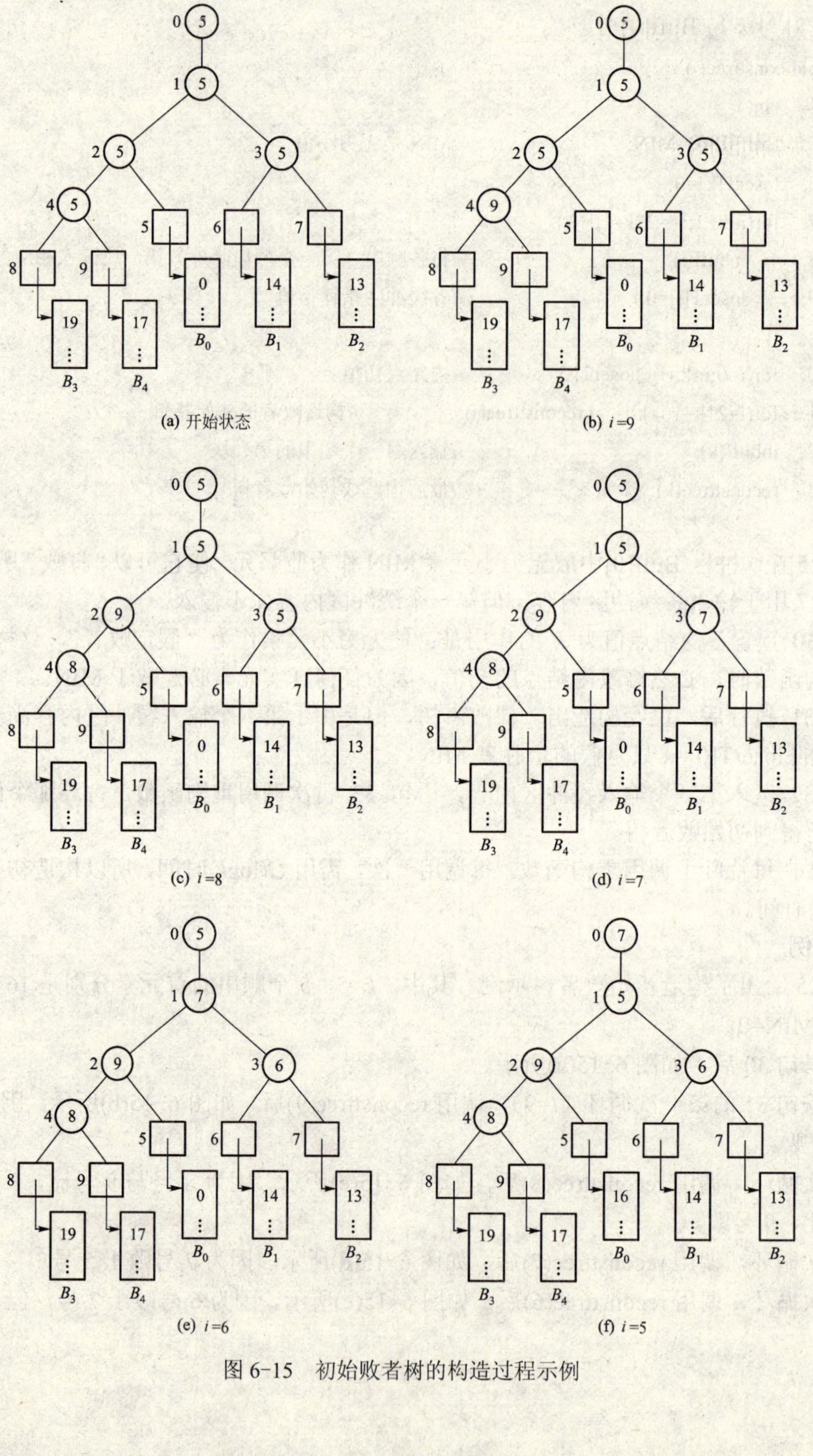

图 6-15　初始败者树的构造过程示例

最后，执行语句 32 和语句 33，读入第一个顺串，调用 reconsttree(5)后，得到初始败者树，如图 6-15(f)所示。这一次 5 号打败了 9 号，但败于 7 号，7 号是全胜者。

6.7.3* 初始顺串的生成

1. 构造算法

用一般的内部排序方法构造的初始顺串，其长度等于内存缓冲区长度；而用替代选择方法，能够构造出平均长度近似于缓冲区长度 2 倍的初始顺串。

使用一个长度为 w 的工作区，将待排序文件 Fin 中的数据源源不断地送入工作区。在工作区中，用替代选择方法，选出当前顺串的一个元素并写到输出文件 Fout 上。在输出文件 Fout 中形成一个长度不等的顺串序列。

算法 6-13 构造初始顺串的替代选择算法（文字叙述形式）。

步骤 1）从 Fin 读入 w 个元素于工作区。

步骤 2）在工作区中选出最小元素 Rmin。

步骤 3）将 Rmin 送入 Fout，作为当前顺串的一个成员。

步骤 4）若 Fin 不空，则从 Fin 中读入下一个元素 x 放在 Rmin 所在的工作区位置代替 Rmin。

步骤 5）在工作区中选出大于或等于 Rmin 的最小元素作为新的 Rmin，转步骤 3，直到选不出这样的 Rmin。那些小于 Rmin 的元素将作为下一个顺串的成员。

步骤 6）在 Fout 上写出一个顺串结束标记，比如换行符“↲”。

步骤 7）若工作区已空，则初始顺串已全部产生；否则转步骤 2。

2. 示例

假定工作区长度 w=3，文件 Fin 的元素排列为：

21，6，19，75，14，10，66，24，57，30，87，23，18，33，26，11，8，20，…

构造初始顺串的步骤如下：

工作区内容	Rmin	替代元素	当前顺串内容
21，6，19	6	75	6
21，75，19	19	14	6，19
21，75，14	21	10	6，19，21
10，75，14	75	66	6，19，21，75↲
10，66，14	10	24	10
24，66，14	14	57	10，14
24，66，57	24	30	10，14，24
30，66，57	30	87	10，14，24，30
87，66，57	57	23	10，14，24，30，57
87，66，23	66	18	10，14，24，30，57，66

工作区内容	Rmin	替代元素	当前顺串内容
87，18，23	87	33	12，15，23，29，57，66，87↵
33，18，23	18	26	18
33，26，23	23	11	18，23
33，26，11	26	8	18，23，26
33，8，11	33	20	18，23，26，33↵
20，8，11	…	…	…

输出文件 Fout 中前 3 个初始顺串如下，每个顺串占一行：

6，19，21，75↵
12，15，23，29，57，66，87↵
18，23，26，33↵

3．实现方法

为了简化叙述，算法 6-13 直接从输入文件 Fin 读一个元素，并直接向输出文件 Fout 中写一个元素。

然而，实际上文件的读写是通过缓冲区进行的。所以，除长度为 w 的工作缓冲区外，还要提供一个输入缓冲区和一个输出缓冲区，其大小至少能容纳一个数据块。

于是数据流向是：从输入文件 Fin 传到输入缓冲区，每次至少一块，再从输入缓冲区一个一个地传到工作区。将工作区中选出的 Rmin 传到输出缓冲区。当输出缓冲区放满时，才写到输出文件 Fout 中。当然最后一批数据即使不放满也要写出。

使用败者树或胜者树作为替代选择树，可以最终实现算法 6-13。

4．性能分析

（1）时间复杂性

除构造初始败者树之外，每次从工作区中选出一个元素，需要 $O(\log w)$时间。如果输入文件长度为 n，那么算法 6-13 所用的内部处理时间为 $O(n\log w)$。

（2）顺串的平均长度

从上例中可以看出，算法 6-13 构造出的初始顺串不是等长的。显然每个顺串的长度将不小于工作区长度 w（最后一个顺串除外）。

经分析，对于一个随机的输入文件，初始顺串平均长度为 $2w$。这个结论是 E. F. Moore（1961 年）用扫雪论据与替代选择算法作类比得出的。

扫雪论据说的是：雪花不停地均匀落在一条环形公路上。有一台孤独的扫雪车沿这条环形公路匀速前进，清扫着路面上的积雪，如图 6-16 所示。

就这样，雪不停地下，车不停地开。假定车到之处，车下的积雪全部被扫光，但车向前开动后，车身后又立即积雪。

经过一段时间之后处于平衡状态。也就是说，任何时刻车前的积雪都是最深的，其深度为某一常数。如若把环形道路看成是一条直道，路面上积雪情况如图 6-17 所示。

设当前积雪量为 w，那么扫雪车沿环形公路一周的扫雪量恰为 $2w$。

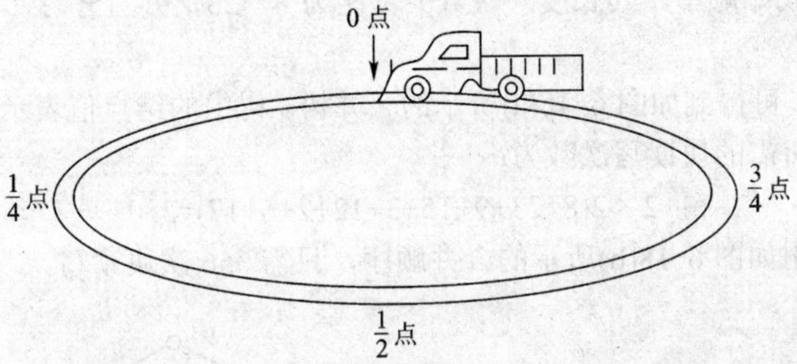

图 6-16 在环形公路上连续不停运行的扫雪车

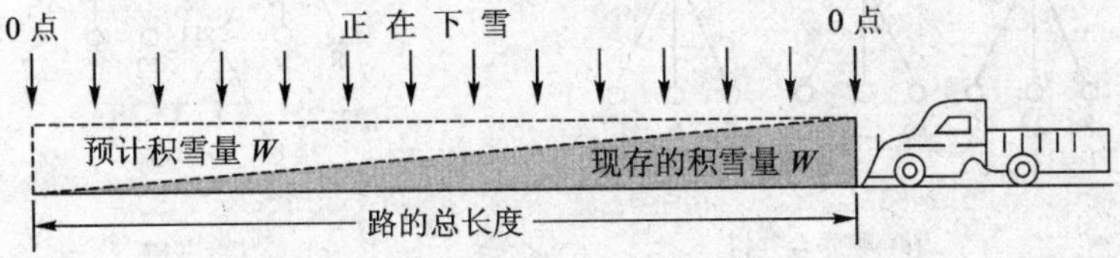

图 6-17 环形路取直后积雪高度变化情况

替代选择算法与扫雪论据可作如下类比。

工作区长度 w 对应当前路面上的积雪量。扫雪车沿环路一周的扫雪量对应着一个输出顺串的长度，新读入的替代元素 x 好比正在下落的雪。

假定从图 6-16 的 0 点起开始计算扫雪车运行一周的扫雪量。

若 $x \geqslant \text{Rmin}$，则 x 好比落在车头以逆时针方向到 0 点之间的雪，这些雪将计入当前一周的扫雪量，而 x 也将作为当前顺串中的一个成员；反之，x 好比落在 0 点到车尾之间的雪，这些雪将计入下一周的扫雪量，x 也将成为下一顺串中的成员。

如果输入文件中的元素分布恰能像雪花那样“均匀”地落在当前顺串和下一顺串中，那么产生初始顺串长度也恰为 $2w$。

但是，通常情况下文件中的元素分布不会如此均匀，所以初始顺串长度一般是不相等的。不过输入文件越随机，产生初始顺串的平均长度越接近 $2w$。

6.7.4* 最佳合并树

1. 问题的提出

在合并阶段，简单的做法是按照顺串的自然次序依次合并，即顺序合并。在初始顺串等长的情况下，简单而又有效。但是如果初始顺串不等长，比如是用替代选择算法产生的，则可以采用哈夫曼算法原理，挑选合并对象，减少块读写次数，加快合并速度。当然，前提是文件的存储结构允许挑选合并对象。

例如，有 9 个初始顺串，其长度（块数）依次为 8，23，9，15，3，12，2，6，17。现采用三路合并。

用顺序合并法，可得到如图 6-18(a)所示的合并树。树中的结点值表示顺串的长度，合并过程是自底向上的。所需的块读写次数为：

$$2\times 2(8+23+9+15+3+12+2+6+17)=380$$

但是，如果采用如图 6-18(b)所示的合并顺序，只需 356 次块读写。

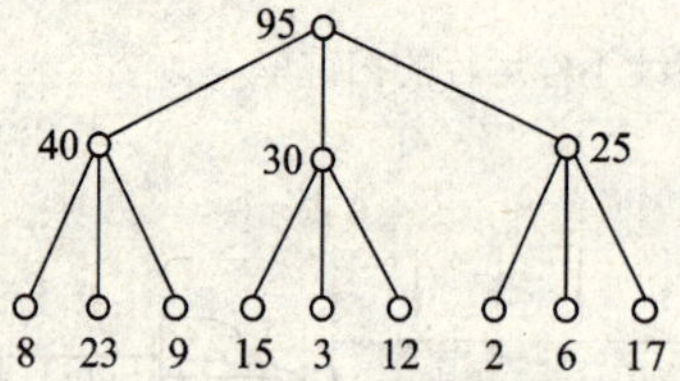

(a) 顺序合并树

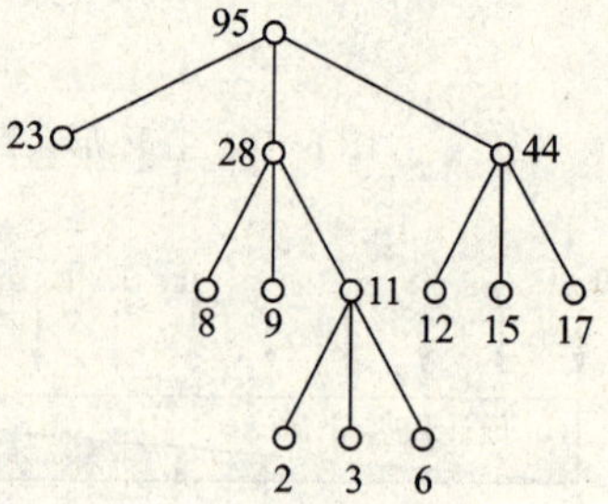

(b) 最佳合并树

图 6-18 顺序合并树和最佳合并树示例

因为在合并树中，初始顺串总是处于叶结点的位置上。如果把初始顺串长度看做是叶结点的权，那么合并阶段需做的块读写次数，恰等于树中根到各叶带权路径长度之和的两倍，因为每合并一次，需要对每个元素一次输入和一次输出，即等于：

$$2*W(T)$$

其中，$W(T)$是树的权。

2．*k* 元哈夫曼树

最佳 k 路合并树是一棵具有 n 个叶结点的 k 元哈夫曼树，其中，n 是初始顺串个数。

5.4 节中介绍的构造二元哈夫曼树的算法同样也能用来构造 k 元哈夫曼树，不同的是每次把森林中的 k 棵最小树合并成一棵树。

由于 k 元哈夫曼树又是 k 元正则树，如果树中共有 n 片叶和 n' 个非叶结点，根据树的结点数目和边数之间的关系，可知：

$$kn'=n'+n-1$$

整理后，得：

$$n=(k-1)n'+1 \tag{6-22}$$

式（6-22）说明，一棵 k 元哈夫曼树的叶子数应当等于 $k-1$ 的某个倍数加 1。

如果初始顺串个数不满足式（6-22），那么要适当地增加一些长度为 0 的虚拟顺串（权值等于 0 的叶），“凑成”满足式（6-22）的 n，方能得到 k 元最佳合并树（否则不是最优树）。

例如，若 6 个顺串，其长度分别是 2，3，6，7，9，20，用三路合并法进行合并，需要加一个长度为 0 的虚拟顺串，最佳合并树如图 6-19 所示。不过，虚拟顺串通常不用画出来。

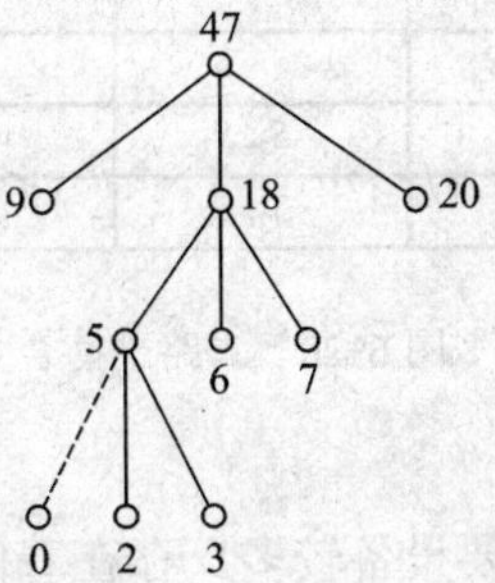

图 6-19 带虚拟叶三元哈夫曼树

6.7.5* 磁带排序

1. 平衡合并

由于磁带机是顺序存取设备，所以对磁带上数据的读写通常采用顺序读写方式，而不能像磁盘文件那样，可以“随机”读写所需数据，否则，磁带机就要来回倒带，既慢又容易损坏设备。

所以对磁带文件进行排序时，合并阶段若采用 k 路合并，则 k 个输入顺串应当处于不同的磁带机（以下简称磁带，或带）上，合并后的结果顺串，将作为下一遍合并的输入，也应写在不同的磁带上，这样才能防止来回倒带。

最简单的磁带合并排序方法是平衡合并法。

k 路平衡合并需要使用 $2k$ 条磁带，其中 k 条用作输入，k 条用作输出。

开始时，把初始顺串均匀地排放在各输入磁带上，各条磁带上的顺串数最多差 1。合并时，每次从各输入带上读一个顺串，把它们合并，并且把合并产生的结果顺串交替地写在各输出带上。

一遍合并完毕后，把各磁带倒卷回来，并交换输入带和输出带所担任的角色，即原输入带现已空，将用作输出带，原输出带将用作输入带，进入下一遍合并。

在合并阶段，顺串在各磁带上呈均匀分布状态。

例如，二路平衡合并时，使用 4 条磁带 T_1、T_2、T_3、T_4。现有 8 个初始顺串 R_1~R_8。合并过程中各带上顺串分布情况如图 6-20 所示。

第一遍合并时，R_1 与 R_2 合并成 S_1，写到 T_3 上；R_3 与 R_4 合并成 S_2，写到 T_4 上；R_5 与 R_6 合并成 S_3，写到 T_3 上；R_7 与 R_8 合并成 S_4，写到 T_4 上。

第二遍合并时，S_1 与 S_2 合并成 X_1，写到 T_1 上；S_3 与 S_4 合并成 X_2，写到 T_2 上。

第三遍合并时，X_1 与 X_2 合并成 Y_1，写到 T_3 上，排序完毕。最终在 T_3 上得到有序文件 Y_1。

	初始分布	第一遍合并后	第二遍合并后	第三遍合并后
T_1	R_1, R_3, R_5, R_7		X_1	
T_2	R_2, R_4, R_6, R_8		X_2	
T_3		S_1, S_3		Y_1
T_4		S_2, S_4		

图 6-20 二路平衡合并

2. 非平衡合并

平衡合并方法虽然简单，但需要设备较多。存在着仅用 k+1 条磁带，实现 k 路合并的非平衡合并方法。

比如，对 8 个顺串用 3 条磁带进行二路合并。起初，在 T_1 上放 5 个顺串，在 T_2 上放 3 个顺串，T_3 用作输出带。合并过程如图 6-21 所示。

	初始分布	第一遍合并后	第二遍合并后	第三遍合并后	第四遍合并后
T_1	$R_1 \sim R_5$	R_4, R_5		Y_1	
T_2	$R_6 \sim R_8$		X_1, X_2	X_2	
T_3		S_1, S_2, S_3	S_3		Z_1

图 6-21 二路非平衡合并

第一遍合并时，R_1 与 R_6 合并成 S_1，R_2 与 R_7 合并成 S_2，R_3 与 R_8 合并成 S_3，此时，T_2 变空，T_2 用作下一遍合并的输出带。

第二遍合并时，S_1 与 R_4 合并成 X_1，S_2 与 R_5 合并成 X_2，T_1 又变空，它就作为下一遍合并的输出带。以后，X_1 与 S_3 合并成 Y_1，Y_1 与 X_2 合并成 Z_1，排序完毕。在 T_3 上得到有序文件 Z_1。

3. 顺串分布规律

观察图 6-21 可知，在合并过程中，利用顺串分布的不均匀性，合并到某一输入带为空，那么这条已空的输入带，恰好用作下一遍合并的输出带。这样，合并遍数将比平衡合并多，所以又称这种方法叫多步合并。

要想凑成上面的格局，使得每遍合并开始时，恰有一条空带作为输出带，就需要研究初始顺串呈怎样分布时，才能满足这一要求。

现采用倒推法进行讨论。

假定用 k+1 条磁带 $T_1 \sim T_{k+1}$ 进行 k 路合并排序，并且指定 T_1 作最终输出带。这就意味着，最后一遍合并完成后，T_1 上有一个顺串，即有序文件，而其余各带为空。

要做到这一点，在最后一遍合并之前，也就是倒数第二遍合并之后，T_1 为空，而 $T_2 \sim T_{k+1}$ 上各有一个顺串，以此类推。

图 6-22 分别给出了二路和三路非平衡合并的各步骤上的顺串分布表。其中的数字表示对应磁带上顺串个数。

定义 k 阶 Fibonacci 函数如下：

$$\begin{cases} F_k(0)=F_k(1)=\cdots=F_k(k-1)=1 \\ F_k(j)=F_k(j-k)+F_k(j-k+1)+\cdots+F_k(j-1) \qquad (j\geqslant k) \end{cases} \tag{6-23}$$

从图 6-22 可以看出，在 k 路合并过程中，每遍合并后，各条磁带上顺串数之和（即表中的“顺串总数”栏）恰构成缺少了 $F_k(0)$～$F_k(k\text{–}2)$的 k 阶 Fibonacci 序列。

利用公式（6-23），可以构造与图 6-22 类似的四路、五路……非平衡合并顺串分布表。

如果初始顺串个数恰好等于某个 k 阶 Fibonacci 数，就按表分配各条带上的顺串。

如果初始顺串个数并不等于某个 k 阶 Fibonacci 数，需要适当地虚设若干个长度为 0 的顺串，使顺串总数凑成某个 Fibonacci 数。这些虚设的初始顺串，可以安排在同一条磁带上，也可以安排在不同的磁带上，但是合并时应当认为它们是“存在”的。

遍次	T_1	T_2	T_3	顺串总数
n	1	0	0	$1=F_2(1)$
n–1	0	1	1	$2=F_2(2)$
n–2	1	0	2	$3=F_2(3)$
n–3	3	2	0	$5=F_2(4)$
n–4	0	5	3	$8=F_2(5)$
n–5	5	0	8	$13=F_2(6)$
n–6	13	8	0	$21=F_2(7)$
n–7	0	21	13	$34=F_2(8)$
n–8	21	0	34	$55=F_2(9)$
n–9	55	34	0	$89=F_2(10)$
…	…	…	…	…

（a）二路非平衡合并顺串分布表

遍次	T_1	T_2	T_3	T_4	顺串总数
n	1	0	0	0	$1=F_3(2)$
n–1	0	1	1	1	$3=F_3(3)$
n–2	1	0	2	2	$5=F_3(4)$
n–3	3	2	0	4	$9=F_3(5)$
n–4	7	6	4	0	$17=F_3(6)$
n–5	0	13	11	7	$31=F_3(7)$
n–6	13	0	24	20	$57=F_3(8)$
n–7	37	24	0	44	$105=F_3(9)$
n–8	81	68	44	0	$193=F_3(10)$
n–9	0	149	125	81	$355=F_3(11)$
…	…	…	…	…	…

（b）三路非平衡合并顺串分布表

图 6-22　二路和三路非平衡合并顺串分布表

习题

[填空题]

6.1　用算法 6-7 中的划分函数 partition，对划分段“20，18，29，16，34，65，14，19，37”进行划分：划分元素 x=__（1）__，指针 i 和 j 的初始分别指向__（2）__；__（3）__指向空单元。

第一次元素移位后的排列为__（4）__；指针 i 和 j 分别指向__（5）__；__（6）__指向空单元。

第二次元素移位后的排列为__（7）__；指针 i 和 j 分别指向__（8）__；__（9）__指向空单元。

再经过__（10）__次元素移位划分完毕，本划分段最终排列成__（11）__，指针 i 和 j 分别指向__（12）__。

6.2　用算法 6-7 中的划分函数 partition，对划分段“20，18，29，16，34，65，14，19，37”的划分结果为__（1）__；对划分段“46，79，56，38，40，84”的划分结果为__（2）__。

6.3　用算法 6-8 对序列“45，80，55，40，42，85”初始堆化结果是：__（1）__；

对序列“46，79，56，38，40，84”初始堆化结果是：__（2）__。

对序列“18，40，30，80，21，70，52，32，15，90”初始堆化结果是：__（3）__。

6.4　如果将算法 6-8 中的语句 5 和语句 6 的不等号反号，那么排序结果_____。

[选择题]

6.5 用比较法对 5 个元素排序，最少进行_____次比较就可完成。

A．6　　B．7　　C．8　　D．9

6.6 下面的序列，__(1)__不是堆，用算法 6-8 对其初始堆化结果是：__(2)__。

(1) A．100，85，95，75，80，60，82，40，20，10，65

B．100，95，85，82，80，75，65，60，40，20，10

C．100，85，40，75，80，60，65，95，82，10，20

D．100，85，95，80，75，82，60，40，20，10，65

(2) A．100，95，65，85，80，60，40，75，82，10，20

B．100，95，65，85，80，60，40，75，82，10，20

C．100，95，85，82，80，75，65，60，40，20，10

D．10，20，40，60，65，75，80，82，85，95，100

6.7 _____可以满足稳定性要求。

A．插入排序和冒泡排序　　B．插入排序和快速排序

C．冒泡排序和堆排序　　D．快速排序和直接选择排序

6.8 对基本有序的数据进行排序，_____效率最高。

A．直接插入排序　　B．简单选择排序

C．快速排序　　D．堆排序

6.9 快速排序的空间复杂性为__(1)__；最好情况、平均情况和最坏情况的时间复杂性分别为__(2)__、__(3)__、__(4)__。

A．$O(n)$　　B．$O(\log n)$　　C．$O(n\log n)$　　D．$O(n^2)$

6.10 合并排序的空间复杂性为__(1)__；最好情况、平均情况和最坏情况的时间复杂性分别为__(2)__、__(3)__、__(4)__。

A．$O(n)$　　B．$O(\log n)$　　C．$O(n\log n)$　　D．$O(n^2)$

6.11 堆排序的空间复杂性为__(1)__；在最好情况、平均情况和最坏情况下的时间复杂性分别为__(2)__、__(3)__、__(4)__。

A．$O(1)$　　B．$O(n)$　　C．$O(n\log n)$　　D．$O(n^2)$

6.12 冒泡排序的空间复杂性为__(1)__；最好情况、平均情况和最坏情况的时间复杂性分别为__(2)__、__(3)__、__(4)__。

A．$O(1)$　　B．$O(n)$　　C．$O(n\log n)$　　D．$O(n^2)$

6.13 _____排序算法可能出现下列情况：在最后一遍开始之前，所有元素都不在其最终的位置上。

A．堆　　B．冒泡　　C．插入　　D．快速

6.14 外排序是指_____的排序方法。

A．在计算机系统外进行

B．在外存上进行

C．对外存上的数据进行排序，排序时将一部分数据调入内存

D．数据量很大，需要人工干预

6.15 用直接选择法对 n 个元素进行排序时，在最坏情况下，比较的次数与移动次数分别是_____。

A．$O(n)$和$O(\log n)$　　B．$O(\log n)$和$O(n^2)$

C．$O(n^2)$和$O(n^2)$　　D．$O(n\log n)$和$O(n)$

6.16 元素比较次数与初始排列次序无关的是_____排序。

A．直接插入　　B．冒泡　　C．二分插入　　D．简单选择

6.17 如果原始数据已有序，那么使用_____排序算法最快。

A．改进的冒泡　　B．直接插入　　C．直接选择　　D．堆

6.18 从 10 000 个无序元素中选出前 10 个最大元素，最好采用_____排序方法。

A．冒泡　　B．快速　　C．堆　　D．插入

6.19 如果在排序过程中，序列的变化情况依次是：

（1）25，84，21，47，15，27，68，35，20（原始排列）

（2）20，15，21，25，47，27，68，35，84

（3）15，20，21，25，35，27，47，68，84

（4）15，20，21，25，27，35，47，68，84

那么，所用的排序方法是_____排序。

A．选择　　B．冒泡　　C．插入　　D．快速

6.20 在要排序的数据_____的情况下，快速排序方法最不利于发挥其长处。

A．元素太多　　B．数值太大　　C．基本有序　　D．次序太乱

6.21 占用辅助空间为 $O(1)$的排序算法有_____。

A．堆排序，快速排序，冒泡排序

B．堆排序，直接插入排序，快速排序

C．冒泡排序，二分插入排序，堆排序

D．堆排序，快速排序，直接选择排序

6.22 在最坏情况下快速排序的时间性能比_____排序差。

A．堆　　B．冒泡　　C．选择　　D．插入

6.23 将调用一次重新堆化称为一次筛选，那么，初始堆化阶段共进行_（1）_次筛选；排序阶段共进行_（2）_次筛选。一次筛选的时间复杂性为_（3）_。整个堆排序的时间复杂性为_（4）_。

（1）A．n　　B．$n/2$　　C．$\log_2 n$　　D．$n-1$

（2）A．n　　B．$n/2$　　C．$\log_2 n$　　D．$n-1$

（3）A．$O(\log n)$　　B．$O(n)$　　C．$O(n\log n)$　　D．$O(n^2)$

（4）A．$O(\log n)$　　B．$O(n)$　　C．$O(n\log n)$　　D．$O(n^2)$

6.24 每次从无序段取出一个元素，通过与有序段元素进行比较，将其放在有序位置的排序方法称为_（1）_。每次从无序段中挑选最大或最小元素，将其放在有序段一端的排序方法称为_（2）_。每次将两个有序段合并成一个有序段的排序方法称为_（3）_。每次比较两个元素，若为逆序，就交换位置的排序方法称为_（4）_。

A．合并排序　　B．选择排序　　C．交换排序　　D．插入排序

6.25 直接插入排序和冒泡排序的时间复杂性均为_（1）_，在初始数据基本有序的情况下，时间复杂性均为_（2）_。

A．$O(n)$　　B．$O(\log n)$　　C．$O(n\log n)$　　D．$O(n^2)$

[基本概念题]

6.26 写出增量序列为（6，3，2，1）时，希尔排序算法对下列数据的排序过程。

43 75 99 52 94 72 80 66 24 79 23 55 88 34 92 19 71 18 81 63 32 14 87 28 50 33 91 15 38 96 45 62 86 41 21

6.27 先对矩阵 ***a*** 的各行元素分别排序（行排序），再对 ***a*** 的各列元素分别排序（列排序）。证明，列排序之后，***a*** 的各行仍有序。

6.28* （希尔排序原理）试证明：先对数组 $a[n]$作 k–排序之后，再对它作 h–排序，数组 a 仍然是 k–有序的。

6.29 针对本章介绍的所有内部排序算法，请指出：

（1）在最坏情况和平均情况下的时间复杂性。

（2）哪些属于原地排序算法。

（3）哪些属于稳定的排序算法。

（4）哪些属于自然的排序算法。

（5）对每种不稳定的排序算法，列举几组数据（相等元素应作出不同标记以示区别，例如 45（1）、45（2）

等，加以说明。也就是说，用同一个实现程序对这些数据进行排序时，无法保证它们都稳定。

6.30* 证明：任何比较排序算法，在最坏情况下和平均情况的时间复杂性至少是 $T_W(n)=O(n\log n)$。

6.31 （1）写出程序一的输出结果。运行时输入：21，9，12，8，44，17。

（2）分析程序一的功能和所用的算法。

（3）分析程序二与程序一相同和不同之处。

程序一：

```
#include  <stdio.h>
const  int  n=6;
void main( )
{  int a[n],b[n],i,j,k,x,base,y;
   for(i=0;i<n;++i) scanf("%d",&a[i]);
   base=y=1;
   while (y)
   {  y=0;
      j=-1;  k=n;
      for(i=0;i<n;i++)
      {  x=a[i] / base;
            if (x>0) y=1;
            x%=2;
            if (!x) b[++j]=a[i];
            else b[--k]=a[i];
      }
      base*=2;
      for(i=0;i<=j;i++) a[i]=b[i];
      for(i=n-1;i>=k;i--) a[++j]=b[i];
   }
   for(i=0;i<n;i++)printf("%6d",a[i]);
   printf("\n");
}
```

程序二：

```
#include  <stdio.h>
const  int  n=6;
void atob(int a[],int b[],int &m,int base,int &y);
void main( )
{  int a[n],b[n],i,j,x,base,m,y;
   for(i=0;i<n;++i) scanf("%d",&a[i]);
   base=y=1;  m=n-1;
   while (y)
   {   atob(a,b,m,base,y);
       atob(b,a,m,2*base,y);
       base*=4;
   }
   i=m+1; j=n-1;
   while(i<j){x=a[i];a[i]=a[j];a[j]=x;i++;j--;}
   for(i=0;i<n;i++)printf("%6d",a[i]);
   printf("\n");
```

```
}
void atob(int a[],int b[],int &m,int base,int &y)
{   int i,j,k,x;
    y=0;
    j=-1;   k=n;
    for(i=0;i<=m;i++)
    {     x=a[i] / base;
        if (x>0) y=1;
        x%=2;
        if (!x) b[++j]=a[i];
            else b[--k]=a[i];
    }
    for(i=n-1;i>m;i—)
    {   x=a[i] / base;
        if (x>0) y=1;
              x%=2;
          if (!x) b[++j]=a[i];
              else b[- -k]=a[i];
    }
    m=j;
}
```

6.32 证明当 $2^{2(i-1)}<n\leqslant 2^{2i}$ 时，用算法 6-10 对 $a[n]$排序，调用扫描函数 scan 的次数等于 $2i$。找出执行 scan 时，最后配对两个有序段中含有一个空段的规律。

6.33 如图 6-12 所示的三路合并树是最优的吗？若不是，请改成最优的。

6.34 分别画出在如图 6-13 和图 6-14 所示的树中连续输出 5 个元素后的胜者树和败者树。每输出一个元素，画一棵树。

6.35 用替代选择方法构造初始顺串，其中，工作区长度 w=6，待排序文件含有 24 个元素：48，37，45，36，28，14，65，16，30，1，46，53，3，64，25，4，12，96，23，44，59，32，78。

6.36 设文件上共有 8 个初始顺串，其长度依次为

2，4，8，9，12，15，25，32

试画出三路合并的最佳合并树，并计算合并阶段块读写次数。

6.37 设文件上共有 m 个初始顺串，对该文件进行 k 路合并时，为求出最佳合并树，需要虚设多少个长度为 0 的初始顺串。

6.38 类似图 6-22，分别列出四路和五路非平衡磁带合并排序的顺串分布表。请列出前 10 项。

[算法填空题]

6.39 函数 FDCbubble_sort 通过控制扫描长度，对冒泡排序算法进行改进。

注：编号相同的空内填写相同内容（下同）。

```
void   FDCbubble_sort(int a[ ],int n)
//a[ ]是待排序数组，n 是参加排序的元素个数
{  int    i, x, j=0, flag;
   ____(1)____  =n-2;
   while(____(2)____)
     {  ____(3)____  =flag;
       ____(4)____;
        for(i=0;i<=j;i++)
        if(a[i]>a[i+1])
```

```
        { x=a[i];  a[i]=a[i+1];  a[i+1]=x;____(1)____ =i;}
    }
  }
```

6.40 函数 Abst 实现双向冒泡排序算法。

```
void  Abst(int a[ ],int n)
//a[ ]是待排序数组，n 是参加排序的元素个数
{  int   i, x, f, s,____(1)____;
   ____(2)____;
   s=n–2;
   while(flag)
   {  flag=0;
      for(i=f;i<=s;i++)
      if(a[i]>a[i+1])
      { x=a[i];  a[i]=a[i+1]; a[i+1]=x;____(1)____;}
      if(____(3)____ return;
      flag=0;
      for(i=—____(4)____;i>=f;i– –)
      if(a[i]>a[i+1])
        { x=a[i];  a[i]=a[i+1];  a[i+1]=x;____(1)____;}
    ____(5)____ ++;
   }
 }
```

6.41 函数 qksort1 实现非递归的快速排序算法。

主调语句为：qksort1(a,n);

```
void  qksort1(int a[ ],int n)
//a[ ]是待排序数组，n 是参加排序的元素个数
{    int s,t,k, top=0;
     stele   stack[M];          //M 是存储栈的长度
     stack[top].left=0;         //栈底存放一个假划分段
     stack[top++].right=0;
     ____(1)____ =0;____(2)____ =n–1;       //第一个划分段
     while(s<t)
     {  partition (a,s,t,k); //划分
        if (____(1)____ <k–1 &&  k+1<____(2)____)
        {
           stack[top].left=k+1;
           ____(3)____=t;
           t=____(4)____;
        }
        else
        if(s<k–1)  ____(2)____ =k–1;
        else
          if(k+1<t)  ____(1)____ =k+1;
          else
          {  s=____(5)____;
                t=stack[top].right;
```

```
            }
        }
    }
    //划分函数
    void   partition(int a[ ],int s,int t,int &k)
    {  int i,j,x;
       x=a[s];
       i=s;   j=t;
       while(i<j)
       {   while((a[j]>=x)&&(i<j))j– –;
           if(i<j) a[i++]=a[j];
           while ((a[i]<x)&&(i<j))i++;
           if(i<j) a[j– –]=a[i];
       }
       a[i]=x;
       k=i;
    }
```

6.42 下面的函数将无序链表排成有序形式。

基本原理：用有序插入法，将原链表中的结点逐一插入开始为空的有序链表中。

主调语句为：h=sort(h);

```
    ptr insert(ptr p )
    {   int   x; ptr f,s;
        ___(1)___ =p–>data;
        if(___(2)___ ||x<head–>data)
          { ___(3)___;   head=p;   }
        else
        {   s=head;
            while(s!= NULL)
            if(s–>data<x)
            { f=s;   ___(4)___;}
            else   break;
            ___(5)___;
            f–>next=p;
        }
        return(head);
    }
    ptr sort(ptr   p)
    {   ptr head=NULL,q;
        while(p!=NULL)
        {   q=p;
            p=p–>next;
            head=insert(q);
        }
        return head;
    }
```

[算法设计题]

6.43　修改算法 6-1 和算法 6-2 的程序，实现对目录存储和索引目录存储的数据排序。

6.44　改写算法 6-4 的程序：

（1）当增量为 k 时，对一个完整的 k-子序列排序完毕之后，再排另一个 k-子序列。

（2）像算法 6-2 那样，使用监督元进行 k-排序。

6.45　（1）将算法 6-5 的程序改为下降法。

（2）将算法 6-6 的程序改为上升法。

6.46　如果整型数组 $a[n]$元素的取值范围不超过 n，那么，可以通过统计 a 中各种不同取值的元素个数，然后将 a 排序。试写出实现函数。

6.47　[堆插入]（1）若数组 $a[n]$的前段 $a[1]$～$a[i-1]$已构成长度为 $i-1$ 的堆，在堆中插入元素 $a[i]$使 $a[1]$～$a[i]$变成长度为 i 的堆，试写出堆插入函数 heapify(i)。

(2)*用循环语句：

for(i=2;i<n;i++) heapify(i);

调用堆插入函数，可以将数组 $a[n]$进行初始堆化。试计算时间复杂性，并与算法 6-8 进行比较。

6.48　写出对链表的合并排序算法。

算法的大致步骤为：先将链表等分成两个源链表，反复地将源链表中长度为 t（开始时 t=1）的有序段交替地合并到两个目的链表中，形成长度为 $2t$ 的有序段，下一遍交换源链表和目的链表的角色进行合并……

6.49　设数组 $a[n]$的元素全不相等，试写出算法构造数组 $c[n]$，使 $c[i]$等于 a 中小于 $a[i]$的元素个数，然后利用数组 c 对数组 a 进行排序。

6.50　设整数数组 $a[n]$每个元素值都满足：$c \leqslant a[i] \leqslant d$。这里 c 和 d 是常数，且 $d-c=m \leqslant n$。试写出算法构造数组 $b[m]$，使 $b[j]$等于 a 中值等于 $c+j$ 的元素个数，然后利用数组 b 对数组 a 进行排序。

6.51　[双向选择排序]第一次从数组中选出最大元素，将其换到数组后部。第二次从剩下的元素中选出最小元素换到数组前部……，如此反复，直到排好次序。

试写出双向选择排序算法。

6.52　[基数交换划分排序]将待排序数据用 b 位二进制整数表示。从最高位起，每次把第 i 位上数字为 0 的元素排在该位数字为 1 的元素之前，从而把一个序列分裂成两个子序列。反复如此，直到子序列长度≤1 或已按最低位划分为止，原序列即被排序。

试写出基数交换划分排序算法。

6.53　[奇偶交换排序]对数组 $a[n]$排序时，第奇数遍扫描，将所有形如 $a[2i-1]$与 $a[2i]$的元素逐对比较，若次序不对则交换；第偶数遍排序，将所有形如 $a[2i]$与 $a[2i+1]$的元素逐对比较……

试写出奇偶交换排序算法。要注意终止条件。

6.54*　写出用 7 次比较将 5 个元素 a，b，c，d，e 排序的算法。

提示：用 3 次比较先排成 $a \leqslant b \leqslant d$ 和 $c \leqslant d$ 的形式，如图 6-23 所示，其中的箭头表示“≤”关系；再各用 2 次比较依次插入 e 和 c。

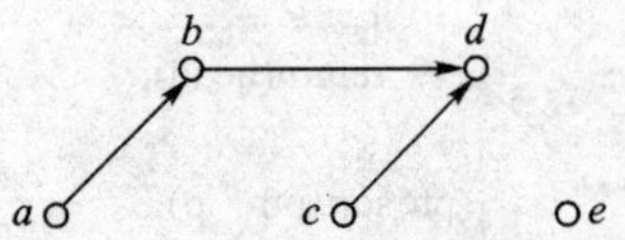

图 6-23　5 个元素排序方法

6.55　证明：通过比较元素的方法，求数组 $a[n]$中第二个最大元素至少需要 $n+\lceil \log_2 n \rceil-2$ 次比较。并用比赛树模式编程实现。

6.56　改写算法 6-12，使用胜者树结构。

6.57*　试写出用败者树结构实现构造初始顺串的替代选择算法。

6.58　写出构造任意 k 元（$k \geqslant 2$）哈夫曼树算法。

[基础实验题]

6.59 利用快速排序算法中的划分原理，可以不对数组 $a[n]$进行完全排列，而求出 a 中第 k 个最小元素值。试写出实现函数。

6.60 实现“最小选择区间的自然选择排序”算法。

最小选择区间的自然选择排序是对自然选择排序的简单改进。

自然选择排序的基本方法是，每次从数组 $a[n]$中选择一个最大元素换到数组尾部。

改进的想法是：在选择最大元素时，从 a 的前部元素开始，逐一与当前尾 $a[t]$比较，如果 $a[i]>a[t]$，就交换 $a[i]$与 $a[t]$，并将 i 记在栈中。这样栈顶存放的就是最后一次交换点。在选择下一个最大元素时，弹出栈顶元素 k，只要从 $a[k]$起寻找最大元素（而不需要从 $a[0]$起寻找），缩小了选择区间。

6.61 实现“自然合并排序”算法。

自然合并排序的主要思想是，先把数组 a 的左起一个尽可能长的有序段与右起尽可能长的一个有序段(注：自右至左的有序）合并到数组 b 的左端，再把 a 的左起第二个尽可能长的有序段与右起第二个尽可能长的有序段合并到数组 b 的右端。这样交替进行，直到把 a 上的数据全部合并到 b，再交换 a 与 b 所担任的角色，最终可在 a（或 b）上得到有序数组。

[综合实验题]

6.62 通过实验对冒泡排序、快速排序、堆排序、希尔排序、合并排序等算法的时间性能（包括在最坏情况、平均情况和最好情况下）进行比较。

要求：

（1）测试数据应具有一定的代表性，例如：

数据量不少于 1000。测试平均情况时，数据要具有随机性（可通过随机函数产生），并且要用不少于 50 组的数据进行测试。

（2）分别用运行时间、元素比较次数、元素交换次数 3 种方式度量。

（3）分析实验结果，给出结论。

6.63 实现“外排序算法”。

（1）用替代选择算法构造初始顺串。

（2）用败者树结构实现 k 路合并。

（3）用 k 元哈夫曼树确定最优合并次序。

6.64 根据下面的叙述和要求，完成改进的堆排序算法。

在算法 6-8 的语句 10 的循环体中，把根元素与当前最后一片叶交换，再调用 heapify 进行重新堆化，把两个子堆合并成一个新堆。

但是，由于叶元素值较小，把它换到根部之后，需要下沉，并且很有可能下沉到最底层而重新变成一个叶，这样无形中增加了不必要的比较和移动。

观察图 6-5 可知，两个子堆合并时，必以其中一个子堆的根作为新堆的根。

因此，语句 10 的循环体可改为：

1）$x=a[1]$，把根元素暂存在变量 x 中，根变空。

2）比较两个子堆根，使大者上升为新堆的根，该子堆的根变空。那个“无根”的子堆又被分成两个更小的子堆。

3）重复步骤 2，直至某叶 s 变空。

4）$a[s]=a[i]$；也就是把原堆最后一片叶（即算法 6-6 语句 11 中的 $a[i]$）的元素值放入这个空叶 s 处。

5）$a[i]=x$。

6）如果 $a[s]$的新值大于其父，则 $a[s]$的元素值就要上升。上升时，只要沿着叶 s 到根的路线，逐一与其祖先比较，为其找到适当的位置。通常可在少数几步内找到它的应在位置，至多上升到第二层，即根的儿子处。

图 6-24 给出了这种改进想法的操作步骤示例，其中，即使将 15 改得更大一点（比如 21），也至多再与 19 交换一次。

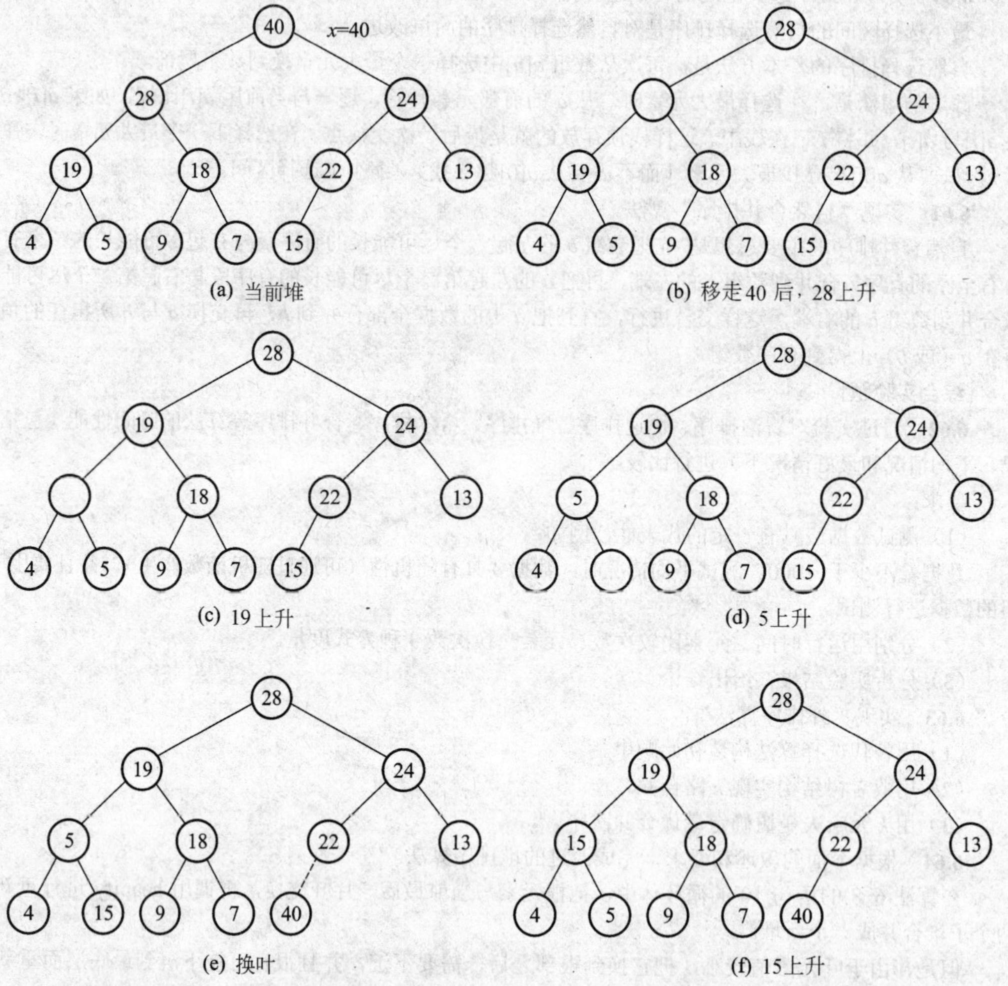

图 6-24　改进的重新堆化操作步骤示例

（1）写出改进的重新堆化函数和完整的堆排序算法。注意，初始堆化仍用原来的方法。

（2）像 6.62 题的要求那样，将改进后的堆排序算法与原算法进行测试和比较。可以比较实际排序速度，也可以比较排序期间元素移动次数。

第 7 章*
问题的固有难度和算法设计的一般方法

7.1 问题的固有难度

7.1.1 算法的重要地位

1. 算法的影响

通常情况下，同一个问题存在多种不同的求解算法，各算法的时间复杂性、空间复杂性也不尽相同。对给定问题设计出速度更快的“好算法”是算法设计者的追求。

不少人认为，当代计算机运行速度越来越快，算法的好坏似乎不那么重要了。其实，这种观点是片面的。相反，计算机运行速度越快，好算法的优势就越明显。

为了证实这一结论，不妨把计算机运行速度的提高与对算法的改进作如下对比，可以看出改进算法所产生的效果远远大于提高计算机运行速度所产生的效果。

表 7-1 中列出具有不同时间复杂性的算法 A_1～A_5，其中，A_1～A_4 属有效算法，而 A_5 属无效算法。在相同的硬件条件下，假定每毫秒执行一条基本语句，这 5 个算法分别在 1 秒钟、1 分钟、1 小时的时间内能够求解问题大小 n 的值各不相同。可以看出，时间越长，n 值的差别越大。表 7-1 最后一栏列出求解相同大小问题（n=1 000）时，各算法需要运行的时间，显然算法 A_5 是不现实的。其他算法需要运行的时间也相差甚大，可见算法时间性能的影响力之大。

表 7-1　不同算法的解题能力对照表

算法	时间复杂性	相同时间内所能求解问题大小 n 的值			求解大小为 n=1 000 的问题时所需时间
		1 秒钟	1 分钟	1 小时	
A_1	$T_1(n)=n$	1 000	6×10^4	3.6×10^6	1 秒
A_2	$T_2(n)=n\log n$	140	4 893	2×10^5	10 秒
A_3	$T_3(n)=n^2$	31	244	1 897	1 000 秒
A_4	$T_4(n)=n^3$	10	39	153	278 小时
A_5	$T_5(n)=2^n$	9	15	21	$>10^{290}$ 年

2．计算机运行速度提高的效果

表7-2给出了计算机运行速度的提高对各算法产生的影响。表中列出当计算机运行速度分别提高10倍和一万倍时，算法A_1～A_5所能处理问题大小n的增加量。可以看出计算机运行速度提高后，算法越好效果越显著。而算法A_5对计算机运行速度的提高似乎没什么反应，无论计算机运行速度提高多少倍，哪怕再提高1万亿倍，它能处理问题的大小n也不能成倍增加，只能增加一点点。

表7-2 计算机运行速度提高产生的效果

A_1～A_5的时间复杂性	计算机速度提高	
	10倍	1万倍
$T_1(n)=n$	10倍	1万倍
$T_2(n)=n\log n$	≈10倍	9 000倍
$T_3(n)=n^2$	3.16倍	100倍
$T_4(n)=n^3$	2.15倍	21.5倍
$T_5(n)=2^n$	≈+3.3倍	≈+13.3倍

3．改进算法的效果

表7-3给出了改进算法产生的效果，即在计算机运行速度不变的前提下，用好算法代替劣算法，分别在1分钟和1小时内，所能处理问题大小n可增加的倍数（留下最后一行，由读者填写）。不难看出，算法好坏差别越大，代替的效果越显著。

表7-3 算法的改进产生的效果

算法的改进	能使n增加	
	1分钟内	1小时内
用A_1代替A_2	12倍	18倍
用A_2代替A_3	20倍	105倍
用A_3代替A_4	6倍	12倍
用A_2代替A_4	125倍	1 300倍
用A_4代替A_5	*	*

* 请读者填写。

对照表7-2和表7-3，不难弄清楚提高计算机运行速度和改进算法哪个效果更显著。

还必须指出，提高一台计算机的运算速度只能提高一台计算机的处理能力，而改进算法却可以提高所有使用该算法的计算机的处理能力，使全世界的所有计算机都受益。

综上所述，可以看出算法的重要地位。

7.1.2 问题的固有难度

人们总是期盼能够设计出越来越快的算法，然而，每个问题都受“固有难度”的制约，无论怎么努力，也不可能设计出比该问题的固有难度更快的求解算法。

1．固有难度的含义

问题固有难度是问题“**固有计算难度**”的简称。理论上，如果求解某问题 x 的任何算法（注意“任何”二字），其时间复杂性 $T(n)$都不能低于某个时间界 $P(n)$，也就是 $T(n)\geqslant P(n)$，或 $T(n)$至少为 $P(n)$，那么 $P(n)$就是问题 x 的固有计算难度。

例如，容易理解，也容易证明，通过比较元素的大小，从 n 个元素中找出一个最大元素，至少需要 $n-1$ 次比较。

再如，利用判定树模型容易证明，任何比较类的排序算法，最坏情况和平均情况，比较次数至少是 $cn\log n$（c 是某常数），所以比较排序问题的固有难度为：

$$P(n)=O(n\log n)$$

问题的固有难度是确定算法的最优性、寻找最优算法、划分问题的难度层次、证明问题的 NP–完全性的依据，因此，也是算法设计者的重点研究课题。

同算法时间复杂性一样，问题的固有计算难度是问题本身固有的对时间的客观需求，无论人们能不能精确地确定它，它总是客观存在的。如果一时无法精确地确定，通常应当找出一个较为接近的下界。

2．问题固有难度和算法时间复杂性的关系

图 7-1 表示问题的固有难度及其下界、算法的时间复杂性及其上界之间的关系。

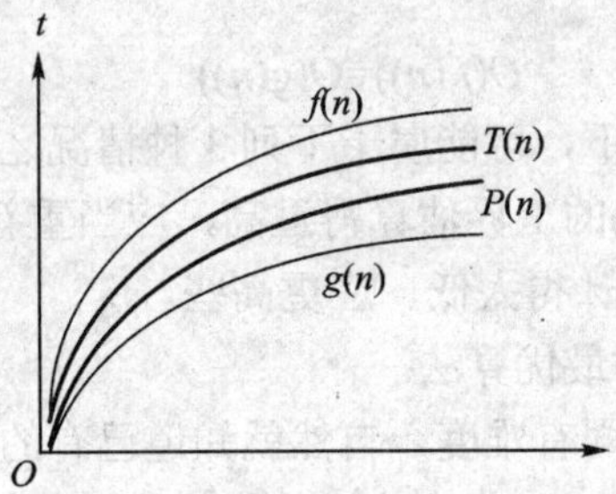

图 7-1 问题的固有难度和算法的时间复杂性的关系

设 A 是求解问题 x 的一个算法，A 的时间复杂性为 $T(n)$。问题 x 的固有难度为 $P(n)$，参见图 7-1。$T(n)$和 $P(n)$都是客观存在的。只不过对于某些问题和某些算法，有可能暂时还没有准确地找到它们。

假定在评价算法 A 时，找出其时间复杂性一个上界 $f(n)$，即已经证明：

$$T(n)\leqslant O(f(n))$$

显然，找出的 $f(n)$越靠近 $T(n)$，评价得越准确。

如果能够证明存在两个常数 c 和 d，使得：

$$cf(n)\leqslant T(n)\leqslant df(n)$$

那么，就复杂性的阶而言，$O(f(n))$是 $T(n)$的准确界，也称为紧贴界。或者，先证明：

$$T(n) \leqslant O(f(n))$$

然后再证明：存在一组输入数据，算法 A 对这组数据执行时，至少需要 $O(f(n))$时间，那么也就证明了 $O(f(n))$是 $T(n)$的准确界。

同样，在确定问题 x 的固有难度 $P(n)$时，假定找出其一个下界 $O(g(n))$，即：

$$P(n) \geqslant O(g(n))$$

当然，找出的 $g(n)$越靠近 $P(n)$越好。

3. 算法的最优性

如果还能证明：

$$O(f(n))=O(g(n))$$

那么，$O(g(n))$就是 $P(n)$的准确下界，同时也说明了算法 A 是求解问题 x（就时间阶而言）的最优算法，当然 $O(f(n))$也就是 $T(n)$的准确上界。即图 7-1 中 4 条曲线重合。

例如，已经证明用比较方法求解排序问题，其时间复杂性下界为：

$$P(n)=O(n\log n)$$

而堆排序和合并排序的时间复杂性都是：

$$T(n)=O(n\log n)$$

那么，就时间复杂性的阶而言，堆排序和合并排序都属于最优的比较排序算法。

相反，如果不能证明：

$$O(f(n))=O(g(n))$$

那么在并非证明结果不对的前提下，可能属于下列 3 种情况之一：

- 算法 A 的时间复杂性 $T(n)$的上界估算得过高，应当重新估算。
- 问题 x 的固有难度下界估计得太低，应更高些。
- 算法 A 不是求解问题 x 的最优算法。

如果已经知道某给定问题的固有难度，自然就知道已有的求解算法是否最优，是否还需要努力寻求好算法。

确定问题固有难度的另一个好处在于可以避免“无效劳动”。当你为求解某个问题“冥思苦想”地寻求更好的算法时，却不知由于受到该问题固有难度的限制，而你所期待的可能永远无法达到。

现实世界中的确存在大量的计算机“一时不能解决”的问题——“计算机难处理问题”。NP-完全问题就是其中的一大类，诸如，布尔表达式可满足性（SAT）问题、哈密尔顿回路问题、图的顶点着色问题等数以千计的 NP-完全问题。

在算法理论上，难题和非难题的划分以多项式为界，凡是固有难度在多项式范围内的，或者说已经找到多项式求解算法的问题都属于非难题，此外的都属于难题。

到目前为止，人们还没有找到求解 NP 难题的多项式时间算法（现有的求解此类问题的算法的时间复杂性至少是指数阶的），但是也没能证明其固有难度一定不是多项式的。不少人怀疑它们根本就没有多项式时间求解算法。于是，人们提出了一套理论（请参见 7.2 节），界定问题的 NP-完全性，那就是，只要为 NP-完全问题中的某一个问题找到多项式时间解，那么所有的 NP 问题都必然存在多项式时间解。

最后，值得说明的是，尽管尚未找到好算法求解 NP-完全问题，面对它们也并非完全“束手无策”，对于那些亟待解决的问题，比如运输部门的集装箱“最佳集配”问题，人们已经找到不少“近似算法”寻求其近似解。

7.2 不确定性算法和 NP-完全问题

7.2.1 不确定性算法

1. 基本概念

为了便于按固有难度将问题分类，人们提出了确定性算法和不确定性算法的概念（严格地讲，应当是确定性计算模型和不确定性计算模型，这里作了简化）。

所谓确定性算法是指，对于给定一组输入数据，算法的执行流程是确定的，或者说是固定不变的，执行结果也是固定的。前文所有的算法都属于确定性算法。

相反，不确定性算法是指对于给定一组输入数据，算法的执行路线和执行结果不是固定的。

为了体现其不确定性，在算法的描述语言中，加一条特殊的选择语句：

choice(L_1，L_2，…，L_k);

其中，L_1～L_k 是算法中的语句标号，k 的值可以是任一正整数。

执行此语句时，“计算机”可以从 k 个标号中“不确定地”选择一个，并 goto 到所选标号处执行。

从下面的例子，可以看出不确定性算法的“一般面目”。

2. 示例

例 7-1 整数等分割问题。

将输入的 n 个整数分成两组，使两组数的相加和相等。如果存在这样的分割，则输出（答案）“YES”，否则输出“NO”。

例如，输入 7 个整数：

1，2，9，4，10，6，8

其答案显然是“YES”，因为，1+9+4+6=2+10+8。

这只是靠心算得出的答案。如果编写求解此问题的确定性算法，并且要求在“短时间”内作出答案，当整数个数 n 很大时（比如 n=100 000）是很困难的。

解此问题的不确定算法可以这样编写：

算法 7-1 求解整数等分割问题的不确定算法（伪程序）。

```
void  partition( )
{  long s1=0,s2=0;
   int x;
   while(输入数据未结束时)
   {  读入一个整数 x;
      choice(LA，LB);                    //不确定地选择两个标号之一
LA:   s1+=x;
      continue;
LB:   s2+=x;
   }
   if(s1==s2)输出（"YES\n"）;
   else  输出（"NO\n"）;
}
```

实际上，没有哪种程序设计语言能够提供这种选择语句，也没有哪种计算机支持这种语言，故上述算法是无法实现的。而且，即使输入数据序列有解（可以等分割），这样“随便地”将一个数 x 加在 s1 上或加在 s2 上，相加结果也无法保证 s1 等于 s2。所以，不确定性算法只是用来描述 NP 问题的一种工具，而不能代替确定性算法完成具体的计算。

当然，你也许能够写出另一个解此问题的不确定性算法，比如，先求出所有整数的和 s1，如果 s1 是奇数，答案必是“NO”；否则，令 s2=s1/2。然后反复不确定地从输入数据序列中删除一个整数，每删除一个数，便从 s1 中减去此数值，并比较 s1 与 s2……

3. 不确定算法的工作原理

对于不确定算法的工作原理作如下解释：

用于执行不确定算法的计算机具有“无限次自我复制能力”，每当执行到选择语句：

$$choice(L_1, L_2, \cdots, L_k);$$

将产生 k 个分支时，计算机便“自我复制” k 个“副本”，让每一个副本执行其中一个分支。于是，算法的执行路线形成一棵树，称为 ID 树，如图 7-2 所示。

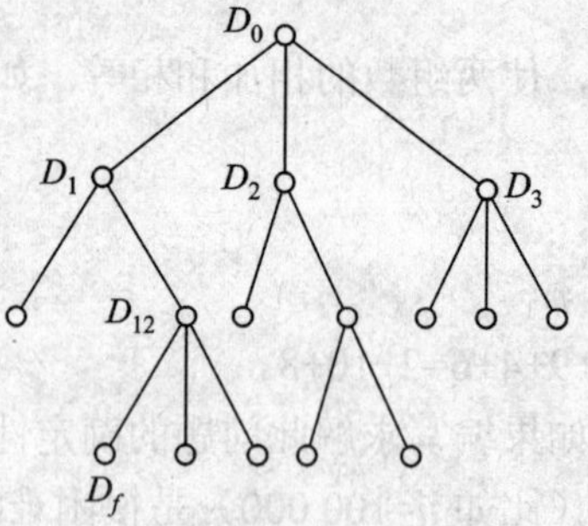

图 7-2 ID 树结构示意图

ID 树中，根到叶的一条路径就是众多副本中的一个副本的执行路径。与判定树模型相似，每个叶子对应算法执行的终止，同时输出这条路径的执行结果。

一条根到叶的路径相当于一个确定性算法的执行路径。显然，只要存在一个叶子输出结果是“YES”，比如图 7–2 中标记为 D_f 的叶子，那么原问题的答案就是“YES”，这片叶子就称为“可接受”叶，这个输入序列就称为“可接受的”。

为了方便起见，在研究 NP 问题和 NP-完全问题时，总是先从那些答案为“YES”/“NO”的“判定问题”入手，而且往往只讨论算法对“有解的”输入序列（即至少存在一个可接受叶）的执行情况。算法的执行过程称为用此算法去“识别”这个输入序列，以判断它是否可接受。

例如整数等分割问题，如果一个输入序列是可以等分割的，即有解的、可接受的，那么算法对应的 ID 树很可能存在多个可接受叶。上例的输入序列“1，2，9，4，10，6，8”，其答案就不止一个。除 1+9+4+6=2+10+8 外，还有 1+9+10=2+4+6+8，4+6+10=1+2+8+9 等。

用不确定性算法 A 识别输入序列 w 时，对应着一棵 ID 树，该树的根到所有可接受叶的路径中长度最短的一条，其长度规定为 A 对 w 识别时所付出的时间耗费。

对于所有长度为 n 的可接受输入序列，算法对它们的时间耗费最大值，定义为该算法的时间复杂性 $T(n)$。

7.2.2 三大重要的问题类

1. P 类和 NP 类

时间复杂性函数 $T(n)$ 是关于 n 的多项式函数的不确定算法称为 NP 算法，即不确定性多项式时间算法。

可以用 NP 算法求解的问题称为 NP 问题，所有 NP 问题组成的问题类称为 **NP 类**。

相应的，可以用**确定性多项式时间**算法求解的问题属于 **P 类**问题。

如果用不具备自我复制功能的普通计算机“模拟”具有自我复制功能的计算机，那么，ID 树的每条根到叶的路径都必须模拟执行一次，才能确定输入序列是否可接受。因而，用确定性算法模拟不确定性算法所花费的时间 $T'(n)$，差不多是不确定性算法时间复杂性 $T(n)$ 的“指数倍”。如果 ID 树的度数为 k，那么：

$$T'(n)=O(k^{T(n)}) \tag{7-1}$$

正因为目前普通计算机不具备自我复制功能，所以不确定性算法只有理论价值。

不确定性算法工作原理的另一种解释是“**猜测+核实**”。

比如，用不确定性算法求解整数等分割问题时，先猜想“将 n 个整数中的若干个放在一组，其余的放在另一组能够等分割”，然后用确定的算法核实这种猜测是对还是不对。显然，核实步骤只需将各组整数分别相加，然后比较相加结果是否相等，仅用多项式时间就可核实完毕。若“是”，则回答“YES”；否则，本次猜测作废，重新猜测。

与 ID 树相对照，猜测一种分组方案，相当于猜测一条根到叶的路径，核实就相当于从根到叶执行这条路径上的语句。于是核实所花费的时间就是执行这条路径所需时间，也就是算法对于这个输入序列所花费时间。只要核实时间是多项式的，那么该算法就是不确定性多项式时间算法，即 NP 算法。

一个不确定性算法中如果不出现选择语句，或者说，所有选择语句中都只有一个语句标号，那么，这个算法实际上就是确定性算法。所以，从某种意义上说，确定性算法是不确定性算法的特例。显然，如果一个问题属于 P 类，那么它一定属于 NP 类。所以 P 类是 NP 类的一个子集。

遗憾的是，尚且不知 P 类是不是 NP 类的真子集，因为至今尚未发现（当然也没能证明）某个问题属于 NP 类但不属于 P 类。尽管证明一个问题属于 NP 非常简单，但是证明一个问题不属于 P 类，就要证明“它不可能存在确定性多项式时间的求解算法”，这是一件非常困难的事。

2. NP-完全类

设 A 和 B 分别是求解问题 R 和 Q 的不确定性算法，如果存在一个确定性算法 M，将问题 Q 的每一个长度为 n 的输入序列 y，用关于 n 的多项式时间变换成问题 R 的输入序列 x，并且能够满足：

x 可被 A 接受，当且仅当 y 可被 B 接受

那么，则称问题 Q“可多项式的变换成”问题 R。为叙述方便，以下将“问题 Q 可多项式的变换成问题 R”简称为“问题 Q 可翻译成问题 R”。

因为可将问题 Q 翻译成问题 R，于是，可以用求解问题 R 的算法求解问题 Q。

已知问题 R 是 NP 的，如果任一个 NP 问题 Q 都能翻译成问题 R，那么，称问题 R 是“不确定性多项式时间完全”问题，简称 **NP-完全**问题。所有的 NP-完全问题组成“NP-完全问题类”。

注意，“NP”和“NP-完全”是两个不同的概念。

根据 NP-完全问题的上述定义，因为“任一个 NP 问题”都能翻译成问题 R，也就是“所有的 NP 问题”都能翻译成问题 R，所以，一旦有人为某 NP-完全问题 R 设计出一个确定性多项式时间的求解算法 A，那么，所有的 NP 问题都存在确定性多项式时间求解算法。这是因为，如果算法 A 的时间复杂性为：

$$T(n)=O(f(n))$$

将另一个 NP 问题 Q 翻译成问题 R 的算法 M 的时间复杂性为：

$$T1(n)=O(g(n))$$

那么，将问题 Q 的长度为 n 的输入序列 y 翻译成问题 R 的输入序列 x 的翻译过程花费 $O(g(n))$ 时间，翻译后，x 的长度不超过 $O(g(n))$，然后再用算法 A 识别 x（从而达到识别 y 的目的）将花费 $O(f(g(n)))$时间，总共花费 $O(g(n))+O(f(g(n)))$时间。

因为 $f(n)$和 $g(n)$都是多项式，合成函数 $f(g(n))$仍是多项式，故识别 y 只用多项式时间。

根据这一分析，可以得出如下结论：NP-完全问题是 NP 类中最难解的一类问题。

了解问题的 NP-完全性是非常重要的，因为，种种迹象表明，NP-完全问题不存在确定性

多项式求解算法，尽管人们目前还无法证明这一结论。当你为求解某问题冥思苦想却一直无法找到确定性多项式求解算法时，你很有可能遇到的是 NP-完全问题。

迄今已经证明了一大批 NP-完全问题，其中不乏现实生活中常见问题，如装箱问题，哈密尔顿回路问题。尚有一大批有待证明其 NP-完全性的 NP 难题。

确定问题 S 是否是 NP-完全问题需要经过严格的证明。由于这部分内容超出本书要求，故不再介绍。

7.3 算法设计的一般方法

本节介绍几种常用的算法设计方法，包括递归、分治、平衡、动态规划、贪心法和搜索-回溯法等。实际上，在本书前面的很多算法中都用到过这些方法，这里只是对其进一步地归纳和总结。

7.3.1 递归、分治和平衡

1. 递归的一般形式

递归是算法设计中最常用的一种方法。与非递归算法相比，递归算法结构简单清晰，易于阅读理解和记忆，也便于计算时间复杂性。递归算法可以用少量的语句实现多次重复计算，而非递归算法要实现同样的功能，往往需要设置复杂的循环控制和流程转向。例如，中序遍历二叉树的递归算法要比非递归算法简洁得多。

描述递归算法的充分必要工具是递归函数，递归的函数体中必须含有递归调用的终止条件，而且每递归一次都要向终止条件靠近一步，最终达到终止条件，否则递归将无休止地迭代下去。

单纯的递归并不能导出更为有效的算法，而递归与分治相结合，再配合平衡技术往往可导出更为有效的算法。

2. 通用的递归分治算法

分治法也是一种常用的算法设计方法，其基本原理是，求解规模较大问题时，可反复地将大问题分解成若干个规模较小的子问题，直到问题小到容易求解为止。求出各子问题的解之后，再逐步地把这些解合成为原问题的解。

将大问题分解成子问题时，通常可以保持子问题与原问题的结构相同，因而容易与递归技术相结合，形成递归的分治法。使用递归的分治法，往往可以设计出更为有效的算法。一般来说，递归的分治算法具有下面的通用形式。

算法 7-2 通用的递归分治算法（文字描述形式）。

```
void  recurs-divid(问题 s)
```

```
{
1．如果 s 的规模小到某一范围，则直接求出 s 的解 e，并返回；
2．将 s 分解成若干个规模较小的子问题 s1，s2，…，sk；
3．递归地求出各子问题 s1，s2，…，sk 的解 e1，e2，…，ek；
4．将子问题的解 e1，e2，…，ek 合并成为问题 s 的解 e，返回；
}
```

用分治法求解问题的必要条件是：

1）该问题容易被分解成若干个子问题（便于实现语句 2）。

2）容易将各子问题的解合并成原问题的解（便于实现语句 4）。

设算法 7-2 的时间复杂性为 $T(n)$，其中 n 和 n_1，n_2，…，n_k 分别是原问题的规模和各子问题的规模。

关于 $T(n)$ 的递推关系式为：

$$T(n)=\begin{cases} cn & (n \leqslant d) \\ \sum_{j=1}^{k} T(n_j)+f(n) & (n>d) \end{cases} \tag{7-2}$$

式（7-2）中，c 和 d 是常数，$n \leqslant d$ 是递归终止条件；$f(n)$ 是实现语句 2 和语句 4 所需时间，称为划分工作量。

用分治法可以导出有效算法的必要条件是：

1）分解出来的子问题的个数要少，各子问题的规模要小。

2）各子问题的大小要均匀，差不多相等为最好，即符合平衡原则。

3）划分工作量要少。

4）没有重复计算。

3．示例

（1）示例一

例 7-2 求集合 S 最大元素和最小元素。

为方便起见，假设集合 S 的元素个数 n 是 2 的某个 k 次幂的形式（即 $n=2^k$）。

算法 7-3 求集合 S 的最大元素和最小元素的分治算法（伪程序）。

```
void   maxmin(S,max,min);
//S 是集合名，max 和 min 分别用于记录所求出 S 的最大元素和最小元素
1．{ if(S 只有 a 和 b 两个元素)
2．     if(a>b) max=a, min=b; else max=b, min=a;
         else                                  //S 的元素多于两个
3．      { 把 S 分成两个大小相等的子集 S1，S2;
4．          maxmin(S1，max1，min1);
```

```
5.        maxmin(S2，max2，min2);
6.        max=max1>max2? max1: max2;
7.        min=min1<min2?min1 :min2;
     }
}
```

如果集合采用顺序存储，比如存储在数组 $a[n]$中，很容易实现语句 3。因为，设集合 S 的元素范围是 $a[i]$～$a[j]$，则可以用一对下标“i，j”表示它。于是，$S1$、$S2$ 分别用“i，k”和“$k+1$，j”表示，其中，$k=(i+j)/2$。

在这种情况下，可以列出算法 7-3 需要比较次数的递推方程，从而计算出时间复杂性。

$$\begin{cases} T(2)=1 \\ T(n)=2T\left(\dfrac{n}{2}\right)+2 \quad (n>2) \end{cases} \tag{7-3}$$

用迭代法可以求出式（7-3）的解是：

$$T(n)=\frac{3}{2}n-2$$

如果采用直观的方法，先用 n–1 次比较在 n 个元素中找出最大元素，再用 n–2 次比较从剩下的 n–1 个元素中找出最小元素，总共需要 2n–3 次比较。可见，算法 7-3 要好些。

（2）示例二

例 7-3 大整数相乘问题。

用传统方法求两个 n 位无符号大整数乘积，需要 $O(n^2)$次位运算。若采用递归分治法，只需 $O(n\log_2^3)\approx O(n^{1.59})$次位运算。这里的“位”指的是二进制位，也可以是十进制位，或十六进制位。

先用具体实例说明如何使用分治技术。这里采用十进制位。

设：x=1203，y=2019。

把 x 等分为两段：a=12，b=03；把 y 也等分为两段：c=20，d=19。则

$$\begin{aligned} z&=xy \\ &=(a10^2+b)(c10^2+d) \\ &=ac10^4+(ad+bc)10^2+bd \end{aligned}$$

只要计算出 ac、$ad+bd$ 和 bd 的值，也就计算出了 x 和 y 的乘积。这样就将 4 位数的相乘划分为 2 位数相乘。但是，不能直接用 4 次 2 位数相乘来计算 ac、ad、bc、bd 之值，那样的话，$O(n^2)$的工作量不能减少，而是分别计算出：

$$u=(a+b)(c+d)$$
$$v=ac$$
$$w=bd$$

于是

$$z=xy=v10^4+(u-v-w)10^2+w$$

这是因为

$$u=(a+b)(c+d)=ac+(bc+ad)+bd$$
$$bc+ad=u-v-w$$

于是，用 2 次 2 位数加法、3 次 2 位数乘法去完成一次 4 位数乘法，也就相当于用 2 次 2 位数加法代替 1 次 2 位数乘法。由于“加法比乘法容易”，即加法只要 $O(n)$工作量，所以这种代替可望减少工作量。

当 $x=1203$，$y=2019$ 时，计算 $z=xy$ 的实际步骤和结果如下：

$u=(a+b)(c+d)=(12+03)(20+19)=15\times39=585$

$v=ac=12\times20=240$

$w=bd=03\times19=57$

于是有

$$\begin{aligned}z&=xy\\&=v10^4+(u-v-w)10^2+w\\&=240\times10^4+(585-240-57)10^2+57\\&=2\,400\,000+28\,800+57\\&=2\,428\,857\end{aligned}$$

下面算法中的“位”指二进制位。将 n 位数分成两段时，每段 $n/2$ 位。为方便起见，只考虑位数 $n=2^k$ 的形式。

算法 7-4 求两个 n 位无符号大整数乘积的递归分治算法（文字描述形式）。

只给出递归部分。

步骤 1）若位数 n 较小，比如 $n=1$，直接返回 x 乘 y 之积；否则，进行下一步。

步骤 2）将 x 和 y 各划分成：

$$x=a2^{n/2}+b$$
$$y=c2^{n/2}+d$$

步骤 3）递归地计算出：

① $(a+b)$与$(c+d)$的乘积 u。

② a 与 c 的乘积 v。

③ b 与 d 的乘积 w。

步骤 4）返回 x 乘 y 的结果值：$v2^n+(u-v-w)2^{n/2}+w$。

用 $T(n)$表示完成两个 n 位整数乘的工作量，于是有

$$\begin{cases}T(1)=B & (n=1)\\ T(n)=3T\left(\dfrac{n}{2}\right)+Bn & (n>1)\end{cases} \tag{7-4}$$

式（7-4）中，B 是某个常数。

下面解释式（7-4）中每一项的含义，即式（7-4）的由来。

当 n=1 时，显然只要常数时间。

当 n>1 时，时间耗费包括递归调用的工作量和划分工作量两部分。

步骤 3 中的 3 处递归调用，每次计算两个 $n/2$ 位数相乘，故递归调用的工作量为 $3T(n/2)$。这里，假定 $a+b$ 和 $c+d$ 均不产生进位，仍然是 $n/2$ 位。

在该算法中，除递归调用以外的耗费都计入划分工作量，包括：

- 步骤 2 对 x 和 y 划分所需工作量，只需花费常数时间。因为只要改变 x 和 y 的表示形式。如用数组存储时，只要调整下标范围。

- 在步骤 4 中，有两项分别乘以 2 的 n 次方和乘以 2 的 $n/2$ 次方。因为，可以用移位代表乘以 2 的多少多少次方，所以这两处相乘的工作量不超过 n 的常数倍。此外，还可以用不同的“权值”表示当前数值应当乘以 2 多少次方，那么，这两处相乘只是个“记号”，不需花费时间，或只需花费常数时间。

- 步骤 4 和步骤 3 中加减法的工作量不超过 n 的常数倍。

于是，划分工作量不超过 n 的常数倍，是关于 n 的线性时间，这里表示为 Bn。

通过求解递推式（7-4），可以得出算法 7-4 的时间复杂性，求解步骤如下。

对式（7-4）反复迭代，得

$$T(n)=3^kB2^0+3^{k-1}B2^1+\cdots+3^2B2^{k-2}+3^1B2^{k-1}+3^0B2^k$$

提取公因子 2^k 后，得：

$$\begin{aligned}T(n)&=B2^k[(3/2)^k+(3/2)^{k-1}+\cdots+(3/2)^1+(3/2)^0]\\&=B(3^{k+1}-2^{k+1})\end{aligned}$$

用 $n=2^k$ 代入，并换底，得

$$\begin{aligned}T(n)&=3Bn^{\log_2 3}-2Bn\\&\leqslant O(n^{\log_2 3})\\&\approx O(n^{1.59})\end{aligned} \tag{7-5}$$

如果考虑 $a+b$ 和 $c+d$ 可能产生进位，只要设：

$$a+b=e2^{n/2}+f$$
$$c+d=g2^{n/2}+h$$

其中，e 和 g 是进位位，它们各占一位，其值为 0 或 1；f 和 h 分别为 $n/2$ 位。用$(e2^{n/2}+f)$代替步骤 3 中的$(a+b)$，用$(g2^{n/2}+h)$代替步骤 3 中的$(c+d)$，计算出 u 的值，并不会改变式（7-5）所得出的结论。

4．时间复杂性通用公式

可以将式（7-4）推广到一般情况。

采用递归分治法求解问题时，如果每次都将大小为 n 的问题，划分成 A 个大小为 n/C 个子问题，而且划分工作量是线性的（≤Bn）。这里，A、B、C 均为常数，可得出算法的时间复杂性 $T(n)$的递推式如下：

$$\begin{cases} T(1) = B & (n=1) \\ T(n) = AT\left(\dfrac{n}{C}\right) + Bn & (n>1) \end{cases} \tag{7-6}$$

用类似的方法，在 $n=C^k$ 的情况下，对式（7-6）反复迭代，得

$$\begin{aligned} T(n) &= Bn\left(1+\frac{A}{C}+\frac{A^2}{C^2}+\cdots+\frac{A^k}{C^k}\right) \\ &= Bn\sum_{i=0}^{\log_C n}\left(\frac{A}{C}\right)^i \end{aligned} \tag{7-7}$$

分下列3种情况讨论式（7-7）的解：

（1）$A<C$

$$\frac{A}{C}<1, \sum\left(\frac{A}{C}\right) \text{收敛} \sum_{i=0}^{\log_C n}\left(\frac{A}{C}\right)^i = D\ (D\text{是常数})$$

因而，

$$T(n)=BnD=O(n) \tag{7-8}$$

（2）$A=C$

$$\frac{A}{C}=1, \qquad \sum_{i=0}^{\log_C n}\left(\frac{A}{C}\right)^i = 1+\log_C n$$

因而，

$$T(n) = Bn(1+\log_C n) = O(n\log n) \tag{7-9}$$

（3）$A>C$

比照式（7-4）（那里 $A=3$，$C=2$），用 A 代替式（7-5）中的3，用 C 代替式（7-5）中的2，得

$$\begin{aligned} T(n) &= ABn^{\log_C A} - CBn = O(n^{\log_C A}) \\ &= O(n^d) \end{aligned} \tag{7-10}$$

其中，$d=\log_C A$，因为 C 和 A 是常数，且 $A>C$，所以 d 是大于1的常数。

5．平衡原则和递归分治法小结

本书有不少算法可以归结为“分治法”。典型的算法有二分查找、快速排序、合并排序等。

二分查找算法是通过一次对中值点的比较，把长度为 n 的有序段分成两段，并递归地查找其中的一段。

快速排序的实质是“递归地划分”，通过划分元素将一个划分段分成两个小的划分段，并递归地对两个小划分段分别进行划分。

递归的合并排序算法，每次将一个无序序列分成二个子序列，递归地对各子序列分别排序，再合并成“大”的有序序列。

二分查找和合并排序都遵循“平衡原则”，每次划分都能保持子问题的大小平衡，所以效

率就高。

合并排序的划分工作量是线性的，符合递推式（7-6）的条件，又由于 $A=C=2$，所以时间复杂性为 $O(n\log n)$，与式（7-9）一致。

二分查找的划分工作量不是线性的，而是 $O(1)$的，不符合递推式（7-6）的条件，而且 $A<C$（$A=1$，$C=2$），所以时间复杂性不同于式（7-9），是 $O(\log n)$的。

快速排序无法做到"保持子序列的大小平衡"，只有在理想情况下，每次划分都得到长度近似相等的两个子序列，在这种情况下，排序速度快，时间复杂性为 $O(n\log n)$。

但是，当划分元素简单地选用序列的首项，输入数据已接近有序时，划分会得到一个长度为 0，另一个长度为 $n-1$ 的子序列，子序列极不平衡，在这种极端情况下，排序速度特别慢，时间复杂性为 $O(n^2)$。

甚至顺序查找算法也可认为是"分治法"，只不过，一次测试总是将一个长度为 n 的序列分成一个长度为 0 的子序列和一个长度为 $n-1$ 的子序列，所以效率不可能高。

平衡原则不仅对分治法极其重要，对于支持算法的数据结构也要考虑平衡。例如，不作平衡处理的一般检索树，容易使左右子树严重失衡，从而使得最坏情况下查找、插入、删除等运算的效率不高；而平衡树（包括 VAL 树、红黑树、B 树、B+树、2-3 树等）能够保持各个结点的左右子树都平衡，或大致平衡，运算速度就快得多。

7.3.2 贪心法

1. 示例

贪心法是用于求解最优化问题的一种简单而直观的方法。

从下面的例子可以体会出贪心法的含义。

例 7-4 一般背包问题。

用一个最大负载重量为 M 的背包去装编号为 1，2，…，n 的物品，其中，物品 i（$i=1$，2，…，n）的重量为 w_i，价值为 p_i，这里 w_i 和 p_i 都是正实数。若取物品 i 的一部分 x_i（$0\leqslant x_i\leqslant 1$）装入背包中，就能获得 x_ip_i 的利益。

问如何装包，使包中物品重量不超过 M，而使总利益最大，即满足：

$$\sum_{i=1}^{n} w_i x_i \leqslant M,\quad \sum_{i=1}^{n} x_i p_i \text{ 最大}$$

显然，最直观的做法是，尽量多装那些单位重量价值 $\dfrac{p_i}{w_i}$ 大的物品，就能获得最大利益，这也许正是"贪心"一词的由来。

例如，背包的最大载重量 $M=20$，现有 3 种物品：物品 1 的重量 $w_1=18$，价值 $p_1=25$；物品 2 的重量 $w_2=15$，价值 $p_2=24$；物品 3 的重量 $w_3=10$，价值 $p_3=15$。

计算出各物品单位重量的价值：

$$\frac{p_1}{w_1}=\frac{25}{18}\approx 1.39$$

$$\frac{p_2}{w_2}=\frac{24}{15}=1.6$$

$$\frac{p_3}{w_3}=\frac{15}{10}=1.5$$

单位重量的价值由高到低依次是：物品2、物品3、物品1。

把物品2全部装入背包（x_2=1），背包余量为 $m=M-w_2=20-15=5$。再装物品3，但最多可装其一半（$x_3=\frac{1}{2}$）背包就满了，物品1就装不下了（x_1=0）。

检查背包的总负荷：

$$\sum_{i=1}^{3}x_iw_i=0+1\times 15+\frac{1}{2}\times 10=20=M$$

获得的总利益为：

$$\sum_{i=1}^{3}w_ip_i=0+1\times 24+\frac{1}{2}\times 15=31.5$$

2．一般原理

用贪心法求解的问题都涉及一个目标函数（如例 7-4 中装包所带来的利益）。而问题的解（例 7-4 中的装包方案）要受某个约束条件的限制（例 7-4 中，受包的最大负载量限制）。凡是不破坏约束条件的解都是问题的“可行解”。在多个可行解中，使目标函数取极值（极大值，或极小值）的可行解就是问题的最优解。

用贪心法寻找问题最优解的具体做法是：每次选取最有希望获得最优解的元素作为解的一部分（在例 7-4 中，先捡“贵的”装），并检查约束条件（看包满了没有），如果破坏了约束条件（超载），就舍弃这个元素，另选下一个可选元素（少装点）。

背包问题的可行解可以看作一个解向量 $\boldsymbol{X}=(x_1, x_2, \cdots, x_n)$，各 x_i 是解向量中的一个成员。例 7-4 最优解的解向量是：

$$\boldsymbol{X}=\left(0, 1, \frac{1}{2}\right)$$

前面介绍的 Kruskal 算法、Prim 算法、Huffman 算法和 Dijkstra 算法都用到了贪心法原理。

最小耗费生成树的解是图的一个子图，约束条件是子图必须是生成树，即不含回路的连通子图。目标函数是生成树边长之和，最优解是目标函数边长之和取极小值，贪心措施都是尽可能地选择短边。Kruskal 算法采用子树合并法，逐一从边集 E 中选出最短边，作为最优解的一部分。当把一条边加进生成树中形成回路，破坏了约束条件，就舍弃这条边。Prim 算法则采用子树扩充法，每次选取一端点在子树中，另一端点不在子树中的边加进子树，以保证不破坏约束条件。

Huffman 算法涉及的目标函数是树的权 $W(T)=\sum_{i=1}^{n} w_i t_i$，约束条件是 n 片叶子的二叉树，最优性 $W(T)$取极小值。构造哈夫曼树的贪心措施是尽量使权较小的叶处在树的底层，远离根结点，使权较大的叶处在离根较近的上层。所以每次合并两棵权较小的树成一棵树。

用 Dijkstra 算法求解的单源最短路径问题时，所用的“贪心措施”不那么明显，却也容易看出，总是先检“近路走”，使得到达每个顶点的路径都是最短的。

值得说明的是，贪心法并不能用来求解所有的最优化问题，有些问题即便用贪心法能够求出一个解，但所求的解也不一定就是最优的。例如“0/1 背包问题”：物品不能拆零装包，每个物品要么整个装入它，要么舍弃它。0/1 背包问题属于 NP–完全问题。

7.3.3 动态规划法

1. 一般原理

动态规划是求解最优化问题的常用方法之一，该方法采用一种“最优化原理”。先求解小问题，再求解大问题。每解出一个子问题，都把它的最优解记录下来，留待求解较大问题时查阅使用，从而避免了重复计算。以小问题解的最优性，保证大问题解的最优性。

Floyd 算法和构造最优检索树的算法都属于动态规划法。

用 Floyd 算法求每对顶点间最短路径时，逐步扩大中间过渡点集 U，每次都记下每对顶点 v_i 和 v_j 之间，可穿过 U 中的顶点相连的一条最短路径 P_{ij}，及其长度 D_{ij}。以便 U 再次扩大时，比较已经找到的路径与新发现的一条路径的长度，从中选出较短者。

构造最优检索树时，采用自下而上的构造方法。先构造下层各个子树，再构造上一层子树。在构造出所有相邻 t 个及少于 t 个结点的最优树 T_{ij}，并求出它的根 r_{ij}、耗费 C_{ij} 之后，利用已求出的那些 T_{ij}、r_{ij} 和 C_{ij} 构造由那些 t+1 个相邻点组成的最优树。

2. 示例

下面用一个典型例子，进一步说明动态规划方法和最优化原理。

（1）问题的描述

例 7-5 求矩阵连乘的最优相乘次序。

众所周知，多个矩阵连乘不满足交换律，但满足结合律。但是，不同的结合方式，也就是加括号的方法不同，产生不同的计算次序。而不同的计算次序，数乘的计算量会有所不同，尤其是相邻矩阵的行列数相差较大时，计算量的差异会很大。

用“常规方法”求两个矩阵的积矩阵：

$$A_{m,n} \times B_{n,r}$$

需要进行 $m \times n \times r$ 次元素相乘运算。

多个矩阵连乘时，要求相邻的矩阵“中间”维数必须相等。例如：

$$\boldsymbol{A}_{10,20} \times \boldsymbol{B}_{20,50} \times \boldsymbol{C}_{50,1} \times \boldsymbol{D}_{1,100} = \boldsymbol{E}_{10,100}$$

共有5种不同的相乘次序：

1）$\boldsymbol{A}_{10,20}\times\boldsymbol{B}_{20,50}\times\boldsymbol{C}_{50,1}\times\boldsymbol{D}_{1,100}$ 即依次相乘。

需要数乘次数：10×20×50+10×50×1+10×1×100=11 500。

2）$(\boldsymbol{A}_{10,20}\times\boldsymbol{B}_{20,50})\times(\boldsymbol{C}_{50,1}\times\boldsymbol{D}_{1,100})$

需要数乘次数：10×20×50+50×1×100+10×50×100=65 000。

3）$\boldsymbol{A}_{10,20}\times(\boldsymbol{B}_{20,50}\times\boldsymbol{C}_{50,1})\times\boldsymbol{D}_{1,100}$

需要数乘次数：20×50×1+10×20×1+10×1×100=2 200。

4）$\boldsymbol{A}_{10,20}\times((\boldsymbol{B}_{20,50}\times\boldsymbol{C}_{50,1})\times\boldsymbol{D}_{1,100})$

需要数乘次数：20×50×1+20×1×100+10×20×100=23 000。

5）$\boldsymbol{A}_{10,20}\times(\boldsymbol{B}_{20,50}\times(\boldsymbol{C}_{50,1}\times\boldsymbol{D}_{1,100}))$

需要数乘次数：50×1×100+20×50×100+10×20×100=125 000。

最坏的是第5种，需要做125 000次数乘；最好的是第3种，只需要做2 200次数乘。可见差别之大。

n个矩阵连乘有n–1个乘号，这n–1个乘号不同的运算次序共有$C(2(n-1), n-1)/n$种。它是一个组合数，即n–1阶Catela数。如果用“穷举法”，先算出每种可能各需多少次数乘运算，然后再从中选出最优的运算次序，那么为求最优性所花费的工作量将是n的指数阶的。若连乘的矩阵个数n较大时，采用这种“穷举法”是不科学的。

（2）求解方法

用动态规划法可以在$O(n^3)$时间内求出最优的相乘次序。

编号从0～n–1的n个矩阵连乘，共有n–1个乘号和n+1个维数，这些乘号依次编号0，1，2，…，n–2；维数分别记作r_0，r_1，r_2，…，r_n，即矩阵0的维数为（r_0，r_1），矩阵1的维数是（r_1，r_2），…，矩阵i的维数是（r_i，r_{i+1}），…，最后一个矩阵的维数是（r_{n-1}，r_n）。

使用两个二维数组。

1）数组$m[n][n]$的元素$m[i][j]$（$i\leqslant j$）用于记录从矩阵i连乘到矩阵j时，最少的数乘次数。j–i+1就是参加连乘的矩阵个数，而j–i就是中间的乘号个数。

2）数组$p[n][n]$的元素$p[i][j]$（$i\leqslant j$）用于记录使$m[i][j]$达最少值的“最后一次”相乘的乘号的序号。

采用从“下层”逐步到“上层”的计算方法。先计算两两相邻矩阵相乘的最少数乘次数，再计算3个3个相邻矩阵连乘的最少数乘次数……，最后计算n个矩阵连乘的最少数乘次数。在计算上层数值时，将利用下层的计算结果。

现推导出$m[i][j]$（$i\leqslant j$）的计算公式（7-11），如下：

$$\begin{cases} m[i][j]=0 & (i=j) \\ m[i][j]=\mathop{\mathrm{MIN}}\limits_{i\leqslant k<j}(m[i][k]+m[k+1][j]+r[i]\times r[k+1]\times r[j+1]) & (i<j) \end{cases} \tag{7-11}$$

其中，MIN是k从i变化到j–1时，选出一个最小值作为$m[i][j]$的值。在记住最小值的同时，把使$m[i][j]$达最小值的k记在$p[i][j]$中。

只要对所有可能的 $i \leqslant j$，计算出数组 $m[n][n]$ 和 $p[n][n]$ 的各有关元素值，然后再对数组 $p[n][n]$ 进行"遍历"，即完成该题。

（3）求解算法的描述

下面给出用动态规划法计算 $m[n][n]$ 和 $p[n][n]$ 的算法，而对 $p[n][n]$ 的遍历方法请参阅 3.2.1 节二叉树的遍历。

算法 7-5 计算矩阵连乘最优相乘次序的动态规划算法（伪程序）。

```
void Mult_matrix (***)                                //***表示必要的参数
{ ***;                                                //局部量定义部分
1.  for(i=0;i<n;i++)m[i][i]=0;
2.  for(s=1;s<n;s++)                                  //s 是参加相乘的矩阵个数
3.    for(i=0;i<n–s;i++)
4.    {  j=i+s; m[i][j]=UQD;                          //UQD 是无穷大常数
5.       for(k=i;k<j;k++)
6.       {  u=m[i][k]+m[k+1][j]+r[i]*r[k+1]*r[j+1];
7.          if(u<m[i][j])m[i][j]=u, p[i][j]=k;
         }
    }
}
```

（4）算法 7-5 时间复杂性

算法 7-5 的时间复杂性为：

$$T(n)=O(n^3)$$

其中 n 是矩阵个数。计算过程如下：

语句 1 用 $O(n)$ 时间对数组 m 初始化。

语句 2 是三重循环。最外层循环循环 $n-1$ 遍，第 s 次循环时，第二层语句 3 将循环 $n-s$ 次，而最内层循环执行 s 次，所以，最内层循环总次数为：

$$\begin{aligned}\sum_{s=1}^{n-1} s(n-s) &= n\sum_{s=1}^{n-1} s - \sum_{s=1}^{n-1} s^2 \\ &= \frac{n^3}{6} - \frac{n}{6} \qquad (7\text{-}12) \\ &= O(n^3)\end{aligned}$$

7.3.4 搜索-回溯法

1. 基本思想

搜索-回溯法采用"尝试-纠错原理"，试探性地寻求问题的解向量。

与贪心法相似，问题也涉及某个目标函数和约束条件，如果希望寻求问题的最优解，同样需要使目标函数取极大或极小值。

与贪心法不同的是，求解过程是试探性的，如果破坏了约束条件，不仅当前求出的解向量的成员要放弃，要重新试探，而且有可能波及前面已经求好的解向量成员，它们也要放弃，并重新试探。

实际上，搜索-回溯法属于一种“穷举法”，试探性地向前搜索，若破坏约束条件，在当前“无路可走”的情况下，回头另找出路。

2．示例

（1）问题的描述

例 7-6 八皇后问题（高斯，C. F. Gauss，1850 年）。

众所周知，国际象棋盘上共有 8 行 8 列，8×8 个方格，每格只能放一个棋子。如果能在棋盘上放置 8 个皇后（棋子）q_1，q_2，…，q_8，使得没有任何一个皇后能攻击（即吃掉）其他皇后，即为安全布局。现探讨如何获得一个安全布局。

由国际象棋规则，皇后可以吃掉与它同处一条直线或斜线的任何敌方棋子。一个安全布局必须使任两个皇后不同行、不同列、不同对角线。

采用尝试-纠错的试放法。每次试放一个棋子（尝试），观察它是否安全，它会不会被已经放好的棋子吃掉，若不安全，则重新试放。若本棋子的可放位置试完仍不安全，则调整前面的布局（纠错）。

因为任两个皇后不能同行，显然要使 8 个皇后都安全，每行只能放一个。不失一般性，可将第 i 个皇后 q_i 试放在第 i 行某列上（$1 \leqslant i \leqslant 8$）。

（2）求解方法

下面的算法中，用 i 表示皇后 q_i 的下标。i 从 1 变到 8，表示依次试放 q_1 到 q_8。

具体做法是：试放皇后 q_i 时，总是从第 i 行第 1 列开始试放。

如果将 q_i 试放在第 j 列时不安全，也就是与前面已放好的皇后 $q_1 \sim q_{i-1}$ 有冲突，就将其试放在第 j+1 列；如果安全，就将其“暂时”放在这里，接着试放下一个皇后 q_{i+1}。对于 q_i 来说，如果 8 个位置都试完，仍不能为 q_i 找到一个安全位置，则说明前一个皇后 q_{i-1} 位置不对，应当重新试放 q_{i-1}。也就是向前回溯，退回到 q_{i-1}。递推地，若 q_{i-1} 的位置试完仍不安全，则要退回到 q_{i-2}，直至退到 q_1。

图 7-3 给出了一个安全布局。

（3）求解算法的描述

算法 7-6 求解八皇后问题的算法（文字叙述形式）。

步骤 1）置 i 等于 1。

步骤 2）将 q_i 试放在“下一个”可选位置上。

步骤 3）若 q_i 的位置试完，即列号超过 8，则转步骤 8；否则继续下一步。

步骤 4）检查 q_i 的试放位置与已经放过的各 q 是否冲突。

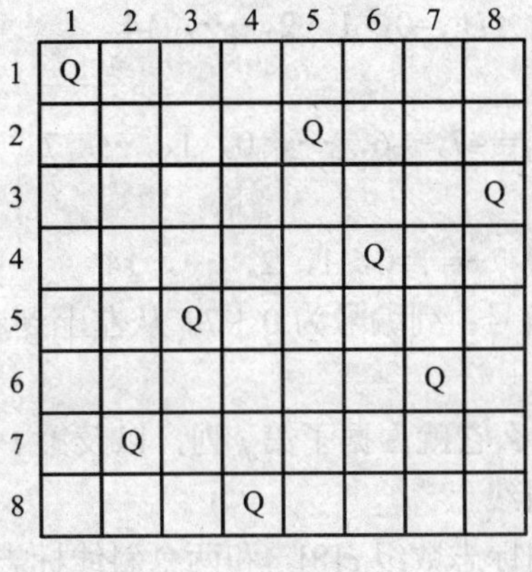

图 7-3 八皇后的一个安全布局

步骤 5）若冲突，即 q_i 不安全，则转步骤 2；否则继续下一步。

步骤 6）若 i 等于 8，即所有的 q 均放置好，则得到一种安全布局，输出这组布局，结束；否则，继续下一步。

步骤 7）i++，转步骤 2，即准备试放下一个 q_i。

步骤 8）取回 q_i。

步骤 9）若 i 等于 1，则说明 q_1 的所有位置都已经试完，仍冲突，那么本问题无解，结束；否则（即 i>1），继续下一步。

步骤 10）i--（即重新试放 q_{i-1}）。

步骤 11）转步骤 2。

（4）算法的实现方法

用数组 $s[8]$表示棋盘，若 $s[i]=j$，则表示把 q_i 试放在棋盘的第 i 行第 j 列位置上，相应的皇后编号从 0～7，列号也从 0～7。

试放 q_i 时，使 j 从 0 变到 7，以寻找放 q_i 的一个安全位置。如果，当 j=7 时仍不安全，表示位置试完，要向前回溯。回溯时，只要取回 q_i，再为 q_{i-1} 寻找“下一个”安全位置。

下面分析如何进行“安全检查”。

设某两个皇后 q_i 和 q_k，其中，q_i 放在第 j 列，q_k 放在第 x 列，即 $s[i]=j$，$s[k]=x$。

若 $j=x$，则说明 q_i 与 q_k 同列，不安全。

若$|i-k|=|j-x|$，则说明 q_i 与 q_k 同处一条斜线上，也不安全。除此之外，都安全。

将$|i-k|=|j-x|$作变换，得两种情况，即

$$i+j=k+x$$

或

$$i-j=k-x$$

因为 $0\leqslant i\leqslant 7$，$0\leqslant j\leqslant 7$，所以

$$i+j=0，1，2，\cdots，14$$

和

$$i-j=-7，-6，\cdots，0，1，\cdots，7$$

第二种情况，可以化作

$$7+i-j=0，1，2，\cdots，14$$

对可能冲突的三组线进行编号：列编号为0～7。从左上到右下、从右上到左下的两组斜线分别编号为0～14。

若q_i放置在第i行j列，那么它就占据了第j列，以及第$i+j$和第$7+i-j$两条斜线，其他皇后就不能再放在该列和这两条斜线上。

只要设置3个标志数组，列标志数组$c[8]$，和两个斜线标志数组$d[15]$、$e[15]$。使它们具有初值0，一旦把q_i放在第i行第j列，就置$c[j]$、$d[i+j]$和$e[7+i-j]$为1。取出q_i时，使它们恢复为0。作安全性检查时，只需检查三者是否都为0。

具体实现程序从略。

（5）求出所有安全布局的方法

只要对算法7-6略加修改，即可求出所有安全布局。具体做法如下。

1）将步骤6改为：

若i等于8，则得到一种安全布局，输出这组布局，并置i等于8，转步骤2)；否则，继续下 步。

2）将步骤9改为：

若i等于1，即q_1的所有位置都已经试完，仍冲突，已求出所有解或无解，结束；否则继续下一步。

其余步骤不变。

经过计算，八皇后问题共有92组解。

上述算法可推广到任意n后问题：将n个皇后，放在$n\times n$的棋盘上，寻找安全布局。

搜索-回溯法同样可用来求解图的着色问题，以及寻找哈密尔顿回路和最短哈密尔顿回路问题等。

着色问题说的是，为无向图的每个顶点着色，使相邻顶点不同色，并且使用的颜色数最小。

哈密尔顿回路问题说的是，在无向图或有向图中寻找一条回路，该回路经过图中每个顶点一次，且仅一次。如果图中的边带有不同的长度，可能还要求找出最短的哈密尔顿回路。

习题

[填空题]

7.1 提高计算机运行速度对算法的影响效果是算法越好___（1）___，对无效算法而言，无论计算机运行速度提高多少倍，所能处理问题大小n___（2）___。

7.2 用“好算法”代替“劣算法”时，算法的时间性能相差越大________。

7.3 提高计算机运行速度与改进算法相比，__(1)__更合算。改进算法受__(2)__的限制。

7.4 研究问题的固有难度是__(1)__、__(2)__、__(3)__，以及证明问题的NP-完全性的依据。

7.5 证明“问题S是NP的”通常使用__(1)__方法。证明“NP问题S是NP-完全的”有两种方法，第一种方法是__(2)__，第二种是__(3)__。

[选择题]

7.6 在研究问题的固有难度和算法的时间复杂性时，更多的是研究____。

A．问题固有难度的上界和算法的时间复杂性的上界

B．问题固有难度的下界和算法的时间复杂性的上界

C．问题固有难度的上界和算法的时间复杂性的下界

D．问题固有难度的下界和算法的时间复杂性的下界

7.7 NP问题指的是____。

A．不存在多项式解的问题

B．不存在确定性多项式解的问题

C．存在不确定性多项式解的问题

D．存在确定性多项式解的问题

7.8 NP-完全问题指的是____。

A．NP问题的另一种说法

B．完整的不折不扣的NP问题

C．其他NP问题都能多项式地翻译成该问题

D．绝对不是P类问题的NP问题

7.9 不确定性算法指的是____的算法。

A．含有不确定性转向语句

B．每一步执行的结果是不确定的

C．执行的总步数是不确定的

D．算法本身是不确定的

[基本概念题]

7.10 简述算法的重要地位。

7.11 简述问题固有难度紧贴界、算法时间复杂性紧贴界以及最优算法的含义。

7.12 证明从 n 个元素中找出一个最大元素，至少需要 $n-1$ 次比较。

7.13 写出不确定算法的时间复杂性定义。

7.14 简述常用的求解问题的算法设计方法，并对每种方法举一示例说明。

7.15 简述用分治法求解问题的必要条件，以及能够导出有效算法的必要条件。

7.16 证明式（7-3）的解为 $T(n)=\frac{3}{2}n-2$。

[算法设计题]

7.17* 修改算法7-4，将 x 和 y 各分成3段（或4段）的情况。求出时间复杂性，并与算法7-4的结论相比较，确定分成2段、3段、4段哪个更好些。

7.18 试写出用递归的分治方法求整数集合 S 的第 k 个最小元素的算法，这里 $1\leqslant k\leqslant |S|$。

提示：任找 S 的一个划分元素 x，将集合分成3段，所有小于 x 元素在 $S1$ 中，等于 x 的元素在 $S2$ 中，大于 x 的元素在 $S3$ 中。通过“数” $S1$ 和 $S2$ 中的元素个数，从而确定下一步将递归地在 $S1$ 中找，还是在 $S3$ 中找，

或者已经找到。

7.19 写出求解背包问题的算法，并编程实现。

7.20 试分别用手工方法和贪心法为下面的 0/1 背包问题求出一个“最优解”，并加以对照，说明贪心法求出的解并非真正最优。

背包的最大负载 M=39。4 种不可拆零的物品其重量分别为 w_1=18，w_2=11，w_3=30，w_4=10，它们的价值分别为 p_1=70，p_2=40，p_3=120，p_4=38。

7.21* 编程实现算法 7-5。

7.22 [着色问题] 用编号为 1～m 的 m 种颜色对 n 个顶点无向图的各顶点着色，使得任何相邻的顶点不同色。

试（用搜索-回溯法）设计一个寻找着色方案的算法（用文字叙述）。若 m 种颜色不够，应找出最小可以着色的颜色数。

7.23* [马步图]8×8 的国际象棋棋盘上任一个格中放一个棋子“马”。使其从它的原位置出发，按象棋规则连续地跳 64 步，又回到原来位置，并且每个格子都恰走过一次。试写出寻找马步图的算法（用文字叙述）。

[基础实验题]

7.24 （1）实现算法 7-3，n 是 2 的 k 次幂的形式。

（2）全面实现算法 7-3，n 任意，即不一定是 2 的 k 次幂。导出关于比较次数的递推方程，并计算出比较次数。

7.25 编程实现算法 7-6。

（1）求出一个安全布局。

（2）求出所有安全布局。

（3）求出所有“互不同构的”安全布局。即不能由一个安全布局经旋转，或翻转得到另一个安全布局。

[综合实验题]

7.26 实现算法 7-4，并考虑 $a+b$ 和 $c+d$ 可能产生进位的情况。

第 8 章*

数据结构的类实现

本章给出用 C++的类实现表、树、图等基本数据结构的程序范例。先介绍简单的类封装示例，再逐步介绍类模板、类继承的用法示例。由于示例程序中所用的数据结构和处理函数都是前几章介绍过的，所以下文不再对程序语句的功能进行讲解。

8.1 表结构的类

8.1.1 栈类和队类

1. 整体量定义部分

```
#define    EMPTY    -1                  //空栈顶指针
typedef int    op_code;                 //操作返回码类型
const    op_code    YES=1;              //成功返回码
const    op_code    NOT=0;              //不成功返回码
typedef int element_type ;              //元素类型
const int    m=1000;                    //空间大小
```

2. 栈类

栈操作将涉及栈顶指针、栈的存储空间、栈的初始化、进栈函数和退栈函数等，它们都将作为栈类的数据和成员函数。

下面给出一种最典型的，也是简单的顺序栈类定义方式和引用方式。

（1）定义方式

```
class Cstack                            //定义栈类
{
private:
    int top;                            //栈顶指针
    element_type s[M];                  //栈空间
public:
    Cstack( );                          //构造函数声明
    bool empty( ) const;                //测试栈空否函数声明
    op_code pop(element_type & x);  //退栈函数声明
```

```
    op_code push(element_type x);              //进栈函数声明
};
Cstack::Cstack( )                              //定义构造函数
{   top=EMPTY;   }
bool Cstack::empty( ) const                    //定义测试栈空否函数
{   if(top==EMPTY)return true;
      else  return  false;
}
op_code Cstack::push(element_type  x)          //定义进栈函数
{   if(top==M-1)  {return NOT; }               //栈已满，进栈不成功
      else  { s[++top]=x; return YES;}         //进栈成功
}
op_code Cstack::pop(element_type &x)           //定义退栈函数
{   if(top==EMPTY) return  NOT;                //栈空，退栈不成功
        else  x=s[top--];
   return YES;                                 //退栈成功
}
```

（2）引用方式

可以在使用栈的函数内定义一个栈对象，并对其操作，例如：

```
Cstack  sa;                                    //sa 是栈对象
sa.push(x);                                    //x 进栈
sa.pop(x);                                     //x 出栈
```

3．循环队类

循环队类的成员数据和成员函数与栈类差不多，其定义方式和引用方式如下。

（1）定义方式

```
class  Cqueue                                  //定义循环队类
{
private:                                       //成员数据
    int first,last;                            //头尾指针
    element_type q[M];                         //队空间
public:                                        //成员函数
    Cqueue( );                                 //构造函数声明
    op_code addq(element_type  x);             //进队函数声明
    op_code delq(element_type  &x);            //出队函数声明
};
```

```
Cqueue::Cqueue( )                              //定义构造函数
{    first=last=0;  }
op_code Cqueue::addq(element_type x)           //定义进队函数
{  if((last+1)%M==first)   return  0;          //队已满，进队失败
   q[last]=x;
   last=(last+1)%M;
   return 1;                                   //进队成功
}
op_code Cqueue::delq(element_type &x)          //定义出队函数
{  if(first==last)     return 0;               //队空，出队失败
   x=q[first];
   first=(first+1)%M;
   return   1;                                 //出队成功
}
```

（2）引用方式

可以在使用循环队的函数内定义一个队对象，例如：

```
Cqueue   qa;                                   //qa 是循环队对象
qa.addq (x);                                   //x 进队
qa.delq(x);                                    //x 出队
```

8.1.2 顺序表类

下面定义的顺序表类，其成员数据包括表名称、长度、存储空间；成员函数包括查找、插入、删除、输出等主要函数，和一些辅助函数。

1. 整体量定义部分

```
typedef   int   element_type;                  //元素类型
typedef   int   op_code;                       //操作返回码类型
const int   N=100;                             //空间大小
const int   name_length=20;                    //表名称长度
const   op_code   NOTFOUND=-1;                 //无效地址
const   op_code   OK=1;                        //操作成功标记
const   op_code   overflow=2;                  //上溢标记
const   op_code   underflow=3;                 //下溢标记
const   op_code   range_error=4;               //下标超界标记
```

2．顺序表类的定义和引用

（1）定义方式

```
class List                                              //顺序表类 List
{
private:
    char   list_name[name_length];                      //表名称
    int    length ;                                     //表长度
    element_type    a[N];                               //存储空间
public:                                                 //成员函数
     List( );                                           //构造函数声明
     void getname( );                                   //读入表名称函数声明
     op_code insert(int position, element_type x);      //插入函数声明
     op_code remove(int position, element_type &x);     //删除函数声明
     op_code search(int & position, element_type x);    //查找函数声明
     void display(        );                            //输出函数声明
     void clear( );                                     //初始化声明
     bool full( );                                      //测试表满否函数声明
     bool empty( );                                     //测试表空否函数声明
     int size( );                                       //取表的当前长度函数声明
};
//对成员函数的定义部分
List::List( )                                           //定义构造函数
{ length=0; list_name[0]='\0';}
void List::getname( )                                   //定义读表名称函数
{    gets(list_name);    }
void List::clear( )                                     //定义表初始化函数
{    length=0; }
bool List::full( )                                      //定义测试表满否函数
{    if(length==N) return true;
       else    return false;
}
bool List::empty( )                                     //定义测试表空否函数
{    if(length==0) return true;
       else    return false;
}
```

```
int List::size( )                                          //定义取表长函数
{  return length; }
op_code List::insert(int position, element_type x)         //定义插入函数
//将元素 x 插在 position 位置
{   if(full( )) return overflow;
    if(position<0||position>length) return range_error;    //position 越界
    for(int j=length–1; j>=position; j--) a[j+1]=a[j];     //元素右移
    a[position]=x;                                         //插入
    length++;                                              //表长增 1
    return OK;                                             //插入成功
}
op_code List::remove(int position, element_type &x)        //定义删除函数
//将 position 处的元素删除，并存入变量 x
{  if(empty( )) return underflow;                          //表空
   if(position<0||position>length-1) return range_error;   //position 越界
   x=a[position];                                          //保存被删除的元素
   for(int j=position; j<length; j++) a[j]=a[j+1];         //元素左移
   length--;                                               //表长减 1
   return OK;                                              //删除成功
}
op_code List::search(int &position, element_type x)        //定义查找函数
//在表查找值为 x 的元素，并返回其地址 position
{  for(int i=0; i<length; i++)
   if(a[i]==x) { position=i; return OK; }                  //找到 x
   return   NOTFOUND;                                      //没找到 x
}
void List::display( )                                      //定义输出函数
{    for(int i=0; i<length; i++)
         cout<<setw(4)<<a[i];                              //setw 函数定义于 iomanip.h
     cout<<endl;
}
```

当然，如果需要，还可以为 List 类增加一些成员函数。

（2）引用方式

用 List 类定义对象的示例：

```
List   List_a;                                             //List_a 是表对象
```

插入 x 的操作示例：

```
int k=List_a.insert(List_a.size( ),x);
//根据返回值 k，决定后续处理步骤
```

8.1.3 链表类

本节以单向加头有序链表为例，介绍链表类的一般定义方法和引用方法。

这里采用将结点类和链表类分开定义的方式。因为，不同种类的链表，可能具有相同的结点结构，单独定义的结点类可以为多个链表类所共享。此外，将链表类指定为结点类的友元类，以便链表类的成员函数访问结点类的非公有成员。

1. 整体量和结点类的定义

```
#define End_elm 0                                                           //输入结束标记值
#define NOTFOUND 0
#define OK 1
class linkList;                                                             //声明
class linkListNode                                                          //定义结点类
{
  friend class linkList;                                                    //友元声明
public:
   linkListNode(int d=0, linkListNode *link=NULL):data(d),next(link){}      //构造函数
private:
  int data;                                                                 //值域
  linkListNode *next;                                                       //链域
};
typedef linkListNode* linkListNodeptr;                                      //定义指针类型
```

2. 链表类的定义

```
class linkList                                                              //定义单向加头有序链表类
{
private:
   linkListNodeptr head;                                                    //首指针
   void location( linkListNodeptr &p, linkListNodeptr &q, int value);       //定位函数
public:                                                                     //公有成员函数的声明
   linkList( );                                                             //构造函数声明
   ~linkList( );                                                            //析构函数声明
   int Length( ) const;                                                     //求长度函数声明
```

```
    linkListNodeptr   search(int value);                                      //查找函数声明
    void creatlink( );                                                        //构造有序链表函数声明
    void insert( int value);                                                  //插入结点函数声明
    int   remove( int value);                                                 //删除当前结点函数声明
    void display( );                                                          //输出函数声明
};
//以下是成员函数的定义部分
linkList::linkList( )                                                         //构造函数
{   head=new linkListNode;                                                    //造表头结点
    head->next=NULL;
}
linkList::~linkList( )                                                        //析构函数
{   linkListNodeptr   p;
    while(head!=NULL)
        { p=head;   head=head->next; delete p; }
}
void linkList::location(linkListNodeptr &p,linkListNodeptr &q,int value)     //定位函数
{   q=head;
    p=head->next;
    while(p!=NULL)
        if(p->data>=value) return;                                            //有序查找
            else { q=p;   p=p->next;}                                         //双指针搜索
}
void linkList::display( )                                                     //输出函数
{   linkListNodeptr   p=head->next;
    cout<<"display link:"<<endl;
    while(p!=NULL)
        { cout<<(p->data)<<"     "; p=p->next;}
   cout<<endl;
}
int linkList:: Length( ) const                                                //求链表长度函数
{   int count=0;
    linkListNodeptr   p=head->next;
    while(p!=NULL)
        { count++; p=p->next; }
```

```
    return count;
  }
  linkListNodeptr   linkList::search(int value)                          //查找函数
  {  linkListNodeptr   p=head->next;
     if(p==NULL) return   NULL;                                          //表空
     while(p!=NULL)                                                      //查找
         if(p->data<value) p=p->next;                                    //有序查找
          else
         if(p->data==value)   return p ;                                 //查找成功
          else   break;
    return   NULL;                                                       //查找不成功
  }
  void linkList::insert(int value)                                       //插入函数
  {   linkListNodeptr p, q, r;
      r=new linkListNode;                                                //申请结点
      r->data=value;
      r->next=NULL;
      location(p,q,value);                                               //确定有序位置
      if(q==head)                                                        //插在表头处
      { r->next=head->next;   head->next=r;}
      else                                                               //插在表中或表尾
      {     r->next=p;   q->next=r;}
  }
  void linkList::creatlink( )                                            //构造初始链表函数
  {   int   x;
      cout<<"构造初始链表，请输入数据，以 0 结束。"<<endl;
      cin>>x;
      while(x!=End_elm){ insert(x);   cin>>x;}
  }
  int linkList::remove(int value)                                        //删除函数
  {   linkListNodeptr   p, q;
      if(head->next==NULL)   return NOTFOUND;                            //空表
      location(p,q,value);                                               //查找
      if(p==NULL||p->data!=value) return NOTFOUND;                       //没找到
      q->next=p->next;                                                   //修改前驱链域
```

```
    delete p;                                                  //删除
    return   OK;
  }
```

3. 链表类的引用

下面给出引用链表类的主函数，实际上，这个主函数也是链表类的调试环境。

可以将上面两段程序和下面的主函数，再配上必要的预处理命令，装配成一个完整程序。运行这个程序，可以创建一个有序链表，并对链表进行查找、插入、删除、输出等一系列操作。

```
void   main( )
{ linkList   clist;                                        //定义链表对象
  int   n,x,c=1,p;
  clist.creatlink( );                                      //创建初始链表
  while(c)                                                 //循环操作
  {
    //提示操作菜单
    cout<<" 1:   insert"<<endl;                            //插入结点
    cout<<" 2:   delete"<<endl;                            //删除结点
    cout<<" 3:   search"<<endl;                            //查找结点
    cout<<" 4:   display"<<endl;                           //输出链表
    cout<<" other: quit"<<endl;                            //程序终止
    cin>>n;                                                //读入操作码
    switch(n)                                              //散转表
    {
     case 1: cout<<"please input insert date"<<endl;       //插入
             cin>>x;
             clist.insert(x);
             break;
     case 2: cout<<"please input deleted date"<<endl;      //删除
             cin>>x;
             x=clist.remove(x);
             if(x==NOTFOUND)
                cout<<"Cann't found delete data"<<endl;
             else
             cout<<"delete OK"<<endl;
             break;
     case 3: cout<<"please input search date"<<endl;       //查找
```

```
            cin>>x;
            p=(unsigned int)clist.search(x);
            if(p==0)
                cout<<"Cann't found search data"<<endl;
              else
                cout<<"search OK"<<endl;
            break;
        case 4: clist.display( );break;
        default: c=0;
        }
    }
  cout<<"The end \n";
}
```

8.1.4 用模板实现链表类

模板是实现抽象数据结构的重要手段，现将 8.1.3 节介绍的结点类和链表类改造为模板类形式，作为模板用法的示例。

为了便于对照，本节定义的结点模板类与 8.1.3 节具有相同的结点结构，而链表模板类则具有相同的成员函数，只是由于模板类中使用了类型参数 Type，使得某些语法成分的书写格式与 8.1.3 节的程序有所不同。

1. 整体量和结点模板类的定义

```
#define   End_elm   0
#define   NOTFOUND   0
#define   OK   1
template<class Type> class linkList;
template<class Type>class linkListNode                    //定义结点的模板类
{
    friend class linkList<Type>;
 public:
    linkListNode(Type d=0, linkListNode<Type> * link=NULL): data(d),next(link){}
 private:
    Type data;
    linkListNode<Type> * next;
};
```

2. 链表模板类的定义

```
template<class Type> class linkList                    //定义链表的模板类
{
   private:
         linkListNode<Type>   *head;
         void location(linkListNode<Type> * &p,linkListNode<Type> * &q,Type value);
    public:
         linkList( );
         ~linkList( );
         int Length( ) const;                              //求长度函数声明
         linkListNode<Type> *search(Type value);           //查找函数声明
         void creatlink( );                                //构造有序链表函数声明
         void insert(Type value);                          //插入结点函数声明
         int   remove(Type value);                         //删除当前结点函数声明
         void display( );                                  //输出函数声明
};
//成员函数的定义
template<class Type> linkList<Type>::linkList( )           //构造函数
{   head=new linkListNode<Type>;
    head->next=NULL;
}
template<class Type> linkList<Type>::~linkList( )          //析构函数
{   linkListNode<Type> * p=head;
    if(head!=NULL)
        while(head!=NULL)
             { p=head;   head=head->next; delete p; }
}
template <class Type>
void linkList<Type>::location(linkListNode<Type> * &p, linkListNode<Type> * &q,
      Type value)                                          //定位函数
{   q=head;
    p=head->next;
    while(p!=NULL)
       if(p->data>=value)   return;
        else   { q=p; p=p->next;}
```

```
}
template<class Type>
void linkList<Type>::display( )                                    //输出函数
{ …           // (略)      }
template<class Type>
int linkList<Type>:: Length( ) const                               //求链表长度函数
{ …           // (略)      }
template<class Type>
linkListNode<Type> * linkList<Type>:: search(Type value)            //查找函数
//查找值为 value 的结点
{ …           // (略)      }
template <class Type>
void linkList<Type>::insert(Type value)                            //插入函数
{  linkListNode<Type> *p, *q, *r;
   r=new linkListNode<Type>;
   r->data=value;
   r->next=NULL;
   location(p,q,value);
   if(q==head)
   { r->next=head->next;   head->next=r; }
       else
       {   r->next=p; q->next=r; }
}
template <class Type>void linkList<Type>::creatlink( )             //构造初始链表函数
{  Type   x;                                                        //值域
   cout<<"请输入数据"<<endl;
   cin>>x;
   while(x!=End_elm)
   { insert(x);
     cin>>x;
   }
}
template<class Type>
int linkList<Type>::remove(Type value)                             //删除函数
{ …           // (略)      }
```

可以借用 8.1.3 节的主函数完成对上述两段程序的测试，不过要将主函数中的语句：

```
linkList    clist;                          //定义链表对象
```

改为：

```
linkList <int> clist;                       //将形式参数 Type 实例化为 int
```

这样组装出来的程序，运行效果与 8.1.3 节的程序完全相同。

当然，也可以将 Type 实例化为其他类型，比如结构类型。但是需要重载某些运算符，比如，“=”运算符。

8.2 树结构的类

本节以二叉树作为示例，先介绍普通二叉树类，然后通过继承派生出检索树类。如果需要，可以进一步派生出 AVL 树类和红黑树类等。

8.2.1 二叉树类

先定义结点类，再定义二叉树类，并且使用类模板。

在定义二叉树类时，只给出中序遍历函数的实现。至于构造二叉树的函数、先序遍历函数、后序遍历函数的实现由读者自行完成。

1. 结点类的定义

```
template <class Type>
class binary_node
{
  public:
    Type data;
     binary_node<Type> * Lson, *Rson;
     binary_node(){ };                              //构造函数
     binary_node(const Type &x)                     //重载构造函数，为新结点赋值
        { data=x; Lson=Rson=NULL;}
};
```

2. 二叉树类的定义

```
template <class Type>
class binary_tree
{
protected:
```

```
        binary_node<Type> * root;
    public:
        binary_tree();                                              //构造函数
        ~binary_tree();                                             //析构函数
        bool empty();                                               //树空否
        void preorder(void(*visit)( binary_node<Type> &));          //3 种遍历函数
        void inorder(void(*visit)( binary_node<Type> &));
        void postorder(void(*visit)( binary_node<Type> &));
        void creat();                                               //构造二叉树
        //可以在此处加其他成员函数
    }
    template <class Type>                                           //构造函数
    binary_tree<type> :: binary_tree()
    {   root=NULL; }
    template <class Type>                                           //测试空树函数
    bool binary_tree<type> :: empty()
    {   return root==NULL; }
```

3．中序遍历函数实现（之一）

其中，访问语句是抽象的访问函数，调用时，通过函数指针指向具体的访问函数（需另行设计）。

```
    template <class Type>
    void binary_tree<type> ::inorder( void(*visit)( binary_node<Type> &))
    {   re_inorder(root,visit); }
    template <class Type>
    void binary_tree<type>::
    re_inorder( binary_node<Type> *p, void(*visit)( binary_node<Type> &))
    {   if(!p) return;                                              //若 p 等于 NULL，返回
        re_inorder(p->Lson, visit);
        (*visit)(p);                                                //抽象的访问函数
        re_inorder(p->Rson, visit);
    }
```

4．中序遍历函数实现（之二）

如果遍历的目的仅仅是输出结点值，实现方式可以简化些。比如，在类 binary_tree 的定义中，对成员函数 inorder 的说明：

```
    void inorder(void(*visit)( binary_node<Type> &));
```

可以改为：

```
void inorder( );
```

成员函数 inorder 的实现如下：

```
template <class Type>
void binary_tree<Type> ::inorder()
{   re_inorder(root);
    cout<<endl;
}
template <class Type>
void binary_tree<Type> ::re_inorder( binary_node<Type> *p)
{   if(!p) return;                        //若 p 等于 NULL，返回
    re_inorder(p->Lson);
    cout<<p->data<<"      ";              //输出结点值
    re_inorder(p->Rson);
}
```

8.2.2 检索树类

1. 由普通二叉树类派生出检索树类

下面定义的检索树类 bin_search_tree 继承了前面定义的二叉树类 binary_tree 的成员数据（根指针 root）和成员函数，并追加检索树特需的成员函数：插入、删除、构造、查找。而结点类就用 8.2.1 节定义的 binary_node 类。

```
template <class Type>
class bin_search_tree: public binary_tree<Type>
{
private:
    void find_and_insert( Type x , binary_node<Type> * &p);            //插入 x
    void delete_2(binary_node<Type> * q, binary_node<Type> * &r);
    //x 有两个儿子的删除操作
    int   delete_1(Type x, binary_node<Type> * &p);                    //删除 x
    int search_node( Type x , binary_node<Type> * p);                 //查找 x
public:
    void insert(Type x);                                               //x 是插入结点值
    int   remove(Type x);                                              //x 是待删除结点值
    int   search(Type x);                                              //x 是待查找结点值
```

```
    void creat();
};
```

2. 插入函数

```
template <class Type>
void bin_search_tree<Type>::insert(Type x)                        //x 是插入结点值
{   find_and_insert(x, root);
    return;
}
template <class Type>
void bin_search_tree<Type>::find_and_insert(Type x, binary_node<Type> * &p)
                                                                  //x 是要插入的结点值
{ if(p==NULL)                                                     //当遇到空树时
    {   p=new   binary_node<Type>(x);                             //申请一个新结点
        return ;                                                  //插入完毕，返回
    } //否则，p 不等于 NULL，递归地向下层为 x 查找有序位置
    if(x<=p->data) find_and_insert(x,p->Lson);                    //递归地向左
    else    find_and_insert(x,p->Rson);                           //递归地向右
}
```

3. 构造函数

```
template <class Type>
void bin_search_tree<Type>::creat()
{   Type    x;
    cin>>x;                                                       //读入结点序列
    while(x!=ZERO)                                                //ZERO 是输入结束标记
        {   insert(x);                                            //插入结点 x
            cin>>x;                                               //读入下一个要插入的结点
        }
}
```

4. 删除函数

这里采用递归的删除算法（与算法 3-14 不同），以便于被 AVL 树所继承（请参见 5.4.1 节）。

```
template <class Type>
void bin_search_tree<Type>::delete_2(binary_node<Type> * q, binary_node<Type> * &r)
                                                                  //x 有两个儿子的删除操作
{   if(r->Rson!=NULL) delete_2(q,r->Rson);                        //递归的向右找 x 的中序前驱
```

```
        else
        {   q->data=r->data;
            q=r;
            r=r->Lson;                          //将 r 之父的右链改为指向 r 的左儿子
            delete q;
        }
}
template <class Type>
int bin_search_tree<Type>::delete_1(Type x, binary_node<Type> * &p)
                                                //x 是要删除的结点值
{   binary_node<Type> *q;
    if(p==NULL) return NOTFOUND;                //遇到空树时，删除不成功，返回 0
    if(x<p->data)   return delete_1(x,p->Lson); //递归地向左
    else
        if(x>p->data)   return delete_1(x,p->Rson);  //递归地向右
        //找到 x 结点
        q=p;                                    //q 将被释放的结点
        if(p->Rson==NULL)                       //x 是叶，或 x 只有左儿子
            { p=p->Lson;                        //注意，此句用于修改 x 之父的链域
              delete q;                         //释放 x 所占结点
            }
            else
                if(p->Lson==NULL)               //x 只有右儿子
                {   p=p->Rson;                  //修改 x 之父的链域
                    delete q;
                }
                else    delete_2(q,q->Lson);    //x 有两个儿子
  return OK;                                    //删除成功
}
template <class Type>
int bin_search_tree<Type>::remove(Type x)       //x 是要删除的结点值
{   return    delete_1(x, root); }
```

5．查找函数

```
template <class Type>
int bin_search_tree<Type>::search(Type x)       //x 是要查找的结点值
```

```
{ return search_node(x, root);
}
template <class Type>
int bin_search_tree<Type>::search_node(Type x,binary_node<Type> *p)
//x 是插入结点值
{  if(p==NULL)                                          //当遇到空树时
     return NOTFOUND;                                   //查找失败之处
   if(x<p->data) return search_node(x,p->Lson);         //递归地向左
    else
        if(x>p->data) return search_node(x,p->Rson);    //递归地向右
   return OK;
}
```

使用检索树结构时，可以用实际类型（比如 int）对类型参数 Type 进行实例化，产生检索树对象，然后对其进行处理。

例如：

```
bin_search_tree<int>   int_tree;                        //定义检索树对象 int_tree
```

而构造检索树则可以使用语句：

```
int_tree.creat( );
```

8.3 图结构的类

1. 邻接表存储的图类

（1）有关类型定义

```
typedef  char   Vname_type;              //顶点名类型，假定为字符型
typedef  int    Vdata_type;              //顶点所带信息类型，假定为整型
typedef  float   cost_type;              //边的权类型，假定为实型
typedef  int    graph_type;              //图本身所带有的信息类型，假定为整型
```

（2）边结点类

```
class edge_node
{
public:
    int   adjacent;                      //邻接点编号
    edge_node   *next;                   //指向下一个边结点的指针
    cost_type   cost;                    //边的耗费（对于加权图）
```

```
    edge_node(int n, cost_type t1=0, edge_node *t2=NULL)
        {cost=t1; next=t2; adjacent=n;}
        //结点初始化的构造函数
};
```

（3）表头结点类

```
class Linklist
{
public:
    Vname_type   name;              //顶点名称，用于由顶点序号查找顶点名称
    edge_node *firstedge;           //邻接表首指针，若是有向图，域名可改为 fistarc
    Linklist(){ firstedge=NULL;}
    //……其他成员函数
};
```

（4）顶点对应的存储结点类

```
class   Vnode
{
public:
    Vname_type   name;              //顶点名称
    int   number;                   //顶点的编号，可以由顶点名查找顶点编号
    Vdata_type   data;              //顶点所带的信息
    //获取顶点信息的成员函数可以加在此处
};
```

（5）图的模板类

```
template <int n>                    //n 是顶点的个数
class graph
{  Vnode     V[n];                  //存储图的顶点集
   Linklist   L[n];                 //图的邻接表
   graph_type   gdata;              //图本身所带信息
public:
   void creat_graph();              //构造图的邻接表
   … //其他的成员函数
};
```

2. 先深搜索算法的类实现

（1）graph 类进一步具体化

```
template <int n>                    //n 是顶点的个数
```

```
class graph
{   Vnode     V[n];
    Linklist   L[n];
    graph_type   gdata;
    void dfs(int v, int mark[]);
public:
    void creat_graph( );                          //构造图的邻接表
    void dfs_main();                              //先深搜索函数
}
```

（2）成员函数的实现

```
template <int n>
void graph<n>::creat_graph( )                     //构造邻接表
{   …          //(略)    }
template <int n>
void graph<n>::dfsmain( )                         //先深搜索的主控函数
{   int v;
    int mark[n];                                  //顶点访问否标记
    for(v=0;v<n;v++)mark[v]=0;                    //对所有顶点作未访问标记
        for(v=0;v<n;v++)
            if(mark[v]==0)
                dfs(v,mark);                      //若存在未访问顶点 v，则以 v 为搜索起点
}
template <int n>
void graph<n>::dfs(int v, int mark[])             //搜索函数
{   edge_node *p;
    int w;                                        //p 是边结点指针，w 是邻接点编号
    visit(v);                                     //访问 v，具体访问操作从略
    mark[v]=1;                                    //置已访问标记
    p=L[v].firstedge;                             //p 指向 v 的邻接表首结点
    while(p)
    {   w=p->adjacent;                            //w 是 v 的邻接点
        if(mark[w]==0)dfs(w,mark);
        p=p->next;
    }
}
```

（3）用法示例

假设图中有 10 个顶点，则可以定义：

```
graph<10>  g10;
```

此后，用语句：

```
g10.creat_graph( );
```

和

```
g10.dfs_main();
```

输入图的边集，产生邻接表，并完成先深搜索。

3. 拓扑排序算法的类实现

在类 graph 的定义中添加用于拓扑排序的函数。

```
template<int n>
int graph<n>::topological_sort( )
{   int v, count=0;                              //count 输出顶点个数的计数器
    …;                                           //其他局部量定义部分
    置 stack 为空;                                //stack 是入度为 0 的顶点栈
    for(v=0;v<n;v++)                             //n 是顶点数
        if(L[v].indegree==0)将 v 推入栈 stack 中;
    while(stack 不空)
      {
        从栈 stack 弹出一个顶点 v;
        输出 v;   count++;                       //输出，并计数
        p=L[v].firstarc;
        while(p!=NULL)
        {   w=p->adjvex;                         //<v,w>是一条边
            L[w].indegree--;
            if(L[w].indegree==0)将 w 推入栈 stack 中;
            p=p->next;
        }
      }
    if(count<n) return 1;                        //图中有回路
      else   return   0;                         //图中没有回路
}
```

可以进一步给类 graph 添加成员函数，实现诸如求最小生成树、最短路径、关键路径等算法。

习题

[算法设计题]

8.1 给 8.1.1 节中的类栈增加长度调节功能，初始长度为 MAX，每当栈满时，就请求追加长度 MAX；每当栈的空余量超过 MAX，就请求减少长度 MAX。

8.2 给 8.1.2 节中的顺序表类添加排序的成员函数，比如快速排序或堆排序。

8.3 将 8.1.2 节中的顺序表类改成有序顺序表类，其中，查找算法改用二分法。

8.4 将 8.1.3 节链表类中的链表改为加头双向循环链表。

8.5 完善 8.1.4 节链表模板类中 display 函数、Length 函数、search 函数和 remove 函数的实现代码，即补齐各成员函数的定义。

8.6 全面实现 8.2.1 节中的二叉树类，包括构造函数、遍历函数、析构函数等。其中，对结点的访问通过特定的访问函数完成：用先序访问求结点的层号，用后序访问计算结点高度，用中序访问输出结点值。

8.7 分别将 8.2.2 节中的检索树类改造成 AVL 树类和红黑树类。

8.8 补充完成 8.3 节 graph 类中构造邻接表的成员函数 creat_graph。

8.9 给 8.3 节中的图类 graph 增加先广搜索函数，并用先广搜索求出无向图的先深生成树。其中，树采用父亲链域方式存储。

8.10 通过图类，实现 Dijkstra 算法。

[基础实验题]

8.11 用类实现链式栈和链式队结构。

8.12 全面实现红黑树类。

[综合实验题]

8.13 设计字符串类，其成员函数包括：动态分配串空间、串输入、串输出、求串长、串复制、串连接等，并通过友元类调用字符串类。

附　录

附录 A　名词中英文对照索引

中　文	英　文	章节号
2-3 树	2-3 tree	5.4.4
ADT	Abstract Data Types	1.1.1
AOE 网	Activity On Edge network	4.7.1
AOV 网	Activity On Vertex network	4.7.1
AVL 树	AVL tree	5.4.1
B+树	B+ tree	5.4.4
BM 算法	Boyer-Moore Algorithm	2.7.4
B 树	B tree	5.4.3
DFS	depth-first search	4.3
Dijkstra 算法	Dijkstra's Algorithm	4.6.1
FIFO 表	First In First Out list	2.4.1
Floyd 算法	Floyd's Algorithm	4.6.2
h-排序	h-sorted	6.2.3
h-有序的	h-ordered	6.2.3
h-子序列	h-subsequence	6.2.3
KMP 算法	Knuth- Morris- Pratt Algorithm	2.7.3
Kruskal 算法	Kruskal's Algorithm	4.5.1
KR 算法	Karp-Rabin Algorithm	2.7.4
LIFO 表	Last In First Out list	2.4.1
MST	minimum cost spanning tree	4.5
NP 类	class NP	7.2.2
NP-完全问题	NP-complete	7.2.2
Prim 算法	Prim's Algorithm	4.5.2
P 类	class P	7.2.2
SAT	satisfiability	7.1.2
VSAM	Virtual Storage Access Method	6.7.1

续表

中　文	英　文	章 节 号
八皇后	eight queens	7.3.4
败者树	loser tree	6.7.2
背包问题	knapsack problem	7.3.2
边	edge	3.1.1，4.1.1
变长结点	variable-length	2.7.1
表	list	2.1.1
表长	the list size	2.1.1
表达式求值	Expression Evaluation	2.4.4
不等长编码	variable-length codes	3.4.2
不确定性多项式时间	nondeterministic polynomial-time	7.2.2
不确定性多项式时间完全	nondeterministic polynomial-time complete	7.2.2
不确定性算法	nondeterministic algorithm	7.2.1
猜测	guessing	7.2.2
操作数	operand	2.4.4
层数	level	3.1.1
插入	insert	2.1.1
插入排序	insertion sort	6.2.1
查找	search	2.1.1
常数时间	constant time	1.2.2
冲突，碰撞	collision	5.2.1
冲突处理	collision resolution	5.2.2
抽象数据类型	Abstract Data Type	1.1.1
稠密图	dense graph	4.2.2
出度	out-degree	4.1.2
出队	Dequeue	2.4.1
串匹配	string matching	2.7.2
磁带	tape	6.7.5
簇	cluster	6.7.1
存储结构，物理结构	physical form	1.1.1
存取	access	2.1.1
大 O 记号	big-Oh notation	1.2.2
大根堆	max-heap	6.4.3
单向链表	singly linked list	2.3.2
单旋	single rotation	5.4.1

续表

中　文	英　文	章 节 号
单源最短路径问题	single-source shortest paths problem	4.6.1
倒排表	inverted list	6.7.1
倒排文件	inverted file	6.7.1
递归	recursion	7.3.1
顶点	vertex	4.1.1
定长结点	fixed-length	2.7.1
动态存储分配	dynamic storage allocation	2.5.2
动态规划	dynamic programming	7.3.3
动态数组	array-doubling	2.4.2
度	degree	3.1.1，4.1.2
堆排序	heap sort	6.4.3
队	queue	2.4.1
队空	queue empty	2.4.3
队满	queue full	2.4.3
队头	front	2.4.1
队尾	rear	2.4.1
对数时间	logarithms time	1.2.2
多步合并	Polyphase Merge	6.7.5
多路合并	Multiway merge，或 k-way merge	6.7.2
多项式界的	polynomial-bounded	1.2.2
儿子	son	3.1.1
二叉检索树，二叉排序树，二叉有序树	binary search tree	3.3.1
二叉树，二分树，二元位置树	binary tree	3.1.2
二分插入排序	binary insertion sort	6.2.2
二分查找	binary search	1.2.1，2.2.2
二路合并	two-way merge	6.7.2
二目算术运算符	binary operator	2.4.4
分裂	split	2.1.1
分治法	divide-and-conquer technique	7.3.1
附加表头结点	sentinel node，或 dummy node	2.3.2
父亲	father	3.1.1
负载因子，装填因子	load factor	5.2.3
复制	copy	2.1.1
高度	height	3.1.1

续表

中 文	英 文	章 节 号
根	root	3.1.1
更新	update	2.1.1
工程	project	4.7.1
固有计算难度	inherent computational difficulty	7.1.2
关键活动	critical activity	4.7.3
关键路径	critical path	4.7.3
关键字	key	1.1.1
关节点	articulation point	4.4.1
广度优先搜索，先广搜索	breadth-first search，或 BFS	4.3；4.3.3
广义表	generalized lists，或 multilist	2.8
哈夫曼编码	Huffman Coding	3.4.2
哈夫曼树	Huffman tree	3.4.1
哈夫曼算法	Huffman Algorithm	3.4.1
哈密尔顿回路	Hamilton circuit	7.1.2
孩子	child	3.1.1
耗费	cost	4.1.1
合并	merge	2.1.1
合并	merging	6.5.1
合并排序，称归并排序	merge sort	6.5.1
核实	verifying	7.2.2
黑高	black-height	5.4.2
红黑树，RB 树	red-black tree	5.4.2
后继	successor	2.1.1
后进先出表	Last In First Out list	2.4.1
后序遍历	postorder traversal	3.2.1
弧	arc	4.1.1
划分元素	partition element	6.3.2
回边	back edge	4.3.1
回路	cycle	4.1.2
汇点	converge	4.7.3
活动	activity	4.7.1
基数排序	radix sort	6.6.1
加权边	weighted edge	4.1.1
加权路径长度	weighted path length	3.4.1

续表

中　　文	英　　文	章　节　号
加权图	weighted graph	4.1.1
监督元结点	sentinel node	2.2.2
检索树	search tree	3.3.1
简单路径	simple path	4.1.2
简单模式匹配	straightforward string matching	2.7.2
渐近时间复杂性	asymptotic time complexity	1.2.2
交叉边	cross edge	4.3.1
交换排序	exchange sort	6.3
结点	node	1.1.1
进队	enqueue	2.4.1
进栈	push	2.4.1
矩阵	matrix	2.6.1
矩阵连乘	multiplying a sequence of matrices	7.3.3
开放地址法	open addressing	5.2.2
可满足性	satisfiability	7.1.2
空白区	free	2.5.2
空表	empty list	2.1.1
空串	null string	2.7.1
空间复杂性 空间复杂度	space complexity	1.2.2
块	block	6.7.1
快速排序 划分交换排序	quick sort	6.3.2
连通的	connected	4.1.2
连通分量	connected component	4.1.2
连通图	connected graph	4.1.2
链表	linked list	2.1.2
链接法	separate chaining	5.2.2
链域	link field	2.1.2
邻接表	adjacency lists	4.2.3
邻接点	adjacent node，或 neighbors	4.1.1
邻接多重表	adjacency multilist	4.2.4
邻接矩阵	adjacency matrix	4.1.2
流程图	flowchart	1.2.1

续表

中文	英文	章节号
路径	path	3.1.1，4.1.2
路径长度	length of path	4.1.2
路径压缩	path compression	5.5.1
逻辑结构	logical form	1.1.1
满二叉树	full binary tree	3.1.2
每对顶点之间最短路径	All-Pairs Shortest Path	4.6.2
模式串	pattern	2.7.2
模式匹配	pattern matching	2.7.2
内部排序	internal sort	6.1
排序	sorting	6.1
排序	sorting	2.1.1
判定树	decision tree	3.5
平方阶时间	quadratic time	1.2.2
平方取中法	mid-square method	5.2.1
平方探测	quadratic probing	5.2.2
平衡二叉树	balanced binary tree	5.4.1
平衡树	balanced tree	5.4
平衡因子	balance factor	5.4.1
平均情况	average-case	1.2.2
平均性态	average-behavior	1.2.2
期望情况	expected-case	1.2.2
冒泡排序（气泡排序）	bubble sort	6.3.1
前驱	predecessor	2.1.1
强连通的	strongly connected	4.1.2
强连通分量	strongly connected components，或 strong components	4.1.2
权	weight	4.1.1
确定性多项式时间	deterministic polynomial-time	7.2.2
确定性算法	deterministic algorithm	7.2.1
入度	in-degree	4.1.2
散列	hashing	5.2.1
散列表	hash table	5.2.1
散列函数	hash function	5.2.1
散列文件	hash file	6.7.1
扫雪论据	snowplow argument	6.7.3

续表

中　　文	英　　文	章 节 号
森林	forest	3.1.1
删除	delete	2.1.1
上界	upper bound	1.2.3
深度优先搜索;先深搜索	depth-first search	4.3
生成森林	spanning forest	4.1.2
生成树，支撑树	spanning tree	4.1.2
胜者树	Winner tree	6.7.2
失配函数	failure function	2.7.3
十字链表	orthogonal list	2.6.1
时间复杂性，或时间复杂度	time complexity	1.2.2
时空折中方案	space versus time trade-offs	1.2.2
事件	event	4.7.1
首结点	the first element of list	2.1.1
树	tree	3.1.1
树边	tree edge	4.3.1
树选排序	tree selection sort	6.4.2
数据结构	data structure	1.1.1
数据项	data item	1.1.1
数据元素;数据结点	data element	1.1.1
双连通分量	biconnected component	4.4.1
双连通图，二连通图	biconnected graph	4.4.1
双亲	parent	3.1.1
双向队	depue，double—ended queue	2.4.1
双向链表	doubly linked list	2.3.2
双旋	double rotation	5.4.1
顺串	run	6.7.2
顺序表	sequential list	2.1.2
顺序查找	sequential search	2.2.2
顺序文件	sequential file	6.7.1
搜索-回溯法	search-backtracking	7.3.4
算法	Algorithm	1.1.3
算法对空间的需求	space requirements	1.2.2
算法对时间的需求	time requirements	1.2.2
算法分析	Algorithm analysis	1.2.2

续表

中　　文	英　　文	章 节 号
算术表达式	mathematical expression	2.4.4
随机探测	pseudo-random probing	5.2.2
缩小增量	diminishing increment	6.2.3
索引文件	indexed file	6.7.1
贪心法	greedy method	7.3.2
探测序列	probe sequence	5.2.2
特殊矩阵	special matrix	2.6.1
替代选择	replacement selection	6.7.2
头	head	4.1.1
图	graph	4.1.1
图的遍历	graph traversal	4.3
退栈	pop	2.4.1
拓扑排序	topological sort	4.7.2
拓扑序列	topological sequence	4.7.2
外部排序	external sort	6.1
完全二叉树	complete binary tree	3.1.2
伪程序，伪代码	pseudocode	1.2.1
尾	tail	4.1.1
尾结点	the last element of list	2.1.1
稳定的	stable	6.1
无向边	undirected edge	4.1.1
无向图	undirected graph	4.1.1
希尔排序	Shell sort	6.2.3
稀疏矩阵	sparse matrix	2.6.1
稀疏图	sparse graph	4.2.2
下界	lower bound	7.1.2
先进先出表	First In First Out list	2.4.1
先深生成森林	depth-first spanning forest	4.3.1
先深生成树	depth-first spanning tree	4.3.1
先序遍历	preorder traversal	3.2.1
线性表	linear list	2.1.1
线性时间	linear time	1.2.2
线性探测	linear probing	5.2.2
向前边	forward edge	4.3.1

续表

中　　文	英　　文	章 节 号
小并到大	weighted union	5.5.1
小根堆	min-heap	6.4.3
兄弟	sibling	3.1.1
选择排序	selection sort	6.4.1
循环队，或环形队	circular model of a queue，或 cyclic queue	2.4.3
循环链表	circularly linked list	2.3.2
叶子	leaf	3.1.1
已用区	reserved	2.5.2
优先队	priority queue	5.1
有向边	directed edge	4.1.1
有向图	directed graph，或 digraph	4.1.1
有向无回路图；DAG	Directed Acyclic Graph	4.7.1
有效性	efficiency	1.2.2
有序表	sorted list，或 ordered list	2.1.1
域	field	1.1.1
元数	way	3.1.1
原地	in place	6.1
原子	atom	2.8
源点	source	4.7.3
运算符	operator	2.4.4
栈	stack	2.4.1
栈底	bottom	2.4.1
栈顶	top	2.4.1
栈架	stack frame	2.4.4
折叠法	folding method	5.2.1
真子孙	proper descendant	3.1.1
真祖先	proper ancestor	3.1.1
阵列	array	2.6.1
正交链表	orthogonal lists	2.6.1
正交邻接表	orthogonal lists	4.2.4
正确性	correctness	1.2.2
正文串	text	2.7.2
正则树	regular tree	3.1.1
直接插入排序	straight insertion sort	6.2.1

续表

中 文	英 文	章 节 号
直接存取文件	direct access file	6.7.1
值域	value field	2.1.2
中断	interrupt	2.4.4
中序遍历	inorder traversal	3.2.1
轴值	pivot	6.3.2
着色	coloring	7.1.2
子广义表	sublist	2.8
子树	subtree	3.1.1
子孙	descendant	3.1.1
子图	subgraph	4.1.2
字典	dictionary	5.1
字符串	string	2.7.1
自组织	self-organizing	2.2.2
祖先	ancestor	3.1.1
最迟可发生时间	latest completion time	4.7.3
最短路径	shortest-path	4.6
最坏情况	worst-case	1.2.2
最坏性态	worst-behavior	1.2.2
最小耗费生成树，最小生成树	minimum cost spanning tree	4.5
最优检索树	optimal search tree	5.3
最早可发生时间	earliest completion time	4.7.3
左儿子右兄弟	left child/right sibling	3.1.4

附录 B 部分习题参考答案

第 1 章

1.1 （1）名称、数量、特征、性质的 （2）处理对象和计算结果

1.6 （1）描述形式 （2）程序形式 （3）描述形式 （4）描述形式

1.9 （1）空间 （2）$T(n)\leqslant cf(n)$ （3）$T(n)$是否在多项式范围内

1.12 （1）$T(n)=O(n^2)$ （2）$S(n)=O(n)$

1.15 B

1.16　D

1.19　B

1.23　（2）步骤 1 完成$\lfloor (n-k)/2 \rfloor$对元素交换；步骤 2 完成$\lfloor k/2 \rfloor$对元素交换；步骤 3 完成$\lfloor n/2 \rfloor$对元素交换。每交换一对元素，需要移动 3 次，故

$$T(n)=3\{\lfloor (n-k)/2 \rfloor+\lfloor k/2 \rfloor+\lfloor n/2 \rfloor\}$$

因为$\lfloor x/2 \rfloor \leqslant x/2$，故

$$T(n)\leqslant 3\ (n/2-k/2+k/2+n/2)$$
$$=3n$$

1.29　提示：设 n 的二进制形式为：$n=a_k2^k+a_{k-1}2^{k-1}+\cdots+a_02^0$

其中，系数 $a_k=1$，其余各系数不是 0 就是 1。

于是：

$$n^n = n^{a_k 2^k + a_{k-1} 2^{k-1} + \cdots + a_0 2^0}$$
$$= 1\bullet(n^{a_0 2^0}\bullet n^{a_1 2^1}\cdots\bullet n^{a_k 2^k})$$

用 $n2i = n^{2^i}$ 表示连乘因子。开始时，$n2i=n$，每循环一次 $n2i$ 便自乘一次。

具体程序从略。

第 2 章

2.1　（1）6，9，7，8　　（2）4　　（3）(2×3+4×12)/14=27/7

2.4　（1）A　　（2）C

2.6　A

2.8　（1）C　　（2）B

2.9　D

2.11　（1）C　　（3）A

2.12　（2）B　　（7）D

2.13　（1）C　　（2）D　　（3）B

2.15　A

2.17　（1）C　　（2）D

2.19　（1）A　　（2）D

2.22　（2）C

2.24　（2）B

2.26　（2）A

2.28　（1）B　　（2）C

2.30　B

2.32　B

2.33　（2）A　　（3）B

2.36 B

2.43 （3）$C(2n,n)/(n+1)$，推导过程从略。

（4）不存在“大小中”形式，证明过程从略。

2.46 对于三对角形矩阵：（1）$k=(3i-1)+(j-i+1)=2i+j$

（2）$i=\lceil (k+1)/3 \rceil,\ j=k-2i$

2.47 （1）当 n 为偶数时

h1：1，3，5，…，$n-1$

h2：2，4，6，…，n

（2）当 n 为奇数时

h1：1，3，5，…，n

h2：2，4，6，…，$n-1$

2.50 （1）k=1 （2）s=ha->next （3）k++ （4）t=p （5）q->next=s （6）s=hb->next （7）p->next=h

2.56 （1）p=h （2）s!=NULL 或 s （3）q=s

（4）p->next （5）s=s->next

2.58 （1）h= （2）ha=ha->next （3）hb=hb->next

（4）s->next=NULL （5）h=h->next （6）p= new snode

2.69 （9）关于加头有序循环链表

```
#include  <stdio.h>
const int MAX=9999;                                  //定义无穷大
typedef  struct  linkednode
{  int  data;
   struct  linkednode  *next;
}  snode, *ptr;
void  insert(ptr &h, int  x)                         //插入函数
{  ptr f,s,p;
   p=new snode,p->data=x;
   f=h,s=h->next;
   while(s->data<x) f=s,s=s->next;
   p->next=s;f->next=p;return;
}
ptr  creatlinked( )                                  //构造加头有序循环链表
{  ptr  head; int x;
   head=new snode;
   head->data=MAX, head->next=head;
   printf("请输入链表元素，0：结束。\n");
```

```
    scanf("%d",&x);
    while(x)
    {   insert(head,x);
        scanf("%d",&x);
    }
    return   head;
}
void insertA(ptr h)                                    //插入的主控函数
{   int x;
    printf("请输入要插入的元素，x=");
    scanf("%d",&x);
    insert(h, x);
}
void del(ptr h,int x)                                  //删除函数
{   ptr f,s;
    if(h==h->next){printf("链表空，不能删除。\n");return; }
    f=h,s=h->next;
    while(s->data<x)f=s,s=s->next;
    if(s->data==x)
     { f->next=s->next;delete s; printf("删除成功！ \n");return;}
     printf("表中没有%d 删除失败！ \n",x);
}
void delA(ptr &h)                                      //删除的主控函数
{   int x;
    printf("请输入要删除的元素，x=");
    scanf("%d",&x);
    del(h,x);
}
void search(ptr h,int x)                               //查找函数
{   if(h==h->next){printf("链表空，不能查找\n");   return;}
    h=h->next;
    while(h->data<x)h=h->next;
    if(h->data==x)printf("找到%d\n",x);else printf("没找到%d\n",x);
}
void searchA(ptr h)                                    //查找的主控函数
```

```
{   int x;
    printf("请输入要查找的元素，x=");
    scanf("%d",&x);
    search(h, x);
}
void  print(ptr  h)                                    //输出加头循环链表
{   ptr  p;
    if(h==h->next){printf("表为空!\n"); return;}
    p=h->next;
    while(p!=h)
    {   printf("%4d",p->data);
        p=p->next;
    }
    printf("\n");
}
void main( )                                           //主函数
{   ptr  h;    int d;
    h=creatlinked();
    printf("所建链表：");
    print(h);
    while(1)
    {   printf("请输入操作码 d，1：查找，2：插入，3：删除，4：输出，其他：结束操作 d=");
        scanf("%d",&d);
        if(d==1){searchA(h);continue;}
        if(d==2){insertA(h); continue;}
        if(d==3){delA(h);continue;}
        if(d==4)print(h); else break;
    }
    printf("程序结束\n");
}
```

2.79 （1）进队函数：

```
void  Qinsert (ptr &last,  int x)
{  ptr p;
   p=(ptr)malloc(sizeof(snode));
   p->data=x;
```

```
        if(last= =NULL)
        {   last=p;
            last->next=last;
            return;
        }
        p->next=last->next;
        last->next=p;
        last=p;
    }
```

（3）显示函数：

```
    void   print(ptr   last)
    {  ptr s;
       if(last= =NULL)
       {   printf("队列为空!\n");
           return;
       }
       s=last->next;
       while(s!=last)
       {   printf("%4d",s->data);
           s=s->next;
       }
       printf("%4d\n",s->data);
    }
```

第 3 章

3.2 （1）2　　（2）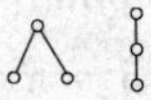

3.5　是一致的

3.6 （1）*GDBEFCA*　　　（4）*FGEBDCA*

3.8 （1）*BADEC*　　　（2）*BAFDHGKCE*

3.10 （1）*CBEDGFA*　　　（2）*CGFEDBA*

3.11 （2）23，19，12，21，45，67

3.14　BEAFECED

3.16 （1）B　　（2）C

3.19　A

3.21　B

3.22 D

3.24 C

3.26 （1）C （2）A

3.29 对任意 $n>0$，具有 n 片叶子的完全二叉树的树形都各有 2 棵。一棵是正则完全二叉树，为该树第一片叶（编号最小的叶）加一个左儿子得另一棵树。

3.48 因为是按照表达式“mid=(left＋right) / 2”计算中值地址 mid 的，如果 left＋right 的值不是偶数，那么计算结果只取其整数部分（下取整）。如果改成“mid=(left＋right＋1) / 2”（上取整），可得到相反情况。

3.49 （2）能唯一地表示任一棵二叉树，证明如下：

当结点数小于等于 3 时，通过穷举法，可以验证结论是正确的（能唯一地表示任一棵二叉树）。

归纳法（构造性证明）

归纳假设，当结点数小于 n 时，结论正确。

由先序序列可以确定树的根。如果根只有 1 个儿子（其状态是 1 或 2，不可能是 0），其余结点全在根据的左子树（或右子树）上。由归纳假设，剩余部分可以（结点数小于 n），可以唯一地确定根的左（或右）子树。

如果根有两个儿子（状态为 3），那么在先序序列中，根的右侧结点必是根的左儿子，并根据左儿子的状态，画出根的左子树；类似地，可得到根的右子树。

3.54 （2）不能，例如下面两棵树具有相同的中序序列 B,E,D,A,C,G 和整数序列 2,0,1,3,2,0。

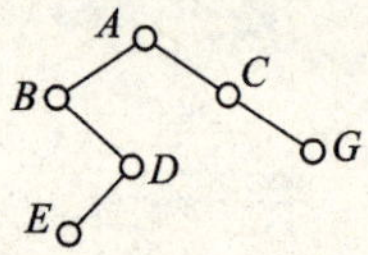

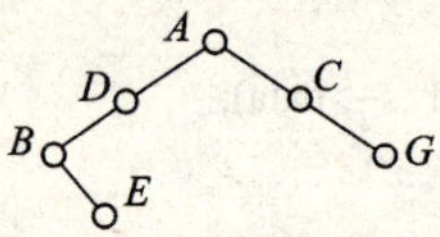

（3）能，因为正则二叉树结点只能是 0 和 3，状态序列必是 0,3,0,3,0,…,3,0。按照这一规律，可逐步构造出整棵树。

3.57 （1）p==NULL （2）return

（3）printf("%d(",p->data) （4）printf(",") （5）printf(")")

3.59 （1）h<i （2）i— 或 i=i-1 （3）i==h

（4）p 或 p!=NULL （5）high(p); （6）p,1

3.62 （1）主调语句：k= leafs(root);

```
int leafs(Bptr p)
{   if(p==NULL) return 0;
    if(p-> Lson==NULL && p-> Rson ==NULL) return   1 ;
    return   leafs(p-> Lson)+ leafs(p->Rson);
}
```

（3）主调语句：n=descentsnum(root);

```
int   descentsnum(Bptr p)
{
    if(!p) return 0;
    return (p->descents=1+descentsnum(p->Lson)+descentsnum(p->Rson));
}
```

第 4 章

4.3 （1）n–1　　（2）2(n–1)

4.6 （1）路径上的边数　　（2）路径上边的长度之和

4.9 （1）DAG　　（2）强连通图　　（3）强连通分量

4.14 （1）D　　（2）C

4.17 C

4.21 （1）D　　（2）D

4.25 C

4.28 C

4.43 （1）for (v=0;v<n;v++)　　（2）cycle　或 cycle!=0

（3）p=L[v].firstarc　　（4）L[w].mark==0　或 !L[w].mark

（5）L[w].mark==1　　（6）p=p->next

4.44 （1）wait[v].incr_vert　　（2）wait[v].cost

（3）wait[j].cost<　　（4）wait[i].vertex

（5）wait[j].cost>c[v][wait[j].vertex]　　（6）wait[j].incr_vert

4.48

```
int length(int c[ ],int v,int w)
{   if(v==w)return 0;
    if(w<v)return c[v*(v-1)/2+w];
    return c[w*(w-1)/2+v];
}

void   outputedge(int c[ ],int n)
{int v,w,k;
 printf("   图的邻接矩阵如下：\n ");
 for(v=0;v<n;v++)
   {   for(w=0;w<n;w++)
          { k=length(c,v,w);
            printf("%4d", k);
```

```
        }
      printf("\n");
    }
  }
```

4.49 （1）先深搜索（以有向图为例）

```
void  dfs(int v)                    //先深搜索函数
{  int w;
   mark[v]=1;
   printf("%5d",v);
     for(w=0;w<n;w++)
        if (c[v][w]&&mark[w]==0)  dfs(w);
}
void  dfs_main( )                   //先深搜索的主控函数
{  int v,k=0;
   for (v=0;v<n;v++) mark[v]=0;     //对所有顶点作未访问标记
   for(v=0;v<n;v++) if(mark[v]==0) dfs(v);
}
```

4.57 以先深搜索为例

```
void  dfs(int v)
{  Eptr  p;  int w;
   L[v].mark=1;L[v].dfnum=df++;
   p=L[v].firstedge;
   while(p)
   {  w=p->adjacent;
      if (L[w].mark==0)//产生一条树边
      {  L[w].father=v;
         tree[tn][0]=v,tree[tn++][1]=w;
         dfs(w);
      }
      else
         if (L[v].father!=w&&L[v].dfnum<L[w].dfnum)
              back[bn][0]=v,back[bn++][1]=w;//产生一条回边
      p=p->next;
   }
}
```

```
void   dfs_main( )
{  int v,i;
   for(v=0;v<n;v++) L[v].mark=L[v].dfnum=0,L[v].father=v;
   tn=bn=df=0;
   for(v=0;v<n;v++)
       if(L[v].mark==0)dfs(v);
   printf("\n  树边集为:\n");
   for(i=0;i<tn;i++) printf("(%d,%d)    ",tree[i][0],tree[i][1]);
   printf("\n  回边集为:\n");
   for(i=0;i<bn;i++) printf("(%d,%d)    ",back[i][0],back[i][1]);
   printf("\n");
}
```

第 5 章

5.2 （1）元素取值范围，所要进行的运算（或运算子集）

（2）各运算效率之间的平衡

5.6 9

5.8 3，17，13，0，9

5.10 B

5.16 D

第 6 章

6.3 （3）90，80，70，32，40，30，52，18，15，21

6.5 B

6.8 A

6.9 （1）B （2）C （3）C （4）D

6.13 C

6.19 D

6.23 （1）B （3）A

6.31 （1）输出结果：8，9，12，17，21，44。

（2）用（二进制的）基数排序算法对数组排序。

6.39 （1）flag （2）flag 或 flag!=0 （3）j （4）flag=0

6.41 （1）s （2）t （3）stack[top++].right

（4）k–1 （5）stack[--top].left

6.51

```
void   bselectsort(int a[ ],int n )
{  int i,j,k,m,x;
   for(i=0,j=n-1;i<j;)
   {   for(m=i,k=i+1;k<=j;k++)
         if(a[k]<a[m])m=k;
         x=a[i],a[i]=a[m],a[m]=x,i++;
         for(m=j,k=j-1;k>=i;k--)
         if(a[k]>a[m])m=k;
         x=a[j],a[j]=a[m],a[m]=x,j--;
   }
}
```

第 7 章

7.1 （1）效果越显著　　（2）也不能成倍增加

7.4 （1）确定算法的最优性　　（2）寻找最优算法

（3）划分问题的难度层次

7.6 B

7.9 A

第 8 章

8.5

```
template<class Type>
void linkList<Type>::display( )                              //输出函数
{  linkListNode<Type> * p=head->next;
   cout<<"display link:"<<endl;
   while(p!=NULL)
   { cout<<(p->data)<<"     ";   p=p->next; }
   cout<<endl;
}
template<class Type>
int linkList<Type>:: Length( ) const                         //求链表长度函数
{
   linkListNode<Type> * p=head->next;
   int count=0;
   while(p!=NULL)    { count++; p=p->next; }
```

```
    return count;
}
template<class Type>
linkListNode<Type> * linkList<Type>:: search(Type value)              //查找函数
//查找值为 value 的结点
{
    linkListNode<Type> *p=head->next;
    if(p==NULL) return NULL;
    while(p!=NULL)
        if(p->data<value) p=p->next;
            else
                if(p->data==value)   return   p;
                    else break;
    return NULL;
}
template<class Type>
int linkList<Type>::remove(Type value)                                 //删除函数
{
    linkListNode<Type> *p, *q;
    if(head->next==NULL)   return NOTFOUND;
    location(p,q,value);
    if(p==NULL ||p->data!=value) return NOTFOUND;
    q->next=p->next;
    delete p;
    return OK;
}
```

参 考 文 献

[1] 王庆瑞. 数据结构教程（C 语言版）[M]. 北京：北京希望电子出版社，2002.

[2] KNUTH D E. 计算机程序设计艺术 第 1 卷：基本算法[M]. 3 版. 苏运霖，译. 北京：国防工业出版社，2002.

[3] KNUTH D E. 计算机程序设计艺术 第 3 卷：排序和查找[M]. 2 版. 苏运霖，译. 北京：国防工业出版社，2002.

[4] AHO A V，HOPCROFT J E，ULLMAN J D. The Design and Analysis of Computer Algorithms[M]. Boston：Addison-Wesley Publishing Company，1976.

[5] 张铭，王腾蛟，赵海燕. 数据结构与算法[M]. 北京：高等教育出版社，2008.

[6] CORMEN T H, LEISERSON C E, RIVEST R L, STEIN C. Introduction to Algorithms[M]. 2nd ed. Cambridge：MIT Press, 2001.

[7] SEDGEWICK R. C 算法 第一卷：基础、数据结构、排序和搜索[M]. 3 版. 周良忠，译. 北京：人民邮电出版社，2004.

[8] KRUSE R L，RYBA A J. Data Structures and Program Design In C++[M]. 影印版. 北京：高等教育出版社，2001.

[9] HOROWIZE E，SAHNI S，数据结构基础（C 语言版）[M]. 2 版. 朱仲涛，译. 北京：清华大学出版社，2009.

[10] SHAFFER C A. 数据结构与算法分析[M]. 张铭，等译. 北京：电子工业出版社，1998.

[11] WEISS M A. 数据结构与算法分析——C 语言描述（英文版）[M]. 2 版. 北京：人民邮电出版社，2005.

[12] 陈卫卫，王庆瑞. 计算机程序设计基础[M]. 北京：机械工业出版社，2007.

[13] 陈卫卫，王庆瑞. C/C++程序设计技术[M]. 北京：机械工业出版社，2008.

[14] 王庆瑞，陈卫卫. 数据结构与算法基础[M]. 北京：机械工业出版社，2005.